KB132480

#Solid metal #Opalescence #High resolution #3D rendered

#견고한 쇠질감 #유백광 #높은 해상도 #3D 렌더링

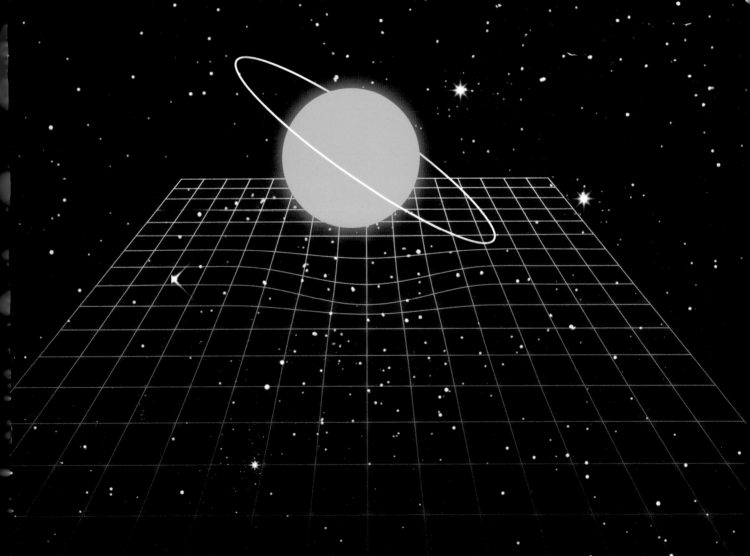

세상이 변해도
배움의 즐거움은
변함없도록

시대는 빠르게 변해도
배움의 즐거움은
변함없어야 하기에

어제의 비상은
남다른 교재부터
결이 다른 콘텐츠
전에 없던 교육 플랫폼까지

변함없는 혁신으로
교육 문화 환경의 새로운 전형을
실현해왔습니다.

비상은 오늘, 다시 한번
새로운 교육 문화 환경을 실현하기 위한
또 하나의 혁신을 시작합니다.

오늘의 내가 어제의 나를 초월하고
오늘의 교육이 어제의 교육을 초월하여
배움의 즐거움을 지속하는 혁신,

바로, 메타인지 기반 완전 학습을.

상상을 실현하는 교육 문화 기업 비상

메타인지 기반 완전 학습
초월을 뜻하는 meta와 생각을 뜻하는 인지가 결합한 메타인지는
자신이 알고 모르는 것을 스스로 구분하고 학습계획을 세우도록 하는
궁극의 학습 능력입니다. 비상의 메타인지 기반 완전 학습 시스템은
잠들어 있는 메타인지를 깨워 공부를 100% 내 것으로 만들도록 합니다.

오투
통합
과학
2

통합과학2의 구성과 특징

22개정 교과서를 완벽하게 분석하여 중요한 개념들을 이해하기 쉽게 정리해 놓았습니다.

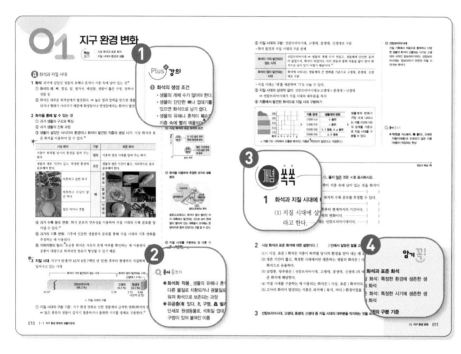

❶ **Plus 강의** 내용과 관련된 보충 자료나 그림 자료를 함께 학습할 수 있습니다.

❷ **용어 돋보기** 어려운 용어는 한자 풀이, 영어 풀이로 제시하여 용어의 의미를 쉽게 이해할 수 있도록 하였습니다.

❸ **개념 쏙쏙** 개념 정리에서 학습한 기본 개념을 점검하여 완벽한 학습이 가능하도록 하였습니다.

❹ **암기 꼭** 꼭 암기해야 하는 개념 또는 암기 팁을 제시하여 학습의 이해를 도왔습니다.

탐구 실험 과정과 결과를 생생하게 수록

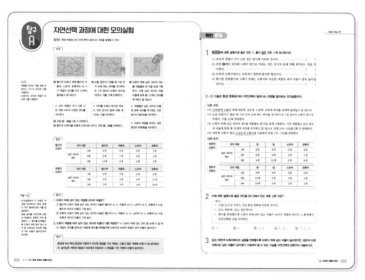

중요 탐구만을 선별하여 과정과 결과를 생생한 사진 자료와 함께 제시하였습니다. 또한 탐구를 확실하게 이해했는지 확인 문제를 통해 점검할 수 있습니다.

여기서 잠깐 개념 이해를 위한 보너스

개념 정리만으로 이해하기 어려운 내용을 쉽고 자세하게 풀어 설명하였습니다.

단계적 문제 구성
내신 탄탄 ▶ 1등급 도전 ▶ 중단원 정복 ▶ 수능 맛보기

중단원을 마무리하면서 꼭 알아야 하는 개념들을 문제로 확인할 수 있습니다. 또한 서술형 문제들만 따로 모아놓아 학교 서술형 시험에 대비할 수 있습니다.

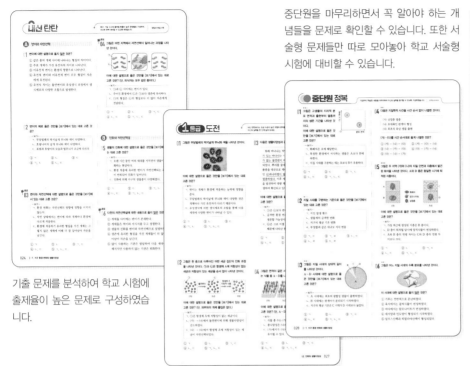

기출 문제를 분석하여 학교 시험에 출제율이 높은 문제로 구성하였습니다.

내신 1등급 도전을 위한 난이도 中上의 문제와 신유형 문제로 구성하였습니다.

수능 기출 문제를 활용하여 해당 단원과 관련된 문제를 제시하여 수능 문제에 미리 도전해 볼 수 있습니다.

학교 시험 3일 전에는   시험대비교재 4단 코스

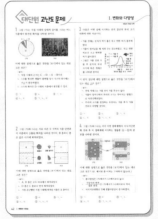

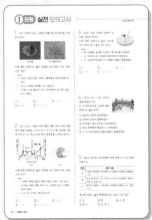

잠깐 테스트로 개념을 확실하게 기억하고, 쪽지 시험까지 대비할 수 있습니다.

필요한 개념만 알아보기 쉽게 표로 정리한 후 문제를 통해 기본적인 개념을 확인할 수 있습니다.

대단원별로 난이도 上의 고난도 문제를 모아 1등급 문제에 대비할 수 있습니다.

대단원별로 학교 시험 문제와 매우 유사한 형태의 예상 문제를 제시하여 완벽하게 시험을 대비할 수 있습니다.

통합과학 2의 차례

III

**과학과
미래 사회**

통합과학1 미리보기

큐알을 찍으면 내 교과서의 내용이
오투의 어느 부분인지 알 수 있어요.

I 변화와 다양성

1 지구 환경 변화와 생물다양성

이 단원과 관련된
중학교에서 배운 내용을
확인해 보자.

● **생물다양성** 어떤 지역에 살고 있는 생물의 다양한 정도
  (1) 생물의 종류: 생물의 수가 많을 때보다 생물의 ① [   ]가 많을 때, 한두 종류의 생물이 대부분을 차지할 때보다 여러 종류의 생물이 고르게 분포할 때 생물다양성이 높다.
  (2) 같은 종류에 속하는 생물의 특성: 같은 종류에 속하는 생물이라도 생물의 특징을 결정하는 ② [   ]가 다르기 때문에 크기나 생김새와 같은 특징이 다양하다.
  (3) 생태계: 숲, 갯벌, 바다, 사막 등 생태계가 다양하면 생물의 종류가 많아진다.

● **생물이 다양해지는 과정**
  (1) 변이: 같은 종류의 생물 사이에서 나타나는 서로 다른 특징
  (2) 생물이 다양해지는 과정: 생물의 변이와 생물이 환경에 ③ [   ]하는 과정에 의해 생물이 다양해진다.

  | 한 종류의 생물 무리에는 다양한 ④ [   ]가 있다. | → | 환경에 알맞은 변이를 지닌 생물이 더 많이 살아남아 자손을 남긴다. | → | 이 과정이 매우 오랜 세월 동안 반복되면 원래의 생물과 특징이 다른 생물이 나타날 수 있다. |

● **생물다양성의 중요성** 생태계평형 유지, 사람이 살아가는 데 필요한 ⑤ [   ] 제공, 지구 환경 보전

● **생물다양성 감소 원인과 그에 따른 대책**

서식지파괴	지나친 개발 자제, 서식지 보전, 보호 구역 지정, 생태통로 설치
남획	법률 강화, 멸종 위기 생물 지정
⑥ [ ] 유입	무분별한 유입 방지, 꾸준한 감시와 퇴치
환경 오염	쓰레기 배출량 줄이기, 환경 정화 시설 설치

[정답]

① 종류 ② 유전자 ③ 적응
④ 변이 ⑤ 생물자원 ⑥ 외래종

01 지구 환경 변화

핵심 짚기
- ☐ 시상 화석과 표준 화석
- ☐ 지질 시대의 환경과 생물
- ☐ 지질 시대의 구분
- ☐ 대멸종과 생물다양성

A 화석과 지질 시대

1 화석 과거에 살았던 생물의 유해나 흔적이 지층 속에 남아 있는 것❶
- ① 화석의 예: 뼈, 껍질, 알, 발자국, 배설물, 생물이 뚫은 구멍, 빙하나 호박 속에 갇힌 생물 등
- ② 화석은 대부분 퇴적암에서 발견된다. ➡ 높은 열과 압력을 받으면 생물의 유해가 파손되거나 형태가 사라지기 때문에 화성암이나 변성암에서는 화석이 발견되기 어렵다.

2 화석을 통해 알 수 있는 것
- ① 과거 생물의 구조와 특징
- ② 과거 생물의 진화 과정
- ③ 생물이 살았던 서식지의 환경이나 화석이 발견된 지층의 생성 시기: 시상 화석과 표준 화석을 이용하여 알 수 있다.❷

시상 화석	구분	표준 화석
지층이 퇴적될 당시의 환경을 알려 주는 화석	정의	지층의 생성 시대를 알려 주는 화석
생물의 생존 기간이 길고, 특정한 환경에 분포해야 한다.	조건	생물의 생존 기간이 짧고, 지리적으로 널리 분포해야 한다.

시상 화석 예:
- 고사리 — 따뜻하고 습한 육지
- 산호 — 따뜻하고 수심이 얕은 바다
- 조개 — 얕은 바다나 갯벌

표준 화석 예:
- 고생대 — 삼엽충, 갑주어, 방추충
- 중생대 — 암모나이트, 공룡
- 신생대 — 화폐석, 매머드

- ④ 과거 수륙 분포 변화: 화석 분포의 연속성을 이용하여 지질 시대의 수륙 분포를 알아낼 수 있다.❸
- ⑤ 과거의 기후 변화: 기후에 민감한 생물종의 분포를 통해 지질 시대의 기후 변화를 추정하는 데 이용된다.
- ⑥ 지하자원의 탐사:*유공충 화석은 석유의 존재 여부를 확인하는 데 이용된다. ➡ 유공충이 대량으로 퇴적되면 원유가 형성될 수 있기 때문

3 지질 시대 지구가 탄생(약 45억 6천 7백만 년 전)한 후부터 현재까지 지질학적 활동이 일어나고 있는 시대

← 화석이 거의 발견되지 않는 시대 →		화석이 많이 발견되는 시대
		신생대(1.4 %)
선캄브리아시대 (88.2 %)	고생대 (6.3 %)	중생대 (4.1 %)
45.67	5.39	2.52 0.66

시간(억 년 전)

▲ 지질 시대의 구분

- ① 지질 시대의 구분 기준: 지구 환경 변화로 인한 생물계의 급격한 변화(화석의 변화)
  - ➡ 많은 종류의 생물이 갑자기 멸종하거나 출현한 시기를 경계로 구분한다.❹

Plus 강의

❶ 화석의 생성 조건
- 생물의 개체 수가 많아야 한다.
- 생물이 단단한 뼈나 껍데기를 가지고 있으면 화석으로 남기 쉽다.
- 생물의 유해나 흔적이 훼손되기 전에 지층 속에 빨리 매몰되어*화석화 작용을 받아야 하며, 지층이 생성된 뒤 심한 지각 변동을 받지 않아야 한다.

❷ 시상 화석과 표준 화석의 조건

❸ 화석을 이용하여 추정한 과거의 대륙 분포

글로소프테리스 화석

글로소프테리스 화석이 멀리 떨어진 여러 대륙에서 발견되는 것으로 보아 현재 멀리 떨어져 있는 대륙들이 과거에는 한 덩어리로 뭉쳐 있었다는 것을 알 수 있다.

❹ 지질 시대를 구분하는 또 다른 기준 — 부정합

지질 시대는 화석을 기준으로 구분하는 것이 원칙이지만 선캄브리아시대와 같이 화석이 충분히 산출되지 않는 경우에는 대규모 지각 변동(예 부정합)을 기준으로 구분한다.

🔍 용어 돋보기

✽ 화석화 작용_생물의 유해나 흔적이 다른 물질로 치환되거나 광물질로 채워져 화석으로 보존되는 과정

✽ 유공충(有 있다, 孔 구멍, 蟲 벌레)_단세포 원생동물로, 석회질 껍데기에 구멍이 있어 붙여진 이름

② 지질 시대의 구분: 선캄브리아시대, 고생대, 중생대, 신생대로 구분
• 화석 발견과 지질 시대의 구분 관계

화석이 거의 발견되지 않는 시대	선캄브리아시대 ➡ 생물의 개체 수가 적었고, 생물체에 단단한 골격이 없었으며, 화석이 되어도 지각 변동과 풍화 작용을 많이 받아 화석으로 남아 있기 어렵기 때문이다.❺
화석이 많이 발견되는 시대	화석에 나타나는 생물계의 큰 변화를 기준으로 고생대, 중생대, 신생대로 구분

• 지질 시대는 '대'를 세분하여 '기'로 나눌 수 있다.
③ 지질 시대의 상대적 길이: 선캄브리아시대≫고생대＞중생대＞신생대
➡ 선캄브리아시대가 지질 시대의 대부분을 차지
④ 지층에서 발견된 화석으로 지질 시대 구분하기

지층 경계	생물계의 변화
(가)와 (나)	b 출현
(나)와 (다)	c 출현
(다)와 (라)	b, f 멸종, d, g 출현
(라)와 (마)	a, d 멸종

생물계의 변화가 가장 크게 나타나는 지층 (다)와 (라)의 경계를 기준으로 지질 시대를 구분할 수 있다.

▲ 지층 (가)~(마)에서 산출된 화석(단, 지층은 *역전되지 않았다고 가정한다.)

❺ 선캄브리아시대
지질 기록에서 처음으로 풍부하고 다양한 생물의 화석이 산출되는 시기는 고생대의 시작인 캄브리아기이다. 선캄브리아시대는 '캄브리아기 이전의 지질 시대'라는 뜻이다.

🔍 용어 돋보기

✻역전(逆 거스르다, 轉 돌다)_오래된 지층(아래층)과 오래되지 않은 지층(위층)이 뒤집히는 현상

개념 쏙쏙

정답과 해설 1쪽

1 화석과 지질 시대에 대한 설명으로 옳은 것은 ○, 옳지 않은 것은 ✕로 표시하시오.

(1) 지질 시대에 살았던 생물의 유해나 흔적이 지층 속에 남아 있는 것을 화석이라고 한다. ┄┄┄┄┄┄┄┄┄┄┄┄┄┄ ( )

(2) 화석을 통해 과거의 지진 발생의 유무, 과거의 수륙 분포를 추정할 수 있다. ┄┄┄┄┄┄┄┄┄┄┄┄┄┄ ( )

(3) 지질 시대는 최초의 생명체가 탄생한 후부터 현재까지의 기간이다. ( )

(4) 지질 시대를 구분하는 주요 기준은 화석의 변화이다. ┄┄┄┄┄ ( )

(5) 화석이 가장 많이 발견되는 지질 시대는 선캄브리아시대이다. ┄┄┄ ( )

2 시상 화석과 표준 화석에 대한 설명이다. ( ) 안에서 알맞은 말을 고르시오.

(1) (시상, 표준) 화석은 지층이 퇴적될 당시의 환경을 알아 내는 데 유용하다.

(2) 생존 기간이 짧고, 특정한 시대에서만 생존하는 생물의 화석은 (시상, 표준) 화석으로 유용하다.

(3) 삼엽충, 방추충은 (선캄브리아시대, 고생대, 중생대, 신생대)의 대표적인 표준 화석에 해당한다.

(4) 지질 시대를 구분하는 데 이용되는 화석은 (시상, 표준) 화석이다.

(5) 고사리 화석이 발견되는 지층은 과거에 (육지, 바다) 환경이었을 것이다.

3 선캄브리아시대, 고생대, 중생대, 신생대 중 지질 시대의 대부분을 차지하는 것을 쓰시오.

암기꼭!

시상 화석과 표준 화석
• 시상 화석: 특정한 환경에 생존한 생물의 화석
• 표준 화석: 특정한 시기에 생존한 생물의 화석

지질 시대의 구분 기준
생물계의 급격한 변화(화석의 변화)

지질 시대의 상대적 길이
선캄브리아시대≫고생대＞중생대＞신생대

01 지구 환경 변화

ⓑ 지질 시대의 지구 환경과 생물의 변화

1 선캄브리아시대

환경	• 기후: 비교적 온난하였으나, 여러 차례 빙하기가 있었을 것으로 추정된다. • 수륙 분포: 지각 변동을 많이 받았고, 발견되는 화석이 매우 적어 정확히 알기 어렵다.
생물	• 화석이 드물게 발견된다. • 바다에서 최초의 생명체가 출현하였고, 생물은 주로 바다에서 생활하였다. ➡ 생물에 유해한 자외선이 지표에는 도달하고, 바다 속에는 도달하지 않았기 때문에 육지에서는 생물이 출현할 수 없었다. • 최초로 광합성을 하는 남세균(사이아노박테리아)이 출현하여 바다와 대기의 산소량 증가 ➡ 스트로마톨라이트 형성❶ • 단세포생물과 원시 해조류 출현, 말기에 최초의 다세포생물이 출현하였다. ➡ 에디아카라 동물군(다세포생물 화석군) 형성❷

▲ 선캄브리아시대

2 고생대

환경	• 기후: 대체로 온난하였고, 말기에는 빙하기가 있었다. • 수륙 분포: 말기에는 대륙들이 모여 하나의 초대륙인 판게아를 형성하였다.
생물	• 생물의 종과 개체 수가 크게 증가 • 육상 생물 출현 ➡ 오존층이 형성되어 지표에 도달하는 자외선을 차단하였기 때문에❸ • 바다: 삼엽충, 방추충, 완족류, 어류(갑주어 등) 번성 • 육지: 양서류, 곤충류(대형 잠자리 등), ✱양치식물(고사리 등) 번성, 파충류, 겉씨식물 출현 • 말기에 생물의 대멸종 ➡ 판게아 형성, 대규모 화산 분출 등이 원인으로 추정❹

▲ 고생대 중기

▲ 고생대 말기

고생대

3 중생대

환경	• 기후: 지질 시대 중 가장 따뜻했던 시기로, 빙하기가 없었다. • 수륙 분포: 판게아가 분리되면서 대서양과 인도양이 형성되기 시작하였고, 인도가 분리되어 북상하였으며, 안데스산맥과 로키산맥이 형성되었다.
생물	• 바다: 암모나이트 번성 • 육지: 공룡, 파충류, 겉씨식물(은행나무 등) 번성, 조류(시조새 등), 작은 크기의 포유류, 속씨식물 출현 ➡ 파충류의 시대 • 말기에 생물의 대멸종 ➡ 소행성 충돌, 화산 폭발 등이 원인으로 추정

대서양
인도
인도양
▲ 중생대 중기

중생대

4 신생대

환경	• 기후: 초기부터 중기까지는 대체로 온난하였지만, 후기에는 빙하기와 간빙기가 반복되었다. • 수륙 분포: 대서양과 인도양이 점점 넓어지고, 태평양이 좁아졌다. 히말라야산맥과 알프스산맥이 형성되었다. ➡ 현재와 비슷한 수륙 분포를 형성
생물	• 바다: ✱화폐석 번성 • 육지: 포유류(매머드 등), 조류, 속씨식물(단풍나무, 참나무 등) 번성, 인류의 조상 출현(신생대 말기) ➡ 포유류의 시대❺

유라시아
대서양
인도
인도양
▲ 신생대 말기

신생대

Plus 강의

❶ 스트로마톨라이트(단면 모습)

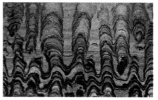

남세균은 최초의 광합성 생물이다. 스트로마톨라이트는 남세균의 점액질에 모래나 진흙 같은 부유물이 달라붙어 만들어진 퇴적 구조로, 가장 오래된 생물의 흔적이다.

❷ 에디아카라 동물군
무척추동물인 해파리, 해면동물 등이 단단한 골격이나 껍데기가 없는 흔적 화석으로 산출된다.

❸ 지구 대기 중 산소 농도 변화와 최초의 육상 생물 출현
광합성으로 방출된 산소가 대기 중에 누적되어 오존층이 형성되었고, 오존층이 지표에 도달하는 유해한 자외선을 차단하였기 때문에 육상 생물이 출현하였다.

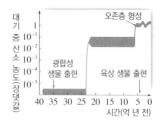

❹ 대륙의 이동에 따른 환경 변화
• 판게아 형성(대륙이 합쳐질 때): 해안선의 길이 감소 → 대륙붕의 면적 감소로 생물의 서식지 감소, 해류가 단순해져 기후대가 단순해짐 ➡ 생물종의 수 감소
• 판게아 분리(대륙이 분리될 때): 해안선의 길이 증가 → 대륙붕의 면적 증가로 생물의 서식지 증가, 해류가 복잡해져 기후대가 복잡해짐 ➡ 생물종의 수 증가

❺ 생물의 진화 과정
• 동물계: 무척추동물 → 어류 → 양서류 → 파충류 → 조류와 포유류
• 식물계: 해조류 → 양치식물 → 겉씨식물 → 속씨식물

용어 돋보기

✱ 양치식물(羊 양, 齒 이빨, 植物 식물)
꽃이 피지 않는 식물로, 씨가 없이 포자로 번식함

✱ 화폐석(貨 재물, 幣 돈, 石 돌)_유공충의 한 종류로, 동전과 모양이 비슷하다고 하여 붙여진 이름

C 대멸종과 생물다양성

1 대멸종 지구 환경의 급격한 변화로 많은 생물이 짧은 기간 동안 광범위한 지역에서 멸종하는 것 ➡ 대멸종은 수만 년~수백만 년에 걸쳐 진행된다.

① 대멸종의 원인: 지구 환경의 급격한 변화 ➡ 대륙 이동에 따른 수륙 분포 및 해수면 변화, *운석 충돌에 따른 먼지 구름 확산으로 광합성 차단, 화산 폭발에 따른 온실 기체 증가와 화산재의 태양 빛 차단, 대기와 해양에 산소량 급감 등 ❻

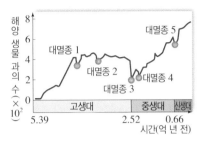

▲ 지질 시대의 생물의 수 변화

② 대멸종은 하나의 원인에 의해 발생하기보다 여러 요인들이 연속적으로 또는 복합적으로 작용하여 발생한 것으로 추정된다.

③ 지질 시대의 대멸종 원인과 생물계 변화: 대멸종은 5회 일어났다. ➡ 고생대 말기에 가장 큰 규모의 대멸종 발생

구분	시기	대멸종 주요 원인(유력 가설)	대멸종 이후 생물계의 변화
대멸종 1	고생대 초기	빙하의 확장으로 해수면 하강, 기온 하강	완족류, 삼엽충에 큰 피해
대멸종 2	고생대 중기	해양 무산소화, 기후 냉각, 소행성 충돌 추정	어류, 산호, 완족류, 삼엽충에 큰 피해
대멸종 3	고생대 말기	판게아 형성, 화산 폭발로 인한 온난화, 소행성 충돌 등	삼엽충을 비롯한 해양 생물군 대부분 멸종
대멸종 4	중생대 초기	판게아의 분리에 따른 화산 활동	산호, 암모나이트 등의 해양 생물에 큰 피해
대멸종 5	중생대 말기	소행성 충돌, 화산 폭발 등	공룡, 암모나이트 멸종

2 대멸종 이후 변화 대멸종 시기에는 생물 과의 수가 크게 줄어들고, 생물의 종이 크게 달라진다. 대멸종에서 살아남아 새로운 환경에 적응한 생물은 다양한 종으로 진화하여 생물다양성이 증가하는 계기가 된다.

❻ 대멸종 가설

- **기후 변화설**: 대륙 이동, 대기와 해수의 순환 변화, 대기 중 온실 기체의 농도 변화, 지표의 반사율 변화 등으로 지구의 기온, 강수량 등이 변하여 대멸종이 발생한다는 가설
- **해양 무산소설**: 온실 효과 등으로 해양의 순환이 약해지거나 대규모 적조가 발생하면 해양에 녹아 있는 산소의 양이 급격하게 줄어드는 현상으로 해양 생물의 급격한 대멸종을 설명하는 가설
- **화산 폭발설**: 대규모 화산 분출로 발생한 화산재 또는 용암이 지표의 반사율을 변화시키고, 화산 가스가 대기 조성에 영향을 미쳐 대멸종이 발생한다는 가설
- **소행성 충돌설**: 소행성 또는 혜성이 지구와 충돌하면서 발생된 다량의 먼지가 지구의 상층 대기에 퍼져 햇빛을 차단하고 지구의 평균 기온을 감소시켜 대멸종이 발생한다는 가설

🔍 용어 돋보기

* **운석(隕 떨어지다, 石 돌)**_우주 공간에서 떠돌던 유성체(혜성이나 소행성이 남긴 파편)가 지구 대기로 진입할 때 다 타지 않고 지표로 떨어진 암석

정답과 해설 1쪽

4 지질 시대와 지질 시대의 주요 사건을 옳게 연결하시오.

(1) 고생대 •
(2) 중생대 •
(3) 신생대 •
(4) 선캄브리아시대 •

• ㉠ 최초의 육상 생물이 등장하였다.
• ㉡ 최초의 광합성 생물이 출현하였다.
• ㉢ 현재와 비슷한 수륙 분포가 형성되었다.
• ㉣ 공룡, 암모나이트, 겉씨식물이 번성하였다.

5 지질 시대의 생물과 대멸종에 대한 설명으로 옳은 것은 ○, 옳지 <u>않은</u> 것은 ×로 표시하시오.

(1) 지질 시대 동안 동물계의 진화 순서는 무척추동물 → 어류 → 파충류 → 양서류 → 조류와 포유류이다. .... (   )

(2) 고생대에는 양치식물이, 중생대에는 겉씨식물이 번성하였다. .... (   )

(3) 가장 큰 규모의 대멸종은 판게아가 분리되는 중생대 초기에 일어났다. (   )

(4) 대멸종이 일어난 이후에는 생태계가 이전 수준의 생물다양성으로 회복되기 어렵다. .... (   )

암기 꼭!

지질 시대의 생물
- 선캄브리아시대: 남세균 출현
- 고생대: 삼엽충, 양치식물 번성, 육상 생물 출현
- 중생대: 공룡, 암모나이트, 겉씨식물 번성
- 신생대: 화폐석, 매머드, 속씨식물 번성, 최초의 인류 출현

A 화석과 지질 시대

01 화석에 대한 설명으로 옳지 <u>않은</u> 것은?

① 지층 속에 남아 있는 생물의 활동 흔적도 화석에 해당한다.
② 생물의 유해나 흔적이 지층 속에 빨리 매몰되어야 화석으로 남기 쉽다.
③ 생물의 사체가 충분히 분해되어야 화석으로 보존될 가능성이 크다.
④ 생물이 단단한 뼈나 껍데기가 있으면 화석으로 보존될 가능성이 크다.
⑤ 화석이 발견된 지층의 생성 시대에 대한 정보를 알려 준다.

02 다음은 우리나라의 어느 지층에서 발견된 공룡 발자국에 대한 학생들의 의견을 나타낸 것이다.

- 학생 A: 공룡 발자국이 찍힌 시기는 중생대일 거야.
- 학생 B: 몸집이 큰 공룡이 단단한 암석 위를 걸어 다녔어.
- 학생 C: 공룡 발자국이 찍힌 이후에 지층은 심한 지각 변동을 받았을 거야.

제시한 의견이 옳은 학생만을 있는 대로 골라 쓰시오.

★중요
03 그림 (가)와 (나)는 고사리 화석과 산호 화석을 나타낸 것이다.

 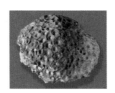

(가) 고사리　　　　　(나) 산호

이에 대한 설명으로 옳은 것만을 [보기]에서 있는 대로 고른 것은?

　보기
ㄱ. (가)가 생성될 당시 온난한 기후였다.
ㄴ. (나)는 수심이 깊은 바다 환경에서 잘 생성된다.
ㄷ. (가), (나)는 동일한 퇴적층에서 잘 발견된다.

① ㄱ　　　　② ㄴ　　　　③ ㄱ, ㄷ
④ ㄴ, ㄷ　　　⑤ ㄱ, ㄴ, ㄷ

★중요
04 그림은 고생물의 지리적 분포 면적과 출현부터 멸종까지의 생존 기간을 나타낸 것이다.
A~D 중 표준 화석으로 가장 적합한 생물의 조건을 쓰시오.

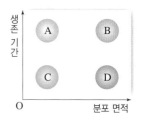

05 지질 시대를 구분하는 기준으로 가장 적절한 것은?

① 해수면의 높이 변화　　② 퇴적물 종류의 변화
③ 생물계의 급격한 변화　④ 지구 대기의 성분 변화
⑤ 해양에 용해된 산소량의 변화

06 지질 시대에 대한 설명으로 옳은 것만을 [보기]에서 있는 대로 고른 것은?

　보기
ㄱ. 지질 시대는 지구가 탄생한 이후부터 최초의 인류가 출현한 시기까지의 기간이다.
ㄴ. 화석의 변화는 지질 시대를 구분하는 주요 기준이다.
ㄷ. 선캄브리아시대는 고생대, 중생대, 신생대로 세분할 수 있다.

① ㄱ　　　　② ㄴ　　　　③ ㄱ, ㄷ
④ ㄴ, ㄷ　　　⑤ ㄱ, ㄴ, ㄷ

★중요
07 다음은 지질 시대를 상대적 길이에 따라 구분하여 나타낸 것이다.

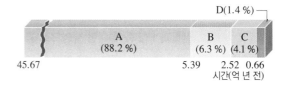

A~D에 대한 설명으로 옳은 것은?

① A는 고생대이다.
② A는 화석이 가장 풍부하게 산출되는 시기이다.
③ B일 때 최초의 육상 생물이 출현하였다.
④ C일 때 포유류가 크게 번성하였다.
⑤ D는 전반적으로 온난했던 시기이다.

08 선캄브리아시대의 화석이 거의 발견되지 않는 까닭을 세 가지만 서술하시오.

B 지질 시대의 지구 환경과 생물의 변화

중요
09 그림은 지질 시대 동안 지구의 평균 기온 변화를 나타낸 것이다.

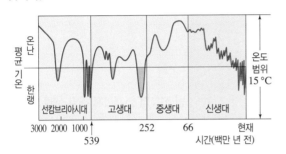

이에 대한 설명으로 옳은 것만을 [보기]에서 있는 대로 고른 것은?

[보기]
ㄱ. 신생대에는 초기보다 후기에 지구의 평균 해수 면이 높았을 것이다.
ㄴ. 지구의 평균 기온은 중생대가 고생대보다 높았다.
ㄷ. 각 지질 시대의 말기에는 빙하기가 나타났다.

① ㄴ　　　　② ㄷ　　　　③ ㄱ, ㄴ
④ ㄱ, ㄷ　　　⑤ ㄱ, ㄴ, ㄷ

10 다음은 스트로마톨라이트에 대한 설명이다.

> 스트로마톨라이트는 최초의 광합성 생물 A에 의해 만들어진 퇴적 구조이다. A의 광합성으로 발생한 B 가 대기 중으로 공급되면서 오존층이 형성되었다.

이에 대한 설명으로 옳은 것만을 [보기]에서 있는 대로 고른 것은?

[보기]
ㄱ. B는 이산화 탄소이다.
ㄴ. 스트로마톨라이트는 고생대를 대표하는 화석이다.
ㄷ. A 생물이 출현한 시대에는 대부분의 생물이 바 다에서 생활하였다.

① ㄴ　　　　② ㄷ　　　　③ ㄱ, ㄴ
④ ㄱ, ㄷ　　　⑤ ㄱ, ㄴ, ㄷ

11 그림 (가)와 (나)는 선캄브리아시대와 고생대의 환경과 생물을 순서 없이 나타낸 것이다.

(가)　　　　　　　(나)

이에 대한 설명으로 옳은 것은?

① (가) 시기는 선캄브리아시대이다.
② (가) 시기일 때 바다에서는 암모나이트가 번성하 였다.
③ (나) 시기일 때 최초의 육상 생물이 등장하였다.
④ (나) 시기의 표준 화석으로는 에디아카라 동물군 이 있다.
⑤ (나) 시기 말기에 초대륙인 판게아가 형성되었다.

중요
12 그림 (가)~(다)는 서로 다른 지질 시대에 생성된 표준 화 석을 나타낸 것이다.

(가)　　　　　　(나)　　　　　　(다)

이에 대한 설명으로 옳은 것만을 [보기]에서 있는 대로 고른 것은?

[보기]
ㄱ. 지질 시대의 순서는 (다) → (가) → (나)이다.
ㄴ. (가)는 바다에서 번성했던 생물의 화석이나.
ㄷ. 생물이 출현해서 멸종하기까지 걸린 시간은 (나) 가 (다)보다 짧다.

① ㄱ　　　　② ㄴ　　　　③ ㄱ, ㄷ
④ ㄴ, ㄷ　　　⑤ ㄱ, ㄴ, ㄷ

13 육상 생물이 출현한 지질 시대를 쓰고, 육상 생물이 출현 할 수 있게 된 까닭을 서술하시오.

★중요
14 그림 (가)~(다)는 서로 다른 지질 시대의 수륙 분포 모습을 나타낸 것이다.

(가)　　　　(나)　　　　(다)

각 지질 시대에 번성했던 생물의 화석을 [보기]에서 골라 옳게 짝 지은 것은?

> **보기**
> ㄱ. 공룡　　　ㄴ. 매머드　　　ㄷ. 삼엽충
> ㄹ. 화폐석　　ㅁ. 암모나이트

	(가)	(나)	(다)		(가)	(나)	(다)
①	ㄱ	ㄴ	ㄹ	②	ㄱ	ㄷ	ㄹ
③	ㄴ	ㄷ	ㅁ	④	ㄴ	ㄹ	ㅁ
⑤	ㄷ	ㅁ	ㄱ				

15 그림은 지질 시대 동안 번성한 동물계를 나타낸 것이다.

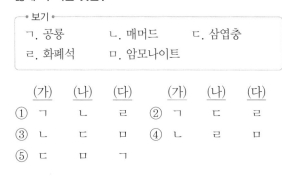

이에 대한 설명으로 옳은 것만을 [보기]에서 있는 대로 고른 것은?

> **보기**
> ㄱ. A 시기에 번성한 생물에는 완족류가 있다.
> ㄴ. 기권의 오존층은 B 시기에 처음 형성되었다.
> ㄷ. 히말라야산맥은 C 시기에 형성되었다.

① ㄱ　　　　② ㄴ　　　　③ ㄷ
④ ㄱ, ㄷ　　　⑤ ㄴ, ㄷ

16 다음은 지질 시대에 일어난 사건 (가)~(다)를 나타낸 것이다.

> (가) 삼엽충이 완전히 멸종하였다.
> (나) 초대륙인 판게아가 분리되기 시작하였다.
> (다) 남세균이 출현하여 바다에 산소를 방출하기 시작하였다.

(가)~(다)의 지질 시대를 시간 순서대로 쓰시오.

C 대멸종과 생물다양성

17 대멸종에 대한 설명으로 옳은 것은?

① 지질 시대 동안 대멸종은 거의 일정한 시간 간격으로 발생하였다.
② 규모가 가장 큰 대멸종은 중생대 말기에 일어났다.
③ 대멸종 이후 생물 과의 수는 점점 증가한다.
④ 대멸종 시기의 환경 변화에 적응한 생물은 다양한 종으로 진화할 수 없었다.
⑤ 생물다양성이 가장 높은 시기는 중생대이다.

★중요
18 그림은 5.39억 년 전부터 현재까지 해양 생물 과의 수 변화를 나타낸 것이다.

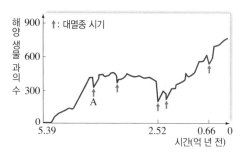

이에 대한 설명으로 옳은 것만을 [보기]에서 있는 대로 고른 것은?

> **보기**
> ㄱ. A는 선캄브리아시대에 일어난 대멸종이다.
> ㄴ. 가장 큰 규모의 대멸종은 판게아의 형성과 관계가 있다.
> ㄷ. 대멸종 이후 생물다양성은 다시 회복하는 경향이 뚜렷하다.

① ㄱ　　　　② ㄷ　　　　③ ㄱ, ㄴ
④ ㄴ, ㄷ　　　⑤ ㄱ, ㄴ, ㄷ

서술형
19 중생대 말기에 공룡과 암모나이트가 멸종한 원인을 설명하는 타당한 가설을 쓰고, 가설의 근거를 한 가지 서술하시오.

_____

01 그림은 어느 지역의 지층 A~E의 모습을, 표는 각 지층에서 발견된 화석 ㉠~㉣의 분포를 나타낸 것이다. 이 지역에는 고생대, 중생대, 신생대 지층이 모두 분포하며, ㉠~㉣ 중 3개는 표준 화석이다.

지층 \ 화석	㉠	㉡	㉢	㉣
E			●	
D	●		●	
C		●	●	
B			●	●
A				●

이에 대한 설명으로 옳은 것만을 [보기]에서 있는 대로 고른 것은? (단, 지층은 위아래가 뒤집힌 적이 없다.)

<보기>
ㄱ. 지층 A~E 중 B 층은 고생대에 퇴적되었다.
ㄴ. ㉡은 중생대의 표준 화석이다.
ㄷ. ㉢은 고생대, 중생대, 신생대 지층에서 모두 산출된다.

① ㄱ ② ㄴ ③ ㄱ, ㄷ
④ ㄴ, ㄷ ⑤ ㄱ, ㄴ, ㄷ

02 그림 (가)는 서로 다른 지질 시대의 수륙 분포를 ㉠, ㉡, ㉢으로 순서 없이 나타낸 것이고, (나)는 어느 지질 시대의 환경과 생물을 나타낸 것이다.

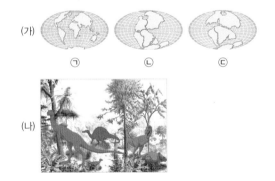

이에 대한 설명으로 옳은 것만을 [보기]에서 있는 대로 고른 것은?

<보기>
ㄱ. (가)를 지질 시대의 순서대로 나열하면 ㉡ → ㉢ → ㉠이다.
ㄴ. (나) 시기의 수륙 분포는 ㉡이다.
ㄷ. (나) 시기에는 대륙 빙하가 중위도에도 나타났다.

① ㄱ ② ㄴ ③ ㄱ, ㄷ
④ ㄴ, ㄷ ⑤ ㄱ, ㄴ, ㄷ

03 그림은 두 지역 (가)와 (나)의 지층 단면과 각 지층에서 발견된 화석을 나타낸 것이다. (가)와 (나) 지역에는 고생대, 중생대, 신생대 지층이 분포한다.

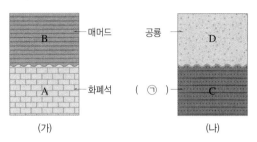

이에 대한 설명으로 옳은 것만을 [보기]에서 있는 대로 고른 것은? (단, 지층은 위아래가 뒤집힌 적이 없다.)

<보기>
ㄱ. A는 C보다 먼저 퇴적되었다.
ㄴ. B와 D는 육지 환경에서 퇴적되었다.
ㄷ. ㉠에서 산출될 수 있는 화석에는 방추충이 있다.

① ㄱ ② ㄴ ③ ㄱ, ㄷ
④ ㄴ, ㄷ ⑤ ㄱ, ㄴ, ㄷ

04 그림은 지질 시대 동안 해양 동물과 육상 식물의 과의 수 변화를 나타낸 것이다.

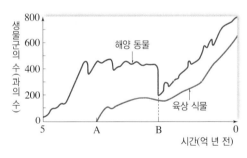

이에 대한 설명으로 옳은 것만을 [보기]에서 있는 대로 고른 것은?

<보기>
ㄱ. 지질 시대를 구분할 때, 해양 동물이 육상 식물보다 유용하다.
ㄴ. 오존층은 A 시기 이후에 형성되었다.
ㄷ. B 시기에 공룡이 멸종하였다.

① ㄱ ② ㄴ ③ ㄱ, ㄷ
④ ㄴ, ㄷ ⑤ ㄱ, ㄴ, ㄷ

진화와 생물다양성

☐ 변이와 자연선택   ☐ 진화와 자연선택설
☐ 생물다양성

Ⓐ 변이와 자연선택

1 변이

① 변이: 같은*종의 개체 사이에 나타나는 형질의 차이이다.
- 일반적으로 말하는 변이는 유전적 변이이다.❶
- 유전적 변이는 개체가 가진 유전자의 차이로 나타난다. ➡ 형질이 자손에게 유전되며, 진화의 원동력이 된다.❷
- 예 • 무당벌레의 딱지날개 무늬와 색이 다양하다.
  • 호랑나비의 날개 무늬와 색이 다양하다.

② 유전자 차이의 원인: 개체 사이의 유전자 차이는 오랫동안 축적된 돌연변이와 유성생식 과정에서 생식세포의 다양한 조합으로 발생한다.

돌연변이	DNA의 유전정보가 달라져 부모에게 없던 형질이 자손에게 나타나는 현상이다. ➡ 돌연변이로 만들어진 새로운 유전자는 자손에게 유전될 수 있다. 예 붉은색 딱정벌레 무리의 자손 중에 초록색 딱정벌레가 나타났다.
생식세포의 다양한 조합	유성생식 과정에서 유전자 조합이 다양한 생식세포가 형성되고, 암수 생식세포가 무작위로 수정하면서 부모의 유전자가 다양하게 조합된 자손이 태어난다. ➡ 같은 부모로부터 유전자 구성이 다양한 자손이 태어난다. 예 흰색 털을 가진 개와 갈색 털을 가진 개가 교배하여 얼룩무늬 털을 가진 강아지를 낳았다.

2 자연선택
자연 상태에서는 변이에 따라 개체마다 환경에 다르게 적응한다. 환경에 적응하기 유리한 형질을 가진 개체는 그렇지 않은 개체에 비해 더 잘 살아남아 자손을 많이 남긴다.❸

| 자연선택이 일어나는 과정 |

같은 종의 생물 무리에 다양한 형질을 가진 개체들이 존재한다. → 자연 상태에서 포식자의 눈에 더 잘 띄는 피식자 개체가 높은 비율로 잡아먹힌다. → 시간이 지남에 따라 포식자의 눈에 덜 띄는 피식자 개체가 더 잘 살아남는다. → 살아남은 개체의 형질이 자손에게 전달되어 그 형질을 가진 개체의 수가 증가한다.

Ⓑ 진화와 자연선택설

1 진화
오랜 시간 동안 여러 세대를 거치면서 생물이 변화하는 현상이다. ➡ 진화에 의해 지구의 생물종이 다양해졌다.

2 환경에 따른 자연선택
같은 형질이라도 어떤 환경에서는 생존에 유리하게 작용하지만, 어떤 환경에서는 불리하게 작용하여 자연선택 결과가 달라지기도 한다. 탐구 Ⓐ 22쪽
예 낫모양적혈구빈혈증인 사람은 일반적으로 생존에 불리하지만, 낫모양적혈구 유전자를 가진 사람은 말라리아에 잘 걸리지 않아 말라리아가 유행하는 지역에서는 낫모양적혈구 유전자의 빈도가 높다.

Plus 강의

❶ 비유전적 변이
유전적 변이와 달리 환경의 영향으로 나타나는 변이로, 형질이 자손에게 유전되지 않는다.
예 운동을 통해 단련한 사람은 일반적인 사람보다 근육이 발달되어 있다.

❷ 변이가 나타나는 과정
개체가 가진 유전자에 차이가 있어 합성되는 단백질의 종류와 양이 달라지고, 그에 따라 형질의 차이인 변이가 나타난다.

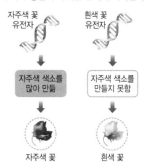

❸ 환경에 따른 자연선택의 예 - 나방의 자연선택
나무줄기가 밝은색의 지의류로 덮여 있을 때에는 흰색 나방이 검은색 나방보다 포식자의 눈에 잘 띄지 않아 흰색 나방의 개체수가 더 많다. 그러나 지의류가 사라져 나무줄기의 어두운 부분이 나타나면 검은색 나방이 흰색 나방보다 포식자의 눈에 잘 띄지 않아 검은색 나방의 개체수가 많아진다.

Q 용어 돋보기

✽종(種 씨)_ 자연적으로 교배하여 생식 능력이 있는 자손을 낳을 수 있는 집단

3 자연선택설 다윈의 진화론으로, 다양한 변이를 가진 개체 중에서 환경에 잘 적응한 개체가 자연선택되는 과정이 반복되어 생물이 진화한다고 설명한다.❹❺❻

① 자연선택설에 의한 진화 과정

> 과잉 생산과 변이 → 생존경쟁 → 자연선택 → 유전과 진화

과잉 생산과 변이	생물은 먹이나 서식지 등 주어진 환경에서 살아남을 수 있는 것보다 많은 수의 자손을 낳는다. 이때 과잉 생산된 같은 종의 개체들 사이에 형태, 습성, 기능 등에 다양한 변이가 나타난다.
생존경쟁	개체들 사이에 먹이, 서식지, 배우자 등을 차지하기 위한 생존경쟁이 일어난다.
자연선택	환경에 적응하기 유리한 형질을 가진 개체는 그렇지 않은 개체에 비해 살아남아 자손을 남길 확률이 크다. ➡ 생존에 유리한 형질은 자연선택된다.
유전과 진화	생존경쟁에서 살아남은 개체가 생존에 유리한 형질을 자손에게 전달하며, 이러한 과정이 반복되면 처음 조상과는 다른 형질을 가진 자손이 나타나게 된다. ➡ 새로운 종이 출현하는 계기가 된다.

② 자연선택설로 설명한 기린의 진화 과정

많은 수의 기린이 살고 있었고, 기린의 목 길이는 짧은 것에서 긴 것까지 다양하였다.	목이 짧은 기린은 높은 곳의 잎을 먹기 불리하여 죽었고, 목이 긴 기린만 살아남았다.	살아남은 목이 긴 기린이 자손을 남겼고, 이 과정이 반복되어 목이 긴 기린이 번성하였다.

❹ 다윈(Darwin, C. R., 1809~1882)
영국의 생물학자로, 다양한 환경에서 살아가는 생물을 관찰하여 1859년에 『종의 기원』을 출간하였다. 이 책에서 다윈은 자연선택을 바탕으로 하는 진화론을 발표하였다.

❺ 진화에 관한 가설－라마르크의 용불용설
라마르크는 많이 사용하는 기관은 발달하여 다음 세대에 전해지고, 사용하지 않는 기관은 퇴화한다고 주장하였다. 예를 들어 기린이 현재와 같이 긴 목을 갖게 된 것은 높은 곳에 있는 나뭇잎을 먹기 위해 목을 계속 늘인 결과라는 것이다. 그러나 후천적으로 얻은 형질은 유전되지 않으므로 현재는 받아들여지지 않는 가설이다.

❻ 자연선택설의 한계점
다윈이 자연선택설을 발표할 당시는 유전자의 역할이 밝혀지기 전이기 때문에 변이가 발생하고, 그 변이가 자손에게 전달되는 원리를 구체적으로 설명하지 못하였다.

정답과 해설 4쪽

1 자연선택과 진화에 대한 다음 글을 읽고, (　　) 안에 알맞은 말을 쓰시오.

(1) 같은 종의 개체 사이에 나타나는 형질의 차이를 ㉠(　　　　)라고 하며, 주로 개체가 가진 ㉡(　　　　)의 차이로 나타난다.

(2) 환경에 적응하기 유리한 형질을 가진 개체가 그렇지 않은 개체에 비해 더 잘 살아남아 자손을 남기는 과정을 (　　　　)이라고 한다.

(3) (　　　　)는 오랜 시간 동안 여러 세대를 거치면서 생물이 변화하는 현상이다.

2 자연선택설에 대한 설명으로 옳은 것은 ○, 옳지 않은 것은 ×로 표시하시오.

(1) 생물은 주어진 환경에서 살아남을 수 있는 수만큼만 자손을 낳는다. (　　　)

(2) 같은 종의 개체들 사이에는 변이가 있어 개체마다 환경에 적응하는 능력이 다르다. ···(　　　)

(3) 같은 종의 개체들 사이에는 먹이, 서식지, 배우자 등을 두고 생존경쟁이 일어난다. ···(　　　)

(4) 자연선택설에 따르면 '과잉 생산과 변이 → 자연선택 → 생존경쟁'의 과정을 거쳐 진화가 일어난다. ·······························(　　　)

자연선택설에 의한 진화 과정
과잉 생산과 변이 → 생존경쟁 → 자연선택 → 유전과 진화

02 진화와 생물다양성

C 생물다양성

1 자연선택과 생물다양성 지구 생태계의 다양한 환경에서 생물은 서로 다른 방향으로 자연선택되었고, 이 과정이 오랫동안 반복되어 처음 조상과는 다른 형질을 가진 자손들이 나타나 새로운 종이 출현하게 되었다. ➡ 그 결과 현재와 같이 생물종이 다양해졌다.

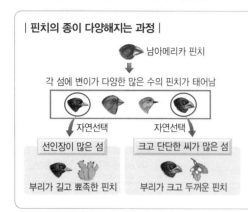

| 핀치의 종이 다양해지는 과정 |

남아메리카 핀치가 갈라파고스 제도로 건너와 각 섬에서 부리의 모양이 다양한 많은 수의 핀치가 태어났다(과잉 생산과 변이). → 핀치는 먹이와 서식지를 두고 경쟁하였다(생존경쟁). → 각 섬의 먹이 환경에 적합한 부리를 가진 핀치가 자연선택되었다(자연선택). → 같은 종의 핀치가 오랫동안 다른 먹이 환경에 적응하여 서로 다른 종의 핀치로 진화하였다(진화). ➡ 그 결과 생물종이 다양해졌다(생물다양성 증가).

★2 생물다양성 생물이 지닌 유전자의 다양성, 일정한 지역에서 관찰되는 생물종의 다양성, 생물이[*]서식하는 생태계의 다양성을 모두 포함하는 개념이다.

유전적 다양성 · 종다양성 · 생태계다양성

유전적 다양성	• 같은 생물종이라도 개체들이 가진 유전자의 차이로 인해 다양한 형질이 나타나는 것을 의미한다. • 하나의 형질을 결정하는 유전자가 다양할수록 유전적 다양성이 높다. • 유전적 다양성이 높을수록 변이가 다양하므로 환경이 급격히 변화하였을 때 적응하여 살아남는 개체가 있을 가능성이 높아 쉽게 멸종되지 않는다. 예 • 챕프먼얼룩말은 털 줄무늬가 개체마다 다르다. • 터키달팽이는 껍데기 무늬와 색이 개체마다 다르다.
종다양성	• 일정한 지역에 사는 생물종의 다양한 정도를 의미한다. • 일정한 지역에 서식하는 생물종의 수가 많을수록, 각 생물종의 분포 비율이 고를수록 종다양성이 높다. • 종다양성이 높을수록 생태계는 안정적으로 유지된다.

| 종다양성 비교 |

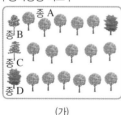 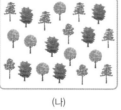

(가)   (나)

(가)와 (나) 지역에 서식하는 식물 종의 수(4종)와 총 개체수(20그루)는 같지만, (나)는 (가)에 비해 각 식물 종이 고르게 분포한다. ➡ (나)가 (가)보다 종다양성이 높다.

생태계 다양성	• 어떤 지역에 사막, 초원, 삼림, 호수, 강, 바다 등 다양한 생태계가 존재하는 것을 의미한다. • 생태계를 구성하는 생물과 환경 사이의 상호작용에 관한 다양성을 포함한다. • 생태계다양성이 높을수록 종다양성과 유전적 다양성이 높아진다.❶

3 생물다양성보전의 필요성 생물다양성이 높을수록 생태계가 안정적으로 유지되고, 활용할 수 있는 생물자원이 풍부해진다.❷❸

Plus⁺ 강의

❶ 생태계와 환경의 다양성
생태계에 따라 환경이 다르므로 그 생태계의 환경과 상호작용하며 살아가는 생물종과 개체수도 다르다. 따라서 생태계가 다양할수록 종다양성과 유전적 다양성이 높아지고, 생태계에 서식하는 생물의 활동으로 생태계가 변화하여 생태계 다양성이 높아진다.

❷ 생물다양성과 생태계 안정성
생물들은 저마다 고유한 기능을 수행하며 서로 밀접한 관계를 맺고 살아가므로 다양한 생물은 생태계를 안정적으로 유지하는 데 중요하다. 특정 종이 사라져 생물다양성이 낮아지면 생태계평형이 깨지기 쉽다.

❸ 생물다양성과 생물자원
인간의 생활과 생산 활동에 이용되는 모든 생물을 생물자원이라고 한다. 생물다양성이 높을수록 생물자원이 풍부해진다.
• 식량: 쌀, 옥수수, 콩 등은 식량으로 이용된다.
• 의복: 목화(면섬유), 누에(비단) 등은 의복의 원료로 이용된다.
• 주택: 나무, 풀 등은 주택의 재료로 이용된다.
• 의약품: 주목(항암제), 푸른곰팡이(페니실린) 등 의약품의 원료를 얻는다.
• 에너지: 옥수수나 사탕수수 등을 이용해 바이오연료를 얻는다.
• 생물 유전자: 병충해 저항성 유전자 등을 이용하여 새로운 농작물을 개발한다.
• 여가: 휴양림, 수목원, 국립 공원 등을 제공한다.

Q 용어 돋보기

✱ 서식(棲 살다, 息 숨 쉬다)_ 생물이 일정한 곳에 자리를 잡고 사는 것

4 생물다양성의 감소 원인 최근 생물다양성은 다양한 원인으로 빠르게 감소하고 있으며, 이러한 원인의 대부분은 인간의 활동과 관련이 깊다.

서식지파괴와 단편화	• 서식지파괴: 삼림의 벌채, 습지의 매립 등으로 인해 서식지가 파괴된다. ➡ 서식지 면적이 줄어들어 생물종 수가 급격히 감소한다. • 서식지단편화: 도로나 댐 건설 등으로 하나의 서식지가 여러 개로 분리된다. ➡ 서식지의 면적이 줄어들고, 생물종의 이동이 제한되어 고립되므로 생물다양성이 감소한다. ❹
불법 포획과 남획	야생 생물을 불법으로 *포획하거나 *남획하면 먹이 관계와 생물 사이의 상호작용이 영향을 받아 생물다양성이 감소한다. 예 우리나라 삼림에 서식하던 호랑이, 여우, 곰 등의 대형 포유류는 무분별한 사냥으로 멸종 위기에 처하거나 멸종하였다.
환경 오염과 기후 변화	대기·수질·토양의 오염과 지구 온난화를 비롯한 여러 기후 변화로 생물다양성이 감소한다.
외래생물의 유입	• 일부 외래생물(외래종)은 천적이 없어 대량으로 번식하여 토종 생물의 서식지를 차지하고 생존을 위협하여 생물다양성을 감소시킨다. • 우리나라의 외래생물: 가시박, 뉴트리아, 큰입배스, 블루길 등

5 생물다양성보전을 위한 노력 생물다양성을 보전하기 위해서는 생물다양성을 감소시키는 요인을 줄이는 노력이 필요하다.

① 생물의 서식지를 복원하거나 보존하고, 단편화된 서식지를 연결하는 생태통로를 설치하여 동물이 안전하게 이동할 수 있도록 한다.
② 야생 생물의 불법 포획이나 남획을 금지한다.
③ 환경 오염 방지 대책 및 기후 변화 해결 방안을 지속적으로 마련하여 시행한다.
④ 외래생물을 도입하기에 앞서 외래생물이 생태계에 미칠 영향을 철저히 검증한다.

❹ 서식지단편화와 생물다양성

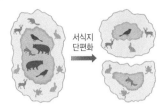

• 철도나 도로 등의 개발로 생물의 서식지가 단편화되면 생물의 이동이 제한되어 개체군의 크기가 감소하고 멸종으로 이어질 수 있다.
• 서식지가 단편화되면 가장자리의 면적은 넓어지고 중앙의 면적은 좁아진다. 그 결과 중앙에 살던 생물종의 일부가 멸종될 수 있다.

정답과 해설 4쪽

3 그림은 생물다양성의 세 가지 요소를 나타낸 것이다. (가)~(다)가 나타내는 요소를 각각 쓰시오.

(가) (나) (다)

4 생물다양성에 대한 설명으로 옳은 것은 ○, 옳지 않은 것은 ×로 표시하시오.

(1) 생물이 진화하는 과정에서 새로운 생물종이 출현하여 오늘날과 같이 생물종이 다양해졌다. ·············· (   )
(2) 유전적 다양성이 높을수록 환경이 급격히 변화하였을 때 적응하여 살아남는 개체가 있을 가능성이 낮다. ·············· (   )
(3) 일정한 지역에 서식하는 생물종의 수가 많을수록, 각 생물종의 분포 비율이 고를수록 종다양성이 높다. ·············· (   )
(4) 어떤 생태계에 서식하는 생물종의 다양한 정도를 생태계다양성이라고 한다. ·············· (   )

5 생물다양성보전 방안의 예를 두 가지 이상 쓰시오.

암기꼭!

생물다양성
• 유전적 다양성
• 종다양성
• 생태계다양성

자연선택 과정에 대한 모의실험

🎯목표) 환경 변화에 따라 자연선택이 일어나는 과정을 설명할 수 있다.

과정

❶ 빨간색 도화지 위에 빨간색, 주황색, 노란색, 초록색의 네 가지 색깔의 과자를 각각 10개씩 올려놓고 잘 섞는다.

▶ 과자 색깔이 각기 다른 것은 개체 사이의 다양한 변이를 의미한다.

❷ 눈을 감았다가 떴을 때 가장 먼저 눈에 띄는 과자를 젓가락으로 1개 집어서 도화지 밖으로 꺼낸다. 이를 15회 반복한다.

▶ 과자를 도화지 밖으로 꺼내는 것은 포식자 등에 의해 제거되는 것을 의미한다.

❸ 도화지 위에 남은 과자의 개수를 색깔별로 센 다음 표에 기록한다. 이후 남은 과자의 색깔 비율에 맞춰 총 15개의 과자를 추가하고 잘 섞는다.

▶ 색깔별로 남은 과자의 비율에 맞춰 과자를 추가하는 것은 증식이 일어남을 의미한다.

❹ 과정 ❷~❸을 2회 더 반복한다.
❺ 빨간색 도화지를 초록색 도화지로 바꾸고 과정 ❶~❹를 반복한다.

▶ 도화지 색깔을 바꾸는 것은 환경이 변화함을 의미한다.

결과

빨간색 도화지	과자 색깔		빨간색	주황색	노란색	초록색
		1회	8개	6개	6개	5개
	남은 과자의 개수	2회	9개	7개	6개	3개
		3회	13개	6개	4개	2개

초록색 도화지	과자 색깔		빨간색	주황색	노란색	초록색
		1회	6개	5개	6개	8개
	남은 과자의 개수	2회	4개	4개	6개	11개
		3회	2개	3개	4개	16개

해석

1. 도화지 위에 남아 있는 색깔별 과자의 비율은?
   ① 빨간색 도화지 위에 남아 있는 과자의 비율은 빨간색 52 %, 주황색 24 %, 노란색 16 %, 초록색 8 %로, 빨간색 과자의 비율이 가장 높다.
   ② 초록색 도화지 위에 남아 있는 과자의 비율은 빨간색 8 %, 주황색 12 %, 노란색 16 %, 초록색 64 %로, 초록색 과자의 비율이 가장 높다.

2. 도화지 색깔에 따라 남아 있는 과자의 비율이 다른 까닭은? ➡ 도화지 위에 있는 과자 중 눈에 더 잘 띄는 색깔의 과자를 집어내기 때문에 횟수를 반복할수록 도화지와 비슷한 색깔의 과자 비율이 높아진다.

정리

> 환경에 따라 특정 환경에 적응하기 유리한 형질을 가진 개체는 그렇지 않은 개체에 비해 더 잘 살아남으며, 살아남은 개체의 형질이 자손에게 전달되어 그 형질을 가진 개체의 비율이 높아진다.

확인 문제

1 **탐구 A**에 대한 설명으로 옳은 것은 ○, 옳지 않은 것은 ×로 표시하시오.

(1) 과자의 색깔이 각기 다른 것은 변이에 비유한 것이다. ································· (   )

(2) 과정 ❷에서 과자를 도화지 밖으로 꺼내는 것은 포식자 등에 의해 제거되는 것을 의
미한다. ·· (   )

(3) 초록색 도화지에서는 초록색이 생존에 불리한 형질이다. ································· (   )

(4) 횟수를 반복할수록 도화지 위에는 도화지와 비슷한 색깔의 과자 비율이 점차 높아질
것이다. ··· (   )

[2~3] 다음은 환경 변화에 따라 자연선택이 일어나는 과정을 알아보는 모의실험이다.

[실험 과정]

(가) ㉠파란색 도화지 위에 파란색, 검은색, 노란색, 초록색 과자를 10개씩 올려놓고 잘 섞는다.

(나) 눈을 감았다가 떴을 때 가장 먼저 눈에 띄는 과자를 젓가락으로 1개 집어서 도화지 밖으로
꺼낸다. 이를 15회 반복한다.

(다) 도화지 위에 남은 과자의 개수를 색깔별로 센 다음 표에 기록한다. 이후 색깔별로 남은 과자
의 비율에 맞춰 총 15개의 과자를 추가하고 잘 섞는다. 과정 (나)~(다)를 2회 더 반복한다.

(라) 파란색 도화지 대신 ㉡검은색 도화지를 사용하여 과정 (가)~(다)를 반복한다.

[실험 결과]

파란색 도화지	과자 색깔		ⓐ	ⓑ	노란색	초록색
	남은 과자의 개수	1회	6개	8개	5개	6개
		2회	6개	9개	3개	7개
		3회	4개	13개	2개	6개

검은색 도화지	과자 색깔		ⓐ	ⓑ	노란색	초록색
	남은 과자의 개수	1회	8개	6개	5개	6개
		2회	12개	5개	3개	5개
		3회	16개	4개	2개	3개

2 이에 대한 설명으로 옳은 것만을 [보기]에서 있는 대로 고른 것은?

보기
ㄱ. ㉠을 ㉡으로 바꾸는 것은 환경 변화에 비유한 것이다.
ㄴ. ⓐ는 파란색, ⓑ는 검은색이다.
ㄷ. 횟수를 반복할수록 도화지 위에 남아 있는 비율이 낮아진 색깔의 과자가 그 환경에서
자연선택된 것을 의미한다.

① ㄱ   ② ㄴ   ③ ㄱ, ㄷ   ④ ㄴ, ㄷ   ⑤ ㄱ, ㄴ, ㄷ

3 ⓑ는 파란색 도화지에서는 실험을 반복할수록 도화지 위에 남는 비율이 높아졌지만, 검은색 도화
지에서는 남는 비율이 낮아졌다. 이로부터 알 수 있는 사실을 자연선택과 관련지어 서술하시오.

중간·기말 고사에 출제될 확률이 높은 문항들로 구성하여, 내신에 완벽 대비할 수 있도록 하였습니다. | 정답과 해설 4쪽

A 변이와 자연선택

01 변이에 대한 설명으로 옳지 <u>않은</u> 것은?

① 같은 종의 개체 사이에 나타나는 형질의 차이이다.
② 주로 개체가 가진 유전자의 차이로 나타난다.
③ 비유전적 변이는 환경의 영향으로 나타난다.
④ 유전적 변이와 비유전적 변이 모두 형질이 자손에게 유전된다.
⑤ 유전자 차이는 돌연변이와 유성생식 과정에서 생식세포의 다양한 조합으로 발생한다.

02 변이의 예로 옳은 것만을 [보기]에서 있는 대로 고른 것은?

─• 보기 •─
ㄱ. 무당벌레의 딱지날개 무늬와 색이 다양하다.
ㄴ. 호랑나비의 날개 무늬와 색이 다양하다.
ㄷ. 표범과 호랑이의 모습과 털무늬가 조금씩 다르다.

① ㄱ   ② ㄴ   ③ ㄷ
④ ㄱ, ㄴ   ⑤ ㄴ, ㄷ

★중요
03 변이와 자연선택에 대한 설명으로 옳은 것만을 [보기]에서 있는 대로 고른 것은?

─• 보기 •─
ㄱ. 환경 변화는 자연선택의 방향에 영향을 미치지 않는다.
ㄴ. 자연 상태에서는 변이에 따라 개체마다 환경에 다르게 적응한다.
ㄷ. 환경에 적응하기 유리한 형질을 가진 개체는 그렇지 않은 개체에 비해 더 잘 살아남아 자손을 남긴다.

① ㄱ   ② ㄴ   ③ ㄱ, ㄷ
④ ㄴ, ㄷ   ⑤ ㄱ, ㄴ, ㄷ

★중요
04 그림은 어떤 지역에서 자연선택이 일어나는 과정을 나타낸 것이다.

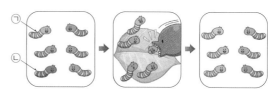

이에 대한 설명으로 옳은 것만을 [보기]에서 있는 대로 고른 것은? (단, 피식자는 모두 같은 종이다.)

─• 보기 •─
ㄱ. ㉠과 ㉡ 사이에는 변이가 있다.
ㄴ. 주어진 환경에서 ㉡은 ㉠보다 생존에 유리하다.
ㄷ. ㉠의 형질은 ㉡의 형질보다 더 많이 자손에게 전달된다.

① ㄱ   ② ㄴ   ③ ㄱ, ㄷ
④ ㄴ, ㄷ   ⑤ ㄱ, ㄴ, ㄷ

B 진화와 자연선택설

05 생물의 진화에 대한 설명으로 옳은 것만을 [보기]에서 있는 대로 고른 것은?

─• 보기 •─
ㄱ. 오랜 시간 동안 여러 세대를 거치면서 생물이 변화하는 현상이다.
ㄴ. 환경 적응에 유리한 변이가 자연선택되는 과정이 반복되어 진화가 일어난다.
ㄷ. 진화에 의해 지구의 생물종이 다양해졌다.

① ㄱ   ② ㄷ   ③ ㄱ, ㄴ
④ ㄴ, ㄷ   ⑤ ㄱ, ㄴ, ㄷ

★중요
06 다윈의 자연선택설에 대한 내용으로 옳지 <u>않은</u> 것은?

① 개체들 사이에는 변이가 존재한다.
② 개체들은 먹이와 서식지를 두고 경쟁한다.
③ 생물의 진화를 변이와 자연선택으로 설명하였다.
④ 생존에 유리한 형질을 가진 개체들이 더 많이 살아남아 자손을 남긴다.
⑤ 많이 사용하는 기관은 발달하여 다음 세대에 전해지지만 사용하지 않는 기관은 퇴화한다.

07 다음은 자연선택설에 의한 진화의 과정을 순서 없이 나타낸 것이다.

> (가) 개체들 사이에서 먹이나 서식지 등을 차지하기 위해 경쟁이 일어난다.
> (나) 생물은 주어진 환경에서 살아남을 수 있는 것보다 많은 수의 자손을 낳는다. 이때 같은 종의 개체들 사이에는 형질이 조금씩 다르다.
> (다) 환경에 적응하기 유리한 형질을 가진 개체가 더 많이 살아남는다.
> (라) 생존경쟁에서 살아남은 개체가 생존에 유리한 형질을 자손에게 전달하며, 이 과정이 반복되어 생물이 진화한다.

자연선택설에 의한 진화의 과정을 순서대로 나열한 것은?

① (가) → (나) → (다) → (라)
② (가) → (나) → (라) → (다)
③ (가) → (다) → (나) → (라)
④ (나) → (가) → (다) → (라)
⑤ (나) → (가) → (라) → (다)

08 그림은 기린의 진화 과정을 다윈의 자연선택설로 나타낸 것이다.

많은 수의 기린이 살고 있었고, 기린의 목 길이는 짧은 것에서 긴 것까지 다양하였다.　목이 짧은 기린은 높은 곳의 잎을 먹기 불리하여 죽었고, 목이 긴 기린만 살아남았다.　살아남은 목이 긴 기린이 자손을 남겼고, 이 과정이 반복되어 목이 긴 기린이 번성하였다.

이에 대한 설명으로 옳은 것만을 [보기]에서 있는 대로 고른 것은?

> 보기
> ㄱ. 목이 긴 기린이 자연선택되었다.
> ㄴ. 변이가 있는 기린들 사이에서 먹이를 두고 경쟁이 일어났다.
> ㄷ. 목이 긴 기린이 목이 짧은 기린보다 번식 능력이 뛰어나 자손을 많이 남기게 되었다.

① ㄱ　　　② ㄷ　　　③ ㄱ, ㄴ
④ ㄴ, ㄷ　　　⑤ ㄱ, ㄴ, ㄷ

C 생물다양성

[09~10] 그림은 같은 종이었던 핀치가 갈라파고스 제도의 여러 섬에 흩어져 살게 되면서 다른 종으로 진화한 과정 중 일부를 나타낸 것이다.

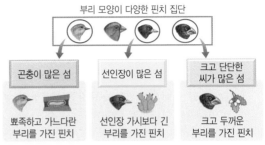

부리 모양이 다양한 핀치 집단

| 곤충이 많은 섬 | 선인장이 많은 섬 | 크고 단단한 씨가 많은 섬 |

뾰족하고 가느다란 부리를 가진 핀치　선인장 가시보다 긴 부리를 가진 핀치　크고 두꺼운 부리를 가진 핀치

09 이에 대한 설명으로 옳은 것만을 [보기]에서 있는 대로 고른 것은?

> 보기
> ㄱ. 각 섬의 환경에 적응하면서 핀치의 부리 모양에 변이가 나타났다.
> ㄴ. 자연선택이 일어나는 데 먹이가 직접적인 원인으로 작용하였다.
> ㄷ. 같은 종의 핀치가 오랫동안 각기 다른 환경에 적응하면서 서로 다른 종으로 진화하였다.

① ㄱ　　　② ㄴ　　　③ ㄱ, ㄷ
④ ㄴ, ㄷ　　　⑤ ㄱ, ㄴ, ㄷ

서술형

10 이 사례를 바탕으로 오늘날과 같이 생물종이 다양해진 과정을 서술하시오.

11 생물다양성에 대한 설명으로 옳지 않은 것은?

① 식물 종과 동물 종만 포함한다.
② 생태계다양성은 환경의 차이로 인해 나타난다.
③ 유전적 다양성은 종다양성 유지에 중요한 역할을 한다.
④ 유전적 다양성, 종다양성, 생태계다양성을 모두 포함하는 개념이다.
⑤ 생태계를 구성하는 생물과 환경 사이의 상호작용에 대한 다양성을 포함한다.

★중요
12 그림은 생물다양성의 세 가지 요소를 나타낸 것이다.

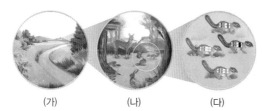

(가)   (나)   (다)

이에 대한 설명으로 옳은 것만을 [보기]에서 있는 대로 고른 것은?

• 보기 •
ㄱ. (가)는 한 생태계에 얼마나 다양한 생물종이 살고 있는지를 나타내는 생태계다양성이다.
ㄴ. (나)는 종다양성을 의미한다.
ㄷ. 터키달팽이의 껍데기 무늬와 나선 방향이 개체마다 다른 것은 (다)의 예이다.

① ㄱ   ② ㄴ   ③ ㄱ, ㄷ
④ ㄴ, ㄷ   ⑤ ㄱ, ㄴ, ㄷ

서술형
13 다음은 생물다양성에 대한 학생 A~C의 대화 내용이다.

• 학생 A: 종다양성이 높을수록 생태계는 안정적으로 유지될 수 있어.
• 학생 B: 생태계다양성이 높을수록 종다양성과 유전적 다양성이 높아져.
• 학생 C: 일정한 지역에 사는 생물의 개체수가 많을수록, 종의 수가 많을수록 종다양성이 높아.

제시된 내용이 옳지 않은 학생을 고르고, 그렇게 생각한 까닭을 서술하시오.

_____

_____

14 유전적 다양성에 대한 설명으로 옳은 것만을 [보기]에서 있는 대로 고른 것은?

• 보기 •
ㄱ. 하나의 형질을 결정하는 유전자가 다양할수록 유전적 다양성이 높다.
ㄴ. 우수한 품종만을 대규모로 키우면 그 집단의 유전적 다양성이 높아진다.
ㄷ. 유전적 다양성이 높을수록 환경이 급격히 변화하였을 때 멸종될 가능성이 높다.

① ㄱ   ② ㄴ   ③ ㄱ, ㄷ
④ ㄴ, ㄷ   ⑤ ㄱ, ㄴ, ㄷ

★중요
15 생물다양성의 감소 원인에 대한 설명으로 옳은 것만을 [보기]에서 있는 대로 고른 것은?

• 보기 •
ㄱ. 대기 오염은 생물다양성 감소의 가장 큰 원인이다.
ㄴ. 남획은 특정 생물종의 개체수를 감소시킬 수 있다.
ㄷ. 외래생물은 생태계의 먹이 관계를 변화시켜 생태계평형을 깨뜨릴 수 있다.

① ㄴ   ② ㄷ   ③ ㄱ, ㄴ
④ ㄱ, ㄷ   ⑤ ㄴ, ㄷ

16 그림 (가)와 (나)는 서식지가 철도와 도로에 의해 분리되었을 때의 서식지 면적 변화를 나타낸 것이다.

(가)   (나)

이에 대한 설명으로 옳은 것만을 [보기]에서 있는 대로 고른 것은?

• 보기 •
ㄱ. 생물 서식지의 총 면적은 (가)와 (나)에서 같다.
ㄴ. (가)보다 (나)에서 생물종이 고립되기 쉽다.
ㄷ. (나)는 (가)보다 생물다양성을 유지하기에 유리하다.

① ㄱ   ② ㄴ   ③ ㄱ, ㄷ
④ ㄴ, ㄷ   ⑤ ㄱ, ㄴ, ㄷ

★중요
17 생물다양성을 보전하기 위한 노력으로 옳은 것만을 [보기]에서 있는 대로 고른 것은?

• 보기 •
ㄱ. 외국에서 다양한 생물을 도입하여 종다양성을 높인다.
ㄴ. 야생 생물의 불법 포획이나 남획을 금지한다.
ㄷ. 갯벌과 습지를 매립하여 생태 공원을 조성한다.

① ㄱ   ② ㄴ   ③ ㄱ, ㄷ
④ ㄴ, ㄷ   ⑤ ㄱ, ㄴ, ㄷ

01 그림은 무당벌레의 딱지날개 무늬와 색을 나타낸 것이다.

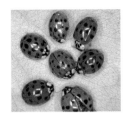

이에 대한 설명으로 옳은 것만을 [보기]에서 있는 대로
고른 것은?

보기
ㄱ. 변이는 개체가 환경에 적응하는 능력에 영향을
   준다.
ㄴ. 무당벌레의 딱지날개 무늬와 색이 다양한 것은
   개체마다 가진 유전자가 다르기 때문이다.
ㄷ. 유성생식에 의한 생식세포의 조합을 통해 다음
   세대에 다양한 변이가 나타날 수 있다.

① ㄱ   ② ㄴ   ③ ㄷ
④ ㄱ, ㄴ   ⑤ ㄱ, ㄴ, ㄷ

02 그림은 한 종으로 이루어진 어떤 세균 집단의 진화 과정
을 나타낸 것이다. ㉠과 ㉡은 항생제 A에 저항성이 없는
세균과 저항성이 있는 세균을 순서 없이 나타낸 것이다.

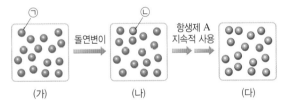

이에 대한 설명으로 옳은 것만을 [보기]에서 있는 대로
고른 것은? (단, 외부와의 개체 출입은 없다.)

보기
ㄱ. ㉠은 항생제 A에 저항성이 없는 세균이다.
ㄴ. (가) → (나)에서 돌연변이에 의해 생물다양성이
   감소하였다.
ㄷ. (나) → (다)에서 항생제 A에 저항성이 있는 세
   균이 자연선택되었다.

① ㄱ   ② ㄴ   ③ ㄱ, ㄷ
④ ㄴ, ㄷ   ⑤ ㄱ, ㄴ, ㄷ

03 다음은 생물다양성과 관련된 자료이다.

원래 바나나는 딱딱한 씨가 많은 과일이다. ㉠씨
가 있는 바나나는 사람들이 먹기 힘들었는데, ㉡씨
가 없는 돌연변이 바나나 품종인 그로 미셸이 발견
되었다. 뿌리를 잘라 옮겨 심는 방법으로 그로 미셸
품종을 대규모로 재배하던 중 곰팡이에 의한 전염병
인 ㉢파나마병이 발생하여 그로 미셸 품종은 거의
멸종하였다. 이후 캐번디시라는 새로운 바나나 품종
을 발견하여 대량 재배하였으나 변종 파나마병이 발
생하여 확산되고 있다.

이에 대한 설명으로 옳은 것만을 [보기]에서 있는 대로
고른 것은?

보기
ㄱ. ㉠은 ㉡보다 변이가 많다.
ㄴ. 급격한 환경 변화가 일어났을 때 ㉠이 ㉡보다
   생존할 가능성이 더 높다.
ㄷ. ㉢은 그로 미셸 품종의 유전적 다양성이 높았기
   때문에 나타난 현상이다.

① ㄱ   ② ㄷ   ③ ㄱ, ㄴ
④ ㄴ, ㄷ   ⑤ ㄱ, ㄴ, ㄷ

04 그림은 면적이 같은 서로 다른 지역 (가)~(다)에 서식하
는 식물 종 A~D를 나타낸 것이다.

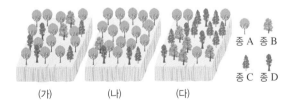

이에 대한 설명으로 옳은 것만을 [보기]에서 있는 대로
고른 것은? (단, A~D 이외의 종은 고려하지 않는다.)

보기
ㄱ. 식물 종 수는 (가)와 (나)에서 같다.
ㄴ. 종다양성은 (나)와 (다)에서 같다.
ㄷ. (가)에서가 (다)에서보다 생태계가 안정적으로
   유지될 수 있다.

① ㄱ   ② ㄴ   ③ ㄱ, ㄷ
④ ㄴ, ㄷ   ⑤ ㄱ, ㄴ, ㄷ

01 ●●○ 그림은 고생물의 지리적 분포 면적과 출현부터 멸종까지의 생존 기간을 나타낸 것이다.
이에 대한 설명으로 옳은 것만을 [보기]에서 있는 대로 고른 것은?

보기
ㄱ. 화폐석은 A에 해당한다.
ㄴ. 특정한 환경에서 서식하는 생물은 A보다 B에 속한다.
ㄷ. 지질 시대를 구분하는 데는 A보다 B가 유용하다.

① ㄱ   ② ㄷ   ③ ㄱ, ㄴ
④ ㄴ, ㄷ   ⑤ ㄱ, ㄴ, ㄷ

02 ●●○○ 지질 시대를 구분하는 기준으로 옳은 것만을 [보기]에서 있는 대로 고른 것은?

보기
ㄱ. 지진 발생 횟수
ㄴ. 생물계의 급격한 변화
ㄷ. 지구의 평균 기온 변화
ㄹ. 부정합과 같은 대규모 지각 변동

① ㄱ, ㄷ   ② ㄱ, ㄹ   ③ ㄴ, ㄷ
④ ㄴ, ㄹ   ⑤ ㄷ, ㄹ

03 ●●○ 그림은 지질 시대의 상대적 길이를 나타낸 것이다.
A~D 시대에 대한 설명으로 옳은 것만을 [보기]에서 있는 대로 고른 것은?

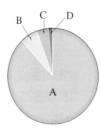

보기
ㄱ. A 시대에는 최초의 광합성 생물이 출현하였다.
ㄴ. B 시대에는 판게아가 분리되기 시작하였다.
ㄷ. 지구의 평균 기온은 C 시대가 D 시대보다 높았다.

① ㄱ   ② ㄴ   ③ ㄱ, ㄷ
④ ㄴ, ㄷ   ⑤ ㄱ, ㄴ, ㄷ

04 ●●○ 다음은 지질학적 사건을 시간 순서 없이 나열한 것이다.

(가) 삼엽충 멸종
(나) 초대륙인 판게아 형성
(다) 최초의 육상 생물 출현

(가)~(다)를 시간 순서대로 옳게 나열한 것은?

① (가) – (나) – (다)   ② (가) – (다) – (나)
③ (나) – (가) – (다)   ④ (다) – (가) – (나)
⑤ (다) – (나) – (가)

05 ●●● 그림은 두 지역 (가)와 (나)의 지질 단면과 지층에서 발견된 화석을 나타낸 것이다. A와 D 층은 동일한 시기에 퇴적된 지층이다.

이에 대한 설명으로 옳은 것만을 [보기]에서 있는 대로 고른 것은?

보기
ㄱ. 가장 최근에 생성된 지층은 B 층이다.
ㄴ. D 층이 퇴적될 당시에 양치식물이 번성하였다.
ㄷ. A와 B 층의 연령 차이는 C와 D 층의 연령 차이보다 크다.

① ㄱ   ② ㄴ   ③ ㄱ, ㄷ
④ ㄴ, ㄷ   ⑤ ㄱ, ㄴ, ㄷ

06 ●●○ 그림은 어느 지질 시대의 수륙 분포를 나타낸 것이다.

이 시대에 대한 설명으로 옳지 않은 것은?

① 기후는 전반적으로 온난하였다.
② 육지에서는 겉씨식물이 번성하였다.
③ 바다에서는 암모나이트가 번성하였다.
④ 대서양과 인도양이 형성되기 시작하였다.
⑤ 알프스산맥과 히말라야산맥이 형성되었다.

07 그림 (가)와 (나)는 서로 다른 지질 시대의 환경과 생물을 나타낸 것이다.

(가)   (나)

이에 대한 설명으로 옳은 것만을 [보기]에서 있는 대로 고른 것은?

┌─ 보기 ──────────────────────────────┐
│ ㄱ. (나)가 (가)보다 앞선 시기이다. │
│ ㄴ. (가)의 지질 시대에는 육지에서 공룡이 번성하 │
│   였다. │
│ ㄷ. (나)의 지질 시대에는 겉씨식물이 번성하였다. │
└────────────────────────────────────┘

① ㄱ　　　　② ㄷ　　　　③ ㄱ, ㄴ
④ ㄴ, ㄷ　　⑤ ㄱ, ㄴ, ㄷ

08 그림 (가)는 지질 시대 동안 해양 생물 과의 수 변화를, (나)는 표준 화석 ㉠~㉣을 나타낸 것이다.

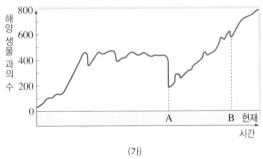

(가)

| ㉠ 방추충 | ㉡ 매머드 | ㉢ 공룡 | ㉣ 삼엽충 |

(나)

A와 B 시기에 멸종한 생물을 옳게 짝 지은 것은?

	A 시기	B 시기
①	㉠, ㉣	㉡
②	㉠, ㉣	㉢
③	㉢	㉡
④	㉣	㉡, ㉡
⑤	㉣	㉢

09 그림은 지질 시대에 일어난 몇 가지 주요 사건을 나타낸 것이다.

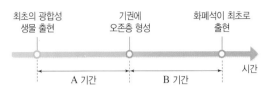

이에 대한 설명으로 옳은 것만을 [보기]에서 있는 대로 고른 것은?

┌─ 보기 ──────────────────────────────┐
│ ㄱ. 최초의 다세포생물은 A 기간에 출현하였다. │
│ ㄴ. B 기간에 인류의 조상이 출현하였다. │
│ ㄷ. A 기간은 B 기간보다 짧다. │
└────────────────────────────────────┘

① ㄱ　　　　② ㄴ　　　　③ ㄱ, ㄷ
④ ㄴ, ㄷ　　⑤ ㄱ, ㄴ, ㄷ

10 변이에 대한 설명으로 옳지 <u>않은</u> 것은?

① 진화의 원동력이 된다.
② 주로 개체가 가진 유전정보의 차이로 나타난다.
③ 여러 종들 사이에 나타나는 형질의 차이이다.
④ 돌연변이는 새로운 변이가 나타나는 원인이 될 수 있다.
⑤ 기린의 털 무늬와 색이 다양한 것은 변이의 예이다.

11 자연선택에 의한 진화 과정에 대한 설명으로 옳은 것만을 [보기]에서 있는 대로 고른 것은?

┌─ 보기 ──────────────────────────────┐
│ ㄱ. 자연선택 과정이 오랫동안 누적되면 생물의 진 │
│   화가 일어난다. │
│ ㄴ. 환경 변화에 관계없이 일정한 방향으로 진화가 │
│   일어난다. │
│ ㄷ. 환경에 적응하기 유리한 형질을 가진 개체가 더 │
│   많이 살아남아 자손을 남긴다. │
└────────────────────────────────────┘

① ㄱ　　　　② ㄴ　　　　③ ㄷ
④ ㄱ, ㄷ　　⑤ ㄴ, ㄷ

12 그림 (가)와 (나)는 각각 나무에 지의류가 있을 때와 없을 때 새가 나방을 잡아먹는 모습을 나타낸 것이다.

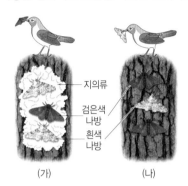

(가)　　　　　(나)

이에 대한 설명으로 옳은 것만을 [보기]에서 있는 대로 고른 것은? (단, 지의류가 있을 때와 없을 때의 새와 나방의 종류는 같으며, 이외의 조건은 고려하지 않는다.)

보기
ㄱ. 환경에 따라 생존에 유리한 형질이 달라진다.
ㄴ. (가)에서 흰색 나방이 검은색 나방보다 새의 눈에 잘 띄지 않아 더 많이 살아남는다.
ㄷ. (나)에서 시간이 지나면 흰색 나방이 자연선택될 것이다.

① ㄱ　　　　② ㄷ　　　　③ ㄱ, ㄴ
④ ㄴ, ㄷ　　　⑤ ㄱ, ㄴ, ㄷ

13 그림은 살충제 사용에 따른 해충 집단의 변화를 나타낸 것이다. A와 B는 살충제 저항성이 없는 해충과 살충제 저항성이 있는 해충을 순서 없이 나타낸 것이다.

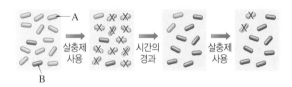

이에 대한 설명으로 옳은 것만을 [보기]에서 있는 대로 고른 것은?

보기
ㄱ. 살충제 저항성 유전자는 자손에게 유전된다.
ㄴ. B는 살충제 사용으로 인해 발생하였다.
ㄷ. 살충제를 지속적으로 사용하는 환경에서 시간이 지날수록 A보다 B가 생존에 유리하다.

① ㄱ　　　　② ㄴ　　　　③ ㄱ, ㄷ
④ ㄴ, ㄷ　　　⑤ ㄱ, ㄴ, ㄷ

14 그림은 같은 종이었던 핀치가 갈라파고스 제도의 여러 섬에 흩어져 살게 되면서 다른 종으로 진화한 과정 중 일부를 나타낸 것이다.

이에 대한 설명으로 옳은 것만을 [보기]에서 있는 대로 고른 것은?

보기
ㄱ. 진화가 일어나기 전에도 부리 모양에 변이가 있었다.
ㄴ. 환경에 따라 같은 종의 생물에서도 기관의 형태가 달라질 수 있다.
ㄷ. 다양한 환경에서 서로 다른 방향으로 자연선택되었다.

① ㄱ　　　　② ㄴ　　　　③ ㄱ, ㄷ
④ ㄴ, ㄷ　　　⑤ ㄱ, ㄴ, ㄷ

15 표는 생물다양성의 세 가지 요소를 설명한 것이다.

(가)	삼림, 초원, 하천, 갯벌, 해양, 사막, 농경지 등 다양한 생태계가 존재하는 것을 의미한다.
(나)	일정한 지역에 얼마나 많은 생물종이 얼마나 고르게 서식하는가를 나타낸다.
(다)	같은 종이라도 하나의 형질을 결정하는 유전자가 서로 다른 것을 의미한다.

이에 대한 설명으로 옳은 것만을 [보기]에서 있는 대로 고른 것은?

보기
ㄱ. (가)가 높은 지역은 서식지와 환경요인이 다양하여 (나)와 (다)도 높다.
ㄴ. (나)가 높은 생태계는 어느 한 생물종이 사라져도 대체할 수 있는 생물종이 있어 평형이 잘 깨지지 않는다.
ㄷ. 환경이 급격하게 변했을 때 (다)가 낮은 종은 종을 유지할 가능성이 높다.

① ㄱ　　　　② ㄷ　　　　③ ㄱ, ㄴ
④ ㄴ, ㄷ　　　⑤ ㄱ, ㄴ, ㄷ

16 생물자원을 이용하는 사례로 옳지 <u>않은</u> 것은?

① 울창한 숲은 휴식처로 이용된다.
② 옥수수, 콩, 벼 등을 재배하여 식량을 얻는다.
③ 목화, 누에고치 등을 이용하여 섬유를 만든다.
④ 주목의 열매는 항암제를 만드는 원료로 사용된다.
⑤ 버드나무 껍질에서 항생제인 페니실린의 원료를 추출한다.

17 그림은 어떤 숲이 시간에 따라 변화하는 모습을 나타낸 것이다.

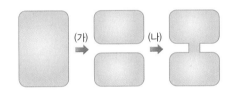

이에 대한 설명으로 옳은 것만을 [보기]에서 있는 대로 고른 것은?

┌─ 보기 ─────────────────────────────
ㄱ. (가)에 의해 숲의 중앙에 살던 생물종의 개체수는 증가할 것이다.
ㄴ. (나)는 도로 건설 등에 의해 서식지가 단편화되는 과정을 나타낸 것이다.
ㄷ. (가)와 (나) 중 생물다양성보전에 도움이 되는 과정은 (나)이다.
└────────────────────────────────────

① ㄱ   ② ㄷ   ③ ㄱ, ㄴ
④ ㄴ, ㄷ   ⑤ ㄱ, ㄴ, ㄷ

18 생물다양성보전을 위한 노력으로 옳은 것은?

① 우수한 품종의 작물을 대량으로 재배한다.
② 외국으로부터 외래생물을 적극적으로 도입한다.
③ 생물다양성이 높은 숲을 국립 공원으로 지정한다.
④ 습지를 매립하여 경작지를 만들어 작물 생산량을 늘린다.
⑤ 하나의 서식지를 여러 개의 작은 서식지로 분리하여 관리한다.

서술형 문제

19 그림은 어느 지역의 지층 단면과 산출되는 화석의 종류를 나타낸 것이다.

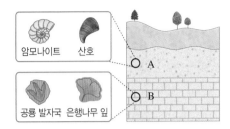

A 층과 B 층이 쌓일 당시의 퇴적 환경과 지질 시대에 대해 각각 서술하시오.

_____

_____

20 그림은 생물 과의 수와 대멸종 시기를 나타낸 것이다.

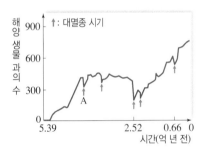

A 시기에 멸종한 생물이 모두 해양 생물이었던 까닭을 서술하시오.

_____

21 그림은 면적이 서로 같은 지역 (가)와 (나)에 서식하는 식물 종 A~D를 나타낸 것이다.

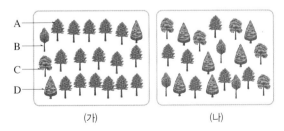

(가)와 (나) 중 종다양성이 높은 지역을 고르고, 그렇게 판단한 까닭을 서술하시오.

_____

_____

| 2022학년도 6월 모평 지구과학 I 1번 |

01 다음은 지질 시대의 특징에 대하여 학생 A, B, C가 나눈 대화를 나타낸 것이다. (가), (나), (다)는 각각 고생대, 중생대, 신생대 중 하나이다.

지질 시대	특징
(가)	• 판게아가 분리되기 시작하였다. • (　　)이 번성하였다.
(나)	• 히말라야산맥이 형성되었다. • 속씨식물이 번성하였다.
(다)	• 대형 곤충, 양치식물이 번성하였다.

(가)의 지층에서 공룡이 발견될 수 있어. — 학생 A

(나)에는 빙하기가 없었어. — 학생 B

지질 시대의 순서는 (다) → (가) → (나)야. — 학생 C

제시한 내용이 옳은 학생만을 있는 대로 고른 것은?

① A ② B ③ C

④ A, C ⑤ B, C

| 2023학년도 9월 모평 지구과학 I 7번 변형 |

02 그림은 현생 누대 동안 생물 과의 멸종 비율과 대멸종이 일어난 시기 A, B, C를 나타낸 것이다.

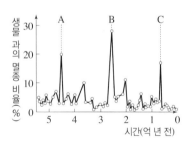

이에 대한 설명으로 옳은 것만을 [보기]에서 있는 대로 고른 것은?

┌ 보기 ┐

ㄱ. 대멸종 횟수는 고생대보다 중생대에 많았다.

ㄴ. 어류가 크게 번성한 시기는 A와 B 사이이다.

ㄷ. C 시기의 대멸종은 판게아의 형성과 관련이 있다.

① ㄱ ② ㄴ ③ ㄱ, ㄴ

④ ㄱ, ㄷ ⑤ ㄴ, ㄷ

| 2022학년도 9월 모평 생명과학Ⅱ 14번 변형 |

03 그림은 자연선택에 의해 새로운 생물종이 출현한 과정을 나타낸 것이다. A와 B는 서로 다른 종이다.

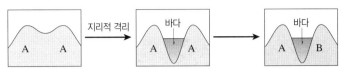

이에 대한 설명으로 옳은 것만을 [보기]에서 있는 대로 고른 것은? (단, 생물의 지역 간 이동은 없다.)

• 보기 •
ㄱ. A와 B의 유전정보는 같다.
ㄴ. 진화가 일어남에 따라 이 지역의 생물다양성은 증가하였다.
ㄷ. 갈라파고스 제도에 서식하는 핀치의 종류가 다양해진 것도 이와 같은 원리이다.

① ㄱ   ② ㄷ   ③ ㄱ, ㄴ
④ ㄴ, ㄷ   ⑤ ㄱ, ㄴ, ㄷ

개념 Link ▶ 20쪽

| 2022학년도 수능 생명과학Ⅰ 20번 변형 |

04 그림 (가)는 어떤 숲에 사는 새 5종 ㉠~㉤이 서식하는 높이 범위를, (나)는 숲을 이루는 나무 높이의 다양성에 따른 새의 종다양성을 나타낸 것이다. 나무 높이의 다양성은 숲을 이루는 나무의 높이가 다양할수록, 각 높이의 나무가 차지하는 비율이 균등할수록 높아진다.

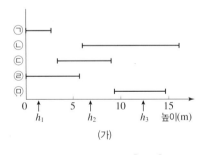
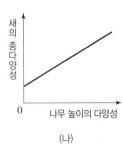

이에 대한 설명으로 옳은 것만을 [보기]에서 있는 대로 고른 것은?

• 보기 •
ㄱ. ㉠이 서식하는 높이는 ㉤이 서식하는 높이보다 낮다.
ㄴ. 나무 높이의 다양성이 높을수록 생태계의 다양성을 안정적으로 유지할 수 있다.
ㄷ. 새의 종다양성은 높이가 h_3인 나무만 있는 숲에서가 높이가 h_1, h_2, h_3인 나무가 고르게 분포하는 숲에서보다 높다.

① ㄱ   ② ㄴ   ③ ㄷ
④ ㄱ, ㄴ   ⑤ ㄴ, ㄷ

개념 Link ▶ 20쪽

I 변화와 다양성

2

화학 변화

배운 내용

◉ **상태 변화와 열에너지 출입** 상태 변화가 일어날 때는 열에너지를 방출하거나 흡수한다.

열에너지를 방출하는 상태 변화	열에너지를 흡수하는 상태 변화
응고, ① [　　], 승화(기체 → 고체)	② [　　], 기화, 승화(고체 → 기체)

승화열 흡수

고체 ──융해열 흡수→ 액체 ──기화열 흡수→ 기체
고체 ←응고열 방출── 액체 ←액화열 방출── 기체

승화열 방출

◉ **물리 변화와 화학 변화**
(1) ③ [　　] : 물질의 고유한 성질은 변하지 않으면서 모양이나 상태 등이 변하는 현상
(2) ④ [　　] : 어떤 물질이 성질이 다른 새로운 물질로 변하는 현상

◉ **화학 반응식을 나타내는 방법**

단계	방법	예
1단계	화살표의 왼쪽에는 반응물을, 오른쪽에는 생성물을 쓴다. 반응물이나 생성물이 2개 이상일 경우 '+'로 연결한다.	수소 + 산소 ──→ 물　（반응물 / 생성물）
2단계	반응물과 생성물을 화학식으로 나타낸다.	H_2 + O_2 ──→ H_2O　수소 산소 물
3단계	화학 반응 전후에 원자의 종류와 개수가 같도록 계수를 맞춘다.	$2H_2$ + O_2 ──→ ⑤ [　　]

◉ **화학 반응에서의 에너지 출입** 화학 반응이 일어날 때는 에너지를 방출하거나 흡수한다.

화학 반응이 일어날 때 에너지를 방출하는 반응	화학 반응이 일어날 때 에너지를 흡수하는 반응
화학 반응이 일어날 때 에너지를 방출하면 주변의 온도가 ⑥ [　　] 진다.	화학 반응이 일어날 때 에너지를 흡수하면 주변의 온도가 ⑦ [　　] 진다.

[정답]
① 융해 ② 용융해 ③ 물리 변화
④ 화학 변화 ⑤ $2H_2O$
⑥ 높아 ⑦ 낮아

01 산화와 환원

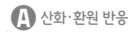

핵심 짚기
- ☐ 산화·환원 반응의 정의
- ☐ 산화·환원 반응의 예
- ☐ 산화·환원 반응 실험 및 해석

A 산화·환원 반응

★1 산소의 이동과 산화·환원 반응 [탐구 A] 38쪽

산화	물질이 산소를 얻는 반응
환원	물질이 산소를 잃는 반응

예

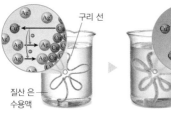

산화 산소를 얻음

$$2CuO + C \longrightarrow 2Cu + CO_2$$
산화 구리(Ⅱ) 탄소   구리 이산화 탄소

환원 산소를 잃음

★2 전자의 이동과 산화·환원 반응 [1]

산화	물질이 전자를 잃는 반응
환원	물질이 전자를 얻는 반응

예

산화 전자를 잃음

$$Mg + Cu^{2+} \longrightarrow Mg^{2+} + Cu$$
마그네슘 구리 이온   마그네슘 이온 구리

환원 전자를 얻음

| 질산 은 수용액과 구리의 반응 |[2]

무색의 질산 은 수용액에 구리 선을 넣으면 구리 선의 표면이 은색 물질로 덮이고 수용액은 점점 푸른색으로 변한다.

산화

$$2Ag^+ + Cu \longrightarrow 2Ag + Cu^{2+}$$
은 이온 구리   은 구리 이온

환원

구리 선

질산 은 수용액

- **수용액이 푸른색으로 변하는 까닭:** 구리가 전자를 잃고 산화되어 구리 이온으로 수용액에 녹아 들어가기 때문이다. ➡ $Cu \longrightarrow Cu^{2+} + 2\ominus$
- **구리 선 표면이 은색 물질로 덮이는 까닭:** 은 이온이 전자를 얻고 환원되어 은으로 석출되기 때문이다. ➡ $Ag^+ + \ominus \longrightarrow Ag$
- **수용액 속의 전체 이온 수 변화:** 구리 이온의 수는 증가하고, 은 이온의 수는 감소하며, 질산 이온의 수는 일정하다. ➡ 구리 이온 1개가 생성될 때 은 이온 2개가 감소하므로 전체 이온의 수는 감소한다.

3 산화·환원 반응의 동시성
어떤 물질이 산소를 얻거나 전자를 잃고 산화되면 다른 물질은 산소를 잃거나 전자를 얻어 환원된다. ➡ 산화와 환원은 항상 동시에 일어난다.

B 산화·환원 반응의 예[3]

1 광합성과 세포호흡
① 광합성과 세포호흡

광합성	세포호흡
식물의 엽록체에서 빛에너지를 이용하여 이산화 탄소와 물로 포도당과 산소를 만드는 반응	마이토콘드리아에서 포도당과 산소가 반응하여 이산화 탄소와 물이 생성되고, 에너지가 발생하는 반응

산화

$$6CO_2 + 6H_2O \xrightarrow{\text{빛에너지}} C_6H_{12}O_6 + 6O_2$$
이산화 탄소 물   포도당 산소

환원

산화

$$C_6H_{12}O_6 + 6O_2 \longrightarrow 6CO_2 + 6H_2O + \text{에너지}$$
포도당 산소   이산화 탄소 물

환원

Plus 강의

❶ 산소가 이동하는 산화·환원 반응을 전자의 이동으로 설명하기

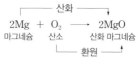

산화

$$2Mg + O_2 \longrightarrow 2MgO$$
마그네슘 산소   산화 마그네슘

환원

마그네슘과 산소의 산화·환원 반응은 전자의 이동으로도 설명할 수 있다.

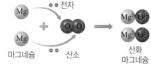

마그네슘 전자 산소 산화 마그네슘

마그네슘은 전자를 잃고 마그네슘 이온으로 산화되고, 산소는 전자를 얻어 산화 이온으로 환원된다. 즉, 산소를 얻는 반응인 산화는 전자를 잃는 것이고, 산소를 잃는 반응인 환원은 전자를 얻는 것이다.

❷ 묽은 염산과 아연의 반응

묽은 염산에 아연판을 넣으면 아연은 전자를 잃고 아연 이온으로 산화되고, 수소 이온은 전자를 얻어 수소로 환원된다.

아연판
수소 기체
묽은 염산

산화

$$Zn + 2H^+ \longrightarrow Zn^{2+} + H_2\uparrow$$
아연 수소 이온   아연 이온 수소

환원

❸ 우리 주변의 산화·환원 반응
- **손난로:** 철이 산소와 반응하여 산화 철(Ⅲ)로 산화될 때 열이 발생하는 것을 이용한다.
- **사과의 갈변:** 사과를 깎아 공기 중에 두면 사과의 깎은 부분이 산화되어 갈색으로 변한다.
- **섬유 표백:** 누렇게 변한 옷을 표백제로 세탁하면 산화·환원 반응이 일어나 옷이 하얗게 된다.
- **에칭:** 산성 부식액이 금속판을 부식시키는 산화·환원 반응을 이용하여 판화를 만드는 기법이다.
- **고려청자:** 고려청자의 비취색은 유약이나 흙에 포함된 철 이온이 청자를 굽는 불 속의 일산화 탄소와 반응하여 환원될 때 나타난다.

② 광합성이 자연의 역사에 가져온 변화: 원시 바다에서 남세균이 최초로 광합성을 하면서 대기 중 산소의 농도가 증가하였고, 산소 호흡으로 에너지를 얻는 생물이 출현하였다.

2 철의 *제련**❹**

① 철의 제련: 산화 철(Ⅲ)에서 산소를 제거하여 순수한 철을 얻는 과정

> 용광로에 산화 철(Ⅲ)이 주성분인 철광석과 *코크스를 넣고 가열하면 순수한 철을 얻을 수 있다.
>
> **1단계** **코크스의 산화**: 코크스가 산소를 얻어 일산화 탄소로 산화된다.
>
> $$\overset{\overset{\text{산화}}{\longrightarrow}}{2C\ +\ O_2\ \longrightarrow\ 2CO}$$
> 코크스   산소   일산화 탄소
>
> **2단계** **산화 철(Ⅲ)의 환원**: 산화 철(Ⅲ)과 일산화 탄소가 반응하여 산화 철(Ⅲ)은 산소를 잃고 철로 환원되고, 일산화 탄소는 산소를 얻고 이산화 탄소로 산화된다.
>
> $$Fe_2O_3\ +\ 3CO\ \longrightarrow\ 2Fe\ +\ 3CO_2$$
> 산화 철(Ⅲ) 일산화 탄소   철   이산화 탄소
> (산화 ─┐, 환원 ─┘)

② 철의 제련이 인류의 역사에 가져온 변화: 철을 제련하여 무기, 농기구 등을 만들어 사용하면서 철을 본격적으로 이용하는 철기 시대를 열었고, 인류 문명이 발달하였다.

3 화석 연료의 연소 ❺❻

① 화석 연료의 연소: 화석 연료가 공기 중의 산소와 반응하여 이산화 탄소와 물이 생성되고 많은 열이 방출되는 반응

② 화석 연료가 인류의 역사에 가져온 변화: 화석 연료인 석탄을 에너지원으로 하는 증기 기관의 발명은 산업 혁명이 일어나는 데 큰 영향을 주었다.

| 도시가스의 주성분인 메테인의 연소 |
> $$CH_4\ +\ 2O_2\ \longrightarrow\ CO_2\ +\ 2H_2O$$
> 메테인   산소   이산화 탄소   물
> (산화 ─┐, 환원 ─┘)

4 수소 연료 전지

① 수소 연료 전지: 수소와 산소가 반응하여 물이 생성되는 과정에서 물질의 화학 에너지가 전기 에너지로 전환된다.

② 수소 연료 전지의 이용: 수소 자동차, 우주선 등

| 수소 연료 전지에서 물의 생성 |
> $$2H_2\ +\ O_2\ \longrightarrow\ 2H_2O$$
> 수소   산소   물
> (산화 ─┐, 환원 ─┘)

---

❹ 철의 부식(산화) 방지
철은 공기 중의 산소, 수분과 반응하여 붉은 녹을 만든다. 따라서 철의 부식을 방지하려면 철이 공기 중의 산소, 수분과 접촉하는 것을 막아야 한다. 이러한 방법에는 철 표면에 페인트를 칠하거나 기름을 칠하는 것 등이 있다.

❺ 화석 연료
지질 시대 생물의 유해가 땅속에 묻혀 생성된 것으로, 탄소와 수소가 주요 성분이다.
예 석탄, 석유, 천연가스 등

❻ 뷰테인의 연소
뷰테인은 휴대용 버너의 연료 등으로 쓰인다.
> $$2C_4H_{10} + 13O_2\ \longrightarrow\ 8CO_2 + 10H_2O$$
> 뷰테인   산소   이산화 탄소   물
> (산화 ─┐, 환원 ─┘)

🔍 용어 돋보기

✽ 제련(製 만들다, 鍊 정련하다)_광석을 용광로에 넣고 녹여서 금속을 분리·추출하여 정제하는 것
✽ 코크스_석탄을 높은 온도에서 오랫동안 구운 것으로 주성분은 탄소임

정답과 해설 9쪽

1 물질이 산소를 얻거나 전자를 잃는 반응은 ㉠(   )이고, 산소를 잃거나 전자를 얻는 반응은 ㉡(   )이다.

2 다음은 자연과 인류의 역사에 변화를 가져온 화학 반응에 대한 설명이다. (   ) 안에 알맞은 말을 쓰시오.

(1) 철광석에서 순수한 철을 얻는 과정을 철의 (   )이라고 한다.
(2) (   )을 하는 생물의 출현으로 대기 중 산소의 농도가 증가하였다.

3 다음 화학 반응식의 (   ) 안에 '산화' 또는 '환원'을 쓰시오.

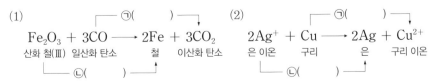

(1)
$$Fe_2O_3\ +\ 3CO\ \longrightarrow\ 2Fe\ +\ 3CO_2$$
산화 철(Ⅲ) 일산화 탄소   철   이산화 탄소
㉠(   ) ─┐, ㉡(   ) ─┘

(2)
$$2Ag^+\ +\ Cu\ \longrightarrow\ 2Ag\ +\ Cu^{2+}$$
은 이온   구리   은   구리 이온
㉠(   ) ─┐, ㉡(   ) ─┘

산화·환원 반응의 정의

구분	산소	전자
산화	얻음	잃음
환원	잃음	얻음

산화 구리(Ⅱ)와 탄소의 반응

🎯목표 산화·환원 반응을 산소의 이동으로 이해할 수 있다.

과정

❶ 산화 구리(Ⅱ) 가루 6 g과 탄소 가루 1 g을 고르게 섞어 시험관에 넣는다.

❷ 그림과 같이 장치하고 시험관을 가열하면서 석회수의 변화를 관찰한다.

> ▶ 석회수를 사용하는 까닭: 발생하는 이산화 탄소 기체를 확인하기 위해서

❸ 가열 장치의 불을 끄고 시험관을 완전히 식힌 후 시험관 속에 생성된 물질의 색을 관찰한다.

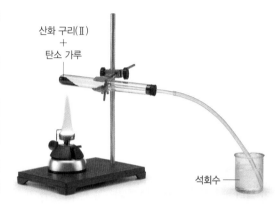

산화 구리(Ⅱ)
+
탄소 가루

석회수

유의점

실험에서 발생하는 이산화 탄소는 공기보다 무거우므로 시험관의 입구를 아래로 기울여 준다.

이렇게도
실험해요!

겉불꽃

속불꽃

• 구리판을 산소가 충분한 알코올램프의 겉불꽃 속에서 가열하면 구리가 산화되어 검은색을 띠는 산화 구리(Ⅱ)가 된다.
$$2Cu + O_2 \longrightarrow 2CuO$$
• 구리판의 검게 변한 부분을 일산화 탄소가 생성되는 알코올램프의 속불꽃 속에서 가열하면 산화 구리(Ⅱ)가 환원되어 붉은색의 구리가 된다.
$$CuO + CO$$
$$\longrightarrow Cu + CO_2$$

결과

가열하기 전

가열한 후

반응 후 시험관 속에 붉은색 고체 물질이 생성된다.

석회수가 뿌옇게 흐려진다.

해석

1. 석회수가 뿌옇게 흐려진 까닭은? ➡ 시험관 속에서 이산화 탄소 기체가 생성되었기 때문이다. ➡ 탄소가 산소를 얻어 이산화 탄소로 산화되었다.

2. 시험관 속에 생성된 물질이 붉은색을 띠는 까닭은? ➡ 구리가 생성되었기 때문이다. ➡ 검은색 산화 구리(Ⅱ)가 산소를 잃고 붉은색 구리로 환원되었다.

3. 산화 구리(Ⅱ)와 탄소의 반응에서 생성되는 물질은? ➡ 구리와 이산화 탄소가 생성된다.

시험 Tip!

• 실험 장치를 제시하고 실험 결과를 묻는 문항이 자주 출제된다. ➡ 석회수는 뿌옇게 흐려지고, 시험관 속에는 붉은색 고체가 생성된다.
• 실험 결과를 해석하는 문항이 자주 출제된다. ➡ 석회수가 뿌옇게 흐려지는 것은 이산화 탄소가 생성되기 때문이고, 생성된 물질이 붉은색을 띠는 것은 구리가 생성되기 때문이다.

정리

산화 구리(Ⅱ)는 산소를 잃고 구리로 환원되고, 탄소는 산소를 얻어 이산화 탄소로 산화된다.

산화

$$2CuO + C \longrightarrow 2Cu + CO_2$$

산화 구리(Ⅱ) 탄소   구리   이산화 탄소

환원

확인 문제

1 탐구 A 에 대한 설명으로 옳은 것은 ○, 옳지 않은 것은 ×로 표시하시오.

(1) 탄소는 환원된다. ·· (   )
(2) 산화 구리(Ⅱ)는 산소와 결합한다. ·································· (   )
(3) 석회수가 뿌옇게 흐려지는 것으로 보아 이산화 탄소가 생성된다. ···· (   )
(4) 반응 후 시험관 속에 생성된 붉은색 고체는 구리이다. ············ (   )
(5) 산화 구리(Ⅱ)에서 탄소로 산소가 이동한다. ···················· (   )

2 그림과 같이 산화 구리(Ⅱ)와 탄소 가루를 혼합하여 시험관에 넣고 가열하였다.
이에 대한 설명으로 옳은 것만을 [보기]에서 있는 대로 고른 것은?

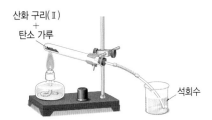

• 보기 •
ㄱ. 석회수가 뿌옇게 흐려진다.
ㄴ. 시험관 속에 붉은색 물질이 생성된다.
ㄷ. 시험관 속에서 산화 반응만 일어난다.

① ㄱ ② ㄷ ③ ㄱ, ㄴ
④ ㄴ, ㄷ ⑤ ㄱ, ㄴ, ㄷ

3 다음은 구리를 이용한 실험이다.

(가) 붉은색 구리판을 알코올램프의 겉불꽃 속에 넣고 가열하였더니 검게 변하였다.
(나) (가)에서 구리판의 가열한 부분을 알코올램프의 속불꽃 속에 넣고 가열하였더니 구리판의 검게 변한 부분이 다시 붉게 변하였다.

(가)

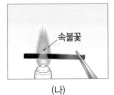
(나)

이에 대한 설명으로 옳은 것만을 [보기]에서 있는 대로 고른 것은?

• 보기 •
ㄱ. (가)에서 구리는 산화된다.
ㄴ. (나)에서 검은색 물질은 산소를 잃는다.
ㄷ. (가)와 (나)에서 모두 산소의 이동이 일어난다.

① ㄱ ② ㄴ ③ ㄱ, ㄷ
④ ㄴ, ㄷ ⑤ ㄱ, ㄴ, ㄷ

A 산화·환원 반응

★중요

01 산화·환원 반응에 대한 설명으로 옳은 것만을 [보기]에서 있는 대로 고른 것은?

┌ 보기 ┐
ㄱ. 산화는 물질이 산소를 얻는 반응이다.
ㄴ. 환원은 물질이 전자를 잃는 반응이다.
ㄷ. 산화와 환원은 항상 동시에 일어난다.

① ㄱ　　　　② ㄴ　　　　③ ㄱ, ㄷ
④ ㄴ, ㄷ　　　⑤ ㄱ, ㄴ, ㄷ

02 다음은 철과 관련된 반응을 화학 반응식으로 나타낸 것이다. (　　) 안에 '산화' 또는 '환원'을 알맞게 쓰시오.

$$
\underset{\underset{\llcorner ~ \unicode{0x24C1}(\qquad) ~ \lrcorner}{\overset{\ulcorner ~ \unicode{0x24BF}(\qquad) ~ \urcorner}{4Fe + 3O_2 \longrightarrow 2Fe_2O_3}}}{}
$$

★중요

03 다음은 세 가지 화학 반응식이다.

(가) $CuO + CO \longrightarrow Cu + CO_2$
(나) $Zn + Cu^{2+} \longrightarrow Zn^{2+} + Cu$
(다) $4Na + O_2 \longrightarrow 2Na_2O$

(가)~(다)에서 산화되는 것을 옳게 짝 지은 것은?

	(가)	(나)	(다)
①	CuO	Zn	Na
②	CuO	Cu^{2+}	O_2
③	CO	Zn	Na
④	CO	Zn	O_2
⑤	CO	Cu^{2+}	Na

★중요 서술형

04 그림과 같이 산화 구리(Ⅱ)와 탄소 가루를 혼합하여 시험관에 넣고 가열하였더니 석회수가 뿌옇게 흐려졌다.

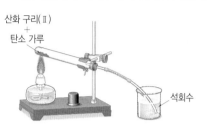

석회수의 변화로 알 수 있는 이 반응의 생성물을 쓰고, 생성 과정을 산소의 이동과 관련하여 서술하시오.

_____

_____

05 다음은 구리판을 이용한 실험 과정과 결과이다.

[과정]
(가) 붉은색 구리판을 알코올램프의 겉불꽃 속에 넣고 색 변화를 관찰한다.
(나) (가)에서 구리판의 가열한 부분을 알코올램프의 속불꽃 속에 넣고 색 변화를 관찰한다.

[결과]
• (가)에서 구리판이 검게 변하였다.
• (나)에서 구리판의 검게 변한 부분이 다시 붉게 변하였다.

이에 대한 설명으로 옳은 것만을 [보기]에서 있는 대로 고른 것은?

┌ 보기 ┐
ㄱ. (가)에서 일어나는 반응을 화학 반응식으로 나타내면 $2Cu+O_2 \longrightarrow 2CuO$이다.
ㄴ. (가)에서 구리판의 질량은 증가한다.
ㄷ. (나)에서 검은색 물질은 환원된다.

① ㄱ　　　　② ㄷ　　　　③ ㄱ, ㄴ
④ ㄴ, ㄷ　　　⑤ ㄱ, ㄴ, ㄷ

중요

06 그림은 질산 은 수용액에 구리 선을 넣었을 때 구리 선 표면에 은이 석출되고, 수용액이 푸른색으로 변한 모습을 나타낸 것이다.

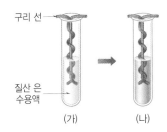

이에 대한 설명으로 옳은 것만을 [보기]에서 있는 대로 고른 것은?

> **보기**
> ㄱ. 은 이온은 산화된다.
> ㄴ. 수용액 속 구리 이온 수는 증가한다.
> ㄷ. 수용액이 푸른색을 띠는 것은 구리 이온 때문이다.

① ㄱ   ② ㄴ   ③ ㄱ, ㄷ
④ ㄴ, ㄷ   ⑤ ㄱ, ㄴ, ㄷ

07 그림은 푸른색의 황산 구리(Ⅱ) 수용액에 마그네슘판을 넣었을 때 일어나는 반응을 모형으로 나타낸 것이다.

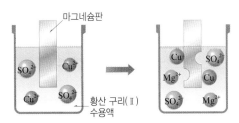

이에 대한 설명으로 옳은 것만을 [보기]에서 있는 대로 고른 것은?

> **보기**
> ㄱ. 수용액의 푸른색은 점점 엷어진다.
> ㄴ. 전자는 마그네슘에서 구리 이온으로 이동한다.
> ㄷ. 수용액 속 양이온 수는 증가한다.

① ㄱ   ② ㄴ   ③ ㄷ
④ ㄱ, ㄴ   ⑤ ㄴ, ㄷ

서술형

08 그림과 같이 질산 은 수용액에 마그네슘판을 넣었더니 반응이 일어났다.

이 반응의 화학 반응식을 쓰고, 비커에서 일어나는 반응을 산화·환원 및 전자의 이동과 관련하여 서술하시오. (단, 화학 반응식에는 반응에 참여한 입자만을 쓴다.)

_____

_____

09 그림은 묽은 염산에 아연판을 넣었을 때 일어나는 반응을 모형으로 나타낸 것이다.
이에 대한 설명으로 옳은 것만을 [보기]에서 있는 대로 고른 것은?

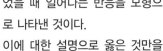

> **보기**
> ㄱ. 수소 이온은 산화된다.
> ㄴ. 아연판의 질량은 감소한다.
> ㄷ. 아연 원자 1개가 반응할 때 수소 이온 1개가 반응한다.

① ㄱ   ② ㄴ   ③ ㄱ, ㄷ
④ ㄴ, ㄷ   ⑤ ㄱ, ㄴ, ㄷ

B 산화·환원 반응의 예

10 광합성에 대한 설명으로 옳은 것만을 [보기]에서 있는 대로 고른 것은?

> **보기**
> ㄱ. 광합성은 산화·환원 반응이다.
> ㄴ. 광합성이 일어나려면 빛에너지가 필요하다.
> ㄷ. 남세균이 광합성을 하면서 대기 중 산소의 농도가 감소하였다.

① ㄱ   ② ㄷ   ③ ㄱ, ㄴ
④ ㄴ, ㄷ   ⑤ ㄱ, ㄴ, ㄷ

★중요
11 다음은 생명체에서 일어나는 두 가지 반응을 화학 반응식으로 나타낸 것이다.

$$\text{(가) } C_6H_{12}O_6 + 6O_2 \longrightarrow 6\boxed{\text{㉠}} + 6H_2O$$

$$\text{(나) } 6\boxed{\text{㉡}} + 6H_2O \longrightarrow C_6H_{12}O_6 + 6O_2$$

이에 대한 설명으로 옳지 <u>않은</u> 것은?

① ㉠과 ㉡은 다른 물질이다.
② (가)는 세포호흡을 나타내는 화학 반응식이다.
③ (가)에서 에너지가 발생한다.
④ (나)에서 ㉡은 환원된다.
⑤ (나)는 식물의 엽록체에서 일어난다.

★중요
12 다음은 용광로에서 철을 제련하는 모습과 이때 일어나는 반응을 화학 반응식으로 나타낸 것이다.

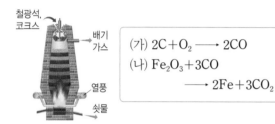

이에 대한 설명으로 옳은 것만을 [보기]에서 있는 대로 고른 것은?

• 보기 •
ㄱ. (가)에서 코크스는 환원된다.
ㄴ. (나)에서 일산화 탄소는 산화된다.
ㄷ. (가)와 (나)는 모두 산화·환원 반응이다.

① ㄱ   ② ㄴ   ③ ㄱ, ㄷ
④ ㄴ, ㄷ   ⑤ ㄱ, ㄴ, ㄷ

13 철의 제련과 화석 연료의 연소에 대한 설명으로 옳은 것만을 [보기]에서 있는 대로 고른 것은?

• 보기 •
ㄱ. 인류는 철을 제련하여 여러 가지 도구를 만들어 사용하였다.
ㄴ. 화석 연료는 산업 혁명이 일어나는 데 큰 영향을 주었다.
ㄷ. 화석 연료가 공기 중에서 연소할 때 화석 연료는 환원된다.

① ㄱ   ② ㄷ   ③ ㄱ, ㄴ
④ ㄴ, ㄷ   ⑤ ㄱ, ㄴ, ㄷ

14 다음은 메테인이 연소하는 반응을 화학 반응식으로 나타낸 것이다.

$$CH_4 + 2O_2 \longrightarrow CO_2 + 2H_2O$$

이에 대한 설명으로 옳은 것만을 [보기]에서 있는 대로 고른 것은?

• 보기 •
ㄱ. 열이 발생한다.
ㄴ. 메테인은 환원된다.
ㄷ. 메테인은 도시가스의 주성분이다.

① ㄱ   ② ㄴ   ③ ㄱ, ㄷ
④ ㄴ, ㄷ   ⑤ ㄱ, ㄴ, ㄷ

15 다음은 수소 연료 전지에서 일어나는 반응을 화학 반응식으로 나타낸 것이다.

$$2H_2 + O_2 \longrightarrow 2H_2O$$

이에 대한 설명으로 옳은 것만을 [보기]에서 있는 대로 고른 것은?

• 보기 •
ㄱ. 수소는 산화된다.
ㄴ. 반응이 일어날 때 물질의 전기 에너지가 화학 에너지로 전환된다.
ㄷ. 반응이 일어날 때 생성된 에너지는 우주선의 에너지원으로 이용되기도 한다.

① ㄴ   ② ㄷ   ③ ㄱ, ㄴ
④ ㄱ, ㄷ   ⑤ ㄱ, ㄴ, ㄷ

16 산화·환원 반응의 사례만을 [보기]에서 있는 대로 고른 것은?

• 보기 •
ㄱ. 식물이 광합성을 한다.
ㄴ. 철로 된 문 손잡이가 녹슨다.
ㄷ. 표백제로 옷을 하얗게 만든다.

① ㄱ   ② ㄴ   ③ ㄱ, ㄷ
④ ㄴ, ㄷ   ⑤ ㄱ, ㄴ, ㄷ

01 그림과 같이 금속 A와 금속 B를 묽은 염산에 넣었더니 금속 A의 표면에서만 기포가 발생하였고, 금속 B의 표면에서는 아무런 변화가 없었다.

이에 대한 설명으로 옳은 것만을 [보기]에서 있는 대로 고른 것은? (단, A와 B는 임의의 원소 기호이다.)

┌─ 보기 ───────────────────────┐
ㄱ. 금속 A는 전자를 잃는다.
ㄴ. 금속 B는 환원된다.
ㄷ. 수용액 속 수소 이온 수는 일정하다.
└─────────────────────────────┘

① ㄱ　　　　② ㄴ　　　　③ ㄱ, ㄷ
④ ㄴ, ㄷ　　　⑤ ㄱ, ㄴ, ㄷ

02 그림은 금속 A 이온이 들어 있는 수용액에 충분한 양의 금속 B를 넣었을 때 수용액에 존재하는 금속 양이온만을 모형으로 나타낸 것이다.

이에 대한 설명으로 옳은 것만을 [보기]에서 있는 대로 고른 것은? (단, A와 B는 임의의 원소 기호이며, 모든 금속은 음이온과 반응하지 않는다.)

┌─ 보기 ───────────────────────┐
ㄱ. 전자는 B에서 A 이온으로 이동한다.
ㄴ. A 이온 2개가 반응할 때 B 원자 1개가 반응한다.
ㄷ. B 이온의 전하량은 A 이온의 전하량보다 작다.
└─────────────────────────────┘

① ㄱ　　　　② ㄷ　　　　③ ㄱ, ㄴ
④ ㄴ, ㄷ　　　⑤ ㄱ, ㄴ, ㄷ

03 다음은 질산 은 수용액에 철못을 넣었을 때의 모습과 이때 일어나는 반응을 화학 반응식으로 나타낸 것이다.

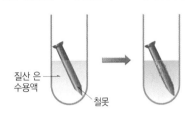

$$2Ag^+ + Fe \longrightarrow 2Ag + Fe^{2+}$$

이에 대한 설명으로 옳은 것만을 [보기]에서 있는 대로 고른 것은? (단, 원자 1개의 평균 질량은 은이 철보다 크다.)

┌─ 보기 ───────────────────────┐
ㄱ. 질산 이온은 환원된다.
ㄴ. 못의 질량은 증가한다.
ㄷ. 수용액 속 전체 이온 수는 증가한다.
└─────────────────────────────┘

① ㄱ　　　　② ㄴ　　　　③ ㄱ, ㄷ
④ ㄴ, ㄷ　　　⑤ ㄱ, ㄴ, ㄷ

04 다음은 자연과 인류의 역사에 변화를 가져온 세 가지 화학 반응에 대한 설명이다.

┌─────────────────────────────┐
• 메테인의 연소에서 메테인은 ⨉ ㉠ ⨉ 된다.
• 철광석에 들어 있는 산화 철(Ⅲ)을 ㉡ 시켜 철을 얻는다.
• 식물의 엽록체에서 이산화 탄소와 물로 포도당과 산소를 만들 때 이산화 탄소는 ㉢ 된다.
└─────────────────────────────┘

㉠~㉢에 알맞은 말을 옳게 짝 지은 것은?

	㉠	㉡	㉢
①	산화	산화	산화
②	산화	환원	산화
③	산화	환원	환원
④	환원	산화	산화
⑤	환원	환원	환원

02 산, 염기와 중화 반응

핵심 짚기
- ☐ 산과 염기의 성질
- ☐ 중화 반응의 모형과 온도 변화
- ☐ 액성에 따른 지시약의 색 변화
- ☐ 중화 반응의 이용

A 산과 염기

1 산 수용액에서 수소 이온(H^+)을 내놓는 물질❶❷

예 염화 수소(HCl), 질산(HNO_3), 아세트산(CH_3COOH), 황산(H_2SO_4) 등❸

① 산의 *이온화: 산이 수용액에서 수소 이온(H^+)과 음이온으로 나누어지는 것

| 산의 이온화 모형과 이온화식 |

산 수용액에는 공통으로 수소 이온(H^+)이 들어 있으며, 산의 종류에 따라 음이온의 종류가 다르다.

- 수소 이온(H^+)
- 음이온(A^-)

산(HA)

$$HCl \longrightarrow H^+ + Cl^-$$
염화 수소   수소 이온   염화 이온

$$CH_3COOH \longrightarrow H^+ + CH_3COO^-$$
아세트산   수소 이온   아세트산 이온

$$H_2SO_4 \longrightarrow 2H^+ + SO_4^{2-}$$
황산   수소 이온   황산 이온

---

② 산의 공통적인 성질(산성): 수소 이온(H^+) 때문에 나타난다. **탐구A** 48쪽

- 신맛이 나고, 물에 녹아 이온화하므로 수용액에서 전류가 흐른다.
- 금속과 반응하여 수소 기체를 발생시킨다.❹
- 달걀 껍데기(탄산 칼슘)와 반응하여 이산화 탄소 기체를 발생시킨다.
- 푸른색 리트머스 종이를 붉게 변화시킨다.
- 페놀프탈레인 용액의 색을 변화시키지 않는다.
- BTB 용액을 노란색으로 변화시킨다.

| 산성을 나타내는 이온의 확인 |

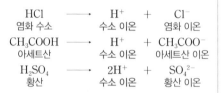

질산 칼륨 수용액에 적신 푸른색 리트머스 종이

(-)극   (+)극   전류를 흘려 줌   (-)극   (+)극

묽은 염산에 적신 실

- 그림과 같이 장치하고 전류를 흘려 주면 푸른색 리트머스 종이가 실에서부터 (-)극 쪽으로 붉게 변한다.
➡ 양전하를 띠는 수소 이온(H^+)이 (-)극 쪽으로 이동하면서 푸른색 리트머스 종이를 붉게 변화시킨다.
- 아세트산 수용액, 묽은 질산, 묽은 황산으로 실험해도 같은 결과가 나타난다. ➡ 산성은 양이온인 수소 이온(H^+) 때문에 나타나는 것을 알 수 있다.

---

2 염기 수용액에서 수산화 이온(OH^-)을 내놓는 물질❺❻

예 수산화 나트륨($NaOH$), 수산화 칼륨(KOH), 수산화 칼슘($Ca(OH)_2$), 수산화 바륨($Ba(OH)_2$), 암모니아(NH_3) 등❼

① 염기의 이온화: 염기가 수용액에서 양이온과 수산화 이온(OH^-)으로 나누어지는 것

| 염기의 이온화 모형과 이온화식 |

염기 수용액에는 공통으로 수산화 이온(OH^-)이 들어 있으며, 염기의 종류에 따라 양이온의 종류가 다르다.

- 양이온(B^+)
- 수산화 이온(OH^-)

염기(BOH)

$$NaOH \longrightarrow Na^+ + OH^-$$
수산화 나트륨   나트륨 이온   수산화 이온

$$KOH \longrightarrow K^+ + OH^-$$
수산화 칼륨   칼륨 이온   수산화 이온

$$Ca(OH)_2 \longrightarrow Ca^{2+} + 2OH^-$$
수산화 칼슘   칼슘 이온   수산화 이온

Plus 강의

❶ H를 포함하는 화합물과 산
어떤 물질의 분자 안에 H가 있더라도 물에 녹아 H^+을 내놓지 않으면 산이 아니다.
예 메테인(CH_4)

❷ 우리 주변의 산성 물질
레몬즙, 식초, 자동차 배터리 전해질, 탄산 음료, 과일 등

❸ 염화 수소와 염산
염화 수소를 물에 녹인 수용액을 염산이라고 한다.

❹ 산과 금속의 반응
묽은 산은 마그네슘, 아연과 같은 금속과 산화·환원 반응을 하여 수소 기체가 발생하지만, 금이나 은 등의 금속과는 반응하지 않는다. 즉, 산이 모든 금속과 반응하는 것은 아니다.

❺ OH를 포함하는 화합물과 염기
어떤 물질의 분자 안에 OH가 있더라도 물에 녹아 OH^-을 내놓지 않으면 염기가 아니다.
예 메탄올(CH_3OH)

❻ 우리 주변의 염기성 물질
제빵 소다, 하수구 세정제, 비누, 치약, 제산제 등

❼ 암모니아가 염기인 까닭
암모니아(NH_3)는 분자 안에 OH가 없지만 물에 녹아 OH^-을 생성하므로 염기이다.
$$NH_3 + H_2O \longrightarrow NH_4^+ + OH^-$$

Q 용어 돋보기

*이온화_ 어떤 물질이 이온으로 나누어지는 현상

② 염기의 공통적인 성질(염기성): 수산화 이온(OH^-) 때문에 나타난다. **탐구A** 48쪽

- 쓴맛이 나고, 물에 녹아 이온화하므로 수용액에서 전류가 흐른다.
- 금속이나 달걀 껍데기(탄산 칼슘)와 반응하지 않는다.
- 단백질을 녹이는 성질이 있어 피부에 묻으면 미끈거린다. ❼
- 붉은색 리트머스 종이를 푸르게 변화시킨다.
- 페놀프탈레인 용액을 붉게 변화시킨다.
- BTB 용액을 파란색으로 변화시킨다.

| 염기성을 나타내는 이온의 확인 |

 질산 칼륨 수용액에 적신 붉은색 리트머스 종이
 전류를 흘려 줌

(−)극　(+)극　→　(−)극　(+)극

수산화 나트륨 수용액에 적신 실

- 그림과 같이 장치하고 전류를 흘려 주면 붉은색 리트머스 종이가 실에서부터 (+)극 쪽으로 푸르게 변한다. ➡ 음전하를 띠는 수산화 이온(OH^-)이 (+)극 쪽으로 이동하면서 붉은색 리트머스 종이를 푸르게 변화시킨다.
- 수산화 칼슘 수용액, 수산화 칼륨 수용액, 수산화 바륨 수용액으로 실험해도 같은 결과가 나타난다.
  ➡ 염기성은 음이온인 수산화 이온(OH^-) 때문에 나타나는 것을 알 수 있다.

B 지시약

1 지시약 용액의*액성을 구별하기 위해 사용하는 물질로, 액성에 따라 색이 변한다.

2 액성에 따른 지시약의 색 변화 ❾❿

구분	산성	중성	염기성
리트머스 종이	푸른색 → 붉은색	—	붉은색 → 푸른색
페놀프탈레인 용액	무색	무색	붉은색
BTB 용액	노란색	초록색	파란색
메틸 오렌지 용액	붉은색	노란색	노란색

---

❽ 두부를 염기성 용액에 넣었을 때
두부에는 단백질이 들어 있어 두부를 염기성 용액에 넣으면 녹는다.

❾ 액성에 따른 지시약의 색

구분	산성	중성	염기성
리트머스 종이		—	
페놀프탈레인 용액			
BTB 용액			
메틸 오렌지 용액			

❿ pH
수용액에 들어 있는 H^+의 농도를 숫자로 나타낸 것이다. 0~14 사이의 값을 가지며, pH가 작을수록 산성이 강하고 pH가 클수록 염기성이 강하다.

pH<7	pH=7	pH>7
산성	중성	염기성

용어 돋보기

＊액성(液 용액, 性 성질)_용액의 성질로, 산성, 중성, 염기성으로 구분함

정답과 해설 11쪽

1 산의 성질에 해당하는 것에는 '산성', 염기의 성질에 해당하는 것에는 '염기성'을 쓰시오.

(1) 쓴맛이 난다. ……………………………………………………………… (　　　)
(2) 금속과 반응하여 수소 기체를 발생시킨다. ……………………… (　　　)
(3) 탄산 칼슘과 반응하여 이산화 탄소 기체를 발생시킨다. …………… (　　　)
(4) 붉은색 리트머스 종이를 푸르게 변화시킨다. ……………………… (　　　)

2 산과 염기의 이온화식을 완성하시오.

(1) $HCl \longrightarrow ($　　　$) + Cl^-$　　　(2) $CH_3COOH \longrightarrow H^+ + ($　　　$)$
(3) $NaOH \longrightarrow ($　　　$) + OH^-$　　　(4) $Ca(OH)_2 \longrightarrow Ca^{2+} + ($　　　$)$

3 페놀프탈레인 용액의 색은 산성 용액에서 ㉠(　　　　), 염기성 용액에서 ㉡(　　　　) 이고, BTB 용액의 색은 산성 용액에서 ㉢(　　　　), 염기성 용액에서 ㉣(　　　　) 이다.

암기꼭!

- 산과 염기의 차이점

구분	산	염기
맛	신맛	쓴맛
금속·탄산 칼슘과의 반응	기체 발생	변화 없음
리트머스 종이	푸른색 → 붉은색	붉은색 → 푸른색
페놀프탈레인 용액	무색	붉은색

- 산과 염기의 공통점: 수용액에서 전류가 흐른다.

O2 산, 염기와 중화 반응

C 중화 반응

1 중화 반응 산과 염기가 반응하여 물이 생성되는 반응

① 중화 반응의 알짜 이온 반응식: 산의 수소 이온(H^+)과 염기의 수산화 이온(OH^-)이 1 : 1의 개수비로 반응하여 물(H_2O)을 생성한다.❶

$$H^+ + OH^- \longrightarrow H_2O$$

예 묽은 염산(HCl)과 수산화 나트륨(NaOH) 수용액의 반응❷

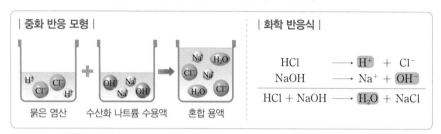

| 중화 반응 모형 | 화학 반응식 |

| 묶은 염산 | 수산화 나트륨 수용액 | 혼합 용액 |

$$HCl \longrightarrow H^+ + Cl^-$$
$$NaOH \longrightarrow Na^+ + OH^-$$
$$HCl + NaOH \longrightarrow H_2O + NaCl$$

② 혼합하는 수용액 속 수소 이온(H^+)과 수산화 이온(OH^-)의 수가 같으면 중화 반응이 완전히 일어나 혼합 용액의 액성은 중성이 된다.❸

2 중화 반응이 일어날 때의 변화

① 중화점: 산의 수소 이온(H^+)과 염기의 수산화 이온(OH^-)이 모두 반응하여 중화 반응이 완결된 지점

② 용액의 이온 수와 액성 변화

| 일정량의 묶은 염산(HCl)에 수산화 나트륨(NaOH) 수용액을 조금씩 넣을 때의 변화 |❹

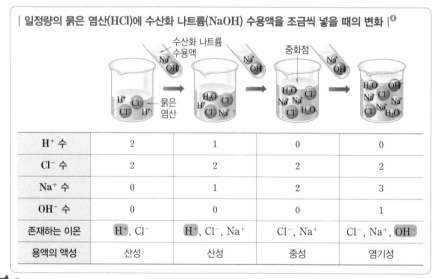

H^+ 수	2	1	0	0
Cl^- 수	2	2	2	2
Na^+ 수	0	1	2	3
OH^- 수	0	0	0	1
존재하는 이온	H^+, Cl^-	H^+, Cl^-, Na^+	Cl^-, Na^+	Cl^-, Na^+, OH^-
용액의 액성	산성	산성	중성	염기성

③ 용액의 온도 변화 (탐구 B) 50쪽

• 중화열: 중화 반응이 일어날 때 발생하는 열

• 반응하는 수소 이온(H^+)과 수산화 이온(OH^-)의 수가 많을수록 중화열이 많이 발생한다.

| 일정량의 산(염기) 수용액에 온도가 같은 염기(산) 수용액을 넣을 때 용액의 온도 변화 |

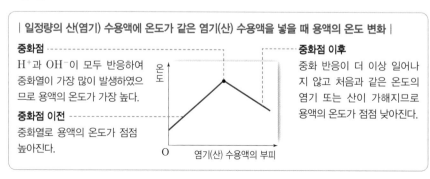

중화점
H^+과 OH^-이 모두 반응하여 중화열이 가장 많이 발생하였으므로 용액의 온도가 가장 높다.

중화점 이전
중화열로 용액의 온도가 점점 높아진다.

중화점 이후
중화 반응이 더 이상 일어나지 않고 처음과 같은 온도의 염기 또는 산이 가해지므로 용액의 온도가 점점 낮아진다.

Plus 강의

❶ **중화 반응의 알짜 이온 반응식**
반응에 참여한 이온만으로 나타낸 반응식을 알짜 이온 반응식이라고 한다. 중화 반응의 알짜 이온 반응식은 산과 염기의 종류에 관계없이 같다.

❷ **염**
중화 반응에서 물과 함께 생성되는 물질로, 산의 음이온과 염기의 양이온이 만나 생성된다.
예 $HCl + NaOH \longrightarrow H_2O + NaCl$
이 반응에서 염은 염화 나트륨(NaCl)이다. 염화 나트륨은 수용액에서 Na^+과 Cl^-으로 존재하며, 수용액을 가열하여 물을 증발시키면 고체 상태의 염화 나트륨을 얻을 수 있다.

❸ **중화 반응이 일어날 때 혼합 용액의 액성**

혼합하는 수용액 속 이온 수	혼합 후
H^+ 수 > OH^- 수	H^+이 남음 ➡ 산성
H^+ 수 = OH^- 수	완전히 중화됨 ➡ 중성
H^+ 수 < OH^- 수	OH^-이 남음 ➡ 염기성

❹ **이온 수 변화 그래프**

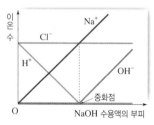

• H^+: OH^-과 반응하여 점차 감소하다가 중화점 이후에는 존재하지 않는다.
• Cl^-: 반응에 참여하지 않으므로 처음 수 그대로 일정하다.
• Na^+: 반응에 참여하지 않으므로 수산화 나트륨 수용액을 넣는 대로 증가한다.
• OH^-: H^+과 반응하므로 처음에는 존재하지 않다가 중화점 이후부터 증가한다.

④ 지시약의 색 변화: 중화점을 지나면 용액의 액성이 변하여 지시약의 색이 변한다.
예 일정량의 묽은 염산에 BTB 용액을 떨어뜨린 후 수산화 나트륨 수용액을 넣을 때

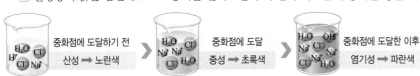

D 중화 반응의 이용⑤

예	원리
생선 비린내 줄이기	생선 요리에 산성 물질인 레몬즙을 뿌려 비린내의 원인인 염기성 물질을 중화한다.
제산제 복용	위산이 너무 많이 분비되어 속이 쓰릴 때 약한 염기성 물질이 들어 있는 제산제를 먹어 위산을 중화한다.
양치질	입속의 음식물이 분해되면 충치의 원인이 되는 산성 물질이 생기는데 이를 치약에 들어 있는 염기성 물질로 중화하여 충치를 예방한다.
벌레 물린 데 약 바르기	벌레에 물렸을 때 염기성 물질이 포함된 약이나 치약, 암모니아수 등을 발라 산성을 띠는 벌레의 독으로 생긴 붓기를 가라앉힌다.
산성화된 토양이나 호수 중화⑥	산성화된 토양이나 호수에 염기성 물질인 석회 가루를 뿌린다.
공장의 산성 기체 중화	공장에서 발생한 기체를 대기로 배출하기 전에 산성비를 유발하는 황산화물을 염기성 물질인 석회석, 산화 칼슘 등으로 중화한다.

⑤ 그 밖의 중화 반응
· 묵은 김치에 제빵 소다(탄산수소 나트륨)를 넣어 신맛을 내는 물질을 중화하여 김치의 신맛을 줄인다.
· 종이를 만들 때 산성을 띠는 펄프를 염기성 물질로 중화하여 오래 보관할 수 있는 중성지를 만든다.

⑥ 토양의 산성화 방지
화학 비료, 산성비 등에 의해 산성화된 토양에서는 생물이 잘 자라지 못하므로 석회 가루를 뿌려 산성화된 토양을 중화한다. 이때 석회 가루의 양이 너무 적으면 그 효과가 나타나지 않고, 너무 많으면 오히려 환경에 해를 끼칠 수 있으므로 적절한 양을 뿌려야 한다.

개념 쏙쏙

정답과 해설 11쪽

4 중화 반응에 대한 설명으로 옳은 것은 ○, 옳지 <u>않은</u> 것은 ×로 표시하시오.

(1) 산과 염기가 반응하여 물이 생성된다. ································(   )
(2) 반응하는 H^+과 OH^-의 개수비는 1 : 1이다. ···············(   )
(3) 염은 산의 양이온과 염기의 음이온이 결합한 물질이다. ········(   )
(4) 중화 반응이 일어나면 열이 발생한다. ·····························(   )

5 그림은 일정량의 묽은 염산에 같은 온도의 수산화 나트륨 수용액을 넣을 때 용액에 존재하는 입자를 모형으로 나타낸 것이다.

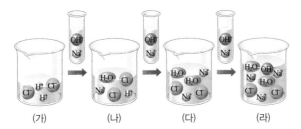

(1) (가)~(라)에 BTB 용액을 넣었을 때 용액의 색을 쓰시오.
(2) (가)~(라) 중 용액의 최고 온도가 가장 높은 것을 쓰시오.

6 ㉠(산성, 염기성) 물질인 위산이 너무 많이 분비되어 속이 쓰릴 때 ㉡(산성, 염기성) 물질인 제산제를 먹으면 속이 쓰린 것을 완화할 수 있다.

암기 꼭!

용액의 액성

산성	H^+이 있음
중성	H^+과 OH^-이 모두 반응함
염기성	OH^-이 있음

탐구 A

산과 염기의 성질 관찰

🎯목표) 산의 공통적인 성질과 염기의 공통적인 성질을 관찰할 수 있다.

유의점
전기 전도성 측정기는 수용액을 바꿀 때마다 전극을 증류수로 깨끗이 씻어서 사용한다.

과정

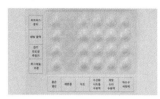

❶ 홈판의 세로줄에 묽은 염산, 레몬즙, 식초, 수산화 나트륨 수용액, 제빵 소다 수용액, 하수구 세정제를 각각 넣는다.

❷ 각 수용액에 푸른색 리트머스 종이와 붉은색 리트머스 종이를 대어 보고 색 변화를 관찰한다.

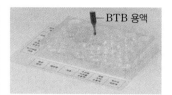

❸ 각 수용액에 BTB 용액을 1방울~2방울씩 떨어뜨리고 색 변화를 관찰한다.

❹ 각 수용액에 전기 전도성 측정기를 넣어 전류가 흐르는지 관찰한다.

❺ 각 수용액에 마그네슘 리본을 넣고 변화를 관찰한다.

결과

물질	묽은 염산	레몬즙	식초	수산화 나트륨 수용액	제빵 소다 수용액	하수구 세정제
리트머스 종이	푸른색 → 붉은색			붉은색 → 푸른색		
BTB 용액	노란색			파란색		
전기 전도성	있음					
마그네슘과의 반응	수소 기체 발생			반응하지 않음		

해석

1. 푸른색 리트머스 종이와 BTB 용액의 색 변화로 알 수 있는 산성 물질은? ➡ 묽은 염산, 레몬즙, 식초이다.

2. 붉은색 리트머스 종이와 BTB 용액의 색 변화로 알 수 있는 염기성 물질은? ➡ 수산화 나트륨 수용액, 제빵 소다 수용액, 하수구 세정제이다.

3. 산 수용액과 염기 수용액의 전기 전도성은? ➡ 산과 염기는 모두 물에 녹아 이온화하므로 산 수용액과 염기 수용액은 모두 전기 전도성이 있다.

4. 마그네슘과의 반응은? ➡ 산성 물질은 마그네슘과 반응하여 수소 기체를 발생시키지만, 염기성 물질은 마그네슘과 반응하지 않는다.

시험 Tip!
• 실험 과정을 제시하고 실험 결과를 묻는 문항이 자주 출제된다. ➡ 산의 공통적인 성질과 염기의 공통적인 성질을 알아 둔다.
• 실험 결과를 제시하고 각 물질에 존재하는 이온을 묻는 문항이 자주 출제된다. ➡ 산성은 H^+ 때문에 나타나고, 염기성은 OH^- 때문에 나타난다.

정리

산의 공통적인 성질(산성)	염기의 공통적인 성질(염기성)
• 푸른색 리트머스 종이를 붉게 변화시킨다.	• 붉은색 리트머스 종이를 푸르게 변화시킨다.
• BTB 용액을 노란색으로 변화시킨다.	• BTB 용액을 파란색으로 변화시킨다.
• 수용액에서 전류가 흐른다.	• 수용액에서 전류가 흐른다.
• 마그네슘과 반응하여 수소 기체를 발생시킨다.	• 마그네슘과 반응하지 않는다.

확인 문제

1 탐구A 에 대한 설명으로 옳은 것은 ○, 옳지 않은 것은 ×로 표시하시오.

(1) 산 수용액과 염기 수용액은 모두 전류가 흐른다. ····················· (   )

(2) 레몬즙과 식초에 각각 페놀프탈레인 용액을 떨어뜨렸을 때 나타나는 색 변화는 같다.
 ·· (   )

(3) 제빵 소다 수용액에 마그네슘 리본을 넣으면 기체가 발생한다. ·············· (   )

(4) 묽은 염산과 수산화 나트륨 수용액에 같은 종류의 양이온이 들어 있다. ········ (   )

(5) 수산화 나트륨 수용액과 하수구 세정제에는 모두 OH^-이 들어 있다. ········· (   )

2 다음은 물질 X를 이용하여 실험한 결과이다.

> • X 수용액에 푸른색 리트머스 종이를 대었더니 붉게 변하였다.
> • X 수용액에 마그네슘 조각을 넣었더니 기체가 발생하였다.
> • X 수용액에 달걀 껍데기를 넣었더니 기체가 발생하였다.

이에 대한 설명으로 옳은 것만을 [보기]에서 있는 대로 고른 것은?

━ 보기 ━
ㄱ. X 수용액은 전기 전도성이 있다.
ㄴ. X 수용액에는 OH^-이 들어 있다.
ㄷ. X 수용액은 페놀프탈레인 용액을 붉게 변화시킨다.

① ㄱ ② ㄷ ③ ㄱ, ㄴ
④ ㄴ, ㄷ ⑤ ㄱ, ㄴ, ㄷ

3 표는 수산화 나트륨 수용액과 제빵 소다 수용액을 이용하여 실험한 결과를 나타낸 것이다.

수용액	마그네슘 조각을 넣었을 때	페놀프탈레인 용액을 떨어뜨렸을 때	BTB 용액을 떨어뜨렸을 때
수산화 나트륨 수용액	㉠	붉은색	파란색
제빵 소다 수용액	변화 없음	㉡	㉢

㉠~㉢으로 적절한 것을 옳게 짝 지은 것은?

	㉠	㉡	㉢
①	기체 발생	무색	파란색
②	기체 발생	붉은색	노란색
③	변화 없음	무색	파란색
④	변화 없음	붉은색	노란색
⑤	변화 없음	붉은색	파란색

산과 염기를 혼합할 때 나타나는 온도와 액성 변화 관찰

🎯**목표** 산과 염기를 혼합할 때 용액의 온도를 측정하여 그래프로 나타내고 용액의 액성 변화를 설명할 수 있다.

유의점
· 같은 농도와 온도의 묽은 염산과 수산화 나트륨 수용액으로 실험한다.
· 블루투스 온도계는 과정을 반복할 때마다 전극을 증류수로 깨끗이 씻어서 사용한다.

과정

❶ 블루투스 온도계를 스마트 기기와 연결하고, 묽은 염산과 수산화 나트륨 수용액의 온도를 측정한다.

❷ 홈판의 A~E 홈에 표와 같이 묽은 염산과 수산화 나트륨 수용액의 부피를 다르게 하여 넣고 섞은 뒤 용액의 최고 온도를 측정하여 기록한다.

❸ A~E 홈에 BTB 용액을 1방울~2방울씩 떨어뜨린 뒤 색 변화를 관찰하여 기록한다.

블루투스 온도계

결과

홈판	A	B	C	D	E
묽은 염산의 부피(mL)	2	4	6	8	10
수산화 나트륨 수용액의 부피(mL)	10	8	6	4	2
혼합 용액의 최고 온도(°C)	23	25.4	27.4	25.3	23.1
혼합 용액의 색	파란색	파란색	초록색	노란색	노란색
혼합 용액의 액성	염기성	염기성	중성	산성	산성

⬇

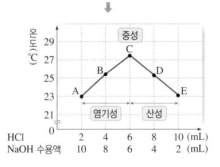

해석

1. A~E 중 혼합 용액이 완전히 중화된 것은? ➡ 혼합 용액의 온도가 가장 높고 색이 초록색인 C에서 완전히 중화되었다.

2. 같은 농도의 묽은 염산과 수산화 나트륨 수용액은 몇 대 몇의 부피비로 반응하는가? ➡ C에서 혼합 용액이 완전히 중화된 것으로 보아 같은 농도의 묽은 염산과 수산화 나트륨 수용액은 1 : 1의 부피비로 반응한다. ➡ 같은 부피의 묽은 염산에 들어 있는 수소 이온(H^+) 수와 수산화 나트륨 수용액에 들어 있는 수산화 이온(OH^-) 수가 같기 때문이다.

3. C에서 최고 온도가 가장 높은 까닭은? ➡ 반응한 수소 이온(H^+)과 수산화 이온(OH^-)의 개수가 가장 많고, 따라서 중화열이 가장 많이 발생하였기 때문이다.

4. A, B의 액성이 염기성인 까닭은? ➡ 같은 농도의 묽은 염산과 수산화 나트륨 수용액은 1 : 1의 부피비로 반응하므로 A와 B에는 반응하지 않은 수산화 이온(OH^-)이 존재하기 때문이다.

5. D, E의 액성이 산성인 까닭은? ➡ 같은 농도의 묽은 염산과 수산화 나트륨 수용액은 1 : 1의 부피비로 반응하므로 D와 E에는 반응하지 않은 수소 이온(H^+)이 존재하기 때문이다.

시험 Tip!
· 혼합 용액의 색 변화를 이용하여 용액에 들어 있는 이온의 종류를 묻는 문항이 자주 출제된다. ➡ 용액의 액성에 따른 지시약의 색을 알아 둔다. 산성 용액에는 H^+이 있으며, 염기성 용액에는 OH^-이 있다.
· 중화 반응으로 생성된 물의 양을 비교하는 문항이 자주 출제된다. ➡ 반응하는 H^+과 OH^-의 수가 많을수록, 즉 생성되는 물의 양이 많을수록 중화열이 많이 발생한다는 것을 알아 둔다.

정리

· 중화 반응이 가장 많이 일어난 지점에서 혼합 용액의 온도가 가장 높다.
· 같은 농도의 묽은 염산과 수산화 나트륨 수용액은 1 : 1의 부피비로 반응한다.

확인 문제

1 탐구B 에 대한 설명으로 옳은 것은 ○, 옳지 **않은** 것은 ×로 표시하시오.

(1) 묽은 염산과 수산화 나트륨 수용액을 반응시켰을 때 용액의 온도가 높아진 까닭은 산의 음이온과 염기의 양이온이 반응하였기 때문이다. ⋯⋯⋯⋯⋯⋯⋯⋯ ( )

(2) 같은 농도의 묽은 염산과 수산화 나트륨 수용액은 1 : 1의 부피비로 반응한다.
⋯⋯⋯⋯⋯⋯⋯⋯⋯⋯⋯⋯⋯⋯⋯⋯⋯⋯⋯⋯⋯⋯⋯⋯⋯⋯⋯⋯⋯⋯⋯⋯⋯⋯⋯ ( )

(3) A에는 OH^-이 들어 있다. ⋯⋯⋯⋯⋯⋯⋯⋯⋯⋯⋯⋯⋯⋯⋯⋯⋯⋯⋯⋯⋯⋯ ( )

(4) 중화 반응으로 생성된 물의 양은 B가 E보다 많다. ⋯⋯⋯⋯⋯⋯⋯⋯⋯⋯⋯ ( )

(5) C에는 이온이 존재하지 않는다. ⋯⋯⋯⋯⋯⋯⋯⋯⋯⋯⋯⋯⋯⋯⋯⋯⋯⋯⋯⋯ ( )

(6) D에 수산화 나트륨 수용액을 넣으면 중화 반응이 일어난다. ⋯⋯⋯⋯⋯⋯ ( )

2 그림은 같은 농도의 묽은 염산(HCl)과 수산화 나트륨($NaOH$) 수용액의 부피를 달리하여 혼합한 후 각 용액의 최고 온도를 측정하여 나타낸 것이다.
이에 대한 설명으로 옳지 **않은** 것은?

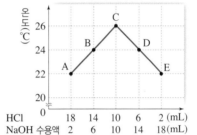

① A의 액성은 산성이다.
② B에 BTB 용액을 떨어뜨리면 노란색을 띤다.
③ C에서 중화열이 가장 많이 발생한다.
④ 중화 반응으로 생성된 물 분자 수는 D가 B보다 크다.
⑤ E에는 OH^-이 들어 있다.

3 같은 농도의 묽은 염산과 수산화 칼륨 수용액을 표와 같이 부피를 달리하여 혼합하였다.

혼합 용액	(가)	(나)	(다)	(라)
묽은 염산의 부피(mL)	10	15	20	25
수산화 칼륨 수용액의 부피(mL)	30	25	20	15

이에 대한 설명으로 옳은 것만을 [보기]에서 있는 대로 고른 것은? (단, 혼합 전 두 수용액의 온도는 같다.)

┌─ 보기 ───
ㄱ. (가)에 페놀프탈레인 용액을 떨어뜨리면 붉은색으로 변한다.
ㄴ. 용액의 최고 온도는 (나)가 (다)보다 높다.
ㄷ. 중화 반응으로 생성된 물 분자 수는 (나)가 (라)보다 크다.
└──

① ㄱ   ② ㄴ   ③ ㄱ, ㄷ
④ ㄴ, ㄷ   ⑤ ㄱ, ㄴ, ㄷ

A 산과 염기 **B** 지시약

★중요
01 산과 염기의 성질로 옳지 <u>않은</u> 것은?

① 산 수용액은 신맛이 난다.
② 산 수용액은 탄산 칼슘과 반응한다.
③ 염기 수용액은 마그네슘과 반응한다.
④ 염기 수용액을 손으로 만지면 미끈거린다.
⑤ 산 수용액과 염기 수용액은 모두 전기 전도성이 있다.

02 표는 몇 가지 물질을 (가)와 (나)로 분류한 것이다.

(가)	(나)
HNO_3, H_2SO_4	KOH, $Ba(OH)_2$

이에 대한 설명으로 옳지 <u>않은</u> 것은?

① (가) 수용액에 BTB 용액을 떨어뜨리면 노란색을 띤다.
② (가) 수용액에 마그네슘 리본을 넣으면 수소 기체가 발생한다.
③ (나) 수용액에는 OH^-이 들어 있다.
④ (나) 수용액에 메틸 오렌지 용액을 떨어뜨리면 붉은색을 띤다.
⑤ (가) 수용액과 (나) 수용액은 모두 전류가 흐른다.

03 다음은 물질 X를 이용한 실험이다.

- X를 유리 막대로 찍어 붉은색 리트머스 종이에 대었더니 푸른색으로 변하였다.
- X에 페놀프탈레인 용액을 1방울~2방울 떨어뜨렸더니 붉게 변하였다.

물질 X로 적절한 것만을 [보기]에서 있는 대로 고른 것은?

┌ 보기 ┐
ㄱ. 식초   ㄴ. 레몬즙
ㄷ. 하수구 세정제   ㄹ. 제빵 소다 수용액

① ㄱ, ㄴ   ② ㄴ, ㄹ   ③ ㄷ, ㄹ
④ ㄱ, ㄴ, ㄷ   ⑤ ㄱ, ㄷ, ㄹ

서술형
04 그림은 어떤 수용액에 들어 있는 이온을 모형으로 나타낸 것이다. 이 수용액에 BTB 용액을 떨어뜨렸을 때 나타날 것으로 예상되는 색을 쓰고, 그 까닭을 서술하시오.

05 다음은 염화 수소(HCl), 아세트산(CH_3COOH), 수산화 나트륨($NaOH$)의 이온화식을 나타낸 것이다.

- $HCl \longrightarrow \boxed{\text{㉠}} + Cl^-$
- $CH_3COOH \longrightarrow \boxed{\text{㉠}} + \boxed{\text{㉡}}$
- $NaOH \longrightarrow Na^+ + \boxed{\text{㉢}}$

이에 대한 설명으로 옳은 것만을 [보기]에서 있는 대로 고른 것은?

┌ 보기 ┐
ㄱ. 염산과 아세트산 수용액의 공통적인 성질은 ㉠ 때문에 나타난다.
ㄴ. ㉡은 푸른색 리트머스 종이를 붉게 변화시킨다.
ㄷ. ㉢은 OH^-이다.

① ㄴ   ② ㄷ   ③ ㄱ, ㄴ
④ ㄱ, ㄷ   ⑤ ㄱ, ㄴ, ㄷ

★중요
06 표는 두 가지 수용액을 이용하여 실험한 결과를 나타낸 것이다.

수용액	묽은 염산	수산화 칼슘 수용액
전기 전도성	있음	㉠
달걀 껍데기를 넣었을 때	㉡	변화 없음
메틸 오렌지 용액을 떨어뜨렸을 때	붉은색	㉢

㉠~㉢으로 적절한 것을 옳게 짝 지은 것은?

	㉠	㉡	㉢
①	있음	기체 발생	붉은색
②	있음	기체 발생	노란색
③	있음	변화 없음	노란색
④	없음	기체 발생	붉은색
⑤	없음	변화 없음	노란색

★중요
07 다음은 묽은 염산을 이용한 실험이다.

> 질산 칼륨 수용액에 적신 푸른색 리트머스 종이 위에 묽은 염산에 적신 실을 올려놓고 전류를 흘려 주었더니 푸른색 리트머스 종이가 실에서부터 A극 쪽으로 붉게 변해 갔다.
>
>
> 묽은 염산에 적신 실
> A극   B극   A극   B극
> 전류를 흘려 줌
> 질산 칼륨 수용액에 적신
> 푸른색 리트머스 종이

이에 대한 설명으로 옳은 것만을 [보기]에서 있는 대로 고른 것은?

> • 보기 •
> ㄱ. (+)극 쪽으로 이동하는 이온은 한 가지이다.
> ㄴ. 붉은색의 이동은 H^+ 때문에 나타나는 현상이다.
> ㄷ. 묽은 염산 대신 아세트산 수용액으로 실험해도 같은 결과가 나타난다.

① ㄱ   ② ㄴ   ③ ㄱ, ㄷ
④ ㄴ, ㄷ   ⑤ ㄱ, ㄴ, ㄷ

★중요
08 표는 레몬즙, 식초, 하수구 세정제를 리트머스 종이와 마그네슘 리본으로 실험한 결과를 나타낸 것이다.

물질	레몬즙	식초	하수구 세정제
리트머스 종이를 대었을 때	푸른색 → 붉은색	푸른색 → 붉은색	붉은색 → 푸른색
마그네슘 리본을 넣었을 때	기체 발생	기체 발생	변화 없음

이에 대한 설명으로 옳은 것만을 [보기]에서 있는 대로 고른 것은?

> • 보기 •
> ㄱ. 레몬즙과 식초는 모두 산성 물질이다.
> ㄴ. 하수구 세정제에는 OH^-이 들어 있다.
> ㄷ. 레몬즙과 하수구 세정제에 각각 페놀프탈레인 용액을 떨어뜨리면 모두 붉은색으로 변한다.

① ㄱ   ② ㄷ   ③ ㄱ, ㄴ
④ ㄴ, ㄷ   ⑤ ㄱ, ㄴ, ㄷ

C 중화 반응

09 중화 반응에 대한 설명으로 옳지 <u>않은</u> 것은?

① 산과 염기가 반응하여 물이 생성되는 반응이다.
② 산의 H^+과 염기의 OH^-이 1 : 1의 개수비로 반응한다.
③ 반응이 일어날 때 열이 발생한다.
④ 중화점은 중화 반응이 완결된 지점이다.
⑤ 산과 염기를 혼합한 용액은 항상 중성이다.

[10~11] 그림은 일정량의 묽은 염산에 수산화 나트륨 수용액을 조금씩 넣을 때 용액에 들어 있는 입자를 모형으로 나타낸 것이다.

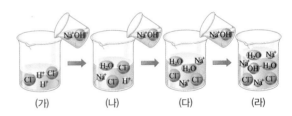
(가)   (나)   (다)   (라)

10 (가)~(라)의 액성을 쓰시오.

★중요
11 이에 대한 설명으로 옳은 것만을 [보기]에서 있는 대로 고른 것은? (단, 혼합 전 두 수용액의 온도는 같다.)

> • 보기 •
> ㄱ. (나)에 BTB 용액을 떨어뜨리면 파란색을 띤다.
> ㄴ. 용액의 최고 온도는 (다)가 가장 높다.
> ㄷ. (나)와 (라)를 혼합하면 산성 용액이 된다.

① ㄱ   ② ㄴ   ③ ㄷ
④ ㄱ, ㄴ   ⑤ ㄴ, ㄷ

★중요
12 그림은 수산화 칼륨(KOH) 수용액 10 mL에 농도가 같은 질산(HNO₃)을 넣으면서 혼합 용액의 최고 온도를 측정하여 나타낸 것이다.

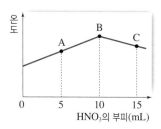

이에 대한 설명으로 옳은 것만을 [보기]에서 있는 대로 고른 것은? (단, 혼합 전 두 수용액의 온도는 같다.)

┌─ 보기 ─
ㄱ. A의 액성은 염기성이다.
ㄴ. A와 C를 혼합하면 물이 생성된다.
ㄷ. 중화 반응으로 생성된 물의 양은 B가 C보다 적다.
└─

① ㄱ   ② ㄷ   ③ ㄱ, ㄴ
④ ㄴ, ㄷ   ⑤ ㄱ, ㄴ, ㄷ

[13~14] 그림은 일정량의 묽은 염산(HCl)에 수산화 칼륨(KOH) 수용액을 조금씩 넣을 때 용액에 들어 있는 이온 수를 나타낸 것이다.

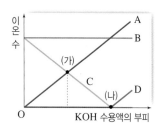

13 A~D에 해당하는 이온을 각각 쓰시오.

～서술형－
14 (가)와 (나)를 혼합한 용액의 액성을 쓰고, 그 까닭을 서술하시오.

15 표는 같은 농도의 묽은 염산과 수산화 나트륨 수용액의 부피를 달리하여 혼합한 후 각 용액의 최고 온도를 측정하여 나타낸 것이다.

혼합 용액	(가)	(나)	(다)	(라)
묽은 염산(mL)	10	20	40	60
수산화 나트륨 수용액(mL)	70	60	40	20
최고 온도(°C)	24	25	27	⑦

이에 대한 설명으로 옳은 것만을 [보기]에서 있는 대로 고른 것은? (단, 혼합 전 두 수용액의 온도는 같다.)

┌─ 보기 ─
ㄱ. ⑦은 27보다 크다.
ㄴ. OH⁻이 가장 많이 들어 있는 용액은 (가)이다.
ㄷ. (라)에 마그네슘 조각을 넣으면 기체가 발생한다.
└─

① ㄱ   ② ㄴ   ③ ㄱ, ㄷ
④ ㄴ, ㄷ   ⑤ ㄱ, ㄴ, ㄷ

D 중화 반응의 이용

★중요
16 속이 쓰릴 때 제산제를 먹는 것과 같은 원리가 적용된 것으로 적절하지 않은 것은?

① 산성화된 토양에 석회 가루를 뿌린다.
② 충치 예방을 위해 치약으로 양치질을 한다.
③ 생선 요리에 레몬즙을 뿌려 비린내를 줄인다.
④ 김치의 신맛을 줄이기 위해 제빵 소다를 넣는다.
⑤ 철광석과 코크스를 이용하여 순수한 철을 얻는다.

17 다음은 몇 가지 화학 반응에 대한 세 학생의 대화이다.

┌─
• 학생 A: 묽은 염산에 마그네슘 조각을 넣었을 때 기체가 발생하는 것은 중화 반응이야.
• 학생 B: 벌레에 물렸을 때 산성 물질인 벌레의 독을 중화하려고 치약이나 암모니아수를 발라.
• 학생 C: 공장에서 발생한 기체를 대기로 배출하기 전에 기체에 포함된 황산화물을 산화 칼슘으로 제거하는 것은 중화 반응을 이용한 것이야.
└─

옳게 설명한 학생만을 있는 대로 고른 것은?

① A   ② B   ③ A, C
④ B, C   ⑤ A, B, C

01 표는 수용액 A와 B의 전기 전도성과 페놀프탈레인 용액을 떨어뜨렸을 때의 색을 나타낸 것이다. A와 B는 각각 묽은 황산과 수산화 칼륨 수용액 중 하나이다.

수용액	A	B
전기 전도성	있음	㉠
페놀프탈레인 용액	㉡	무색

이에 대한 설명으로 옳은 것만을 [보기]에서 있는 대로 고른 것은?

─ 보기 ─
ㄱ. ㉠은 '있음'이 적절하다.
ㄴ. ㉡은 '붉은색'이 적절하다.
ㄷ. B에 달걀 껍데기를 넣으면 이산화 탄소 기체가 발생한다.

① ㄱ ② ㄴ ③ ㄱ, ㄷ
④ ㄴ, ㄷ ⑤ ㄱ, ㄴ, ㄷ

02 표는 세 가지 수용액에 들어 있는 이온과 BTB 용액을 떨어뜨렸을 때의 색을 나타낸 것이다.

수용액	(가)	(나)	(다)
이온 모형	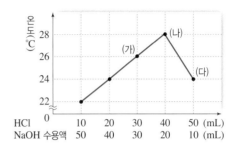		
BTB 용액	노란색	노란색	㉠

이에 대한 설명으로 옳은 것만을 [보기]에서 있는 대로 고른 것은?

─ 보기 ─
ㄱ. ●은 H^+이다.
ㄴ. ㉠은 '파란색'이 적절하다.
ㄷ. (가)~(다)에 각각 탄산 칼슘을 넣으면 모두 기체가 발생한다.

① ㄱ ② ㄴ ③ ㄱ, ㄷ
④ ㄴ, ㄷ ⑤ ㄱ, ㄴ, ㄷ

03 그림은 농도가 다른 묽은 염산(HCl)과 수산화 나트륨(NaOH) 수용액의 부피를 달리하여 혼합한 후 각 용액의 최고 온도를 측정하여 나타낸 것이다.

이에 대한 설명으로 옳은 것만을 [보기]에서 있는 대로 고른 것은? (단, 혼합 전 두 수용액의 온도는 같다.)

─ 보기 ─
ㄱ. 같은 부피의 수용액에 들어 있는 전체 이온 수는 묽은 염산이 수산화 나트륨 수용액의 2배이다.
ㄴ. (가)에 마그네슘 조각을 넣으면 기체가 발생한다.
ㄷ. 페놀프탈레인 용액을 떨어뜨려도 (나)와 (다)는 모두 색이 변하지 않는다.

① ㄱ ② ㄷ ③ ㄱ, ㄴ
④ ㄴ, ㄷ ⑤ ㄱ, ㄴ, ㄷ

04 표는 묽은 염산과 수산화 나트륨 수용액의 부피를 달리하여 혼합한 용액 (가)~(다)에 들어 있는 이온의 종류와 각 용액의 최고 온도를 나타낸 것이다.

혼합 용액	(가)	(나)	(다)
묽은 염산(mL)	5	10	10
수산화 나트륨 수용액(mL)	10	10	5
용액 속 이온의 종류	㉠, Cl^-, Na^+	Cl^-, Na^+	㉡, Cl^-, Na^+
최고 온도(℃)	t_1	t_2	t_3

이에 대한 설명으로 옳은 것만을 [보기]에서 있는 대로 고른 것은? (단, 혼합 전 두 수용액의 온도는 같다.)

─ 보기 ─
ㄱ. ㉠은 OH^-, ㉡은 H^+이다.
ㄴ. $t_3 > t_2 > t_1$이다.
ㄷ. (가)와 (다)를 혼합한 용액의 액성은 중성이다.

① ㄱ ② ㄴ ③ ㄱ, ㄷ
④ ㄴ, ㄷ ⑤ ㄱ, ㄴ, ㄷ

03 물질 변화에서 에너지의 출입

핵심 짚기
- ☐ 열에너지의 출입과 주변의 온도 변화
- ☐ 에너지가 출입하는 현상의 예와 이용

A 물질 변화와 에너지의 출입

1 물질 변화와 에너지의 출입

① 물질의 상태가 변하거나 화학 반응이 일어나는 등 물질 변화가 일어날 때 에너지가 출입한다.❶

② 물질 변화가 일어날 때 열에너지를 방출하면 주변의 온도가 높아지고, 열에너지를 흡수하면 주변의 온도가 낮아진다.❷

| 열에너지의 출입과 주변의 온도 변화 |

> 열에너지를 방출한다.
> ➡ 주변의 온도가 높아진다.
>
> 열에너지→

> 열에너지를 흡수한다.
> ➡ 주변의 온도가 낮아진다.
>
> ─열에너지

★ 2 에너지를 방출하는 현상의 예❸

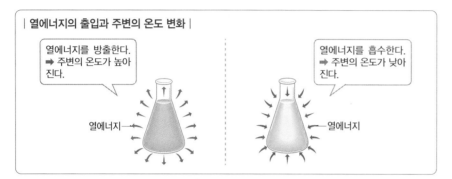

물리 변화	화학 변화	
수증기의 액화❹	연소 반응	중화 반응
여름날 소나기가 내리기 전에는 수증기가 액화하면서 열에너지를 방출하여 날씨가 후텁지근하다.	도시가스의 주성분인 메테인이나 나무 등이 연소할 때 열에너지를 방출한다.	산과 염기가 중화 반응할 때 중화열을 방출한다. 예 묽은 염산과 수산화 나트륨 수용액의 반응

수산화 나트륨 수용액
묽은 염산

★ 3 에너지를 흡수하는 현상의 예❺

물리 변화	화학 변화	
물의 기화	질산 암모늄과 수산화 바륨의 반응❻	탄산수소 나트륨의 분해 반응
여름날 도로에 물을 뿌리면 물이 기화하면서 열에너지를 흡수하여 시원해진다.	질산 암모늄과 수산화 바륨이 반응할 때 열에너지를 흡수한다.	탄산수소 나트륨을 가열하면 탄산수소 나트륨이 열에너지를 흡수하여 분해되면서 이산화 탄소가 생성된다.

질산 암모늄 + 수산화 바륨

탄산수소 나트륨
석회수

Plus 강의

❶ 물질 변화와 에너지의 출입
물질 변화가 일어날 때 에너지가 출입하는 것은 물질마다 가지고 있는 고유한 에너지가 다르기 때문이며, 물질 변화가 일어날 때 이 에너지 차이만큼 에너지를 방출하거나 흡수한다.

❷ 발열 반응과 흡열 반응
화학 반응이 일어날 때 열에너지를 방출하는 반응을 발열 반응이라 하고, 열에너지를 흡수하는 반응을 흡열 반응이라고 한다. 발열 반응에서는 반응물의 에너지 합이 생성물의 에너지 합보다 크고, 흡열 반응에서는 반응물의 에너지 합이 생성물의 에너지 합보다 작다.

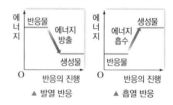

▲ 발열 반응   ▲ 흡열 반응

❸ 에너지를 방출하는 현상의 다른 예
- 철이 녹슬면서 열에너지를 방출한다.
- 염화 칼슘이 물에 녹으면서 열에너지를 방출한다.
- 금속과 산이 반응할 때 열에너지를 방출한다.
- 반딧불이의 몸에서 빛에너지를 방출한다.

❹ 물질의 상태 변화와 에너지의 출입
- 응고, 액화, 승화(기체 → 고체)가 일어날 때는 열에너지를 방출한다.
- 융해, 기화, 승화(고체 → 기체)가 일어날 때는 열에너지를 흡수한다.

❺ 에너지를 흡수하는 현상의 다른 예
- 소독용 에탄올 솜으로 피부를 닦으면 에탄올이 증발하면서 시원해진다.
- 물이 전기 에너지를 흡수하여 수소 기체와 산소 기체로 분해된다.

❻ 질산 암모늄과 수산화 바륨의 반응
물을 뿌린 나무판 위에서 질산 암모늄과 수산화 바륨을 반응시키면 나무판이 삼각 플라스크에 달라붙는다. 이는 두 물질이 반응하면서 주변으로부터 열에너지를 흡수하여 삼각 플라스크와 나무판 사이의 물이 얼었기 때문이다.

B 물질 변화에서 출입하는 에너지의 이용

1 일상생활에서 에너지의 방출과 흡수를 이용하는 예

열에너지를 방출하는 경우❼	• 과수원에서 개화 시기에 물을 뿌리면 물이 응고하면서 열에너지를 방출하므로 냉해를 예방할 수 있다. • 발열 용기에서는 물과 산화 칼슘이 반응하면서 방출하는 열에너지로 음식을 조리한다. • 손난로를 흔들면 철 가루가 산소와 반응하면서 열에너지를 방출하여 따뜻해진다. • 연료가 연소할 때 방출하는 열에너지를 요리나 난방, 교통수단 등에 이용한다.
열에너지를 흡수하는 경우❽	• 신선식품을 배달할 때 얼음주머니를 넣으면 얼음이 융해하면서 열에너지를 흡수하여 신선도가 유지된다. • 아이스크림을 포장할 때 드라이아이스를 넣으면 드라이아이스가 승화하면서 열에너지를 흡수하므로 아이스크림이 녹지 않는다. • 냉찜질 팩에서는 질산 암모늄이 물에 녹으면서 열에너지를 흡수하여 차가워진다. *•제빵 소다를 넣어 빵을 구우면 탄산수소 나트륨이 열에너지를 흡수하여 분해되고, 이산화 탄소 기체가 발생하여 반죽이 부풀어 오른다.

2 생명 현상과 지구 현상에서 에너지의 출입

세포호흡	생명체는 세포호흡으로 발생하는 열에너지의 일부를 생명활동에 이용한다.
광합성	식물은 빛에너지를 흡수하여 광합성을 한다.
물의 순환	물은 태양 에너지를 흡수하여 수증기가 되고, 수증기는 열에너지를 방출하며 액화하여 구름을 이룬다.
태풍	태풍은 바다에서 태양 에너지를 흡수하여 증발한 수증기가 물로 응결되는 과정에서 열에너지를 방출하며 발달한다.

❼ 에너지의 방출을 이용하는 다른 예
• 이글루 안에 물을 뿌리면 물이 응고하면서 열에너지를 방출하여 따뜻해진다.
• 커피 전문점에서는 수증기가 액화하면서 방출하는 열에너지를 이용하여 우유를 가열한다.

❽ 에너지의 흡수를 이용하는 다른 예
• 냉장고의 냉매가 기화하면서 열에너지를 흡수하여 냉장고 안이 시원해진다. 냉장고 뒤의 방열판에서는 냉매가 다시 액화하면서 열에너지를 방출한다.
• 불이 났을 때 탄산수소 나트륨 분말을 소화기로 뿌리면 탄산수소 나트륨이 분해되면서 열에너지를 흡수하여 불이 꺼진다.

🔍 용어 돋보기

*제빵 소다 _ 빵이나 과자를 구울 때 부풀게 하기 위해 넣는 가루로, 베이킹 소다라고도 함

—————————————————○
정답과 해설 15쪽

1 물질 변화가 일어날 때 열에너지를 방출하면 주변의 온도가 ㉠(   )지고, 열에너지를 흡수하면 주변의 온도가 ㉡(   )진다.

2 다음 현상에서 물질 변화가 일어날 때 에너지를 방출하면 '방출', 에너지를 흡수하면 '흡수' 라고 쓰시오.

(1) 메테인이나 나무 등이 연소한다. ┈┈┈┈┈┈┈┈┈┈┈┈┈┈ (   )

(2) 여름날 도로에 물을 뿌리면 시원해진다. ┈┈┈┈┈┈┈┈┈┈ (   )

(3) 묽은 염산과 수산화 나트륨 수용액이 반응한다. ┈┈┈┈┈ (   )

(4) 탄산수소 나트륨을 가열하면 탄산수소 나트륨이 분해되면서 이산화 탄소가 생성된다. ┈┈┈┈┈┈┈┈┈┈┈┈┈┈┈┈┈┈┈┈┈ (   )

3 다음은 물질 변화에서 출입하는 에너지를 이용하는 예에 대한 설명이다. (   ) 안에서 알맞은 말을 고르시오.

(1) 손난로를 흔들면 철 가루가 산소와 반응하면서 열에너지를 ㉠(방출, 흡수) 하므로 주변의 온도가 ㉡(높아, 낮아)진다.

(2) 냉찜질 팩에서는 질산 암모늄이 물에 녹으면서 열에너지를 ㉠(방출, 흡수) 하므로 주변의 온도가 ㉡(높아, 낮아)진다.

암기 꼭!

열에너지의 출입과 주변의 온도 변화

열에너지의 출입	주변의 온도 변화
방출	높아짐
흡수	낮아짐

중간·기말 고사에 출제될 확률이 높은 문항들로 구성하여, 내신에 완벽 대비할 수 있도록 하였습니다. | 정답과 해설 16쪽

A 물질 변화와 에너지의 출입

중요

01 물질 변화와 에너지의 출입에 대한 설명으로 옳지 <u>않은</u> 것은?

① 상태 변화가 일어날 때는 에너지가 출입한다.
② 화학 변화가 일어날 때는 항상 에너지를 방출한다.
③ 열에너지를 방출하는 반응이 일어나면 주변의 온도가 높아진다.
④ 열에너지를 흡수하는 반응이 일어나면 주변의 온도가 낮아진다.
⑤ 융해, 기화, 승화(고체 → 기체)가 일어날 때는 열에너지를 흡수한다.

02 다음은 에너지가 출입하는 현상에 대한 설명이다.

> • 나무가 연소할 때는 열에너지를 ⓐ 하여 주변의 온도가 ⓑ 진다.
> • 여름날 도로에 물을 뿌리면 물이 기화하면서 열에너지를 ⓒ 하여 주변의 온도가 ⓓ 지므로 시원하게 느껴진다.

ⓐ~ⓓ에 들어갈 말을 옳게 짝 지은 것은?

	ⓐ	ⓑ	ⓒ	ⓓ
①	방출	높아	방출	높아
②	방출	낮아	흡수	높아
③	방출	높아	흡수	낮아
④	흡수	높아	방출	높아
⑤	흡수	낮아	흡수	낮아

03 다음은 두 가지 물질 변화이다.

> (가) 수증기가 물로 액화한다.
> (나) 묽은 염산과 수산화 나트륨 수용액이 반응한다.

(가)와 (나)의 공통점으로 옳은 것만을 [보기]에서 있는 대로 고른 것은?

> • 보기 •
> ㄱ. 화학 변화이다.
> ㄴ. 변화가 일어날 때 열에너지를 방출한다.
> ㄷ. 변화가 일어날 때 주변의 온도가 높아진다.

① ㄱ ② ㄷ ③ ㄱ, ㄴ
④ ㄴ, ㄷ ⑤ ㄱ, ㄴ, ㄷ

중요

04 물질 변화가 일어날 때 주변의 온도가 (가) 높아지는 현상과 (나) 낮아지는 현상을 [보기]에서 골라 옳게 짝 지은 것은?

> • 보기 •
> ㄱ. 물의 기화
> ㄴ. 나무의 연소
> ㄷ. 금속과 산의 반응
> ㄹ. 드라이아이스의 승화
> ㅁ. 질산 암모늄과 수산화 바륨의 반응

	(가)	(나)
①	ㄱ, ㄹ	ㄴ, ㄷ, ㅁ
②	ㄴ, ㄷ	ㄱ, ㄹ, ㅁ
③	ㄷ, ㅁ	ㄱ, ㄴ, ㄹ
④	ㄴ, ㄷ, ㄹ	ㄱ, ㅁ
⑤	ㄷ, ㄹ, ㅁ	ㄱ, ㄴ

05 그림과 같이 묽은 염산이 들어 있는 비커 2개에 각각 수산화 나트륨 수용액과 마그네슘 조각을 넣었다.

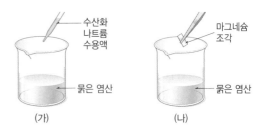

이에 대한 설명으로 옳은 것만을 [보기]에서 있는 대로 고른 것은?

> • 보기 •
> ㄱ. (가)에서 열에너지를 방출한다.
> ㄴ. (나)에서 열에너지를 흡수한다.
> ㄷ. (가)와 (나)에서 모두 용액의 온도가 높아진다.

① ㄱ ② ㄴ ③ ㄱ, ㄷ
④ ㄴ, ㄷ ⑤ ㄱ, ㄴ, ㄷ

★중요

06 그림과 같이 물을 뿌린 나무판 위에 삼각 플라스크를 올려놓고 질산 암모늄과 수산화 바륨을 반응시켰더니 나무판이 삼각 플라스크에 달라붙었다.

유리 막대
질산 암모늄
+
수산화 바륨
물
나무판

삼각 플라스크 안에서 일어나는 반응에 대한 설명으로 옳은 것만을 [보기]에서 있는 대로 고른 것은?

┌─ 보기 ─────────────────────────
ㄱ. 열에너지를 방출하는 반응이다.
ㄴ. 반응이 일어날 때 주변의 온도가 낮아진다.
ㄷ. 묽은 염산과 수산화 칼륨 수용액이 반응할 때와 에너지의 출입 방향이 같다.
└────────────────────────────

① ㄱ   ② ㄴ   ③ ㄱ, ㄷ
④ ㄴ, ㄷ   ⑤ ㄱ, ㄴ, ㄷ

07 그림은 세 가지 물질 변화를 기준에 따라 분류한 것이다.

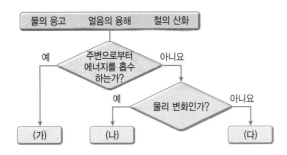

물의 응고   얼음의 융해   철의 산화

주변으로부터 에너지를 흡수하는가?
예 / 아니요
물리 변화인가?
예 / 아니요
(가)   (나)   (다)

(가)~(다)에 해당하는 것을 옳게 짝 지은 것은?

	(가)	(나)	(다)
①	물의 응고	얼음의 융해	철의 산화
②	물의 응고	철의 산화	얼음의 융해
③	얼음의 융해	물의 응고	철의 산화
④	얼음의 융해	철의 산화	물의 응고
⑤	철의 산화	물의 응고	얼음의 융해

✎서술형

08 표는 우리 주변에서 일어나는 물질 변화를 두 가지로 분류한 것이다.

(가)	(나)
• 수증기의 액화	• 드라이아이스의 승화
• 메테인의 연소	• 탄산수소 나트륨의 열분해

(가)와 (나)로 분류한 기준을 물질 변화가 일어날 때 에너지의 출입과 관련지어 서술하시오.

_____

_____

B 물질 변화에서 출입하는 에너지의 이용

09 물질 변화가 일어날 때 에너지의 출입 방향이 나머지 넷과 다른 것은?

① 모닥불   ② 세포호흡
③ 냉찜질 팩   ④ 철 가루 손난로
⑤ 산화 칼슘 발열 도시락

10 다음은 일상생활에서 볼 수 있는 현상에 대한 세 학생의 대화이다.

┌───────────────────────────────
• 학생 A: 신선식품을 배달할 때 얼음주머니를 넣으면 신선도를 유지할 수 있어.
• 학생 B: 철 가루가 들어 있는 손난로를 흔들면 손난로가 따뜻해져.
• 학생 C: 발열 용기에서는 물과 산화 칼슘의 반응을 이용해서 음식을 조리해.
└───────────────────────────────

이에 대한 설명으로 옳은 것만을 [보기]에서 있는 대로 고른 것은?

┌─ 보기 ─────────────────────────
ㄱ. B가 말한 현상에서 물질 변화가 일어날 때 열에너지를 흡수한다.
ㄴ. C가 말한 현상에서 주변의 온도는 높아진다.
ㄷ. 물질 변화가 일어날 때 열에너지를 흡수하는 현상에 대해 말한 사람은 한 명이다.
└────────────────────────────

① ㄱ   ② ㄴ   ③ ㄱ, ㄷ
④ ㄴ, ㄷ   ⑤ ㄱ, ㄴ, ㄷ

11 서술형

과수원에서는 개화 시기에 물을 뿌려 냉해를 예방한다. 그 원리를 열에너지의 출입과 주변의 온도 변화를 이용하여 서술하시오.

---

12 중요

다음은 물질 변화에서 열에너지가 출입하는 것을 이용하는 네 가지 예이다.

> (가) 더운 여름철 마당에 물을 뿌린다.
> (나) 메테인을 연소시켜 난방에 이용한다.
> (다) 철 가루의 산화 반응을 이용하여 손난로를 만든다.
> (라) 빵을 만들 때 제빵 소다를 넣어 빵을 부풀린다.

물질 변화가 일어날 때 열에너지를 방출하는 것을 이용하는 예와 흡수하는 것을 이용하는 예를 옳게 짝 지은 것은?

	방출	흡수
①	(가), (나)	(다), (라)
②	(가), (다)	(나), (라)
③	(가), (라)	(나), (다)
④	(나), (다)	(가), (라)
⑤	(다), (라)	(가), (나)

---

13 물질 변화가 일어날 때 에너지가 출입하는 현상에 대한 설명으로 옳지 않은 것은?

① 식물은 빛에너지를 흡수하여 광합성을 한다.
② 생명체에서 세포호흡이 일어날 때 열에너지를 방출한다.
③ 냉장고의 냉매가 기화하면서 열에너지를 방출하여 냉장고 안이 시원해진다.
④ 물은 태양 에너지를 흡수하여 수증기가 되고, 수증기는 열에너지를 방출하며 액화하여 구름을 이룬다.
⑤ 불이 났을 때 탄산수소 나트륨 분말을 소화기로 뿌리면 탄산수소 나트륨이 분해되면서 열에너지를 흡수하여 불이 꺼진다.

---

14 중요

다음은 어떤 물질 변화가 일상생활에 이용되는 예이다.

> 물주머니와 질산 암모늄이 들어 있는 냉찜질 팩을 주물러서 물주머니를 터뜨리면 물과 질산 암모늄이 섞이면서 차가워진다.

물질 변화가 일어날 때 에너지의 출입 방향이 냉찜질 팩 안에서 일어나는 반응과 같은 현상을 [보기]에서 있는 대로 고른 것은?

> • 보기 •
> ㄱ. 광합성   ㄴ. 세포호흡
> ㄷ. 철의 산화   ㄹ. 물의 전기 분해

① ㄱ, ㄴ   ② ㄱ, ㄹ   ③ ㄴ, ㄷ
④ ㄱ, ㄷ, ㄹ   ⑤ ㄴ, ㄷ, ㄹ

---

15 다음은 일상생활에서 볼 수 있는 두 가지 현상이다.

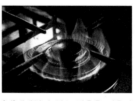 

(가)메테인의 연소 반응을 이용하여 요리를 한다. (나)얼음이 녹으면서 음료수가 시원해진다.

이에 대한 설명으로 옳은 것만을 [보기]에서 있는 대로 고른 것은?

> • 보기 •
> ㄱ. (가)에서는 주변의 온도가 낮아진다.
> ㄴ. (나)에서는 열에너지를 흡수한다.
> ㄷ. (가)와 (나)에서 열에너지의 출입 방향은 같다.

① ㄱ   ② ㄴ   ③ ㄱ, ㄷ
④ ㄴ, ㄷ   ⑤ ㄱ, ㄴ, ㄷ

01 그림은 메테인의 연소 반응이 일어날 때 에너지의 변화를 나타낸 것이다.

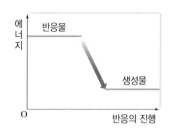

이에 대한 설명으로 옳은 것만을 [보기]에서 있는 대로 고른 것은?

보기
ㄱ. 열에너지를 흡수한다.
ㄴ. 주변의 온도가 높아진다.
ㄷ. 이 반응을 이용하여 난방을 할 수 있다.

① ㄱ   ② ㄴ   ③ ㄱ, ㄷ
④ ㄴ, ㄷ   ⑤ ㄱ, ㄴ, ㄷ

02 다음은 염화 칼슘과 물이 반응할 때 열에너지의 출입을 알아보기 위한 실험 과정과 결과이다.

[과정]
(가) 그림과 같이 단열 용기에 25 °C의 물 100 g을 넣는다.
(나) (가)의 용기에 25 °C의 염화 칼슘 x g을 넣고 젓개로 저어서 모두 녹인 후 용액의 최고 온도를 측정한다.

[결과]
용액의 최고 온도: 30 °C

염화 칼슘과 물의 반응에 대한 설명으로 옳은 것만을 [보기]에서 있는 대로 고른 것은?

보기
ㄱ. 열에너지를 방출한다.
ㄴ. 주변의 온도가 높아진다.
ㄷ. 염화 칼슘과 물의 반응은 냉각 주머니에 이용하기에 적절하다.

① ㄱ   ② ㄷ   ③ ㄱ, ㄴ
④ ㄴ, ㄷ   ⑤ ㄱ, ㄴ, ㄷ

03 다음은 어떤 제품의 광고와 제품의 원리를 나타낸 것이다.

봉지 속에는 산화 칼슘이 들어 있다. 물을 부으면 물과 산화 칼슘이 반응하며 열에너지를 [㉠] 하고, 이 열에너지를 이용하여 음식을 데운다.

이에 대한 설명으로 옳은 것만을 [보기]에서 있는 대로 고른 것은?

보기
ㄱ. ㉠은 '방출'이 적절하다.
ㄴ. 물과 산화 칼슘이 반응할 때 주변의 온도가 높아진다.
ㄷ. 물과 산화 칼슘의 반응에서 반응물의 에너지 합은 생성물의 에너지 합보다 크다.

① ㄱ   ② ㄷ   ③ ㄱ, ㄴ
④ ㄴ, ㄷ   ⑤ ㄱ, ㄴ, ㄷ

04 다음은 두 가지 물질 변화에 대한 설명이다.

(가) 질산 암모늄을 물에 녹였더니 용액의 온도가 낮아졌다.
(나) 아세트산 수용액에 수산화 칼륨 수용액을 넣었더니 용액의 온도가 [㉠].

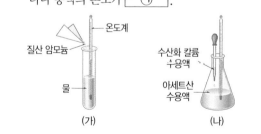

이에 대한 설명으로 옳은 것만을 [보기]에서 있는 대로 고른 것은?

보기
ㄱ. (가)에서 반응이 일어날 때 열에너지를 방출한다.
ㄴ. ㉠은 '높아졌다'가 적절하다.
ㄷ. (가)의 반응을 이용하여 냉찜질 팩을 만들 수 있다.

① ㄱ   ② ㄷ   ③ ㄱ, ㄴ
④ ㄴ, ㄷ   ⑤ ㄱ, ㄴ, ㄷ

01 그림은 마그네슘 리본이 공기 중에서 연소하는 모습을 나타낸 것이다.

이에 대한 설명으로 옳은 것만을 [보기]에서 있는 대로 고른 것은?

┌─ 보기 ─────────────────────────
ㄱ. 산화·환원 반응이 일어난다.
ㄴ. 마그네슘은 전자를 잃는다.
ㄷ. 산소가 환원되어 산화 마그네슘이 생성된다.
└──────────────────────────────

① ㄱ   ② ㄷ   ③ ㄱ, ㄴ
④ ㄴ, ㄷ   ⑤ ㄱ, ㄴ, ㄷ

02 다음은 금속 A~C를 이용한 실험 과정과 결과이다.

[과정]
(가) 비커 Ⅰ과 Ⅱ에 각각 A^+, B^{2+}이 들어 있는 수용액을 넣는다.
(나) Ⅰ에는 충분한 양의 금속 B를, Ⅱ에는 충분한 양의 금속 C를 넣는다.

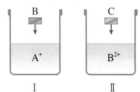

[결과]

비커	Ⅰ	Ⅱ
반응 후 수용액 속 양이온의 종류	B^{2+}	C^{3+}

이에 대한 설명으로 옳은 것만을 [보기]에서 있는 대로 고른 것은? (단, A~C는 임의의 원소 기호이고, 물과 음이온은 반응에 참여하지 않는다.)

┌─ 보기 ─────────────────────────
ㄱ. Ⅰ에서 A^+은 환원된다.
ㄴ. Ⅱ에서 전자는 C에서 B^{2+}으로 이동한다.
ㄷ. Ⅱ에서 수용액 속 전체 이온 수는 증가한다.
└──────────────────────────────

① ㄱ   ② ㄷ   ③ ㄱ, ㄴ
④ ㄴ, ㄷ   ⑤ ㄱ, ㄴ, ㄷ

03 다음은 세 가지 화학 반응식이다.

┌──────────────────────────────
(가) $Zn + CuSO_4 \longrightarrow ZnSO_4 + Cu$
(나) $C_6H_{12}O_6 + 6O_2 \longrightarrow 6CO_2 + 6H_2O$
(다) $Cu + 2AgNO_3 \longrightarrow Cu(NO_3)_2 + 2Ag$
└──────────────────────────────

이에 대한 설명으로 옳은 것만을 [보기]에서 있는 대로 고른 것은?

┌─ 보기 ─────────────────────────
ㄱ. (가)에서 아연은 산화된다.
ㄴ. (나)는 산화·환원 반응이다.
ㄷ. (다)에서 전체 이온 수는 증가한다.
└──────────────────────────────

① ㄱ   ② ㄷ   ③ ㄱ, ㄴ
④ ㄴ, ㄷ   ⑤ ㄱ, ㄴ, ㄷ

04 다음은 마그네슘을 이용한 실험이다.

┌──────────────────────────────
(가) 마그네슘 리본에 불을 붙이고 드라이아이스로 만든 통에 넣은 후 드라이아이스로 만든 뚜껑을 덮는다.
(나) 충분한 시간이 지난 후 뚜껑을 열어 안을 관찰하였더니 산화 마그네슘과 탄소 가루가 생성되었다.

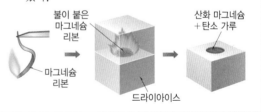
└──────────────────────────────

이에 대한 설명으로 옳은 것만을 [보기]에서 있는 대로 고른 것은?

┌─ 보기 ─────────────────────────
ㄱ. 이산화 탄소는 산화된다.
ㄴ. 마그네슘은 전자를 잃는다.
ㄷ. 산소는 이산화 탄소에서 마그네슘으로 이동한다.
└──────────────────────────────

① ㄱ   ② ㄴ   ③ ㄱ, ㄷ
④ ㄴ, ㄷ   ⑤ ㄱ, ㄴ, ㄷ

05 다음은 두 가지 화학 반응식이다.

> (가) $6CO_2 + 6H_2O \longrightarrow C_6H_{12}O_6 + 6\boxed{\text{㉠}}$
>
> (나) $CH_4 + 2\boxed{\text{㉡}} \longrightarrow CO_2 + 2H_2O$

이에 대한 설명으로 옳은 것만을 [보기]에서 있는 대로 고른 것은?

> ┌ 보기 ┐
> ㄱ. ㉠과 ㉡은 모두 O_2이다.
> ㄴ. (나)에서 메테인은 산화된다.
> ㄷ. (가)와 (나)에서 모두 에너지를 방출한다.

① ㄱ   ② ㄷ   ③ ㄱ, ㄴ
④ ㄴ, ㄷ   ⑤ ㄱ, ㄴ, ㄷ

06 다음은 물질 X의 성질을 알아보기 위한 실험 과정과 결과이다.

> [과정]
> (가) X 수용액에 푸른색 리트머스 종이를 대어 보고 색 변화를 관찰한다.
> (나) X 수용액에 마그네슘 조각을 넣고 관찰한다.
>
> [결과]
> • (가)에서 푸른색 리트머스 종이가 붉게 변하였다.
> • (나)에서 $\boxed{\text{㉠}}$.

이에 대한 설명으로 옳은 것만을 [보기]에서 있는 대로 고른 것은?

> ┌ 보기 ┐
> ㄱ. X 수용액에는 H^+이 들어 있다.
> ㄴ. ㉠은 '기체가 발생하였다'가 적절하다.
> ㄷ. X 수용액에 수산화 나트륨 수용액을 넣으면 용액의 온도가 높아진다.

① ㄱ   ② ㄴ   ③ ㄱ, ㄷ
④ ㄴ, ㄷ   ⑤ ㄱ, ㄴ, ㄷ

07 표는 수용액 A~D를 이용하여 실험한 결과를 나타낸 것이다. A~D는 각각 묽은 염산, 아세트산 수용액, 수산화 나트륨 수용액, 염화 나트륨 수용액 중 하나이다.

수용액	A	B	C	D
페놀프탈레인 용액을 떨어뜨림	무색 → 붉은색	변화 없음	변화 없음	㉠
마그네슘 리본을 넣음	㉡	변화 없음	㉢	기체 발생

이에 대한 설명으로 옳은 것은?(단, 혼합 전 네 수용액의 온도는 같다.)

① ㉠은 '무색 → 붉은색'이 적절하다.
② ㉡은 '기체 발생'이 적절하다.
③ ㉢은 '변화 없음'이 적절하다.
④ A와 B를 혼합하면 용액의 온도가 높아진다.
⑤ C와 D에 존재하는 양이온의 종류는 같다.

08 다음은 산과 염기의 성질을 알아보기 위한 실험이다.

> (가) BTB 용액을 몇 방울 떨어뜨린 질산 칼륨 수용액에 거름종이를 충분히 적신 다음 그림과 같이 전극을 연결한다.
> (나) A에는 묽은 염산을, B에는 수산화 나트륨 수용액을 같은 양씩 떨어뜨린다.
> (다) 전류를 흘려 주면서 변화를 관찰한다.

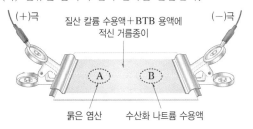

이에 대한 설명으로 옳은 것만을 [보기]에서 있는 대로 고른 것은?

> ┌ 보기 ┐
> ㄱ. (나)에서 A는 노란색, B는 파란색으로 변한다.
> ㄴ. (다)에서 파란색은 (+)극 쪽으로 이동한다.
> ㄷ. (다)에서는 A와 B 사이에서 중화 반응이 일어난다.

① ㄱ   ② ㄷ   ③ ㄱ, ㄴ
④ ㄴ, ㄷ   ⑤ ㄱ, ㄴ, ㄷ

09 그림은 온도와 부피가 같은 수용액 (가)와 (나)에 들어 있는 이온을 모형으로 나타낸 것이다.

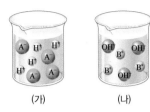

(가)   (나)

(가)와 (나)를 혼합한 용액에 대한 설명으로 옳은 것만을 [보기]에서 있는 대로 고른 것은? (단, A와 B는 임의의 원소 기호이고, A^-과 B^+은 반응에 참여하지 않는다.)

┌─ 보기 ─────────────────────────────┐
ㄱ. 혼합 용액 속 H^+ 수는 (가)보다 많다.
ㄴ. 용액의 최고 온도는 혼합 용액이 (나)보다 높다.
ㄷ. 혼합 용액에 페놀프탈레인 용액을 떨어뜨리면 붉은색을 나타낸다.
└──────────────────────────────────┘

① ㄱ   ② ㄴ   ③ ㄱ, ㄷ
④ ㄴ, ㄷ   ⑤ ㄱ, ㄴ, ㄷ

10 그림은 묽은 염산(HCl) 10 mL가 든 비커에 수산화 나트륨(NaOH) 수용액을 조금씩 넣을 때 중화 반응으로 생성된 물 분자 수를 나타낸 것이다.

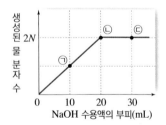

이에 대한 설명으로 옳은 것만을 [보기]에서 있는 대로 고른 것은?

┌─ 보기 ─────────────────────────────┐
ㄱ. ㉠ 용액에 마그네슘 조각을 넣으면 기체가 발생한다.
ㄴ. ㉡ 용액의 액성은 중성이다.
ㄷ. ㉢ 용액에 들어 있는 $\dfrac{Na^+의\ 수}{Cl^-의\ 수} = \dfrac{3}{2}$이다.
└──────────────────────────────────┘

① ㄱ   ② ㄴ   ③ ㄱ, ㄷ
④ ㄴ, ㄷ   ⑤ ㄱ, ㄴ, ㄷ

11 그림은 묽은 염산(HCl) 20 mL가 들어 있는 비커에 수산화 나트륨(NaOH) 수용액을 조금씩 넣을 때 넣어 준 수산화 나트륨 수용액의 부피에 따른 용액에 들어 있는 이온 수를 나타낸 것이다.

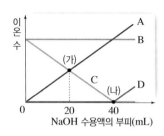

이에 대한 설명으로 옳지 않은 것은? (단, 혼합 전 두 수용액의 온도는 같다.)

① A와 D는 모두 양이온이다.
② (가) 용액에 마그네슘 조각을 넣으면 수소 기체가 발생한다.
③ 용액의 최고 온도는 (나) 용액이 (가) 용액보다 높다.
④ 중화 반응으로 생성된 물 분자 수는 (나) 용액이 (가) 용액의 2배이다.
⑤ 같은 부피의 수용액에 들어 있는 이온 수는 묽은 염산이 수산화 나트륨 수용액의 2배이다.

12 그림은 수산화 나트륨(NaOH) 수용액 10 mL에 묽은 염산(HCl)을 5 mL씩 넣을 때 각 용액에 들어 있는 이온의 종류와 이온 수비를 나타낸 것이다.

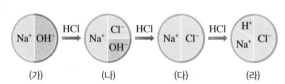

(가)   (나)   (다)   (라)

이에 대한 설명으로 옳은 것만을 [보기]에서 있는 대로 고른 것은?

┌─ 보기 ─────────────────────────────┐
ㄱ. (가)~(라) 중 페놀프탈레인 용액을 떨어뜨렸을 때 붉은색을 나타내는 것은 한 가지이다.
ㄴ. 중화 반응으로 생성된 물 분자 수는 (라)가 (다)보다 많다.
ㄷ. 수산화 나트륨 수용액과 묽은 염산의 농도는 같다.
└──────────────────────────────────┘

① ㄱ   ② ㄷ   ③ ㄱ, ㄴ
④ ㄴ, ㄷ   ⑤ ㄱ, ㄴ, ㄷ

13 다음은 화학 변화와 열에너지의 출입에 대한 세 학생의 대화이다.

> • 학생 A: 화학 변화가 일어날 때는 항상 열에너지를 방출해.
> • 학생 B: 열에너지를 흡수하는 반응이 일어날 때는 주변의 온도가 낮아져.
> • 학생 C: 산과 염기가 중화 반응할 때는 열에너지를 방출해서 용액의 온도가 높아져.

옳게 설명한 학생만을 있는 대로 고른 것은?

① A   ② B   ③ A, C
④ B, C   ⑤ A, B, C

14 물질 변화가 일어날 때 에너지를 흡수하는 것만을 [보기]에서 있는 대로 고른 것은?

> ┌ 보기 ┐
> ㄱ. 생명체가 세포호흡을 한다.
> ㄴ. 더운 여름날 도로에 물을 뿌리면 시원해진다.
> ㄷ. 냉찜질 팩을 주무르면 냉찜질 팩이 시원해진다.
> ㄹ. 철 가루가 들어 있는 손난로를 흔들면 손난로가 따뜻해진다.

① ㄱ, ㄴ   ② ㄱ, ㄹ   ③ ㄴ, ㄷ
④ ㄱ, ㄷ, ㄹ   ⑤ ㄴ, ㄷ, ㄹ

15 다음은 어떤 학생이 가설을 세우고 탐구한 내용이다.

> [가설]
> ┌──────── ㉠ ────────┐
>
> [탐구 과정 및 결과]
> • 25 °C의 물 200 mL가 담긴 비커에 25 °C의 염화 칼슘 10 g을 녹인 후 수용액의 최고 온도를 측정하였다.
> • 수용액의 최고 온도: 33 °C
>
> [결론]
> 가설은 옳다.

학생의 결론이 타당할 때, ㉠으로 가장 적절한 것은?

① 염화 칼슘은 물과 중화 반응을 한다.
② 염화 칼슘을 물에 녹인 용액은 산성이다.
③ 염화 칼슘과 물의 반응은 산화·환원 반응이다.
④ 염화 칼슘이 물에 녹을 때 열에너지를 방출한다.
⑤ 염화 칼슘을 물에 녹인 용액은 전기 전도성이 있다.

16 그림과 같이 질산 은 수용액에 구리판을 넣었더니 구리판의 표면에 금속이 석출되고 수용액의 색이 변하였다.

구리판
질산 은 수용액

구리판의 표면에 석출되는 금속이 무엇인지 쓰고, 금속이 석출되는 과정을 산화되는 입자와 환원되는 입자를 포함하여 서술하시오.

17 같은 농도의 묽은 염산과 수산화 칼륨 수용액을 표와 같이 부피를 다르게 하여 혼합하였다.

혼합 용액	(가)	(나)
묽은 염산(mL)	10	5
수산화 칼륨 수용액(mL)	10	15

혼합 용액 (가)와 (나)의 최고 온도를 비교하고, 그 까닭을 서술하시오. (단, 혼합 전 두 수용액의 온도는 같다.)

18 그림과 같이 물을 뿌린 나무판 위에 삼각 플라스크를 올려놓고 질산 암모늄과 수산화 바륨을 반응시켰다.
삼각 플라스크를 들어 올릴 때 나타날 것으로 예상되는 결과를 쓰고, 그 까닭을 열에너지의 출입과 주변의 온도 변화를 이용하여 서술하시오.

유리 막대
질산 암모늄 + 수산화 바륨
물
나무판

| 2023학년도 수능 화학 I 5번 변형 |

01 다음은 금속 $X \sim Z$의 산화·환원 반응 실험이다.

개념 **Lnk** 36쪽

[실험 과정 및 결과]
(가) X^{2+} $3N$개가 들어 있는 수용액을 준비한다.
(나) (가)의 수용액에 충분한 양의 금속 Y를 넣어 반응을 완결시켰더니 Y^{m+} $2N$개가 생성되었다.
(다) (나)의 수용액에 충분한 양의 금속 Z를 넣어 반응을 완결시켰더니 Z^{2+} xN개가 생성되었다.

이에 대한 설명으로 옳은 것만을 [보기]에서 있는 대로 고른 것은? (단, $X \sim Z$는 임의의 원소 기호이고, $X \sim Z$는 물과 반응하지 않으며, 음이온은 반응에 참여하지 않는다.)

• 보기 •
ㄱ. $m = 3$이다.
ㄴ. $x = 2$이다.
ㄷ. (다)에서 Z는 산화된다.

① ㄴ　　　　　② ㄷ　　　　　③ ㄱ, ㄴ
④ ㄱ, ㄷ　　　　⑤ ㄱ, ㄴ, ㄷ

| 2024학년도 9월 모평 화학 I 19번 변형 |

02 표는 묽은 염산(HCl)과 수산화 나트륨(NaOH) 수용액의 부피를 달리하여 혼합한 용액 (가)~(다)에 대한 자료이다.

개념 **Lnk** 44쪽~47쪽

혼합 용액		(가)	(나)	(다)
혼합 전 용액의 부피(mL)	묽은 염산(HCl)	x	30	40
	수산화 나트륨 (NaOH) 수용액	20	30	x
혼합 용액에 존재하는 양이온 수의 비율		$\frac{2}{3}$ $\frac{1}{3}$		$\frac{3}{4}$ $\frac{1}{4}$
BTB 용액을 넣었을 때 색 변화			초록색	

x는?

① 10　　　　　② 20　　　　　③ 30
④ 40　　　　　⑤ 50

| 2023학년도 9월 모평 화학 I 19번 변형 |

03 다음은 묽은 염산(HCl), 수산화 나트륨($NaOH$) 수용액, 수산화 칼륨(KOH) 수용액의 부피를 달리하여 혼합한 용액 (가)~(다)에 대한 자료이다.

개념 Lnk 44쪽, 46쪽

혼합 용액	혼합 전 용액의 부피(mL)			혼합 용액에 존재하는 모든 이온의 개수비
	묽은 염산(HCl)	수산화 나트륨($NaOH$) 수용액	수산화 칼륨(KOH) 수용액	
(가)	10	10	0	$1:1:2$
(나)	10	0	10	$1:1$
(다)	15	10	5	$1:1:1:x$

• (가)는 산성이다.

x는?

① 1   ② 2   ③ 3

④ 4   ⑤ 5

| 2024학년도 9월 모평 화학 I 1번 변형 |

04 다음은 일상생활에서 이용되고 있는 물질에 대한 자료와 이에 대한 학생들의 대화이다.

개념 Lnk 56쪽~57쪽

• ㉠메테인(CH_4)을 연소시켜 난방을 하거나 음식을 익힌다.
• ㉡질산 암모늄(NH_4NO_3)이 물에 용해되는 반응을 이용하여 냉찜질 주머니를 차갑게 만든다.
• 손난로를 흔들면 손난로 속에 있는 ㉢철(Fe) 가루가 산화되면서 열에너지를 방출한다.

제시한 내용이 옳은 학생만을 있는 대로 고른 것은?

① A   ② C   ③ A, B

④ B, C   ⑤ A, B, C

Ⅱ 환경과 에너지

1 생태계와 환경 변화

◉ **생물과 환경** 생물은 빛, 온도, 물, 먹이 등의 환경에 적응하여 살아간다.

> 예 북극여우는 귀가 작고 몸집이 크며, 사막여우는 귀가 크고 몸집이 작다. 이와 같이 북극여우와 사막여우
> 의 생김새가 다른 것은 서로 다른 ① _____ 에 적응한 결과이다.

◉ **생태계평형**

(1) ② _____ : 생태계를 이루는 생물의 종류와 수가 크게 변하지 않고 안정된 상태를 유지하는 것으로, 주로 생물 사이의 먹고 먹히는 관계로 유지된다.

(2) **생태계평형 유지**: 생물다양성이 높을수록 ③ _____ 이 복잡하여 생물이 멸종될 가능성이 낮아지고, 생태계평형이 잘 유지된다.

먹이그물이 단순한 생태계	어떤 생물이 사라지면 그 생물과 먹이 관계를 맺고 있는 생물이 직접 영향을 받아 생태계 가 쉽게 파괴된다.
먹이그물이 복잡한 생태계	어떤 생물이 사라져도 사라진 생물을 대체하는 생물이 있어 생태계가 안정을 유지한다.

◉ **온실 효과와 지구 온난화**

(1) **복사 평형**

④	물체가 흡수하는 복사 에너지의 양과 방출하는 복사 에너지의 양이 같은 상태
지구의 복사 평형	지구는 흡수하는 ⑤ _____ 의 양과 방출하는 ⑥ _____ 의 양이 같다.

(2) **온실 효과와 지구 온난화**

⑦	지표에서 방출되는 지구 복사 에너지의 일부가 대기 중의 온실 기체에 흡수되었다가 지 표로 다시 방출되어 지구를 보온하는 현상 ➡ 온실 기체: 수증기, 이산화 탄소, 메테인 등
지구 온난화	대기 중 온실 기체의 농도 증가로 인해 ⑧ _____ 가 강화되어 지구의 평균 기온이 상 승하는 현상 ➡ 영향: 해수면 상승으로 육지 면적 감소, 기상 이변, 생태계 변화 등

01 생물과 환경

핵심 짚기
☐ 생태계를 구성하는 요소
☐ 생물과 환경의 상호 관계

A 생태계를 구성하는 요소

1 생태계 생물과 환경이 서로 영향을 주고받으며 이루는 체계❶

개체	개체군	군집	생태계
독립적으로 생명활동을 할 수 있는 하나의 생명체	일정한 지역에 같은 종의 개체들이 무리를 이룬 것	일정한 지역에 여러 개체군이 모여 생활하는 것	군집을 이루는 각 개체군이 다른 개체군 및 환경과 영향을 주고받으며 살아가는 체계

★2 생태계를 구성하는 요소 생태계는 생물요소와 비생물요소로 구성된다.

① 생물요소: 생태계에 존재하는 모든 생물로, 그 역할에 따라 생산자, 소비자, 분해자로 구분한다.

생산자	광합성으로 생명활동에 필요한 양분을 스스로 만드는 생물	예 식물, 식물 플랑크톤❷
소비자	스스로 양분을 만들지 못하고 다른 생물을 먹이로 하여 양분을 얻는 생물	예 동물 플랑크톤, 초식동물, 육식동물
분해자	다른 생물의 배설물이나 죽은 생물을 분해하여 양분을 얻는 생물	예 버섯, 세균, 곰팡이

▲ **생물요소와 비생물요소** 생태계는 생물요소와 비생물요소의 상호 관계로 유지된다.

② 비생물요소: 생물을 둘러싸고 있는 환경요인 예 빛, 온도, 물, 토양, 공기 등

B 생물과 환경의 상호 관계 _{여기서} 잠깐 72쪽

1 생물은 빛, 온도, 물, 토양, 공기 등 여러 환경요인에 대해 적응하며 살아가고, 생물도 환경에 영향을 준다. ➡ 생물요소와 비생물요소는 서로 영향을 주고받는다.

★2 빛과 생물 빛의 세기와 파장,*일조 시간 등은 생물의 형태나 생활 방식에 영향을 준다.

빛의 세기	• 식물의 종류에 따라 생존에 유리한 빛의 세기가 달라 어떤 식물은 빛이 강한 환경에서 잘 자라고, 어떤 식물은 빛이 약한 환경에서 잘 자란다. • 일반적으로 빛의 세기가 강한 곳에 서식하는 식물의 잎은 두껍고, 빛의 세기가 약한 곳에 서식하는 식물의 잎은 얇고 넓다. 한 식물에서도 강한 빛을 받는 잎은 울타리조직이 발달되어 두껍고, 약한 빛을 받는 잎은 얇고 넓어 빛을 효율적으로 흡수한다.
빛의 파장	바다의 깊이에 따라 도달하는 빛의 파장과 양이 다르므로 해조류는 바다의 깊이에 따라 서식하는 종류가 다르다. ➡ 바다의 얕은 곳에는 적색광을 주로 이용하는 녹조류가 많이 분포하고, 깊은 곳에는 청색광을 주로 이용하는 홍조류가 많이 분포한다.❹ 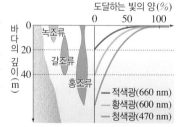
일조 시간	일조 시간은 동물의 생식 주기와 식물의 개화 시기에 영향을 준다. 예 • 꾀꼬리와 종달새는 일조 시간이 길어지는 봄에 번식하고, 송어와 노루는 일조 시간이 짧아지는 가을에 번식한다. • 시금치와 상추는 일조 시간이 길어지는 봄이나 여름에 꽃이 피고, 코스모스와 나팔꽃은 일조 시간이 짧아지는 가을에 꽃이 핀다.

Plus 강의

❶ **개체, 개체군, 군집, 생태계**
개체가 모여 개체군을 이루고, 개체군이 모여 군집을 이루며, 군집이 비생물 환경과 생태계를 이룬다.

개체 　개체군 　군집 　생태계

❷ **플랑크톤**
수중 생물 중에서 운동 능력이 전혀 없거나 매우 약해 물에 떠다니며 생활하는 생물을 말한다. 식물 플랑크톤은 생산자이고, 동물 플랑크톤은 소비자이다.

❸ **빛의 세기에 따른 잎의 두께**
강한 빛을 받는 잎은 약한 빛을 받는 잎보다 울타리조직이 발달하여 잎의 두께가 두껍다.

울타리조직이 두껍다.

▲ 강한 빛을 받는 잎

울타리조직이 얇다.

▲ 약한 빛을 받는 잎

❹ **해조류의 종류**
• **녹조류**: 녹색을 띠는 조류
　예 파래, 청각
• **갈조류**: 갈색을 띠는 조류
　예 미역, 다시마
• **홍조류**: 붉은색을 띠는 조류
　예 김, 우뭇가사리

Q 용어 돋보기

✻ **일조 시간**(日 해, 照 비추다, 時 때, 間 사이)_햇빛이 실제로 지표면에 내리쬐는 시간

3 온도와 생물 온도는 물질대사에 영향을 주므로 생물의 생명활동은 온도의 영향을 받는다.

동물의 적응	• 추운 지방에 사는 정온동물은 깃털이나 털이 발달되어 있고, 피하 지방층이 두꺼워 몸에서 열이 방출되는 것을 막는다. • 포유류는 서식지의 기온에 따라 몸집과 몸 말단부의 크기가 다르다.❺ 　예 북극여우는 사막여우에 비해 몸집이 크고 몸의 말단부가 작다. • 변온동물은 스스로 체온을 조절할 수 없어 햇빛이나 그늘을 찾거나 겨울이 되면 온도 변화가 적은 땅속으로 들어가 겨울잠을 잔다. 　예 개구리와 뱀은 겨울이 되면 땅속에서 겨울잠을 잔다.
식물의 적응	• 툰드라에 사는 털송이풀은 잎이나 꽃에 털이 나 있어 체온이 낮아지는 것을 막는다. • 낙엽수는 기온이 낮아지면 단풍이 들고 잎을 떨어뜨리지만, 상록수는 잎의*큐티클층이 두꺼워 잎을 떨어뜨리지 않고 겨울을 난다.

4 물과 생물 물은 생물을 구성하는 성분 중 가장 많고, 생명 현상을 유지하는 데 반드시 필요하므로 생물은 몸속 수분을 보존하기 위해 다양한 방법으로 적응하였다.

동물의 적응	• 곤충은 몸 표면이*키틴질로 되어 있고, 새의 알은 단단한 껍질로 싸여 있으며, 사막에 사는 도마뱀과 뱀은 몸 표면이 비늘로 덮여 있어 수분의 손실을 효과적으로 막는다. • 사막에 사는 포유류는 농도가 진한 오줌을 배설하여 오줌으로 나가는 수분량을 줄인다.
식물의 적응	• 물속이나 물 위에 사는 식물은 관다발이나 뿌리가 잘 발달하지 않으며, 공기가 통하는 통기조직이 발달하였다. 예 수련, 생이가래 • 건조한 곳에 사는 식물은 잎의 면적이 작거나 잎이 가시로 변해 수분 증발을 막고, 뿌리와 물을 저장하는 조직이 발달하였다. 예 선인장, 알로에

5 토양과 생물 토양은 수많은 생물의 서식지이며, 식물은 뿌리를 통해 토양으로부터 성장에 필요한 물질을 얻는다.❻

6 공기와 생물 대부분의 생물은 공기 중의 산소를 이용하여 호흡을 하고, 동식물의 호흡과 식물의 광합성은 공기 조성에 영향을 미친다.❼

❺ **몸집과 열 방출량**
몸집이 클수록 단위 부피당 체표면적이 작아 열 방출량이 적으므로 추운 곳에서 체온을 유지하기에 유리하다.

❻ **토양과 생물의 상호 관계**
• 지렁이와 두더지는 토양에 공기가 잘 통하게 하여 토양에 서식하는 생물이 살기 좋은 환경을 만든다.
• 토양 속 미생물은 죽은 생물이나 배설물 속 유기물을 무기물로 분해하여 다른 생물에게 양분으로 제공하거나 환경으로 돌려보내 생태계에서 물질을 순환시키는 역할을 한다.

❼ **공기와 생물의 상호 관계**
• 생물은 호흡을 통해 산소를 흡수하고 이산화 탄소를 방출하며, 식물은 광합성을 통해 이산화 탄소를 흡수하고 산소를 방출한다.
• 산소가 희박한 고산 지대에 사는 사람은 평지에 사는 사람보다 혈액 속 적혈구의 수가 많아 산소를 효율적으로 운반한다.

🔍 **용어** 돋보기

＊**큐티클층**_식물의 줄기나 잎, 특히 잎의 표피조직 표면을 싸고 있는 얇은 막
＊**키틴질**_곤충류나 갑각류와 같은 동물의 몸을 감싸는 외골격을 이루는 물질

개념 쏙쏙

정답과 해설 21쪽

1 생태계를 구성하는 요소에 대한 설명으로 옳은 것은 ○, 옳지 않은 것은 ✕로 표시하시오.

(1) 일정한 지역에 같은 종의 개체들이 모여 군집을 이룬다. ·················· (　　)
(2) 군집을 이루는 각 개체군이 다른 개체군 및 환경과 영향을 주고받으며 살아가는 체계를 생태계라고 한다. ··················· (　　)
(3) 분해자는 다른 생물의 배설물이나 죽은 생물을 분해하여 양분을 얻는다.
··················· (　　)
(4) 식물 플랑크톤과 동물 플랑크톤은 모두 생산자에 해당한다. ········· (　　)
(5) 빛, 온도, 물, 토양, 공기는 비생물요소에 해당한다. ··················· (　　)

2 생물과 환경의 상호 관계를 나타낸 예이다. 각각의 예와 가장 관련이 깊은 환경요인을 쓰시오.

(1) 한 식물에서도 강한 빛을 받는 잎이 약한 빛을 받는 잎보다 두껍다. ·· (　　)
(2) 개구리는 겨울이 되면 땅속에서 겨울잠을 잔다. ··················· (　　)
(3) 새의 알은 단단한 껍질로 싸여 있다. ··················· (　　)
(4) 고산 지대에 사는 사람은 평지에 사는 사람보다 혈액 속 적혈구의 수가 많다.
··················· (　　)

암기 꼭!

생태계의 구성
개체 → 개체군 → 군집 → 생태계
➡ 개체군은 한 생물종으로, 군집은 여러 생물종으로 구성되어 있다.

생물과 환경의 상호 관계

정답과 해설 21쪽

생물은 다른 생물이나 주변 환경과 영향을 주고받으며 살아갑니다. 생태계를 구성하는 생물요소와 비생물요소의 상호 관계의 다양한 사례를 살펴볼까요?

◎ 생태계를 구성하는 요소의 상호 관계

❶ 비생물요소가 생물요소에 영향을 준다.
　예 • 일조량이 감소하면 벼의 광합성량이 감소한다.
　　• 토양에 양분이 풍부하면 식물이 잘 자란다.
❷ 생물요소가 비생물요소에 영향을 준다.
　예 • 낙엽이 쌓여 분해되면 토양이 비옥해진다.
　　• 식물의 광합성으로 공기 중의 산소 농도가 증가한다.
　　• 지렁이가 땅속을 뚫고 다니면서 틈을 만들어 토양에 공기가 잘 통하게 한다.
❸ 생물끼리 영향을 주고받는다.
　예 • 개구리의 개체수가 증가하면 메뚜기의 개체수가 감소한다.
　　• 초식동물은 식물의 잎이나 열매 등을 먹고 살며, 식물은 초식동물의 배설물을 통해 씨를 퍼트린다.

Q ❶ 낙엽이 쌓여 분해되면 토양이 비옥해지는 것은 (　　　　　)가 (　　　　　)에 영향을 준 예이다.

◎ 빛과 생물 — 장일식물과 단일식물

식물은 일조 시간에 따라 개화 시기가 조절된다.
• 장일식물: 낮의 길이가 길어지고 밤의 길이가 짧아지는 봄과 초여름에 꽃이 피는 식물 예 붓꽃, 유채, 시금치, 상추
• 단일식물: 낮의 길이가 짧아지고 밤의 길이가 길어지는 가을에 꽃이 피는 식물 예 국화, 코스모스, 나팔꽃

Q ❷ 식물이 일조 시간에 따라 개화 시기가 조절되는 것과 가장 관련이 깊은 환경요인은 무엇인가?

◎ 온도와 생물 — 북극여우와 사막여우

포유류는 서식지의 기온이 낮을수록 몸집은 커지고 몸 말단부는 작아져 체온을 유지하기에 유리하다.

▲ 북극여우　　　　　　▲ 온대여우　　　　　　▲ 사막여우

• 북극여우: 몸집이 크고, 귀가 작다. ➡ 단위 부피당 체표면적이 작아 열 방출량이 적다.
• 사막여우: 몸집이 작고, 귀가 크다. ➡ 단위 부피당 체표면적이 커서 열 방출량이 많다.

Q ❸ 북극여우는 사막여우에 비해 몸집이 크고 몸의 말단부가 작다. 이와 가장 관련이 깊은 환경요인은 무엇인가?

A 생태계를 구성하는 요소

★중요

01 생태계에 대한 설명으로 옳은 것만을 [보기]에서 있는 대로 고른 것은?

> **• 보기 •**
> ㄱ. 생태계는 생물요소와 비생물요소로 구성된다.
> ㄴ. 개체가 모여 개체군을 이루고, 개체군이 모여 군집을 이룬다.
> ㄷ. 군집을 이루는 개체들은 모두 같은 종에 속한다.

① ㄱ   ② ㄷ   ③ ㄱ, ㄴ
④ ㄴ, ㄷ   ⑤ ㄱ, ㄴ, ㄷ

서술형

02 다음은 생태계에 대한 학생 A~C의 대화 내용이다.

> • 학생 A: 독립적으로 생명활동을 할 수 있는 고라니 한 마리는 개체에 해당해.
> • 학생 B: 생물요소는 그 역할에 따라 생산자, 소비자, 분해자로 구분해.
> • 학생 C: 생물은 환경의 영향을 받지만, 환경은 생물의 영향을 받지 않아.

제시한 내용이 옳지 않은 학생을 고르고, 그렇게 생각한 까닭을 서술하시오.

_____

_____

03 생태계를 구성하는 생산자, 소비자, 분해자, 비생물요소의 예가 모두 포함된 것은?

① 풀, 나무, 빛, 버섯, 물
② 빛, 온도, 물, 토양, 공기
③ 메뚜기, 풀, 개구리, 뱀, 매
④ 곰팡이, 토양, 버섯, 세균, 개구리
⑤ 나무, 온도, 메뚜기, 곰팡이, 여우

04 표는 생태계를 구성하는 요소의 특징을 나타낸 것이다. A~D는 생산자, 소비자, 분해자, 비생물요소를 순서 없이 나타낸 것이다.

구성 요소	특징
A	생물을 둘러싸고 있는 환경요인
B	㉠
C	다른 생물의 배설물이나 죽은 생물을 분해하여 양분을 얻는 생물
D	스스로 양분을 만들지 못하고 다른 생물을 먹이로 하여 양분을 얻는 생물

이에 대한 설명으로 옳지 않은 것은?

① A는 비생물요소이다.
② 버섯은 C에 해당한다.
③ D는 생물요소에 속한다.
④ 군집에는 A~D가 모두 포함된다.
⑤ '광합성으로 생명활동에 필요한 양분을 스스로 만드는 생물'은 ㉠에 해당한다.

★중요

05 그림은 생태계를 구성하는 요소 사이의 상호 관계를 나타낸 것이다.

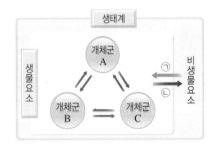

이에 대한 설명으로 옳은 것만을 [보기]에서 있는 대로 고른 것은?

> **• 보기 •**
> ㄱ. 개체군 A, B, C는 모두 같은 종이다.
> ㄴ. '식물은 빛이 비치는 쪽을 향해 굽어 자란다.'는 ㉠에 해당한다.
> ㄷ. '지렁이가 땅속을 뚫고 다녀 토양의 통기성이 증가한다.'는 ㉡에 해당한다.

① ㄱ   ② ㄴ   ③ ㄱ, ㄷ
④ ㄴ, ㄷ   ⑤ ㄱ, ㄴ, ㄷ

B 생물과 환경의 상호 관계

서술형

06 그림 (가)와 (나)는 하나의 식물에서 강한 빛을 받는 잎과 약한 빛을 받는 잎을 순서 없이 나타낸 것이다.

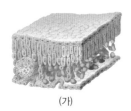 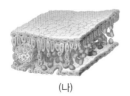

(가)   (나)

(가)와 (나) 중 강한 빛을 받는 잎을 고르고, 그렇게 생각한 까닭을 서술하시오.

_____

_____

07 생물이 환경에 영향을 준 예로 옳은 것은?

① 붓꽃은 봄에, 코스모스는 가을에 꽃이 핀다.
② 툰드라에 사는 털송이풀은 잎에 털이 나 있다.
③ 식물의 광합성으로 대기 중의 산소 농도가 증가한다.
④ 개구리는 겨울이 되면 땅속에 들어가 겨울잠을 잔다.
⑤ 도마뱀은 몸 표면이 비늘로 덮여 있어 사막에서도 잘 살아간다.

★중요

08 그림 (가)와 (나)는 기후가 서로 다른 지역에 서식하는 여우의 모습을 나타낸 것이다.

(가)   (나)

이에 대한 설명으로 옳은 것만을 [보기]에서 있는 대로 고른 것은?

· 보기 ·
ㄱ. (가)는 (나)보다 추운 지역에 산다.
ㄴ. 몸의 표면적 / 몸의 부피 은 (가)가 (나)보다 크다.
ㄷ. (나)는 (가)보다 몸 말단부가 커서 열을 방출하는 데 유리하다.

① ㄱ   ② ㄴ   ③ ㄱ, ㄷ
④ ㄴ, ㄷ   ⑤ ㄱ, ㄴ, ㄷ

★중요

09 다음은 환경에 따른 여러 생물의 적응 현상이다.

(가) 고산 지대에 사는 사람은 평지에 사는 사람에 비해 혈액 속에 적혈구 수가 많다.
(나) 꾀꼬리와 종달새는 봄에 번식하고, 송어와 노루는 가을에 번식한다.
(다) 연못에서 서식하는 수련의 줄기와 뿌리에는 통기조직이 발달되어 있다.

각 생물에 영향을 준 환경요인을 옳게 짝 지은 것은?

	(가)	(나)	(다)
①	공기	빛	물
②	공기	온도	물
③	온도	빛	공기
④	온도	물	빛
⑤	토양	온도	공기

10 다음 두 현상과 관계 깊은 환경요인을 쓰시오.

• 도마뱀이 해가 잘 비치는 바위를 찾아다닌다.
• 고위도 지방에 사는 동물은 피하 지방층이 발달되어 있다.

11 다음은 생물과 환경의 상호 관계에 대한 학생 A~C의 대화 내용이다.

• 학생 A: 여러 환경요인은 생물의 형태나 생활 방식, 번식 방법 등에 영향을 미쳐.
• 학생 B: 사막에 사는 선인장의 잎이 가시로 변한 것은 높은 온도에 적응한 현상이야.
• 학생 C: 지렁이의 배설물은 토양에 양분을 공급하여 식물이 살기 좋은 환경을 만들어.

제시한 내용이 옳은 학생만을 있는 대로 고른 것은?

① A   ② B   ③ A, C
④ B, C   ⑤ A, B, C

내신 탄탄보다는 조금 수준이 높은 유형의 문제들로 구성하였습니다.
자신의 실력을 한 단계 높여 보세요. | 정답과 해설 22쪽

01 그림은 생태계를 구성하는 요소 사이의 상호 관계를 나타
낸 것이다.

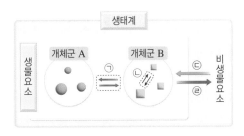

이에 대한 설명으로 옳은 것만을 [보기]에서 있는 대로
고른 것은?

• 보기 •
ㄱ. 같은 종의 기러기가 무리를 지어 이동할 때 리더
를 따라 이동하는 것은 ㉠에 해당한다.
ㄴ. 메뚜기의 개체수가 증가하자 개구리의 개체수가
증가하는 것은 ㉡에 해당한다.
ㄷ. 온도가 낮아져 단풍이 드는 것은 ㉢에 해당한다.

① ㄱ   ② ㄷ   ③ ㄱ, ㄴ
④ ㄴ, ㄷ   ⑤ ㄱ, ㄴ, ㄷ

02 그림은 바다의 깊이에 따른 해조류의 분포와 바다에 도달
하는 빛의 파장과 양을 나타낸 것이다. A~C는 갈조류,
녹조류, 홍조류를 순서 없이 나타낸 것이다.

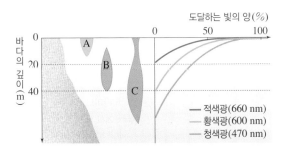

이에 대한 설명으로 옳은 것만을 [보기]에서 있는 대로
고른 것은?

• 보기 •
ㄱ. A는 홍조류이다.
ㄴ. 김, 우뭇가사리는 청색광을 주로 이용한다.
ㄷ. 해조류의 분포는 빛의 파장에 영향을 받는다.

① ㄱ   ② ㄷ   ③ ㄱ, ㄴ
④ ㄴ, ㄷ   ⑤ ㄱ, ㄴ, ㄷ

03 그림은 일조 시간에 따른 두 식물의 개화 여부를 나타낸
것이다.

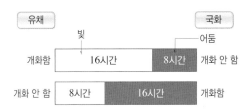

이에 대한 설명으로 옳은 것만을 [보기]에서 있는 대로
고른 것은?

• 보기 •
ㄱ. 국화는 낮의 길이가 짧아지고 밤의 길이가 길어
질 때 꽃이 피는 식물이다.
ㄴ. 유채와 같은 조건에서 꽃이 피는 식물에는 코스
모스가 있다.
ㄷ. 유채와 국화의 개화 여부와 가장 관련 깊은 환경
요인은 온도이다.

① ㄱ   ② ㄴ   ③ ㄱ, ㄷ
④ ㄴ, ㄷ   ⑤ ㄱ, ㄴ, ㄷ

04 그림 (가)와 (나)는 봄철 호랑나비와 여름철 호랑나비를
순서 없이 나타낸 것이고, 자료는 호랑나비의 체색과 크
기에 대한 설명이다.

(가)   (나)

호랑나비는 번데기 시
기의 온도가 낮을수록
성체의 크기가 작고 색
도 연하다.

이에 대한 설명으로 옳은 것만을 [보기]에서 있는 대로
고른 것은?

• 보기 •
ㄱ. (나)는 여름철 호랑나비이다.
ㄴ. (가)와 (나)의 차이점과 가장 관련이 깊은 환경
요인은 온도이다.
ㄷ. 호랑나비의 체색과 크기가 계절에 따라 차이가
나는 것은 물질대사와 관련이 있다.

① ㄱ   ② ㄷ   ③ ㄱ, ㄴ
④ ㄴ, ㄷ   ⑤ ㄱ, ㄴ, ㄷ

O2 생태계평형

핵심 짚기
- ☐ 먹이사슬과 먹이그물
- ☐ 생태계평형
- ☐ 생태피라미드

A 먹이 관계와 생태피라미드

1 생태계에서의 먹이 관계 생태계를 구성하는 생물들은 먹이 관계로 연결되어 있다.
   ① 먹이사슬: 생산자부터 최종 소비자까지 먹고 먹히는 관계를 사슬 모양으로 나타낸 것
      예 생산자(풀) → 1차 소비자(나비) → 2차 소비자(거미) → 3차 소비자(참새) → 최종 소비자(매)
   ② 먹이그물: 여러 개의 먹이사슬이 서로 얽혀 그물처럼 복잡하게 나타나는 것

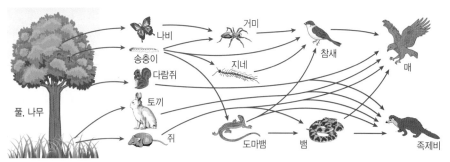

▲ **먹이그물** 생태계에서 생물들은 하나의 먹이사슬에만 연결되지 않고, 여러 먹이사슬에 동시에 연결된다. 뱀은 쥐를 먹는 2차 소비자이자, 도마뱀을 먹는 3차 소비자이다.

2 생태계에서의 에너지흐름❶
   ① 생태계에 필요한 양분은 생산자에 의해 생산되어 먹이사슬을 따라 하위 영양단계에서 상위 영양단계로 이동한다.❷
   ② 하위 영양단계의 생물이 가진 에너지의 일부는 세포호흡을 통해 생명활동을 하는 데 쓰이거나 열에너지로 방출되고, 나머지 일부 에너지만 상위 영양단계로 전달된다.
      ➡ 상위 영양단계로 갈수록 전달되는 에너지양은 크게 줄어든다.

> **│ 생태계에서의 물질순환과 에너지흐름 │**
> 생태계를 구성하는 생물요소와 비생물요소 사이에서는 물질과 에너지가 이동한다. 물질은 생물과 비생물 환경 사이를 순환하지만, 에너지는 한 방향으로 흐르다가 생태계 밖으로 빠져나간다. 따라서 생태계가 유지되려면 태양으로부터 빛에너지가 계속 공급되어야 한다.
>
>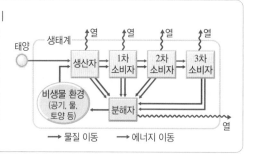

3 생태피라미드 생태계에서 하위 영양단계부터 상위 영양단계까지 각 영양단계의 에너지양, 개체수, *생체량을 차례로 쌓아올린 것 ➡ 안정된 생태계에서는 상위 영양단계로 갈수록 에너지양, 개체수, 생체량이 줄어들어 피라미드 형태를 나타낸다.❸

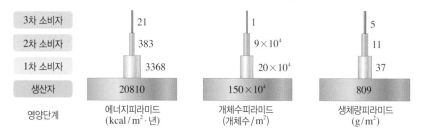

영양단계	에너지피라미드 (kcal/m²·년)	개체수피라미드 (개체수/m²)	생체량피라미드 (g/m²)
3차 소비자	21	1	5
2차 소비자	383	9×10⁴	11
1차 소비자	3368	20×10⁴	37
생산자	20810	150×10⁴	809

Plus 강의

❶ 생태계에서의 에너지흐름 과정

> 태양의 빛에너지는 생산자의 광합성을 통해 유기물 속 화학 에너지로 전환된다.
>
> ↓
>
> 유기물 속 화학 에너지는 먹이사슬을 따라 상위 영양단계로 이동하며, 각 영양단계에서 생명활동에 쓰이거나 열에너지로 방출되고, 일부 에너지가 다음 영양단계로 전달된다.
>
> ↓
>
> 생물의 사체나 배설물 속의 에너지는 분해자의 호흡을 통해 열에너지로 방출된다.

❷ 영양단계
개체군이 먹이사슬에서 차지하고 있는 위치로, 생산자, 1차 소비자, 2차 소비자, 3차 소비자의 각 단계를 의미한다.

❸ 생태피라미드
생태계에서 모든 수치가 피라미드 형태로 나타나는 것은 아니다. 개체의 크기, 체중, 생물농축 정도는 상위 영양단계로 갈수록 커지는 역피라미드 형태를 나타낸다.

Q 용어 돋보기

✱ 생체량(生 살다, 體 몸, 量 헤아리다)_일정한 공간에 서식하는 생물 전체의 무게

B 생태계평형

1 먹이 관계와 개체군의 개체수 변동 군집을 구성하는 개체군 사이의 먹이 관계는 각 개체군의 개체수에 영향을 미친다. ➡ 포식과 피식 관계에 있는 두 개체군의 개체수는 주기적으로 변동한다.❹

| **스라소니와 눈신토끼의 개체수 변동** |
포식자인 스라소니와 피식자인 눈신토끼의 개체수 변동은 약 10년을 주기로 반복되고 있다. 눈신토끼의 개체수가 증가하면 눈신토끼를 잡아먹는 스라소니의 개체수도 증가한다. 스라소니의 개체수가 증가하면 눈신토끼의 개체수가 감소하고, 그에 따라 먹이가 부족해진 스라소니의 개체수도 감소한다. 그 결과 눈신토끼의 개체수는 다시 증가한다.

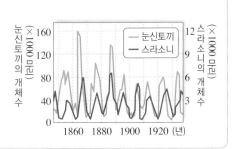

❹ 포식과 피식 관계에 있는 개체군의 개체수 변동
피식자의 개체수가 늘어나면 피식자를 잡아먹는 포식자의 개체수도 늘어난다. 포식자의 개체수가 늘어나면 피식자의 개체수는 줄어들고, 그에 따라 먹이가 부족해져 포식자의 개체수도 줄어든다.

2 생태계평형 생태계에서 생물군집의 구성이나 개체수, 물질의 양, 에너지의 흐름이 균형을 이루면서 안정된 상태를 유지하는 것 ➡ 주로 생물들 사이의 먹고 먹히는 관계로 유지되며, 먹이 관계가 복잡할수록 생태계평형이 잘 유지된다.❺❻

먹이그물이 단순한 생태계	먹이그물이 복잡한 생태계
수리 부엉이 / 뒤쥐 / 생쥐 / 메뚜기 / 풀	수리 부엉이 / 뒤쥐 / 생쥐 / 오리 / 도요새 / 백로 / 메뚜기 / 새우류 / 작은 물고기 / 풀 / 플랑크톤
어떤 환경 변화로 특정 생물종이 사라지면 그 생물종과 먹고 먹히는 관계의 생물종이 직접 영향을 받는다. ➡ 생태계평형이 쉽게 깨진다.	어떤 환경 변화로 특정 생물종이 사라져도 그 역할을 대신할 수 있는 생물종이 있다. ➡ 생태계평형이 잘 깨지지 않는다.

❺ 생태계평형이 유지되는 조건
• 급격한 환경 변화가 일어나지 않아야 한다. ➡ 급격한 환경 변화가 일어나면 특정 영양단계의 개체수가 크게 감소할 수 있기 때문이다.
• 먹이그물이 복잡해야 한다. ➡ 먹이그물이 복잡하면 환경 변화가 일어나 어느 한 먹이사슬에 이상이 생겨도 다른 먹이사슬이 정상적으로 유지될 수 있기 때문이다.

❻ 생태계평형과 종다양성
생태계를 구성하는 생물종이 다양할수록 먹이그물이 복잡하고, 먹이그물이 복잡할수록 생태계평형이 잘 유지된다. 즉 종다양성이 높을수록 생태계평형이 잘 유지된다.

개념 쏙쏙

정답과 해설 22쪽

1 다음 설명으로 옳은 것은 ○, 옳지 <u>않은</u> 것은 ×로 표시하시오.

(1) 여러 개의 먹이사슬이 서로 얽혀 그물처럼 복잡하게 나타나는 것을 먹이그물이라고 한다. ·· ( )

(2) 생태계에서 에너지는 먹이사슬을 따라 상위 영양단계에서 하위 영양단계로 이동한다. ································ ( )

(3) 안정된 생태계에서는 상위 영양단계로 갈수록 개체수가 증가한다. ··· ( )

(4) 군집을 구성하는 개체군 사이의 먹이 관계는 각 개체군의 개체수에 영향을 미친다. ································· ( )

(5) 먹이 관계가 단순할수록 생태계평형이 잘 유지된다. ················· ( )

2 그림은 안정된 생태계의 생태피라미드를 나타낸 것이다. 이와 같이 생태계에서 하위 영양단계로부터 상위 영양단계로 갈수록 그 수량이 줄어드는 것을 **세 가지** 쓰시오.

3차 소비자
2차 소비자
1차 소비자
생산자

암기 꼭!

생태피라미드
안정된 생태계에서는 상위 영양단계로 갈수록 에너지양, 개체수, 생체량이 줄어든다.

O2 생태계평형

3 생태계평형이 회복되는 과정 안정된 생태계는 환경이 변해 일시적으로 생태계평형이 깨지더라도 시간이 지나면 평형을 회복한다.

| 생태계평형이 회복되는 과정 |

(생태계평형 상태) (생태계평형 깨짐) (생태계평형 회복)

2차 소비자
1차 소비자 → 일시적으로 증가 ❶ → 증가 / 감소 ❷ → 감소 ❸ → 감소 / 증가 ❹
생산자

❶ 어떤 원인으로 1차 소비자의 개체수가 일시적으로 증가하면 ❷ 생산자의 개체수는 감소하고, 2차 소비자의 개체수는 증가한다. ❸ 이로 인해 1차 소비자의 개체수가 감소하면 ❹ 생산자의 개체수는 증가하고, 2차 소비자의 개체수는 감소하여 생태계는 다시 평형을 회복한다.

C 환경 변화와 생태계

1 환경 변화와 생태계 안정된 생태계는 환경 변화가 일어나 일시적으로 생물의 종류와 개체수가 변하더라도 다시 평형을 회복할 수 있지만, 과도한 환경 변화는 생물의 서식지를 훼손하고 먹이 관계를 파괴하여 생태계평형을 깨뜨릴 수 있다.

2 생태계평형을 깨뜨리는 환경 변화 요인

① 자연재해: 태풍, 홍수, 가뭄, 산불, 산사태, 지진, 화산 폭발 등으로 인해 생물의 서식지가 사라지고 생물 개체수가 감소하여 생태계평형이 깨진다. ❶

② 인간의 활동: 인구의 증가와 도시화 등으로 인한 무분별한 개발이나 환경 오염은 환경을 급격하게 변화시켜 생태계평형을 깨뜨린다. ❷

▲ 홍수로 인한 산사태로 훼손된 숲

도시화	• 도시와 도로를 건설하기 위해 숲을 훼손하여 생물의 서식지가 파괴되거나 단편화된다. • 무질서하게 세워진 건물 때문에 공기가 순환하지 못해 오염 물질이 쌓이고, 기온이 높아지는 열섬 현상이 나타난다. ❸
무분별한 벌목	• 목재를 얻기 위한 무분별한 벌목으로 숲이 훼손되면 삼림의 토양이 쉽게 침식된다. • 숲이 훼손되면 숲에 서식하던 많은 생물들이 사라지고, 토양의 유기물이 줄어들어 생물이 토양에 서식하기 어렵다.
✱경작지 개발	• 인구 증가로 식량을 대량 생산하기 위해 숲이나 대평원을 경작지로 개발하면 생물의 서식지가 사라진다. • 숲이 훼손되면 생태계가 불안정해지고 단순해진다.
수질 오염	• 생활 하수, 축산 폐수에는 유기물이 많아 하천이나 해양에 유입될 경우 플랑크톤이 급격히 증식하여 용존산소량이 적어진다. • 공장 폐수에는 강한 산성 물질이나 중금속이 포함되어 있어 생물의 생존에 영향을 준다.
대기 오염	화석 연료의 과도한 사용으로 대기 중 이산화 탄소의 농도가 증가하여 지구 온난화가 심화된다. 그 결과 지구 전체의 기후가 변화하여 생물 서식지가 변하거나 파괴되며 생물이 멸종되기도 한다.

도심 속 빽빽한 건물
벌목으로 훼손된 숲
숲을 깎아 만든 경작지
폐수에 의한 수질 오염
화석 연료 사용으로 인한 대기 오염

---

❶ **화산 폭발에 따른 환경 변화 사례**
하와이의 킬라우에아 화산은 지난 200년 동안 활동을 반복하였다. 이 기간 동안 엄청난 양의 용암이 분출되면서 멸종 위기에 처해 있던 희귀종 및 수많은 동식물이 사라졌으며, 호수 그린 레이크에 용암이 대거 유입되면서 생태계가 사라졌다.

❷ **환경 오염에 따른 환경 변화 사례**
유엔환경계획의 자료에 따르면 연간 10만 마리 이상의 해양 포유류와 100만 마리 이상의 바닷새가 폐그물, 폐플라스틱 등의 해양쓰레기로 폐사하거나 생존에 위협을 받고 있다. 해양쓰레기는 해양 먹이사슬뿐만 아니라 식품 안전이나 사람의 건강까지 위협하고 있다.

❸ **열섬 현상**
일반적인 다른 지역보다 도심의 기온이 높게 나타나는 현상으로, 자동차, 공장, 주택 등에서 사용하는 열기관으로부터 방출되는 열이 도심의 기온을 높이는 원인이 된다.

🔍 **용어 돋보기**

✱ 경작지(耕 밭을 갈다, 作 짓다, 地 땅)_작물을 재배하는 땅

| **인간의 활동에 의해 생태계평형이 깨진 예** |

그림은 1905년 카이바브 고원에서 사슴을 보호하기 위해 늑대 사냥을 허가한 이후 사슴과 늑대의
개체수, 초원의 생산량 변화를 나타낸 것이다.

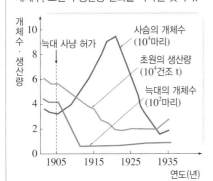

- **카이바브 고원에서의 먹이사슬**: 초원의 풀 →
  사슴 → 늑대
- **1905년 이후 사슴의 개체수가 증가한 까닭**:
  늑대 사냥이 허가되면서 사슴을 먹이로 하는
  늑대의 개체수가 감소하였기 때문이다.
- **1920년대에 사슴의 개체수가 감소한 까닭**: 사
  슴의 개체수가 급격하게 증가하여 사슴의 먹이
  인 풀이 부족하였기(초원의 생산량이 감소하였
  기) 때문이다.
- ➡ 인간의 간섭에 의해 생태계평형이 파괴될 수
  있다.

3 생태계보전을 위한 노력 생태계가 파괴되면 인간을 비롯한 모든 생물의 생존이 위협
받으며, 생태계를 회복하는 데에 오랜 시간과 많은 노력이 필요하므로 생태계평형을 유
지하기 위해 지속적으로 노력해야 한다. ❹

① 보호해야 할 생물이나 서식지를 천연기념물로 지정하여 보호한다.

② 생태적 보전 가치가 있는 생태계를 국립 공원이나 보호 구역으로 지정하여 관리한다.

③ 자연환경을 보전하기 위한 특별법을 만들어 시행한다.

④ 생물의 서식 환경이 훼손된 하천을 복원하기 위해 하천 복원 사업을 실시한다.

⑤ 도시의 열섬 현상을 완화하기 위해 옥상 정원을 가꾸고, 도시 중심부에 숲을 조성한다.

⑥ 환경을 파괴할 수 있는 사업을 시작하기 전에는 환경영향평가를 실시하여 생태계에
미칠 수 있는 영향을 분석하고 검토한다.

⑦ 국제 사회는 생태계보전을 위해 법을 제정하거나 국제 협약을 맺는다. ❺

❹ **생태계보전과 생물다양성**
생태계에서 모든 생물은 유기적인 관계
를 맺고 살아가므로, 생태계평형을 유지
하기 위해서는 생물다양성을 보전해야
한다.

❺ **생물다양성보전을 위한 국제 협약**
생물다양성협약, 람사르 협약, 멸종 위
기에 처한 야생 동식물의 국제 거래에
관한 협약 등

정답과 해설 22쪽

3 그림은 안정된 생태계의 개체수피라미드를 나타낸 것이다.

이 생태계에서 1차 소비자의 개체수가 일시적으로 증가한 후 시간이 경과하면서 생태
계평형이 회복되는 과정을 [보기]에서 골라 기호를 순서대로 나열하시오.

4 환경 변화와 생태계에 대한 설명으로 옳은 것은 ○, 옳지 않은 것은 ×로 표시하시오.

(1) 과도한 환경 변화는 생물의 서식지를 훼손하고 먹이 관계를 파괴하여 생태계
평형을 깨뜨릴 수 있다. ·· (   )

(2) 자연재해에 의한 환경 변화로는 생태계평형이 깨지지 않는다. ········· (   )

(3) 생태계평형이 깨져도 인간의 노력으로 쉽게 평형을 회복할 수 있다. ·· (   )

5 생태계평형을 깨뜨리는 환경 변화 요인으로 옳은 것만을 [보기]에서 있는 대로 고르시오.

┌ 보기 ┐
ㄱ. 화산 폭발   ㄴ. 옥상 정원 조성   ㄷ. 경작지 개발
ㄹ. 환경 오염   ㅁ. 하천 복원 사업 실시   ㅂ. 무분별한 벌목

생태계평형을 깨뜨리는 환경 변화 요인
- 자연재해: 홍수, 산불, 산사태 등
- 인간의 활동: 도시화, 무분별한 벌목,
  경작지 개발, 환경 오염 등

A 먹이 관계와 생태피라미드

중요

01 그림은 어떤 안정된 생태계에서의 먹이 관계를 나타낸 것이다.

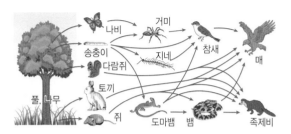

이에 대한 설명으로 옳은 것만을 [보기]에서 있는 대로 고른 것은?

⏤ 보기 ⏤
ㄱ. 나비, 송충이, 다람쥐, 토끼, 쥐는 모두 1차 소비자이다.
ㄴ. 족제비는 2차 소비자이면서 3차 소비자이다.
ㄷ. 이 생태계에서 참새가 사라지면 매도 사라질 것이다.

① ㄱ ② ㄷ ③ ㄱ, ㄴ
④ ㄴ, ㄷ ⑤ ㄱ, ㄴ, ㄷ

02 그림은 어떤 해양 생태계에서의 먹이그물을 나타낸 것이다.

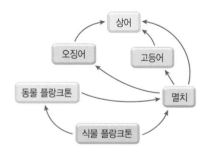

이에 대한 설명으로 옳은 것만을 [보기]에서 있는 대로 고른 것은?

⏤ 보기 ⏤
ㄱ. 멸치는 1차 소비자이면서 2차 소비자이다.
ㄴ. 상어는 멸치, 고등어, 오징어로부터 양분을 얻는다.
ㄷ. 이 먹이그물에 생산자, 소비자, 분해자가 모두 있다.

① ㄱ ② ㄷ ③ ㄱ, ㄴ
④ ㄴ, ㄷ ⑤ ㄱ, ㄴ, ㄷ

03 그림은 벼에서 매에 이르는 먹이사슬을 나타낸 것이다.

이에 대한 설명으로 옳은 것만을 [보기]에서 있는 대로 고른 것은?

⏤ 보기 ⏤
ㄱ. 뱀은 3차 소비자를 먹고 산다.
ㄴ. 벼가 가진 에너지의 일부가 메뚜기, 개구리, 뱀을 거쳐 매에게 전달된다.
ㄷ. 벼에서 매로 갈수록 개체수는 많아진다.

① ㄱ ② ㄴ ③ ㄱ, ㄷ
④ ㄴ, ㄷ ⑤ ㄱ, ㄴ, ㄷ

중요

04 그림은 어떤 안정된 생태계에서의 물질순환과 에너지흐름을 나타낸 것이다. ⊙과 ⓒ은 물질과 에너지를 순서 없이 나타낸 것이고, A~C는 1차 소비자, 2차 소비자, 생산자를 순서 없이 나타낸 것이다.

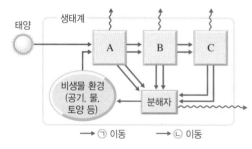

이에 대한 설명으로 옳은 것만을 [보기]에서 있는 대로 고른 것은?

⏤ 보기 ⏤
ㄱ. ⊙은 물질이다.
ㄴ. 각 영양단계에서 일부 에너지는 열에너지 형태로 생태계 밖으로 방출된다.
ㄷ. 각 영양단계의 에너지양은 C가 A보다 많다.

① ㄱ ② ㄷ ③ ㄱ, ㄴ
④ ㄴ, ㄷ ⑤ ㄱ, ㄴ, ㄷ

[05~06] 그림은 어떤 안정된 생태계에서의 생태피라미드를 나타낸 것이다. A~D는 1차 소비자, 2차 소비자, 3차 소비자, 생산자를 순서 없이 나타낸 것이다.

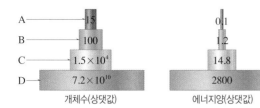

개체수(상댓값) 에너지양(상댓값)

중요

05 이에 대한 설명으로 옳은 것만을 [보기]에서 있는 대로 고른 것은?

보기
ㄱ. B는 3차 소비자이다.
ㄴ. D는 태양의 빛에너지를 화학 에너지로 전환하여 유기물에 저장한다.
ㄷ. 생체량은 C가 A보다 적다.

① ㄱ ② ㄴ ③ ㄱ, ㄷ
④ ㄴ, ㄷ ⑤ ㄱ, ㄴ, ㄷ

서술형

06 위의 에너지피라미드에서 에너지양이 하위 영양단계에서 상위 영양단계로 갈수록 줄어드는 까닭을 서술하시오.

_____

_____

중요

07 표는 어떤 안정된 생태계를 구성하는 영양단계 A~D의 에너지양을 나타낸 것이다. A~D는 1차 소비자, 2차 소비자, 3차 소비자, 생산자를 순서 없이 나타낸 것이다.

구분	A	B	C	D
에너지양 (상댓값)	15	3	1000	100

이에 대한 설명으로 옳은 것만을 [보기]에서 있는 대로 고른 것은?

보기
ㄱ. A가 가진 에너지의 일부는 유기물의 형태로 분해자에게 전달된다.
ㄴ. C는 최종 소비자이다.
ㄷ. 에너지는 B → A → D로 이동한다.

① ㄱ ② ㄴ ③ ㄱ, ㄷ
④ ㄴ, ㄷ ⑤ ㄱ, ㄴ, ㄷ

B 생태계평형

08 그림은 스라소니와 눈신토끼 개체군의 개체수 변동을 나타낸 것이다. A와 B는 각각 스라소니와 눈신토끼의 개체수 변동 중 하나이다.

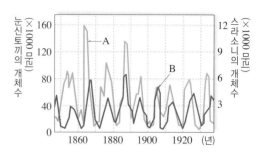

이에 대한 설명으로 옳은 것만을 [보기]에서 있는 대로 고른 것은?

보기
ㄱ. A는 스라소니의 개체수 변동이다.
ㄴ. A가 증감함에 따라 B도 증감한다.
ㄷ. 포식과 피식 관계에 있는 두 개체군의 개체수는 주기적으로 변동한다.

① ㄱ ② ㄴ ③ ㄱ, ㄷ
④ ㄴ, ㄷ ⑤ ㄱ, ㄴ, ㄷ

중요 서술형

09 그림은 두 생태계 (가)와 (나)의 먹이 관계를 나타낸 것이다.

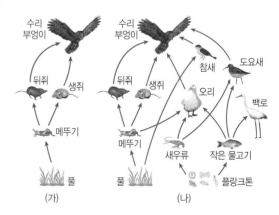

(가) (나)

(가)와 (나) 중 환경 변화로 생쥐가 사라졌을 때 생태계평형이 잘 유지될 수 있는 생태계를 고르고, 그 까닭을 서술하시오.

_____

_____

10 생태계평형에 대한 설명으로 옳지 <u>않은</u> 것은?

① 생태계에서 생물군집의 개체수, 물질의 양, 에너지흐름이 안정된 상태를 유지하는 것을 말한다.
② 주로 생물 사이의 먹고 먹히는 관계로 유지된다.
③ 먹이 관계가 복잡할수록 생태계평형이 잘 유지된다.
④ 생물다양성이 낮을수록 생태계평형이 잘 유지된다.
⑤ 안정된 생태계는 환경이 변해 일시적으로 생태계평형이 깨지더라도 시간이 지나면 평형을 회복한다.

★중요
11 그림은 안정된 생태계에서 1차 소비자의 개체수가 일시적으로 증가하여 생태계평형이 깨진 후 다시 평형이 회복되는 과정에서 개체수의 변화를 나타낸 것이다.

이에 대한 설명으로 옳은 것만을 [보기]에서 있는 대로 고른 것은?

┌─ 보기 ─
ㄱ. (가) 단계에서 생산자의 개체수는 감소한다.
ㄴ. (나) 단계에서 2차 소비자의 개체수는 감소한다.
ㄷ. 이와 같은 개체수의 변화는 먹이 관계에 의해 일어난다.
└─

① ㄱ   ② ㄴ   ③ ㄱ, ㄷ
④ ㄴ, ㄷ   ⑤ ㄱ, ㄴ, ㄷ

C 환경 변화와 생태계

★중요
12 생태계평형을 깨뜨리는 환경 변화에 대한 설명으로 옳지 <u>않은</u> 것은?

① 해양쓰레기로 인해 바닷새가 폐사하거나 생존에 위협을 받고 있다.
② 옥상 정원을 가꾸고 도시 중심부에 숲을 조성하면 도시 열섬 현상이 강화된다.
③ 목재를 얻기 위한 무분별한 벌목으로 숲이 훼손되면 숲에 서식하던 많은 생물들이 사라진다.
④ 인구 증가로 식량을 대량 생산하기 위해 숲을 경작지로 개발하면 생물의 서식지가 사라진다.
⑤ 화산 폭발로 인해 멸종 위기에 처해 있던 희귀종과 수많은 생물이 사라져서 생태계평형이 깨진다.

13 그림 (가)와 (나)는 각각 홍수와 도로 건설로 훼손된 숲을 나타낸 것이다.

(가)   (나)

이에 대한 설명으로 옳은 것만을 [보기]에서 있는 대로 고른 것은?

┌─ 보기 ─
ㄱ. 홍수로 인해 생물의 서식지가 사라지고 생물 개체수가 감소한다.
ㄴ. 도시화로 인한 도로 건설로 환경이 급격하게 변하여 생물의 서식지가 파괴되거나 단편화된다.
ㄷ. 도로 건설과 같은 사업을 시작하기 전에는 환경영향평가를 실시하는 것이 필요하다.
└─

① ㄱ   ② ㄴ   ③ ㄱ, ㄷ
④ ㄴ, ㄷ   ⑤ ㄱ, ㄴ, ㄷ

14 도시화로 인한 서식지분리 현상을 완화하기 위한 방안으로 옳은 것은?

① 생태통로를 설치한다.
② 자동차 배기 가스를 규제한다.
③ 야생 생물 보호 및 관리에 관한 법률을 제정한다.
④ 멸종 위기에 처한 생물을 천연기념물로 지정한다.
⑤ 화석 연료 사용을 줄이고 저탄소 제품을 사용한다.

15 생태계보전을 위한 노력으로 옳은 것만을 [보기]에서 있는 대로 고른 것은?

┌─ 보기 ─
ㄱ. 하천에 콘크리트 제방을 쌓고 물길을 직선화한다.
ㄴ. 국제 사회는 생태계보전을 위해 국제 협약을 맺는다.
ㄷ. 생태적으로 보전 가치가 있는 생태계를 국립 공원으로 지정하여 관리한다.
└─

① ㄱ   ② ㄴ   ③ ㄱ, ㄷ
④ ㄴ, ㄷ   ⑤ ㄱ, ㄴ, ㄷ

01 그림은 어떤 해양 생태계의 먹이 관계를 나타낸 것이다.

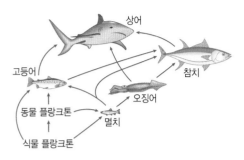

이에 대한 설명으로 옳은 것만을 [보기]에서 있는 대로 고른 것은?

보기
ㄱ. 동물 플랑크톤은 빛에너지를 화학 에너지로 전환한다.
ㄴ. 여러 생물의 먹이사슬이 서로 얽혀 먹이그물을 형성한다.
ㄷ. 급격한 환경 변화로 오징어가 사라지면 두 종 이상의 생물이 사라질 것이다.

① ㄱ   ② ㄴ   ③ ㄱ, ㄷ
④ ㄴ, ㄷ   ⑤ ㄱ, ㄴ, ㄷ

02 그림은 두 생태계 (가)와 (나)의 먹이 관계를 나타낸 것이다.

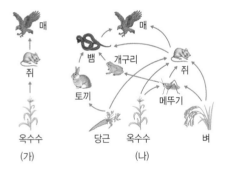

이에 대한 설명으로 옳은 것만을 [보기]에서 있는 대로 고른 것은? (단, 중금속이 생물체 내로 들어오면 잘 분해되거나 배출되지 않는다.)

보기
ㄱ. (가)에서 옥수수가 중금속에 오염되었을 때 체내에 축적되는 중금속의 양은 매가 쥐보다 많다.
ㄴ. (나)에서 뱀이 사라지면 토끼의 개체수는 일시적으로 감소할 것이다.
ㄷ. 쥐를 먹이로 하는 같은 종류의 외래생물이 (가)와 (나)에 유입되었을 때 (가)가 (나)보다 생태계 평형이 쉽게 깨질 것이다.

① ㄱ   ② ㄴ   ③ ㄱ, ㄷ
④ ㄴ, ㄷ   ⑤ ㄱ, ㄴ, ㄷ

03 표는 벼와 생물 A~C가 먹이사슬을 이루고 있는 생태계에서 각 생물의 개체수가 증가할 때 시간에 따른 다른 생물들의 개체수 변화를 나타낸 것이다. ㉠과 ㉡은 각각 증가와 감소 중 하나이다.

구분	개체수 변화			
	벼	A	B	C
벼의 개체수 증가	−	증가	증가	증가
A의 개체수 증가	증가	−	감소	증가
B의 개체수 증가	감소	증가	−	증가
C의 개체수 증가	㉠	㉡	증가	−

이에 대한 설명으로 옳은 것만을 [보기]에서 있는 대로 고른 것은?

보기
ㄱ. C는 3차 소비자이다.
ㄴ. A가 가진 에너지의 일부가 B로 전달된다.
ㄷ. ㉠과 ㉡은 모두 '감소'이다.

① ㄱ   ② ㄴ   ③ ㄱ, ㄷ
④ ㄴ, ㄷ   ⑤ ㄱ, ㄴ, ㄷ

04 그림은 어떤 지역에서 사슴을 보호하기 위해 늑대 사냥을 허가한 이후 약 30년 동안 사슴과 늑대의 개체수 및 초원 생산량의 변화를 나타낸 것이다.

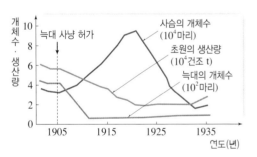

이에 대한 설명으로 옳은 것만을 [보기]에서 있는 대로 고른 것은?

보기
ㄱ. 1905년 이후 사슴의 개체수가 증가한 까닭은 늑대의 개체수가 감소하였기 때문이다.
ㄴ. 1920년 이후 사슴의 개체수가 감소한 까닭은 사슴의 먹이인 풀의 양이 감소하였기 때문이다.
ㄷ. 사슴을 보호하기 위한 인간의 간섭에 의해 생태계평형이 파괴될 수 있음을 알 수 있다.

① ㄱ   ② ㄴ   ③ ㄱ, ㄷ
④ ㄴ, ㄷ   ⑤ ㄱ, ㄴ, ㄷ

03 지구 환경 변화와 인간 생활

핵심 짚기
- ☐ 지구 열수지
- ☐ 엘니뇨 시기의 대기, 해양 변화
- ☐ 지구 온난화의 메커니즘
- ☐ 사막화
- ☐ 지구 온난화의 원인과 영향
- ☐ 미래 지구 환경 변화의 대처 방안

A 지구 온난화

1 지구 열수지

① **복사 평형**: 물체가 흡수하는 만큼의 에너지를 방출하여 에너지 평형을 이루는 상태

② **지구의 복사 평형**: 지구는 흡수한 태양 복사 에너지량과 같은 양의 지구 복사 에너지를 방출하면서 에너지 평형을 이룬다.❶ ➡ 지구의 연평균 기온이 일정하게 유지된다.

| 위도별 에너지 불균형과 지구의 복사 평형 |

복사 에너지량 / 평형 38°N / 태양 복사 에너지 / 평형 38°S / 과잉 / 지구 복사 에너지 / 부족 / 부족 / 에너지 이동 / 90°N 60° 30° 0° 30° 60° 90°S 위도

- **저위도 지역**: 태양 복사 에너지 흡수량＞지구 복사 에너지 방출량 ➡ 에너지 과잉 상태
- **고위도 지역**: 태양 복사 에너지 흡수량＜지구 복사 에너지 방출량 ➡ 에너지 부족 상태
- 저위도의 남는 에너지가 대기와 해수의 순환에 의해 에너지가 부족한 고위도로 이동하기 때문에 지구 전체적으로는 복사 평형을 이룬다.

③ **온실 효과**: 대기 중 *온실 기체가 태양 복사 에너지는 거의 통과시키고, 지표에서 방출되는 지구 복사 에너지는 흡수했다가 지표로 재복사하여 대기가 없을 때보다 지구의 평균 기온을 높게 유지시키는 효과 ➡ 온실 기체에는 수증기, 이산화 탄소, 메테인, 산화 이질소, 오존 등이 있다.❷

④ **지구 *열수지**: 복사 평형 상태에 있는 지구에서 지표, 대기, 우주 간에 나타나는 열출입 관계 ➡ 지구에 도달하는 태양 복사 에너지의 일부는 대기와 지표에서 반사(30 %)되고, 나머지는 흡수(70 %)되며, 지구는 흡수한 에너지를 우주 공간으로 방출(70 %)한다.

| 지구 열수지 |

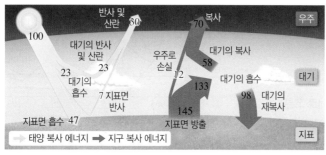

- **지구의 반사율**: 30 % ➡ 대기의 반사 및 산란(23)＋지표면 반사(7)
- **지구의 복사 평형**: 태양 복사 에너지 흡수량(지표면 흡수(47)＋대기의 흡수(23))＝지구 복사 에너지 방출량(우주로 손실(12)＋대기의 복사(58))＝70
- **각 영역에서 복사 에너지의 흡수와 방출**: 흡수량＝방출량

구분	흡수	방출
대기	태양으로부터 흡수(23)＋지표로부터 흡수(133)＝156	우주로 방출(58)＋지표로 방출(98)＝156
지표	태양으로부터 흡수(47)＋대기로부터 흡수(98)＝145	우주로 방출(12)＋대기로 방출(133)＝145

- **온실 기체의 농도 변화와 지구 열수지 관계**: 대기 중 온실 기체의 농도가 증가하면 지표에서 방출된 에너지를 대기가 더 많이 흡수하고, 대기에서 지표로 재복사하는 에너지의 양이 증가한다.

Plus 강의

❶ **태양 복사 에너지와 지구 복사 에너지**
- 태양 복사 에너지: 태양이 방출하는 에너지 ➡ 주로 파장이 짧은 가시광선으로, 지구의 대기를 잘 투과한다.
- 지구 복사 에너지: 지구가 방출하는 에너지 ➡ 대부분 파장이 긴 적외선으로, 대기의 온실 기체에 잘 흡수된다.

❷ **온실 효과의 영향**
지구의 평균 기온을 약 15 ℃로 유지시키고, 기온의 일교차와 연교차를 작게 하여 생명체가 살아가는 데 적절한 환경을 만든다.

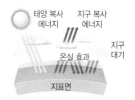

▲ 온실 효과

용어 돋보기

✽ **온실 기체**(溫室 온실, 氣體 기체)_온실 효과를 일으키는 기체

✽ **열수지**(熱 열, 收 수입, 支 지출)_어떤 장소 또는 물체에서 열의 출입 관계

2 지구 온난화

① 지구 온난화: 대기 중 온실 기체의 양이 증가함에 따라 온실 효과가 강화되어 지구의 평균 기온이 높아지는 현상

② 지구 온난화에 따른 지구 열수지 변동: 대기 중 온실 기체의 양이 증가하면 온실 효과가 강화되어 지구 열수지 변동이 나타나고, 지구 온난화가 심해진다. **탐구 A** 88쪽

③ 지구 온난화의 원인: 화석 연료의 사용량 증가, 지나친 삼림 벌채, 과도한 가축 사육 등으로 인한 대기 중 온실 기체의 농도 증가 ➡ 주요 원인: 화석 연료의 사용량 증가로 인한 대기 중 이산화 탄소의 농도 증가❹

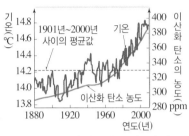

▲ 지구의 평균 기온과 대기 중 이산화 탄소의 농도 변화

• 대기 중 이산화 탄소의 농도는 계속 증가하고 있다.
• 지구의 평균 기온은 대체로 상승하고 있다. ➡ 대기 중 이산화 탄소의 농도 증가로 인한 온실 효과의 강화 때문

④ 지구 온난화의 영향과 대책❺

영향	• 빙하의 융해와 해수의 열팽창으로 해수면 상승 ➡ 빙하 면적 감소(반사율 감소), 해안 저지대 침수로 육지 면적 감소, 곡물 생산량 감소 • 강수량과 증발량의 변화에 의한 기상 이변 • 생태계 변화에 의한 생물다양성 감소 • 열대성 질병이 고위도로 확산 예 말라리아, 뎅기열 등
대책	온실 기체의 배출량 줄이기

❸ **지구 온난화의 메커니즘**
대기 중 온실 기체의 농도 증가 → 대기가 흡수하는 지표에서 방출된 지구 복사 에너지의 양 증가 → 대기에서 지표로 재복사하는 에너지의 양 증가(지구 열수지가 일부 변함) → 지구는 더 높은 온도에서 복사 평형(＝지구의 평균 기온 상승)이 이루어져 지구 온난화가 심해짐

❹ **온실 기체의 배출량(2023년)**

온실 기체 중 이산화 탄소가 대기로 배출되는 양이 가장 많다. 인간의 활동에 의한 온실 효과에 기여하는 정도는 이산화 탄소가 가장 크다.

❺ **한반도의 온난화**
한반도는 지구 온난화로 온대 기후에서 아열대 기후로 변해가면서 개화 시기 변화, 동식물의 서식지 변화 등 생태계에 급격한 변화가 일어나고 있다.

정답과 해설 25쪽

1 다음은 지구 열수지와 온실 효과에 대한 설명이다. (　　) 안에 알맞은 말을 쓰시오.

(1) 지구는 흡수하는 태양 복사 에너지의 양과 방출하는 지구 복사 에너지의 양이 같아 (　　　　)을 이룬다.

(2) 지구의 반사율은 (　　　　) %이다.

(3) 온실 기체가 지표에서 방출되는 복사 에너지의 일부를 흡수하였다가 지표로 재복사하여 대기가 없을 때보다 지구의 평균 기온을 높게 유지시키는 효과를 (　　　　)라고 한다.

2 지구 온난화에 대한 설명으로 옳은 것은 ○, 옳지 않은 것은 ✕로 표시하시오.

(1) 지구 온난화의 원인은 온실 기체의 농도 증가로 인한 온실 효과 약화이다.
　　　　　　　　　　　　　　　　　　　　　　　　　　(　　)

(2) 지구 온난화가 진행되면 지구는 더 높은 온도에서 복사 평형이 이루어진다.
　　　　　　　　　　　　　　　　　　　　　　　　　　(　　)

(3) 지구 온난화가 진행되더라도 지구 열수지 변동은 일어나지 않는다. … (　　)

3 지구 온난화가 지구 환경에 미치는 영향이 <u>아닌</u> 것은?

① 이상 기후　　　　② 해수면 상승　　　　③ 육지 면적 감소
④ 생물다양성 증가　　⑤ 곡물 생산량 감소

암기 꼭!

지구 열수지
• 흡수한 태양 복사 에너지량＝방출한 지구 복사 에너지량＝70 %
• 지구의 반사율: 30 %

지구 온난화의 메커니즘
대기 중 온실 기체의 농도 증가 → 대기가 흡수하는 지표에서 방출된 지구 복사 에너지의 양 증가 → 대기에서 지표로 재복사하는 에너지의 양 증가 → 지표는 더 높은 온도에서 복사 평형이 이루어짐 (지구의 평균 기온 상승)

03 지구 환경 변화와 인간 생활

B 엘니뇨와 사막화

⭐1 엘니뇨 적도 부근 동태평양 해역의 표층 수온이 평년보다 높은 상태가 지속되는 현상
➡ 발생 원인: 대기 대순환의 변화로 표층 해수의 흐름이 영향을 받아 발생(기권과 수권의 상호작용)❶❷

① 엘니뇨의 발생 과정: 태평양의 적도 부근에서 부는 무역풍이 평상시보다 약화 → 동태평양의 따뜻한 해수의 이동이 약해짐 → 페루 연안에서 평상시보다*용승 약화 → 태평양 중앙부에서 페루 연안에 이르는 해역의 표층 수온 상승(엘니뇨 발생)

구분	평상시	엘니뇨 발생 시
모식도	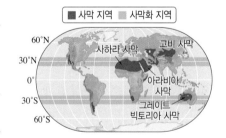 표층 해수의 이동 / 남아메리카	표층 해수의 이동
대기 순환과 해수의 이동	무역풍의 영향으로 적도 부근의 따뜻한 해수가 서쪽으로 이동한다.	무역풍이 평상시보다 약화되어 적도 부근의 따뜻한 해수가 동쪽으로 이동한다.
동태평양(페루 연안)의 표층 수온과 기후	• 따뜻한 해수가 서쪽으로 이동하여 동쪽에서 용승이 일어나기 때문에 서태평양 해역에 비해 표층 수온이 낮다. ➡ 어획량 풍부 • 하강 기류가 형성(고기압 분포)되어 날씨가 맑고, 건조하다.	• 평상시보다 표층 수온이 높아진다. ➡ 상승 기류가 형성(저기압 분포)되어 강수량이 증가한다.(폭우와 홍수 발생)❸ • 용승 약화 ➡ 어획량 감소, 해양 생태계 교란
서태평양(인도네시아 연안)의 표층 수온과 기후	표층 수온이 높아 공기가 가열된다. ➡ 상승 기류가 형성(저기압 분포)되어 비가 많이 내린다.	평상시보다 표층 수온이 낮아진다. ➡ 하강 기류가 형성(고기압 분포)되어 강수량이 감소하고, 날씨가 건조해진다. (가뭄, 산불 발생)

② 엘니뇨가 미치는 영향
• 엘니뇨의 규모가 커지면서 그 영향이 전 세계적으로 확대되고 있다. ➡ 세계 곳곳에서 기상 이변 발생 예 아시아의 가뭄, 호주의 산불, 유럽의 이상 고온, 남미의 홍수 등
• 엘니뇨는 가뭄, 산불, 홍수 등 지구 환경의 변화를 일으켜 농작물의 재배지와 수확량 변화, 생물의 개체 수와 서식지 변화를 유발한다.

⭐2 사막화 강수량 감소로 토지가 황폐해지면서 사막으로 변해가는 현상
① 사막 지역과 사막화 지역

사막 지역	고압대가 형성되는 위도 30° 부근(중위도)에 주로 분포 ➡ 하강 기류가 발달하여 강수량이 적고, 증발량이 많기 때문❹	■ 사막 지역 ■ 사막화 지역 사하라 사막 / 고비 사막 / 아라비아 사막 / 그레이트 빅토리아 사막
사막화 지역	사막 주변에 분포하며, 건조한 지역이 확대되면서 사막이 넓어진다.	

② 사막화의 발생 원인, 피해, 대책

발생 원인	• 자연적 원인: 대기 대순환의 변화에 따른 지속적인 가뭄(강수량이 감소하고, 증발량이 증가할 때) • 인위적 원인: 과잉 경작, 과잉 방목, 무분별한 삼림 벌채 등
피해	식량 부족, 물 부족 심화, 황사 발생 빈도 증가, 토양 침식 증가, 생태계 피해 등
대책	숲의 면적 늘리기, 삼림 벌채 최소화, 가축의 방목 줄이기, 사막화 방지 협약 준수 등❺

---

❶ 대기 대순환

❷ 라니냐
라니냐는 무역풍이 평상시보다 강할 때 적도 부근 동태평양 해역의 표층 수온이 평년보다 낮은 상태가 지속되는 현상으로, 엘니뇨와 반대로 나타난다. 라니냐 시기에는 태평양 적도 부근 해역의 서쪽(인도네시아, 호주)에서는 강수량이 증가하여 홍수 피해가 나타나고, 동쪽(페루)에서는 가뭄 피해가 나타난다.

❸ 엘니뇨 시기의 수온 편차
엘니뇨 시기에는 적도 부근 동태평양 해역의 수온 편차(관측 수온−평년 수온)가 (+) 값이다.
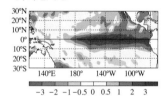
▲ 엘니뇨 시기의 수온 편차(℃)

❹ 사막과 사막화 지역이 위도 30° 부근에 주로 분포하는 까닭
대기 대순환의 영향으로 위도 30° 부근에서는 증발량이 강수량보다 많기 때문이다.
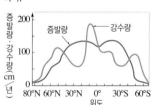
▲ 위도별 증발량과 강수량 분포

❺ 사막화 방지 협약
무리한 개발로 발생하는 사막화를 방지하기 위해 체결된 국제 협약이다. 국제적 노력을 통한 사막화 방지와 심각한 가뭄 및 토지 황폐화 현상을 겪고 있는 개발 도상국 지원을 목표로 한다.

🔍 용어 돋보기
✱용승(湧 물이 솟다, 昇 오르다)_심층의 찬 해수가 솟아오르는 현상

C 지구의 미래와 환경 변화 대처 방안

1 기후 변화 시나리오를 통한 미래 기후 예측 기후 변화 시나리오에 의하면 온실 기체의 배출량이 많을수록 지구 온난화로 인한 기후 변화, 환경 변화가 더 크게 나타날 것으로 예측된다.❻

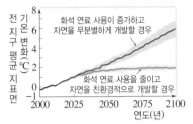

▲ 기후 변화 시나리오를 바탕으로 예측한 지구의 지표면 기온 변화

• 화석 연료 사용이 증가하고 자연을 무분별하게 개발한다면 21세기 말(2081년~2100년경)에 지구의 지표면 기온은 현재보다 약 6 ℃ 상승할 것으로 예측된다.
• 화석 연료 사용을 줄이고 자연을 친환경적으로 개발할 경우의 시나리오가 성공적으로 진행된다면 지구의 지표면 기온 상승폭을 현재의 약 1.7 ℃ 상승 이내로 억제할 수 있을 것으로 예측된다.

2 기후 변화로 예상되는 미래의 생태계와 지구 환경 변화 현재 추세대로 온실 기체 배출량이 계속 증가한다면 21세기 후반에는 생물다양성이 감소하고, 물 부족을 비롯한 식량난, 기상 재해, 감염병의 확산 등 다양한 피해가 나타날 것으로 예상된다.

3 기후 변화로 발생하는 지구 환경의 변화 대처 방안

일상 생활에서 온실 기체의 배출량을 줄이기 위한 노력	화석 연료 사용 억제, 대중교통 이용하기, 일회용품 사용하지 않기, 친환경 제품 구입하기 등
사회·국가적 노력	• 탄소 저감 기술, 화석 연료를 대체할 수 있는 지속 가능한 에너지(태양 전지, 태양열, 지열, 바람) 사용 기술, 에너지 효율을 높이는 기술 등을 개발해야 한다. • 국가 간 협력 예 기후 변화에 대비한 국제 협약 가입❼

❻ 기후 변화 시나리오
온실 기체, 에어로졸 변화 등 인위적인 원인으로 발생한 기후 변화를 전망하기 위해 온실 기체의 농도, 기후 변화 수치 모델을 이용하여 산출한 미래 기후 전망 정보 예 SSP 시나리오 등

❼ 유엔 기후 변화 협약
정식 명칭은 '기후 변화에 관한 국제 연합 기본 협약'으로 온실 기체의 인위적인 배출을 제한하여 지구 온난화를 방지하기 위한 협약이다. 대표적인 기후 변화 협약에는 교토 의정서, 파리 협정, 글래스고 기후 합의 등이 있다.

정답과 해설 25쪽

4 다음은 엘니뇨에 대한 설명이다. ( ) 안에서 알맞은 말을 고르시오.

> • 엘니뇨는 적도 부근 동태평양 해역의 표층 수온이 평년보다 ㉠(높은, 낮은) 상태가 지속되는 현상이다.
> • 엘니뇨는 무역풍이 평상시보다 ㉡(강해질, 약해질) 때 발생한다.
> • 엘니뇨 시기에는 페루 연안에서 평상시보다 용승이 ㉢(강해진다, 약해진다).

5 사막화 현상에 대한 설명으로 옳은 것은 ○, 옳지 않은 것은 ×로 표시하시오.

(1) 토지가 황폐해져 사막으로 변해가는 현상을 사막화라고 한다. ‥‥‥‥ ( )
(2) 사막은 주로 적도 부근에 분포한다. ‥‥‥‥‥‥‥‥‥‥‥‥‥ ( )
(3) 사막화를 일으키는 인위적인 원인은 과잉 경작, 과잉 방목, 삼림 파괴 등이다.
‥‥‥‥‥‥‥‥‥‥‥‥‥‥‥‥‥‥‥‥‥‥‥‥‥‥‥‥‥‥ ( )

6 미래의 기후 변화로 인한 지구 환경 변화에 대처하는 방안으로 옳지 않은 것은?

① 대중교통 이용하기
② 친환경 제품 구입하기
③ 일회용품 사용하지 않기
④ 화석 연료 사용량 늘리기
⑤ 에너지 효율을 높이는 기술 개발

엘니뇨 발생 과정(동태평양)
무역풍 약화 → 따뜻한 해수가 동쪽으로 이동 → 용승 약화 → 평상시보다 동태평양 해역의 표층 수온 상승(엘니뇨 발생) → 상승 기류 발달, 강수량 증가(폭우, 홍수 발생)

사막 지역
위도 30° 부근: 하강 기류 발달
➡ 증발량>강수량인 지역

지구 온난화에 따른 지구 열수지 변동 탐구

(목표) 온실 효과 강화에 따른 지구 온난화의 메커니즘과 지구 온난화에 따른 지구 열수지 변동을 설명할 수 있다.

＊발포 비타민

발포 비타민에는 탄산수소 나트륨($NaHCO_3$)이 포함되어 있어 물과 반응하면 이산화 탄소가 발생한다.

시험Tip!

· 복사 평형을 이루는 지표, 대기, 우주 간의 열수지 평형을 묻는 문항이 자주 출제된다. 지표, 대기, 우주에서는 각각 에너지 유입량과 유출량이 같다는 것을 기억하면 쉽게 풀 수 있다.

· 대기 중 온실 기체의 농도 증가에 따른 열수지 변동에 대해 묻는 문항이 자주 출제된다. 온실 효과가 강화되면 대기에서 지표로 재복사하는 에너지의 양이 증가한다는 점을 이용하면 쉽게 풀 수 있다.

[과정·결과]

❶ 페트병 A와 B에 물을 절반 정도 채운다.

➡ 물을 절반 정도 채우는 까닭: 과정 ❷에서 기포가 발생하므로 페트병에 여유 공간이 필요하다.

❷ 페트병 B에만 ＊발포 비타민 2알을 넣은 다음 블루투스 온도계를 끼운 고무마개로 페트병 A와 B의 입구를 막는다.

(유의점) 공기가 새지 않게 파란 필름으로 페트병 입구를 감싼다.

❸ 전등에서 20 cm 떨어진 곳에 페트병 A와 B를 나란히 놓은 다음 전등을 켠다.

❹ 블루투스 온도계를 스마트 기기에 연결하고, 1분 간격으로 페트병 A와 B에서 나타나는 온도 변화를 10분 동안 측정한다.

❺ 페트병 A와 B의 온도 변화 결과를 확인하고, 다르게 나타나는 까닭을 토의한다.

➡ 페트병 B에는 이산화 탄소가 포함되어 있어 페트병 A에 비해 B의 온도 변화가 더 크다.

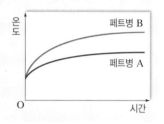

❻ 시뮬레이션 학습 누리집(phet.colorado.edu)에서 온실 효과 시뮬레이션을 검색하여 실행한다.

❼ 시뮬레이션의 초기 조건에서 온실 기체의 농도를 변화시키면서 지구 복사 에너지의 흐름을 확인한다.

시기	—	빙하기	1750년	1950년	2020년
이산화 탄소의 농도	없음	낮음	보통	높음	매우 높음
지표면 온도(℃)	−17.9	7.5	13.6	13.8	14.9

온실 기체인 이산화 탄소의 농도가 높을수록 지구의 지표면 온도가 높다.

[해석]

1. 페트병 A보다 B의 온도 변화가 더 큰 까닭은? ➡ 페트병 B가 A보다 온실 기체인 이산화 탄소의 농도가 높기 때문이다.

2. 페트병 A와 B의 온도 변화 차이로 알 수 있는 것은? ➡ 온실 기체의 농도가 높아지면 더 높은 온도에서 복사 평형을 이룬다.

3. 온실 기체의 농도를 변화시키기 전과 후의 지구 열수지 변동은? ➡ 온실 기체의 농도가 높아지면 대기에서 지표로 재복사하는 에너지의 양과 지표에서 대기로 방출하는 복사 에너지의 양이 모두 증가한다.

4. 지구 온난화의 메커니즘과 열수지 변동은? ➡ 대기 중 온실 기체의 농도가 증가하면 온실 효과가 강화되어 지구 열수지 변동이 나타난다. 그 결과 더 높은 온도에서 복사 평형이 이루어지며, 지구 온난화가 심해진다.

[정리]

대기 중 온실 기체의 농도가 증가하면 온실 효과가 강화되어 지구 열수지 변동이 나타난다. 시간이 지나면 더 높은 온도에서 복사 평형을 이루면서 지구 온난화가 심해진다.

확인 문제

1 **탐구A**에 대한 설명으로 옳은 것은 ○, 옳지 않은 것은 ×로 표시하시오.

(1) 발포 비타민이 물에 녹으면 온실 기체가 방출된다. ⋯⋯⋯⋯⋯⋯⋯ (   )

(2) 과정 ❷에서 페트병 A는 B보다 온실 기체의 농도가 높다. ⋯⋯⋯ (   )

(3) 전등을 켠 후 10분이 지났을 때, 페트병에서 대기로 방출하는 에너지의 양이 A가 B 보다 많다. ⋯⋯⋯⋯⋯⋯⋯⋯⋯⋯⋯⋯⋯⋯⋯⋯⋯⋯⋯⋯⋯⋯⋯ (   )

(4) 과정 ❶에서 대기 중 이산화 탄소의 농도가 매우 높을 때 지구는 복사 평형을 이룰 수 없다. ⋯⋯⋯⋯⋯⋯⋯⋯⋯⋯⋯⋯⋯⋯⋯⋯⋯⋯⋯⋯⋯⋯⋯⋯ (   )

2 그림은 기후 변화를 일으키는 이산화 탄소, 에어로졸, 메테인에 의한 지구의 기온 변화를 비교하여 나타낸 것이다.
A~C에 해당하는 것을 옳게 짝 지은 것은?

	A	B	C
①	메테인	에어로졸	이산화 탄소
②	메테인	이산화 탄소	에어로졸
③	에어로졸	메테인	이산화 탄소
④	이산화 탄소	메테인	에어로졸
⑤	이산화 탄소	에어로졸	메테인

3 그림은 지구에 입사하는 태양 복사 에너지량을 100이라고 할 때 복사 평형 상태인 지구 열수지를, 표는 서로 다른 세 시기의 온실 기체 농도와 지표면 온도를 나타낸 것이다. 지구의 반사율은 일정하다고 가정한다.

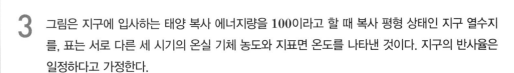

시기	온실 기체의 농도(ppm)	지표면 온도 (℃)
1750년	280	( )
2020년	410	15
빙하기	(㉠)	8

이에 대한 설명으로 옳은 것만을 [보기]에서 있는 대로 고른 것은?

┌ 보기 ┐
ㄱ. A는 30이다.
ㄴ. ㉠은 280보다 크다.
ㄷ. B와 C는 모두 1750년보다 2020년에 크다.
└────────────┘

① ㄱ   ② ㄴ   ③ ㄱ, ㄷ

④ ㄴ, ㄷ   ⑤ ㄱ, ㄴ, ㄷ

A 지구 온난화

01 그림은 위도에 따른 태양 복사 에너지의 입사량과 지구 복사 에너지의 방출량을 A, B로 순서 없이 나타낸 것이다.

이에 대한 설명으로 옳은 것만을 [보기]에서 있는 대로 고른 것은?

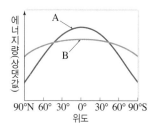

┌─ 보기 ─────────────────────────────┐
ㄱ. A는 지구 복사 에너지의 방출량이다.
ㄴ. 위도 약 40°~극 지역 사이는 에너지 부족 상태이다.
ㄷ. 남반구에서 대기와 해수에 의한 에너지의 이동 방향은 남쪽이다.
ㄹ. 위도 간 에너지 수송량은 적도에서 가장 많다.
└───────────────────────────────────┘

① ㄱ, ㄷ   ② ㄱ, ㄹ   ③ ㄴ, ㄷ
④ ㄱ, ㄴ, ㄹ   ⑤ ㄴ, ㄷ, ㄹ

02 그림 (가)와 (나)는 대기가 없을 경우와 있을 경우의 복사 에너지 출입을 나타낸 것이다.

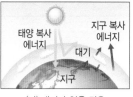

(가) 대기가 없을 경우   (나) 대기가 있을 경우

이에 대한 설명으로 옳은 것은?

① (가)에서 지구는 복사 평형을 이룰 수 없다.
② (나)에서 대기는 적외선보다 가시광선을 잘 흡수한다.
③ (나)에서 대기는 지표에서 방출한 에너지를 흡수한 후, 지표로 재복사한다.
④ 지표의 온도는 (가)보다 (나)에서 낮을 것이다.
⑤ (나)에서 온실 기체의 농도가 증가하면 지구로 입사하는 태양 복사 에너지량이 증가한다.

중요

03 그림은 지구에 입사하는 태양 복사 에너지량을 100이라고 할 때 지구 열수지를 나타낸 것이다.

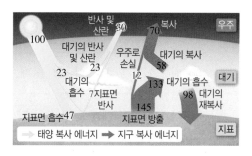

이에 대한 설명으로 옳지 <u>않은</u> 것은?

① 지구의 반사율은 30 %이다.
② 태양 복사 에너지는 대기보다 지표면에서 많이 흡수한다.
③ 지구에서 우주로 방출되는 70 단위는 주로 적외선 영역의 복사이다.
④ 대기가 지표로부터 흡수하는 에너지의 양은 대기에서 지표로 재복사하는 에너지의 양보다 많다.
⑤ 대기 중 온실 기체의 농도가 증가하면 대기에서 지표로 재복사하는 에너지의 양이 감소한다.

04 그림은 대기 중 이산화 탄소의 농도 변화와 지구의 평균 기온 변화를 나타낸 것이다.

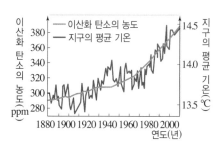

이에 대한 설명으로 옳은 것만을 [보기]에서 있는 대로 고른 것은?

┌─ 보기 ─────────────────────────────┐
ㄱ. 이산화 탄소의 농도 변화는 1800년대 후반보다 최근에 더 크다.
ㄴ. 이산화 탄소의 농도 변화와 지구의 평균 기온 변화는 대체로 비례하는 경향이 있다.
ㄷ. 1880년부터 2010년까지 지구의 대기에 의한 온실 효과가 약화되었을 것이다.
ㄹ. 1880년부터 2010년까지 지구 열수지의 변동이 있었을 것이다.
└───────────────────────────────────┘

① ㄱ, ㄴ   ② ㄱ, ㄷ   ③ ㄷ, ㄹ
④ ㄱ, ㄴ, ㄹ   ⑤ ㄴ, ㄷ, ㄹ

05 지구 온난화가 지구 환경에 미치는 영향에 대한 설명으로 옳은 것만을 [보기]에서 있는 대로 고른 것은?

• 보기 •
ㄱ. 해수면이 상승하였다.
ㄴ. 극지방의 빙하 면적이 감소하였다.
ㄷ. 홍수나 가뭄 등 기상 이변이 감소하였다.

① ㄱ   ② ㄷ   ③ ㄱ, ㄴ
④ ㄴ, ㄷ   ⑤ ㄱ, ㄴ, ㄷ

★ 중요   ⌐ 서술형 ┐
06 그림은 1900년 이후 최근까지 지구의 평균 해수면 높이 편차(측정값−평년값)를 나타낸 것이다.

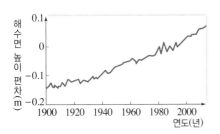

지구의 평균 해수면 변화가 나타난 주요 요인 두 가지를 서술하시오.

_____

_____

B 엘니뇨와 사막화

07 엘니뇨에 대한 설명으로 옳은 것은?

① 지권과 수권의 상호작용으로 일어난다.
② 무역풍이 평상시보다 강할 때 발생한다.
③ 적도 부근 동태평양 해역의 표층 수온이 평년보다 낮은 상태가 지속되는 현상이다.
④ 엘니뇨일 때 페루 연안에서는 평상시보다 용승이 약하게 일어난다.
⑤ 엘니뇨일 때 인도네시아 연안에서는 홍수 피해가 자주 발생한다.

★ 중요
08 그림 (가)와 (나)는 엘니뇨 발생 시와 평상시에 적도 부근 태평양의 표층 해수 흐름을 순서 없이 나타낸 것이다.

이에 대한 설명으로 옳은 것만을 [보기]에서 있는 대로 고른 것은?

• 보기 •
ㄱ. 무역풍의 평균 풍속은 (가)보다 (나)일 때 크다.
ㄴ. 동태평양과 서태평양 해역의 표층 수온 차이는 (가)보다 (나)일 때 크다.
ㄷ. 동태평양 해역에서는 (가)보다 (나)일 때 기압이 낮다.

① ㄱ   ② ㄷ   ③ ㄱ, ㄴ
④ ㄴ, ㄷ   ⑤ ㄱ, ㄴ, ㄷ

09 그림은 어느 시기에 측정한 해수면의 높이 편차(측정값−평년값)를 나타낸 것이다. 이 시기에 엘니뇨 또는 라니냐가 발생하였다.

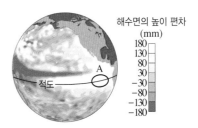

평상시와 비교한 A 해역의 특징으로 옳은 것만을 [보기]에서 있는 대로 고른 것은?

• 보기 •
ㄱ. 표층 수온이 높다.
ㄴ. 용승이 활발해져서 어획량이 증가한다.
ㄷ. 하강 기류가 활발하다.

① ㄱ   ② ㄷ   ③ ㄱ, ㄴ
④ ㄴ, ㄷ   ⑤ ㄱ, ㄴ, ㄷ

중요
10 그림은 엘니뇨로 인해 나타나는 북반구의 겨울철 이상 기후를 나타낸 것이다.

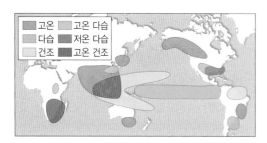

이에 대한 설명으로 옳은 것만을 [보기]에서 있는 대로 고른 것은?

─ 보기 ─
ㄱ. 인도네시아에서는 가뭄과 산불 피해가 나타날 수 있다.
ㄴ. 우리나라에서는 한파로 인한 피해가 평년보다 증가한다.
ㄷ. 대서양 연안에서는 이상 기후가 나타나지 않을 것이다.

① ㄱ   ② ㄴ   ③ ㄱ, ㄷ
④ ㄴ, ㄷ   ⑤ ㄱ, ㄴ, ㄷ

중요
11 그림은 사막 지역과 사막화 지역을 나타낸 것이다.

이에 대한 설명으로 옳은 것만을 [보기]에서 있는 대로 고른 것은?

─ 보기 ─
ㄱ. 사막은 주로 적도보다 위도 30° 부근에 위치한다.
ㄴ. 사막화가 일어나면 사막의 면적은 증가한다.
ㄷ. 사막화 지역에서는 (강수량−증발량)이 양(+)의 값을 갖는다.
ㄹ. 중국 내륙의 사막화는 우리나라의 황사 발생을 억제시킨다.

① ㄱ, ㄴ   ② ㄱ, ㄹ   ③ ㄷ, ㄹ
④ ㄱ, ㄴ, ㄷ   ⑤ ㄴ, ㄷ, ㄹ

C 지구의 미래와 환경 변화 대처 방안

12 그림은 기후 변화 시나리오에 따른 지구의 평균 지표면 기온 변화를 예측하여 나타낸 것이다.

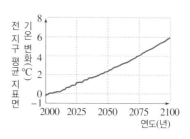

이 기후 변화 시나리오에 대한 설명으로 옳은 것만을 [보기]에서 있는 대로 고른 것은?

─ 보기 ─
ㄱ. 이 기후 변화 시나리오는 대기 중 온실 기체의 농도가 감소할 경우, 지구의 평균 지표면 기온 변화를 예측한 것이다.
ㄴ. 지구의 평균 지표면 기온 상승 속도는 2000년~2025년이 2075년~2100년보다 빠를 것이다.
ㄷ. 2100년에는 영구 동토층이 많이 사라질 것이다.
ㄹ. 기후 변화 시나리오에 따른 미래의 기후 변화에 대응하기 위해서는 화석 연료를 대체할 신재생 에너지를 개발해야 한다.

① ㄱ, ㄴ   ② ㄱ, ㄷ   ③ ㄴ, ㄷ
④ ㄴ, ㄹ   ⑤ ㄷ, ㄹ

서술형
13 그림 (가)와 (나)는 각각 1984년과 2019년 북극 지방의 빙하 면적을 나타낸 것이다.

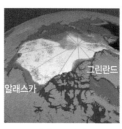 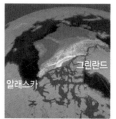

(가) 1984년   (나) 2019년

현재 추세대로 대기 중 온실 기체의 배출량이 증가한다고 가정할 때, 북극 지방의 빙하 면적 변화가 미래의 지구 환경에 미치는 영향을 두 가지 서술하시오.

_____

_____

내신 탄탄보다는 조금 수준이 높은 유형의 문제들로 구성하였습니다. 자신의 실력을 한 단계 높여 보세요. | 정답과 해설 27쪽

01 그림은 지구에 입사하는 태양 복사 에너지량을 100 단위라고 할 때, 지구 열수지를 나타낸 것이다.

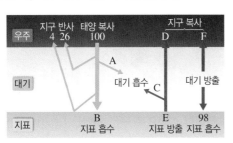

A~F의 크기를 옳게 비교한 것만을 [보기]에서 있는 대로 고른 것은?

━ 보기 ━
ㄱ. A>B
ㄴ. C>D
ㄷ. E<F
ㄹ. A+B=D+F

① ㄱ, ㄷ   ② ㄱ, ㄹ   ③ ㄴ, ㄷ
④ ㄴ, ㄹ   ⑤ ㄷ, ㄹ

02 그림 (가)와 (나)는 평상시와 엘니뇨 발생 시기에 태평양의 적도 부근 해역에서 관측한 월평균 표층 수온과 무역풍의 분포를 순서 없이 나타낸 것이다.

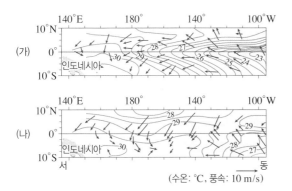

이에 대한 설명으로 옳은 것만을 [보기]에서 있는 대로 고른 것은?

━ 보기 ━
ㄱ. (가)는 평상시, (나)는 엘니뇨 발생 시기이다.
ㄴ. 동에서 서로의 표층 해수 이동은 (가)보다 (나) 시기에 활발하다.
ㄷ. 적도 부근 서태평양 해역에서 강수량은 (가)보다 (나) 시기에 많았을 것이다.
ㄹ. 적도 부근 동태평양 해역에서 어획량은 (가)보다 (나) 시기에 적었을 것이다.

① ㄱ, ㄴ   ② ㄱ, ㄹ   ③ ㄷ, ㄹ
④ ㄱ, ㄴ, ㄷ   ⑤ ㄴ, ㄷ, ㄹ

03 그림은 지구 온난화의 원인과 영향을 나타낸 것이다.

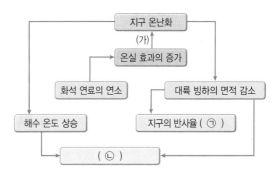

이에 대한 설명으로 옳은 것만을 [보기]에서 있는 대로 고른 것은?

━ 보기 ━
ㄱ. (가) 과정의 영향으로 지각 변동이 활발해진다.
ㄴ. ㉠은 '감소'이다.
ㄷ. ㉡에 들어갈 현상은 '해수면 높이 상승'이다.

① ㄱ   ② ㄴ   ③ ㄱ, ㄷ
④ ㄴ, ㄷ   ⑤ ㄱ, ㄴ, ㄷ

04 그림 (가)는 사막의 분포를, (나)는 위도별 증발량과 강수량의 분포를 나타낸 것이다. 해수의 표층은 해양의 표면에 위치한 물이다.

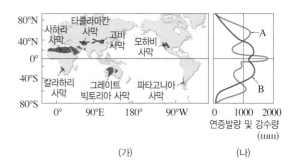

(가)   (나)

이에 대한 설명으로 옳은 것만을 [보기]에서 있는 대로 고른 것은?

━ 보기 ━
ㄱ. 사막은 주로 A가 B보다 적은 위도대에 분포한다.
ㄴ. 해수의 표층 염분은 적도보다 위도 20°~30° 부근에서 높을 것이다.
ㄷ. 고비 사막에서 발생한 황사는 대기 대순환의 영향으로 동쪽으로 이동한다.

① ㄱ   ② ㄴ   ③ ㄱ, ㄷ
④ ㄴ, ㄷ   ⑤ ㄱ, ㄴ, ㄷ

01 ● ○ ○
다음은 생태계구성요소에 대한 학생 A~C의 대화 내용이다.

공기는 비생물요소에 해당해.

세균은 생물을 둘러싸고 있는 환경요인이야.

버섯은 생산자로, 생명 활동에 필요한 양분을 스스로 만들 수 있어.

학생 A   학생 B   학생 C

제시한 내용이 옳은 학생만을 있는 대로 고른 것은?

① A   ② B   ③ A, C
④ B, C   ⑤ A, B, C

02 ● ● ● ○
그림은 생태계를 구성하는 요소 사이의 상호 관계를, 표는 생태계를 구성하는 생물요소와 그에 해당하는 생물을 나타낸 것이다. A~C는 생산자, 소비자, 분해자를 순서 없이 나타낸 것이다.

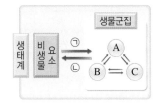

생물요소	생물
A	보리, 소나무
B	푸른곰팡이, 대장균
C	토끼, 사자

이에 대한 설명으로 옳은 것만을 [보기]에서 있는 대로 고른 것은?

┌─ 보기 ─────────────────────────┐
ㄱ. A, B, C는 각기 한 개체군을 이룬다.
ㄴ. C는 소비자이다.
ㄷ. 낙엽수가 기온이 낮아지면 단풍이 들고 잎을 떨어뜨리는 것은 ㉠에 해당한다.
└────────────────────────────────┘

① ㄱ   ② ㄴ   ③ ㄱ, ㄷ
④ ㄴ, ㄷ   ⑤ ㄱ, ㄴ, ㄷ

03 ● ● ● ○
그림 (가)와 (나)는 강한 빛을 받는 잎과 약한 빛을 받는 잎을 순서 없이 나타낸 것이다.

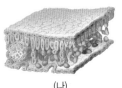

(가)   (나)

이에 대한 설명으로 옳은 것만을 [보기]에서 있는 대로 고른 것은?

┌─ 보기 ─────────────────────────┐
ㄱ. (나)는 약한 빛을 받는 잎이다.
ㄴ. (가)는 (나)보다 울타리조직이 발달하였다.
ㄷ. 식물이 빛의 세기에 적응한 결과로, 한 식물에서도 잎의 두께가 다를 수 있다.
└────────────────────────────────┘

① ㄱ   ② ㄴ   ③ ㄱ, ㄷ
④ ㄴ, ㄷ   ⑤ ㄱ, ㄴ, ㄷ

04 ● ● ● ○
그림 (가)와 (나)는 각각 사막에 사는 선인장과 도마뱀을 나타낸 것이다.

(가)   (나)

이에 대한 설명으로 옳은 것만을 [보기]에서 있는 대로 고른 것은?

┌─ 보기 ─────────────────────────┐
ㄱ. 선인장과 같이 건조한 곳에 사는 식물은 물을 저장하는 조직이 발달하였다.
ㄴ. 사막에 사는 도마뱀은 몸 표면이 비늘로 덮여 있어 수분의 손실을 막는다.
ㄷ. 사막에 사는 낙타는 ㄱ, ㄴ과 같은 환경요인에 적응하여 농도가 묽은 오줌을 배설한다.
└────────────────────────────────┘

① ㄱ   ② ㄷ   ③ ㄱ, ㄴ
④ ㄴ, ㄷ   ⑤ ㄱ, ㄴ, ㄷ

05 표는 비생물요소 A~C와 생물요소 사이에서 일어나는 상호작용의 예를 나타낸 것이다. A~C는 공기, 물, 온도를 순서 없이 나타낸 것이다.

비생물요소	예
A	새의 알은 단단한 껍질로 싸여 있다.
B	㉠숲속은 바깥보다 산소의 농도가 높다.
C	툰드라에 사는 털송이풀은 잎이나 꽃에 털이 나 있다.

이에 대한 설명으로 옳은 것만을 [보기]에서 있는 대로 고른 것은?

보기
ㄱ. 곤충의 몸 표면이 키틴질로 되어 있는 것은 A가 생물에 영향을 준 예이다.
ㄴ. ㉠은 비생물요소가 생물요소에 영향을 준 것이다.
ㄷ. 생물이 C에 적응한 다른 예로는 꾀꼬리나 종달새가 봄에 번식하는 것을 들 수 있다.

① ㄱ　　　② ㄴ　　　③ ㄱ, ㄷ
④ ㄴ, ㄷ　　　⑤ ㄱ, ㄴ, ㄷ

06 그림은 어떤 해양 생태계의 먹이그물을 나타낸 것이다. A와 B는 동물 플랑크톤과 식물 플랑크톤을 순서 없이 나타낸 것이다.

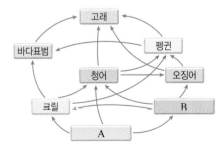

이에 대한 설명으로 옳은 것만을 [보기]에서 있는 대로 고른 것은?

보기
ㄱ. A는 1차 소비자에, B는 생산자에 해당한다.
ㄴ. 이 생태계에서 최상위 영양단계에 해당하는 생물은 바다표범이다.
ㄷ. 펭귄은 먹이사슬에 따라 둘 이상의 영양단계에 해당한다.

① ㄱ　　　② ㄷ　　　③ ㄱ, ㄴ
④ ㄴ, ㄷ　　　⑤ ㄱ, ㄴ, ㄷ

07 그림 (가)와 (나)는 안정된 두 생태계에서 각 영양단계의 에너지양을 상댓값으로 나타낸 생태피라미드이다. A~C는 각각 1차 소비자, 2차 소비자, 생산자 중 하나이고, D~F는 각각 1차 소비자, 2차 소비자, 생산자 중 하나이다.

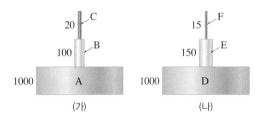

이에 대한 설명으로 옳은 것만을 [보기]에서 있는 대로 고른 것은?

보기
ㄱ. (가)에서 A는 2차 소비자이다.
ㄴ. (나)에서 에너지는 유기물에 저장된 형태로 D → E → F로 이동한다.
ㄷ. 두 생태계 모두 상위 영양단계로 갈수록 에너지양이 감소한다.

① ㄱ　　　② ㄷ　　　③ ㄱ, ㄴ
④ ㄴ, ㄷ　　　⑤ ㄱ, ㄴ, ㄷ

08 다음은 어떤 안정된 생태계에 대한 자료이다.

- A~D는 각각 생산자, 1차 소비자, 2차 소비자, 분해자 중 하나이다.
- A는 B~D의 배설물이나 사체를 분해하여 양분을 얻는다.
- 에너지양은 D가 C보다 많다.
- B의 개체수가 일시적으로 증가하면 ㉠D의 개체수는 감소하고, C의 개체수는 증가한다.

이에 대한 설명으로 옳은 것만을 [보기]에서 있는 대로 고른 것은?

보기
ㄱ. 군집에는 A~D가 모두 포함된다.
ㄴ. 에너지양은 C가 B보다 많다.
ㄷ. ㉠과 같은 개체수의 변화는 먹이 관계에 의해 나타난다.

① ㄱ　　　② ㄴ　　　③ ㄱ, ㄷ
④ ㄴ, ㄷ　　　⑤ ㄱ, ㄴ, ㄷ

09 그림 (가)는 어떤 지역에서 일정 기간 동안 조사한 종 A~C의 단위 면적당 생체량 변화를, (나)는 A~C 사이의 먹이사슬을 나타낸 것이다.

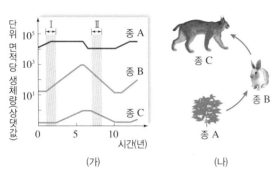

(가)　　　　　　　(나)

이에 대한 설명으로 옳은 것만을 [보기]에서 있는 대로 고른 것은?

┌─ 보기 ─────────────────────────┐
ㄱ. 구간 Ⅰ에서 $\dfrac{B의 생체량}{C의 생체량}$ 은 증가하였다.

ㄴ. C는 1차 소비자이다.

ㄷ. 구간 Ⅱ에서 C의 개체수가 감소하여 B의 개체수가 감소하였다.
└────────────────────────────┘

① ㄱ　　　　② ㄷ　　　　③ ㄱ, ㄴ
④ ㄴ, ㄷ　　⑤ ㄱ, ㄴ, ㄷ

10 그림 (가)~(마)는 어떤 안정된 생태계에서 1차 소비자의 개체수가 일시적으로 증가한 후 평형 상태로 회복하는 과정에서 개체수의 변화를 나타낸 것이다.

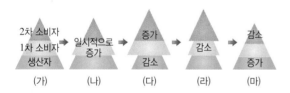

이에 대한 설명으로 옳은 것만을 [보기]에서 있는 대로 고른 것은?

┌─ 보기 ─────────────────────────┐
ㄱ. (가)와 (마)에서 같은 영양단계에 속한 생물의 개체수는 같다.

ㄴ. 포식자의 개체수가 증가하면 피식자의 개체수도 증가한다.

ㄷ. 생물다양성이 높을수록 이와 같은 회복 과정이 잘 일어난다.
└────────────────────────────┘

① ㄱ　　　　② ㄷ　　　　③ ㄱ, ㄴ
④ ㄴ, ㄷ　　⑤ ㄱ, ㄴ, ㄷ

11 다음은 온실 기체에 대해 학생 A~C의 대화를 나타낸 것이다.

┌────────────────────────────┐
• 학생 A: 온실 기체에는 수증기, 이산화 탄소, 메테인, 질소 등이 있어.

• 학생 B: 대기 중의 온실 기체가 증가하는 주요 원인은 화석 연료의 사용량이 많아졌기 때문이야.

• 학생 C: 이산화 탄소는 태양의 자외선을 흡수하는 긍정적인 역할을 하기도 해.
└────────────────────────────┘

제시한 내용이 옳은 학생만을 있는 대로 고른 것은?

① A　　　　② B　　　　③ A, C
④ B, C　　⑤ A, B, C

12 다음은 지구 온난화에 따른 지구 열수지 변동을 알아보기 위한 탐구 활동을 나타낸 것이다.

┌────────────────────────────┐
[탐구 과정]

(가) 페트병 A와 B에 물을 절반 정도 채운다.

(나) 페트병 B에만 ㉠발포 비타민 2알을 넣은 다음 온도계를 끼운 고무마개로 페트병 A와 B의 입구를 막는다.

(다) 전등에서 20 cm 떨어진 곳에 페트병 A와 B를 나란히 놓은 다음 전등을 켠다.

(라) 10분 후 페트병 A와 B의 온도 변화를 측정한다.

[탐구 결과]

구분	A	B
10분 동안 온도 변화(℃)	5.0	(㉡)
└────────────────────────────┘

이에 대한 설명으로 옳은 것만을 [보기]에서 있는 대로 고른 것은?

┌─ 보기 ─────────────────────────┐
ㄱ. ㉠이 물에 녹을 때 이산화 탄소가 발생한다.

ㄴ. ㉡은 5.0보다 클 것이다.

ㄷ. 이 실험을 통해 온실 기체의 농도 증가는 지구 열수지 변동을 일으키며, 지구의 평균 기온을 상승시킨다는 것을 알 수 있다.
└────────────────────────────┘

① ㄱ　　　　② ㄴ　　　　③ ㄱ, ㄷ
④ ㄴ, ㄷ　　⑤ ㄱ, ㄴ, ㄷ

13 지구 온난화로 인해 예상되는 지구 환경 변화에 대한 설명으로 옳은 것만을 [보기]에서 있는 대로 고른 것은?

┌─ 보기 ──────────────────────────────┐
ㄱ. 극지방의 빙하 면적이 감소할 것이다.
ㄴ. 태풍의 발생 빈도와 세기가 감소할 것이다.
ㄷ. 화산 활동과 지진의 발생 빈도가 증가할 것이다.
ㄹ. 대기 대순환과 해수 순환의 변화로 기후가 달라질 것이다.
└─────────────────────────────────────┘

① ㄱ, ㄴ   ② ㄱ, ㄹ   ③ ㄴ, ㄷ
④ ㄴ, ㄹ   ⑤ ㄷ, ㄹ

14 그림 (가)와 (나)는 평상시와 엘니뇨가 발생했을 때 태평양 적도 부근 해역의 대기 순환을 순서 없이 나타낸 것이다.

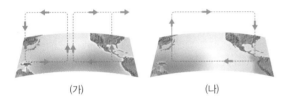

(가)   (나)

(가)와 (나)에 대한 설명으로 옳은 것은?

① (가)는 평상시의 대기 순환 모습이다.
② 무역풍은 (가)보다 (나)일 때 약하다.
③ 적도 부근 동태평양 해역의 해수면 높이는 (가)보다 (나)일 때 높다.
④ (가)일 때 적도 부근 서태평양 해역에서 가뭄과 산불 피해가 자주 발생한다.
⑤ (가)보다 (나)일 때 적도 부근 동태평양 해역에서는 용승이 약하다.

15 사막화에 대한 설명으로 옳지 <u>않은</u> 것은?

① 사막화는 심한 건조 기후가 지속되어 나타난다.
② 대기 대순환의 변화는 사막화의 자연적 발생 원인이다.
③ 과잉 방목과 무분별한 삼림 벌채는 사막화의 인위적 발생 원인이다.
④ 사막화 지역은 대부분 적도 부근에 위치한다.
⑤ 사막화가 심해지면 황사의 발생 빈도가 증가할 것이다.

16 그림은 기후가 서로 다른 지역에 서식하는 두 종류의 여우를 나타낸 것이다.

(가)   (나)

(가)와 (나) 중 추운 지역에 서식하는 여우의 기호를 고르고, 그렇게 판단한 까닭을 다음 단어를 모두 포함하여 서술하시오.

┌─────────────────────────────────────┐
몸집, 몸의 말단부, 열 방출량, 체온 유지
└─────────────────────────────────────┘

_____

_____

17 홍수, 지진과 같은 자연재해와 무분별한 벌목, 환경 오염과 같은 인간의 활동이 생태계에 미치는 영향을 생물의 서식지와 먹이 관계를 포함하여 서술하시오.

_____

_____

18 그림은 1980년부터 2017년까지 적도 부근의 동태평양에서 관측한 해수면의 수온 편차(관측 수온 − 평년 수온)를 나타낸 것이다. A, B는 엘니뇨, 라니냐 중 하나이다.

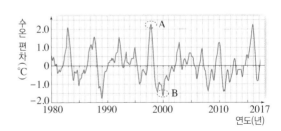

엘니뇨 시기에 해당하는 것을 A, B 중에서 골라 쓰고, 엘니뇨 시기에 관측 해역에서 강수량 편차(측정값−평년값)는 어떻게 나타날지 서술하시오.

_____

_____

| 2024학년도 9월 모평 생명과학 I 20번 |

01 그림은 생태계를 구성하는 요소 사이의 상호 관계를 나타낸 것이고, 표는 습지에 서식하는 식물 종 X에 대한 자료이다.

개념 **Lin** 70쪽

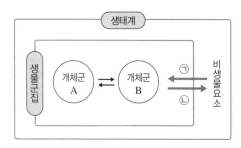

- ⓐX는 그늘을 만들어 수분 증발을 감소시켜 토양 속 염분 농도를 낮춘다.
- X는 습지의 토양 성분을 변화시켜 습지에 서식하는 생물의 ⓑ종다양성을 높인다.

이에 대한 설명으로 옳은 것만을 [보기]에서 있는 대로 고른 것은?

보기
ㄱ. X는 생물군집에 속한다.
ㄴ. ⓐ는 ㉠에 해당한다.
ㄷ. ⓑ는 동일한 생물종이라도 형질이 각 개체 간에 다르게 나타나는 것을 의미한다.

① ㄱ   ② ㄴ   ③ ㄷ
④ ㄱ, ㄴ   ⑤ ㄴ, ㄷ

| 2022학년도 3월 학평 생명과학 I 20번 |

02 그림은 어떤 안정된 생태계의 에너지흐름을 나타낸 것이다. A~C는 각각 생산자, 1차 소비자, 2차 소비자 중 하나이며, 에너지양은 상댓값이다.

개념 **Lin** 76쪽

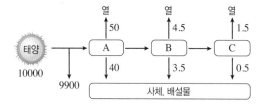

이에 대한 설명으로 옳은 것만을 [보기]에서 있는 대로 고른 것은?

보기
ㄱ. 곰팡이는 A에 속한다.
ㄴ. B에서 C로 유기물이 이동한다.
ㄷ. A에서 B로 이동한 에너지양은 B에서 C로 이동한 에너지양보다 적다.

① ㄱ   ② ㄴ   ③ ㄷ
④ ㄱ, ㄴ   ⑤ ㄴ, ㄷ

| 2023학년도 수능 지구과학 I 1번 변형 |

03 그림 (가)는 1850년~2019년 동안 전 지구와 아시아의 기온 편차(관측값−기준값)를, (나)는 1995년~2019년 동안 대기 중 CO_2 농도를 나타낸 것이다. 기준값은 1850년~1900년의 평균 기온이다.

개념 Lnk 85쪽

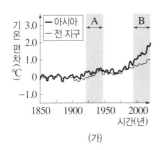
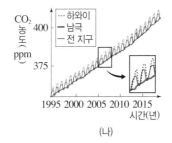

(가)   (나)

이에 대한 설명으로 옳은 것만을 [보기]에서 있는 대로 고른 것은?

• 보기 •
ㄱ. 1900년~2019년까지 기온의 상승률은 아시아가 전 지구보다 크다.
ㄴ. CO_2 농도의 연교차는 하와이> 전 지구>남극이다.
ㄷ. 지구의 평균 해수면 상승은 A보다 B 기간에 크다.

① ㄱ   ② ㄴ   ③ ㄱ, ㄷ
④ ㄴ, ㄷ   ⑤ ㄱ, ㄴ, ㄷ

| 2024학년도 수능 지구과학 I 17번 변형 |

04 그림 (가)는 기상 위성으로 관측한 서태평양 적도 부근의 대기 중 수증기량 편차를, (나)는 A와 B 중 한 시기에 관측한 태평양 적도 부근 해역의 해수면 높이 편차를 나타낸 것이다. A와 B는 각각 엘니뇨와 라니냐 시기 중 하나이고, 편차는 (관측값−평년값)이다.

개념 Lnk 86쪽

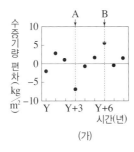
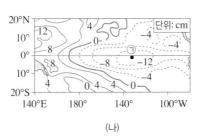

(가)   (나)

이에 대한 설명으로 옳은 것만을 [보기]에서 있는 대로 고른 것은?

• 보기 •
ㄱ. (가)의 관측 해역에서 동풍 계열의 바람은 A보다 B일 때 강하다.
ㄴ. (나)는 B일 때 관측한 자료이다.
ㄷ. (나)의 ㉠에서는 평상시보다 상승 기류가 강하다.

① ㄱ   ② ㄴ   ③ ㄷ
④ ㄱ, ㄴ   ⑤ ㄴ, ㄷ

2

에너지 전환과 활용

이 단원과 관련된
중학교에서 배운 내용을
확인해 보자.

배운
내용

전류의 자기 작용

(1) 자기장에서 전류가 받는 힘의 크기

① 전류의 세기가 셀수록, 자기장의 세기가 셀수록 크다.

② 전류와 자기장의 방향이 서로 수직일 때 가장 크고, 평행일 때 힘을 받지 않는다.

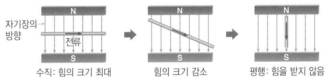

(2) 전동기의 원리: 영구 자석 사이에 있는 코일에 ① [＿＿＿＿]가 흐를 때 코일이 힘을 받아 회전한다.

역학적 에너지 위치 에너지와 운동 에너지의 합

(1) 역학적 에너지 전환

• 물체가 자유 낙하할 때: 물체의 위치 에너지는 ② [＿＿＿＿] 에너지로 전환된다.

• 물체가 연직 방향으로 올라갈 때: 물체의 운동 에너지는 위치 에너지로 전환된다.

(2) 역학적 에너지 보존: 물체를 위로 던져 올릴 때나 물체가 자유 낙하 할 때 공기 저항이나 마찰이 없으면 물체의 역학적 에너지는 항상 일정하게 보존된다.

전기 에너지의 생산과 전환

(1) 발전: 운동 에너지나 위치 에너지 등 다른 에너지를 ③ [＿＿＿＿] 에너지로 전환하는 것을 발전이라고 하고, 이때 사용하는 장치를 발전기라고 한다.

(2) 전기 에너지의 생산

• 풍력 발전: ④ [＿＿＿＿]이 발전기를 돌려 전기 에너지를 생산한다.

• 수력 발전: 물이 발전기를 돌려 전기 에너지를 생산한다.

(3) 전기 에너지의 전환

• 전기난로: 전기 에너지 → 열에너지

• 배터리 충전: 전기 에너지 → ⑤ [＿＿＿＿] 에너지

[정답]

④ 바람 ⑤ 화학
① 전류 ② 운동 ③ 전기

01 태양 에너지의 생성과 전환

핵심
짚기
☐ 태양 에너지의 생성 ☐ 질량과 에너지의 관계
☐ 태양 에너지의 전환과 흐름

A 태양 에너지의 생성

1 태양 대부분 수소와 헬륨으로 구성되어 있으며, 태양 중심부는 약 1500만 K인 초고온 상태이다.

2 태양 에너지의 생성

(1) **질량과 에너지의 관계:** 질량과 에너지는 서로 변환될 수 있는 물리량으로, 핵반응 과정에서 반응 후 입자들의 질량의 합이 반응 전보다 감소하는데, 이때 감소한 질량만큼 에너지로 전환된다.❶

(2) **태양 에너지의 생성:** 태양의 중심부에서 일어나는 수소 핵융합 반응에서 감소한 질량만큼 태양 에너지가 생성된다. ➡ 수소 원자핵 4개가 융합하여 헬륨 원자핵 1개가 만들어질 때 감소한 질량만큼 태양 에너지가 생성된다.❷

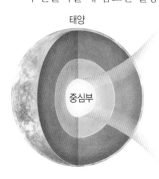
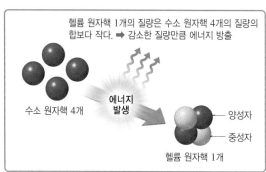

헬륨 원자핵 1개의 질량은 수소 원자핵 4개의 질량의 합보다 작다. ➡ 감소한 질량만큼 에너지 방출

태양 / 중심부 / 수소 원자핵 4개 / 에너지 발생 / 양성자 / 중성자 / 헬륨 원자핵 1개

▲ 태양 중심부에서 일어나는 수소 핵융합 반응

3 지구에서 태양 에너지의 역할 태양에서 생성된 에너지의 일부가 지구에 도달하여 자연 현상을 일으키며 생명체가 생명활동을 유지하는 데 중요한 역할을 한다.❸

B 태양 에너지의 전환과 흐름

1 태양 에너지 태양 에너지는 지구에서 직접 다른 에너지로 전환되기도 하고, 전환되어 축적된 후 다른 에너지로 전환되기도 한다. 이 과정에서 여러 가지 에너지의 순환을 일으키는데, 태양 에너지는 지구에서 일어나는 에너지 순환의 근원이 된다.

2 태양 에너지의 전환 태양에서 생성된 에너지는 다양한 에너지로 전환되어 지구 환경과 지구의 모든 생명체에 영향을 준다.❹❺

바람	태양광 발전	광합성	화석 연료
태양의 열에너지는 대기에 흡수되어 바람을 일으킨다.❻	태양의 빛에너지는 태양 전지를 이용하여 전기 에너지로 직접 전환된다.	태양의 빛에너지는 광합성을 통해 화학 에너지의 형태로 식물의 양분으로 저장된다.	식물을 포함한 생명체의 유해가 오랫동안 땅속에 묻혀 화석 연료가 된다.❼
열에너지 ➡ 운동 에너지	빛에너지 ➡ 전기 에너지	빛에너지 ➡ 화학 에너지	태양 에너지 ➡ 화학 에너지

Plus 강의

❶ **질량 결손**
핵반응이 일어날 때 질량의 일부가 에너지로 전환되어 감소하는데, 이때 질량 차이를 말한다.

❷ **핵융합 반응**
두 개 이상의 가벼운 원자핵이 융합하여 무거운 원자핵이 되면서 에너지를 방출하는 반응이다.

❸ **지구에 도달하는 태양 에너지**
지구에 도달하는 태양 에너지는 태양에서 방출하는 에너지의 약 $\frac{1}{20억}$이다.

❹ **태양 에너지가 근원이 아닌 에너지**
• **핵에너지:** 우라늄과 같은 핵연료의 에너지로, 양성자와 중성자가 결합하고 있는 힘에 의한 에너지이다.
• **지구 내부 에너지:** 지진의 원인이 되는 에너지로, 지구 내부에 있는 방사성 원소의 무거운 원자핵이 가벼운 원자핵으로 나누어지는 핵분열 반응을 할 때 발생한다.

❺ **태양 에너지를 이용한 발전**
• **풍력 발전:** 태양의 열에너지에 의해 발생하는 바람을 이용한 발전 방식이다.
• **태양광 발전:** 태양의 빛에너지를 이용한 발전 방식이다.
• **화력 발전:** 식물을 포함한 생명체의 유해는 오랫동안 땅속에 묻혀 화석 연료가 되는데, 이를 이용한 발전 방식이다.

❻ **바람의 운동 에너지**
바람의 운동 에너지는 대기와 해수를 움직인다.

❼ **화석 연료의 근원 에너지**
식물은 태양 에너지를 통해 광합성을 하고, 생명체는 태양 에너지를 근원으로 생명활동을 유지한다. 식물을 포함한 생명체의 유해가 땅속에 묻혀 화석 연료가 되므로, 화석 연료의 근원은 태양 에너지이다.

3 태양 에너지의 흐름 태양 에너지의 전환은 연속적인 과정으로 이루어지며 지구에서 물이나 탄소를 *순환시켜 에너지의 흐름을 일으킨다.

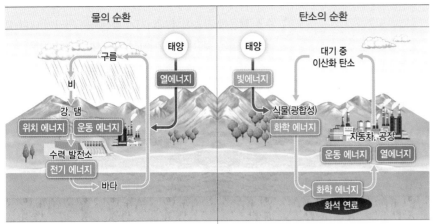

물의 순환	탄소의 순환
① 태양의 열에너지에 의해 물 증발 ② 증발한 수증기는 구름이 되어 비, 눈(역학적 에너지) 등과 같은 기상 현상 발생 ③ 비와 눈은 위치 에너지의 형태로 강의 상류, 댐 등에 저장 ④ 물이 흐르며 생긴 운동 에너지는 수력 발전을 통해 전기 에너지로 전환 ⑤ 물은 다시 바다로 흘러 순환❽	① 대기 중 이산화 탄소는 광합성을 통해 식물에 화학 에너지 형태로 저장 ② 식물을 포함한 생명체의 유해는 땅속에 묻혀 화석 연료가 됨 ③ 화석 연료의 화학 에너지는 자동차나 공장에서 연소하여 운동 에너지, 열에너지 등으로 전환 ④ 이산화 탄소는 대기로 배출되어 순환❾

| 태양 에너지의 흐름과 활용❿ |
지구에 도달한 태양 에너지는 다양한 형태의 에너지로 전환되어 일상생활에 활용된다.

공장, 자동차 — 열에너지, 운동 에너지 등

태양 → 빛에너지 → 광합성 → 화석 연료 → 화력 발전
　　　　　　　　　 화학 에너지　　화학 에너지
태양 → 빛에너지 → 태양광 발전
태양 → 열에너지 → 물의 증발 → 구름 생성 → 강수 → 수력 발전
　　　　　　　　　 운동 에너지　위치 에너지　운동 에너지
　　　　　　　　 바람 → 풍력 발전
→ 전기 에너지

❽ **물의 순환에서 에너지 전환**
태양의 열에너지 → 구름의 위치 에너지 → 비, 눈의 역학적 에너지 → 강의 상류, 댐에 저장된 물의 위치 에너지 → 흐르는 물의 운동 에너지 → 수력 발전의 전기 에너지

❾ **탄소의 순환에서 에너지 전환**
태양의 빛에너지 → 식물 양분의 화학 에너지 → 화석 연료의 화학 에너지 → 자동차나 공장에서 연소하여 전환된 운동 에너지, 열에너지

❿ **여러 가지 발전 방식과 에너지 전환**
다양한 발전 방식의 에너지원은 태양 에너지가 근원이다.

화력 발전	화석 연료의 화학 에너지 → 전기 에너지
태양광 발전	태양의 빛에너지 → 전기 에너지
수력 발전	물의 위치 에너지 → 전기 에너지
풍력 발전	바람의 운동 에너지 → 전기 에너지

용어 돋보기

✴**순환**(循 돌다, 環 고리)_ 주기적으로 반복되거나 되풀이하여 도는 것

정답과 해설 30쪽

1 다음은 태양 에너지에 대한 설명이다. ( ) 안에 알맞은 말을 쓰시오.

> 태양의 중심부는 약 1500만 K인 초고온 상태이고, 태양 중심부에서 일어나는 ㉠( ) 반응을 통해 감소한 ㉡( )만큼 태양 에너지가 생성된다.

2 지구에서 일어나는 현상 중 바람을 일으키거나 식물이 광합성을 할 수 있도록 근원이 되는 에너지는 무엇인지 쓰시오.

3 다음은 물과 탄소의 순환 과정의 일부이다. ( ) 안에 알맞은 말을 쓰시오.

(1) 물의 순환: 태양의 열에너지 → 물이 흐르며 생긴 ( ) 에너지
(2) 탄소의 순환: 태양의 빛에너지 → 식물 양분의 ( ) 에너지

암기 꼭!

태양 에너지의 생성
수소 핵융합 반응에서 감소한 질량만큼 태양 에너지가 생성된다.

태양 에너지의 전환
• 바람: 열에너지 → 운동 에너지
• 태양광 발전: 빛에너지 → 전기 에너지
• 광합성: 빛에너지 → 화학 에너지
• 화석 연료: 태양 에너지 → 화학 에너지

A 태양 에너지의 생성

01 그림은 태양의 내부 구조를 간략히 나타낸 것이다.

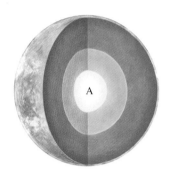

A에 대한 설명으로 옳은 것만을 [보기]에서 있는 대로 고른 것은?

• 보기 •
ㄱ. 수소 핵융합 반응이 일어난다.
ㄴ. 핵반응 과정에서 질량은 보존된다.
ㄷ. 약 1500만 K인 초고온 상태이다.

① ㄱ   ② ㄴ   ③ ㄷ
④ ㄱ, ㄴ   ⑤ ㄱ, ㄷ

★중요
02 그림은 태양에서 일어나는 핵반응을 나타낸 것이다.

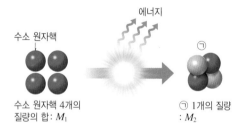

에너지

수소 원자핵

수소 원자핵 4개의 질량의 합: M_1

㉠ 1개의 질량 : M_2

이에 대한 설명으로 옳은 것만을 [보기]에서 있는 대로 고른 것은?

• 보기 •
ㄱ. ㉠은 헬륨 원자핵이다.
ㄴ. 초고온 상태에서만 일어나는 반응이다.
ㄷ. $M_1 = M_2$이다.

① ㄱ   ② ㄴ   ③ ㄱ, ㄴ
④ ㄱ, ㄷ   ⑤ ㄱ, ㄴ, ㄷ

03 수소 핵융합 반응에서 에너지가 발생하는 원리에 대한 설명으로 옳은 것만을 [보기]에서 있는 대로 고른 것은?

• 보기 •
ㄱ. 태양의 표면에서 일어나는 반응이다.
ㄴ. 질량과 에너지는 서로 변환될 수 있는 물리량이다.
ㄷ. 핵반응 과정에서 질량이 많이 감소할수록 발생하는 에너지가 작다.

① ㄱ   ② ㄴ   ③ ㄷ
④ ㄱ, ㄴ   ⑤ ㄴ, ㄷ

서술형
04 다음은 태양에서 에너지가 방출될 때 일어나는 핵반응을 나타낸 것이다.

수소 원자핵 4개 → 헬륨 원자핵 1개＋에너지

이때 핵반응 전후 원자핵들의 질량의 합을 비교하고, 에너지가 방출되는 까닭을 서술하시오.

_____

_____

05 다음은 태양 에너지의 생성에 대한 설명이다.

태양의 중심부에서는 (㉠)개의 수소 원자핵이 핵반응을 통해 (㉡)개의 헬륨 원자핵을 만든다. 이 과정에서 (㉢)이 감소하는데, 이때 감소한 (㉢)만큼 ㉣ 태양 에너지가 생성되어 지구에 도달한다.

이에 대한 설명으로 옳은 것만을 [보기]에서 있는 대로 고른 것은?

• 보기 •
ㄱ. ㉠<㉡이다.
ㄴ. ㉢은 질량이다.
ㄷ. ㉣은 지구에 모두 도달한다.

① ㄱ   ② ㄴ   ③ ㄷ
④ ㄱ, ㄴ   ⑤ ㄴ, ㄷ

06 지구에 도달한 태양 에너지가 전환되면서 나타나는 현상으로 옳지 <u>않은</u> 것은?

① 지진이 발생한다.
② 강가에 바람이 분다.
③ 생명체의 에너지원이 된다.
④ 대기와 해수를 움직이게 한다.
⑤ 식물의 잎에서 광합성이 일어난다.

07 그림 (가)는 식물의 광합성을, (나)는 바람이 부는 모습을 나타낸 것이다.

(가)   (나)

이에 대한 설명으로 옳은 것만을 [보기]에서 있는 대로 고른 것은?

┌ 보기 ┐
ㄱ. (가)에서는 빛에너지가 화학 에너지로 전환된다.
ㄴ. (나)에서는 태양 에너지가 운동 에너지로 전환된다.
ㄷ. (가), (나)의 근원 에너지는 모두 태양 에너지이다
└─────┘

① ㄱ   ② ㄴ   ③ ㄱ, ㄴ
④ ㄱ, ㄷ   ⑤ ㄱ, ㄴ, ㄷ

08 태양 에너지가 근원이 아닌 것은?

① 바람   ② 광합성   ③ 핵에너지
④ 화석 연료   ⑤ 태양광 발전

09 그림은 지구에 도달한 태양 에너지에 의해 비가 내리는 기상 현상을 나타낸 것이다.

이 과정에서 태양 에너지가 전환되는 에너지가 <u>아닌</u> 것은?

① 열에너지   ② 운동 에너지
③ 화학 에너지   ④ 위치 에너지
⑤ 역학적 에너지

10 그림 (가), (나)는 지구에서 일어나는 자연 현상을 나타낸 것이다.

(가) 구름의 생성   (나) 화석 연료의 생성

이에 대한 설명으로 옳은 것만을 [보기]에서 있는 대로 고른 것은?

┌ 보기 ┐
ㄱ. (가)에서는 태양의 빛에너지가 위치 에너지로 전환된다.
ㄴ. (나)에서 지구 내부 에너지가 화학 에너지로 전환된다.
ㄷ. (가), (나)는 태양 에너지가 근원으로 일어나는 현상이다.
└─────┘

① ㄱ   ② ㄷ   ③ ㄱ, ㄴ
④ ㄴ, ㄷ   ⑤ ㄱ, ㄴ, ㄷ

중요
11 그림은 지구에서 물이 순환하며 비나 눈과 같은 기상 현상을 일으키는 과정을 나타낸 것이다.

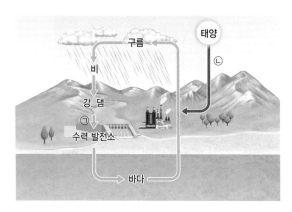

이에 대한 설명으로 옳은 것만을 [보기]에서 있는 대로 고른 것은?

• 보기 •
ㄱ. 태양 에너지가 일으키는 물의 순환이다.
ㄴ. ㉠에서 물의 역학적 에너지가 전기 에너지로 전환된다.
ㄷ. ㉡에서 열에너지가 구름의 화학 에너지로 전환된다.

① ㄱ   ② ㄴ   ③ ㄱ, ㄴ
④ ㄴ, ㄷ   ⑤ ㄱ, ㄴ, ㄷ

중요
12 그림은 지구에서 일어나는 탄소의 순환 과정을 나타낸 것이다. 태양 에너지는 탄소를 매개로 하는 순환 과정을 거쳐 다양한 형태의 에너지로 전환된다.

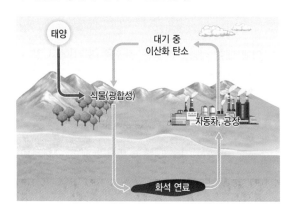

이 과정에서 전환되는 에너지의 형태로 옳지 않은 것은?

① 빛에너지   ② 열에너지   ③ 핵에너지
④ 운동 에너지   ⑤ 화학 에너지

13 그림 (가)는 태양광 발전을, (나)는 화석 연료를 사용하는 공장의 모습을 나타낸 것이다.

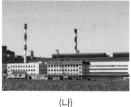

(가)   (나)

이에 대한 설명으로 옳은 것만을 [보기]에서 있는 대로 고른 것은?

• 보기 •
ㄱ. (가)에서는 빛에너지가 전기 에너지로 전환된다.
ㄴ. (나)에서는 화석 연료의 열에너지가 공장의 운동 에너지로 전환된다.
ㄷ. (가), (나)는 모두 탄소의 순환 과정에 해당한다.

① ㄱ   ② ㄴ   ③ ㄷ
④ ㄱ, ㄴ   ⑤ ㄴ, ㄷ

14 그림은 물과 탄소의 순환에서 태양 에너지가 전환되는 과정의 일부를 나타낸 것이다.

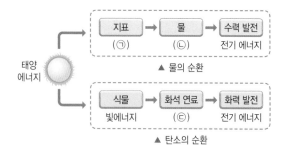

㉠, ㉡, ㉢에 해당하는 에너지로 가장 적절한 것은?

	㉠	㉡	㉢
①	열에너지	화학 에너지	화학 에너지
②	열에너지	위치 에너지	화학 에너지
③	빛에너지	운동 에너지	열에너지
④	빛에너지	위치 에너지	빛에너지
⑤	위치 에너지	화학 에너지	열에너지

01 그림은 태양에서 4개의 수소 원자핵이 1개의 헬륨 원자핵이 되는 핵반응 과정에서 에너지가 발생하는 것을 나타낸 것이다.

수소 원자핵 4개　헬륨 원자핵 1개

이에 대한 설명으로 옳은 것만을 [보기]에서 있는 대로 고른 것은?

● 보기 ●
ㄱ. 태양에서 일어나는 핵분열 반응이다.
ㄴ. 핵반응에 의해 태양의 질량은 계속해서 감소한다.
ㄷ. 시간이 지남에 따라 태양의 중심부에는 헬륨이 많아진다.

① ㄱ　　② ㄴ　　③ ㄷ
④ ㄱ, ㄷ　　⑤ ㄴ, ㄷ

02 표는 태양 에너지에 의한 현상에 대한 설명이다.

구분	현상
A	식물이 태양 에너지를 흡수하여 포도당을 만든다.
B	식물이나 동물의 사체는 오랜 기간 땅속에 묻혀 화력 발전소의 연료가 된다.
C	강수 현상에 의한 강물은 높은 지청에서 낮은 곳으로 흐른다.

이에 대한 설명으로 옳은 것만을 [보기]에서 있는 대로 고른 것은?

● 보기 ●
ㄱ. A에서는 태양의 열에너지가 화학 에너지로 저장된다.
ㄴ. B에서는 동물의 화학 에너지가 지구 내부 에너지로 전환된다.
ㄷ. C에서는 물의 위치 에너지가 운동 에너지로 전환된다.

① ㄱ　　② ㄴ　　③ ㄷ
④ ㄱ, ㄷ　　⑤ ㄴ, ㄷ

03 그림 (가), (나)는 지구에서 일어나는 어느 순환 과정의 일부를 각각 나타낸 것이다.

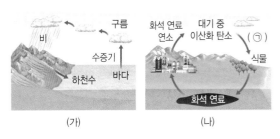

(가)　　(나)

이에 대한 설명으로 옳은 것만을 [보기]에서 있는 대로 고른 것은?

● 보기 ●
ㄱ. (가)에서 구름의 비가 땅으로 내릴 때 빗방울의 운동 에너지는 태양의 열에너지가 직접 전환된 것이다.
ㄴ. ㉠을 통해 이산화 탄소는 식물에 양분으로 저장된다.
ㄷ. (나)에서 지구 내부 에너지는 화석 연료의 화학 에너지로 전환된다.

① ㄱ　　② ㄴ　　③ ㄱ, ㄴ
④ ㄴ, ㄷ　　⑤ ㄱ, ㄴ, ㄷ

04 그림은 지구에서 태양 에너지가 전환되어 이용되는 과정 일부를 나타낸 것이다.

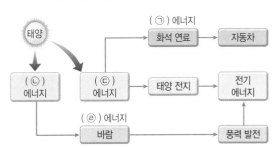

이에 대한 설명으로 옳은 것만을 [보기]에서 있는 대로 고른 것은?

● 보기 ●
ㄱ. ㉡은 빛에너지이다.
ㄴ. 식물은 광합성을 통해 ㉢ 에너지를 ㉠ 에너지로 전환하여 저장한다.
ㄷ. 자동차에서는 화석 연료의 ㉠ 에너지가 자동차의 ㉣ 에너지로 전환된다.

① ㄱ　　② ㄴ　　③ ㄷ
④ ㄴ, ㄷ　　⑤ ㄱ, ㄴ, ㄷ

발전과 에너지원

핵심
짚기
☐ 전자기 유도
☐ 발전기에서의 전기 에너지 생성
☐ 발전기의 원리

A 전자기 유도 탐구A 112쪽

1 *전자기 유도 코일 근처에서 자석을 움직일 때나 자석 근처에서 코일을 움직일 때, 코일을 통과하는 자기장의 세기가 변하여 코일에 전류가 유도되는 현상❶

2 유도 전류 전자기 유도에 의해 발생하는 전류
① 유도 전류의 방향: 코일을 통과하는 자기장의 변화를 방해하는 방향
② 자석과 코일 사이에 작용하는 자기력
- 자석을 코일에 가까이 할 때: 자석과 코일 사이에는 서로 밀어내는 자기력이 작용한다.
- 자석을 코일에서 멀리 할 때: 자석과 코일 사이에는 서로 끌어당기는 자기력이 작용한다.

| 자석의 극과 운동 방향에 따른 유도 전류의 방향 |

자석을 코일에 가까이 할 때와 코일에서 멀리 할 때 코일에 흐르는 유도 전류의 방향이 반대이다. 또 코일에 자석의 N극을 가까이 할 때와 S극을 가까이 할 때에도 유도 전류의 방향이 반대이다.

(--→ 유도 전류에 의한 자기장, ─→ 자석에 의한 자기장)

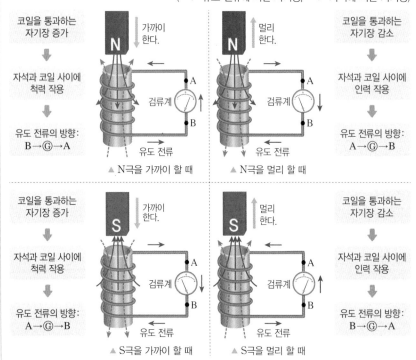

③ 자석과 원형 도선에서의 유도 전류: 자석을 원형 도선에 가까이 하거나 멀리 할 때 원형 도선에는 자석의 운동을 방해하는 방향으로 유도 전류가 흐른다.❷

1. 자석의 N극을 원형 도선에 가까이 할 때
① 원형 도선을 통과하는 아래쪽 방향의 자기장(보라색)이 증가한다.
② '증가'를 방해하기 위해 원형 도선을 통과하는 위쪽 방향의 자기장(초록색)이 만들어지도록 전류가 유도된다.
③ 자석을 밀어낸다.(척력)
2. 자석의 N극을 원형 도선에서 멀리 할 때 자석과 원형 도선 사이에 작용하는 힘 ➡ 자석을 끌어당긴다.(인력)

▲ N극을 가까이 할 때

Plus 강의

❶ 전자기 유도 현상에서 에너지 전환
자석이 코일 주위에서 움직이거나 코일이 자석 주위에서 움직이면 운동 에너지가 전기 에너지로 전환된다.

▲ 코일 근처에서 자석이 움직일 때 코일에 유도 전류가 흐른다.

❷ 유도 전류의 방향
전자기 유도 현상에 의해 원형 도선에 흐르는 유도 전류의 방향은 도선을 통과하는 자기장의 세기가 변하는 것을 방해하는 방향으로 자기장이 생기도록 흐른다.

🔍 용어 돋보기

✱ 전자기(電 전기, 磁 자석, 氣 기운)_전기와 자기의 상호작용

④ 유도 전류의 세기
- 자석의 세기가 셀수록: 코일을 통과하는 자기장의 세기가 커지므로 코일에 흐르는 유도 전류의 세기가 커진다.
- 자석을 빠르게 움직일수록: 코일을 통과하는 자기장의 변화가 커지므로 코일에 흐르는 유도 전류의 세기가 커진다.
- 코일을 많이 감을수록: 코일을 많이 감을수록 변화하는 자기장의 세기가 커지므로 코일에 흐르는 유도 전류의 세기가 커진다.

| 유도 전류의 세기를 크게 하는 방법 |
자석의 세기가 셀수록, 자석을 빠르게 움직일수록, 코일을 많이 감을수록 유도 전류의 세기가 커진다.

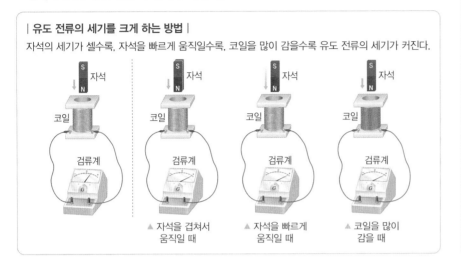

▲ 자석을 겹쳐서 움직일 때 　　▲ 자석을 빠르게 움직일 때 　　▲ 코일을 많이 감을 때

정답과 해설 31쪽

1 코일 주위에서 자석을 움직이면 코일을 통과하는 자기장의 세기가 변하여 코일에 전류가 흐르는 현상을 무엇이라고 하는지 쓰시오.

2 그림과 같이 자석의 N극을 저항이 연결된 코일에 가까이 할 때 저항에는 p → 저항 → q 방향으로 전류가 흘렀다. 자석이 다음과 같이 움직일 때 저항에 흐르는 유도 전류의 방향을 옳게 연결하시오.

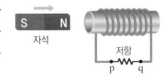

(1) 자석의 S극을 코일에 가까이 할 때 •
(2) 자석의 N극을 코일에서 멀리 할 때 •
(3) 자석의 S극을 코일에서 멀리 할 때 •

• ㉠ p → 저항 → q
• ㉡ q → 저항 → p

3 그림은 전자기 유도 실험을 나타낸 것이다. 코일에 흐르는 유도 전류의 세기를 증가시키는 방법으로 옳은 것은 ○, 옳지 않은 것은 ×로 표시하시오.

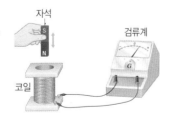

(1) 코일의 감은 수를 늘린다. ·························· (　　)
(2) 자석의 세기가 센 자석을 사용한다. ·········· (　　)
(3) 코일 주위에서 자석을 천천히 움직인다. ······ (　　)

암기 꼭!

유도 전류의 세기를 크게 하는 방법

자석의 세기가 클수록,
자석의 빠르기가 빠를수록,
코일의 감은 수가 많을수록,
유도 전류의 세기가 커진다.

O2 발전과 에너지원

B 발전기에서의 전기 에너지 생성

1 발전기 전자기 유도 현상을 이용하여 전기 에너지를 생산하는 장치
  ① 발전기의 구조: 자석과 코일로 이루어져 있으며, 코일은 자석 사이에서 회전한다.
  ② 발전기의 원리: 자석 사이의 코일이 회전할 때 코일을 통과하는 자기장의 세기가 변하여 유도 전류가 흐른다.❶

❶ 자기장이 형성된 자석 사이에서 코일을 회전시킨다. ──→ 운동 에너지
⬇
❷ 코일을 통과하는 자기장이 변한다.
⬇
❸ 코일에 유도 전류가 흐른다. ──→ 전기 에너지

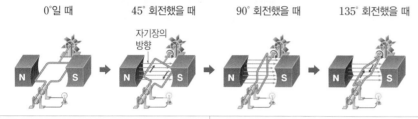

| 0°일 때 | 45° 회전했을 때 | 90° 회전했을 때 | 135° 회전했을 때 |

| 0°~90° 자기장이 통과하는 코일의 면적 증가 | 90°~180° 자기장이 통과하는 코일의 면적 감소 |

  • 코일이 회전할 때 자기장이 수직으로 통과하는 코일 면의 면적이 시간에 따라 변하여 전자기 유도 현상이 일어난다.
  • 코일이 빠르게 회전할수록 유도 전류의 세기가 커진다.
  ③ 발전기에서의 에너지 전환: 코일의 운동 에너지가 전기 에너지로 전환된다.❷

2 발전기에서의 전기 에너지 생성
  ① 발전소의 발전기: 발전소에서 발전기에 연결된 터빈을 회전시키면, 자석이 코일 속을 회전하면서 전자기 유도 현상에 의해 전기 에너지가 생성된다.
  ➡ *터빈의 운동 에너지가 전기 에너지로 전환된다.

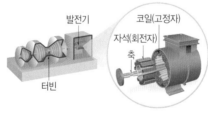

▲ 터빈과 발전기의 구조

  ② 발전기를 이용한 발전 방식: 터빈을 회전시키는 에너지원에 따라 구분되며, 발전기에서 전자기 유도 현상을 이용하여 전기 에너지를 생산한다.❸

종류	화력 발전	핵발전	수력 발전
에너지원	화석 연료(석유, 석탄 등)의 화학 에너지	핵연료(우라늄 등)의 핵에너지	높은 곳에 있는 물의 위치 에너지
발전 원리	화석 연료를 연소시켜 발생하는 열에너지로 물을 끓이고, 이때 발생하는 증기로 터빈을 돌린다.	*원자로에서 핵연료를 *핵분열시켜 발생하는 열에너지로 물을 끓이고, 이때 발생하는 증기로 터빈을 돌린다.	높은 곳에서 낮은 곳으로 떨어지는 물의 위치 에너지를 이용하여 터빈을 돌린다.
에너지 전환	화학 에너지 ➡ 열에너지 ➡ 운동 에너지 ➡ 전기 에너지	핵에너지 ➡ 열에너지 ➡ 운동 에너지 ➡ 전기 에너지	위치 에너지 ➡ 운동 에너지 ➡ 전기 에너지

 Plus 강의

❶ 전류의 자기 작용을 이용한 전동기
전동기는 자석 사이에 회전할 수 있는 코일이 들어 있어 발전기와 구조가 비슷하지만, 자기장 속에서 전류가 흐르는 코일이 받는 힘을 이용한다.

② 코일이 자석의 자기장에 의해 힘을 받는다.
③ 코일이 회전하여 날개가 돌아간다.
① 코일에 전류가 흐른다.

❷ 일상생활에서 이용되는 간이 발전기
  • 흔들이 손전등: 손전등을 흔들 때 자석이 코일 속을 통과하여 불이 켜진다.

코일
자석

  • 자전거 발전기: 바퀴를 돌릴 때 자석이 코일 속에서 회전하여 전조등에 불이 켜진다.

전조등
발전기
코일
회전자
자석

❸ 발전기를 이용한 발전 방식의 공통점과 차이점

화력 ─증기─
수력 ─물─ → 터빈 발전기 → 전기 에너지 발생
핵 ─증기─

  • 공통점: 발전기에서 전자기 유도 현상을 이용하여 전기 에너지를 생산한다.
  • 차이점: 화력 발전, 수력 발전, 핵발전은 터빈을 회전시키는 에너지원이 다르다.

용어 돋보기

✱ 터빈(Turbine)_ 수많은 날개가 달린 프로펠러 모양으로, 증기, 물, 바람에 의해 회전하는 장치
✱ 원자로(原 언덕, 子 아들, 爐 화로)_ 지속적으로 핵분열을 발생시키거나 이를 제어할 수 있도록 만든 장치
✱ 핵분열(核 씨, 分 나누다, 裂 찢다)_ 하나의 원자핵이 쪼개지면서 두 개 이상의 새로운 원자핵이 생겨나는 반응

3 발전 방식에 따른 장점과 단점

구분	화력 발전	핵발전
발전소		
장점	• 다른 발전소에 비해 건설 비용이 적게 들고, 건설 기간이 짧다. • 석탄, 석유, 천연가스 등과 같은 다양한 화석 연료를 사용할 수 있어 에너지 공급의 안정성이 높다. *• 전력 수요가 갑자기 증가하거나 에너지가 부족할 때 빠르게 대처할 수 있다.	• 적은 양의 연료로도 대량의 전력을 생산할 수 있다. • 연소 과정이 없어 이산화 탄소 배출이 거의 없다. • 연료비가 저렴하고, 에너지 효율이 높아 대용량 발전이 가능하다. ❹
단점	• 자원 매장량에 한계가 있다. • 화석 연료의 연소 과정에서 이산화 탄소가 많이 발생하여 지구 온난화가 심해질 수 있다.	• 자원 매장량에 한계가 있다. • 핵발전으로 생기는 방사성 폐기물 처리가 어렵다. • 방사능이 누출될 경우 큰 피해가 생길 수 있다.

4 발전소가 인간 생활에 미치는 영향

① 영향: 발전소에서 전기를 대규모로 공급하는 것이 가능해져 가정에서는 다양한 가전제품을 사용할 수 있게 되었고, 첨단 과학 기술의 발전이 가능해졌다.

② 문제점: 환경 오염이나 기후 변화에 따른 생태계 파괴의 위험이 증가하는 문제가 발생하였다.

③ 해결 방안: 고갈될 염려가 없고, 지구 온난화와 환경 오염의 위험이 없는 친환경적인 새로운 에너지 자원을 개발해야 한다.

❹ **핵발전의 에너지 효율**
핵발전은 연료의 단위질량당 발생하는 에너지가 크므로, 에너지 효율이 높아 대용량 발전이 가능하다.

◯용어 돋보기

* **전력**(電 번개, 力 힘)_단위시간 동안 생산하거나 사용하는 전기 에너지

정답과 해설 31쪽

4 다음은 발전기에 대한 설명이다. ( ) 안에 알맞은 말을 쓰시오.

> 발전소의 발전기는 바깥쪽 코일과 안쪽에서 회전하는 ㉠( )으로 구성되어 있고, ㉡( ) 현상을 이용하여 ㉢( ) 에너지를 전기 에너지로 전환한다.

5 다음은 발전기를 이용한 발전 방식에서 일어나는 에너지 전환 과정이다. ( ) 안에 알맞은 말을 쓰시오.

(1) 수력 발전: ( ) 에너지 → 운동 에너지 → 전기 에너지

(2) 핵발전: ( )에너지 → 열에너지 → 운동 에너지 → 전기 에너지

(3) 화력 발전: 화학 에너지 → ( )에너지 → 운동 에너지 → 전기 에너지

6 화력 발전과 핵발전에 대한 설명으로 옳은 것은 ○, 옳지 <u>않은</u> 것은 ×로 표시하시오.

(1) 화력 발전의 연료로는 석탄만 사용할 수 있다. ┈┈┈┈┈┈ ( )

(2) 화력 발전은 다른 발전소에 비해 건설 비용이 저렴하다. ┈┈┈┈ ( )

(3) 핵발전은 이산화 탄소 배출이 거의 없지만, 방사능 누출의 위험이 있다. ┈ ( )

암기 꼭!

발전기의 원리
전자기 유도 현상을 이용하여 전기 에너지를 생산한다.

발전기를 이용한 발전 방식에서 일어나는 에너지 전환 과정
• 화력 발전: 화학 에너지 → 열에너지 → 운동 에너지 → 전기 에너지
• 핵발전: 핵에너지 → 열에너지 → 운동 에너지 → 전기 에너지
• 수력 발전: 위치 에너지 → 운동 에너지 → 전기 에너지

자석과 코일을 이용하여 운동 에너지가 전기 에너지로 전환되는 과정 탐구하기

🎯 **목표** 자석과 코일의 상대 운동으로 코일에 전류가 유도됨을 설명할 수 있다.

과정·결과

❶ 코일과 검류계를 집게 달린 전선을 이용하여 연결한다.

❷ N극을 코일에 가까이 하거나 멀리 하면서 검류계 바늘을 관찰한다.

➡ 검류계 바늘은 N극을 가까이 할 때는 오른쪽으로, 멀리 할 때는 왼쪽으로 움직인다.

❸ S극을 코일에 가까이 하거나 멀리 하면서 검류계 바늘을 관찰한다.

➡ 검류계 바늘은 S극을 가까이 할 때는 왼쪽으로, 멀리 할 때는 오른쪽으로 움직인다.

❹ 동일한 자석 2개를 같은 극끼리 겹쳐 과정 ❷를 반복한다.

➡ 검류계 바늘이 움직이는 최대 폭이 ❷에서보다 크다.

❺ 자석을 코일을 향해 빠르게 움직이면서 과정 ❷를 반복한다.

➡ 검류계 바늘이 움직이는 최대 폭이 ❷에서보다 크다.

❻ 코일 속에 자석을 넣고 가만히 있을 때 검류계 바늘을 관찰한다.

➡ 검류계 바늘이 움직이지 않는다. → 유도 전류가 흐르지 않는다.

▲ **검류계**: 약한 전류가 흐를 때 전류의 방향과 세기를 알아보는 기구

유의점
실험하기 전 검류계의 눈금이 '0'을 가리키도록 설정한다.

시험 Tip!
- 자석이 움직이는 방향에 따라 전류의 방향을 묻는 문항이 자주 출제된다. ➡ 유도 전류의 방향은 코일을 통과하는 자기장의 변화를 방해하는 방향이다.
- 자석이 코일로부터 받는 자기력의 방향에 대해 묻는 문항이 자주 출제된다. ➡ 자석이 코일로부터 멀어지면 자석과 코일 사이에는 서로 끌어당기는 자기력이 작용하고, 자석이 코일에 가까이 다가가면 자석과 코일 사이에는 서로 밀어내는 자기력이 작용한다.

해석

① 자석의 운동 상태에 따른 검류계 바늘의 움직임은 다음과 같다.

자석		검류계 바늘의 움직임		
과정 ❷	N극을 가까이 할 때	오른쪽으로 움직인다.	유도 전류의 방향이 반대	과정 ❷와 ❸에서 유도 전류의 방향이 반대
	N극을 멀리 할 때	왼쪽으로 움직인다.		
과정 ❸	S극을 가까이 할 때	왼쪽으로 움직인다.	유도 전류의 방향이 반대	
	S극을 멀리 할 때	오른쪽으로 움직인다.		
과정 ❹		검류계 바늘이 움직이는 최대 폭이 ❷에서보다 크다. ➡ 유도 전류의 세기가 ❷에서보다 크다.		
과정 ❺		검류계 바늘이 움직이는 최대 폭이 ❷에서보다 크다. ➡ 유도 전류의 세기가 ❷에서보다 크다.		
과정 ❻		검류계 바늘이 움직이지 않는다. ➡ 유도 전류가 흐르지 않는다.		

② 자석을 움직여 코일에 전류가 유도될 때 자석의 운동 에너지가 전기 에너지로 전환된다.

이렇게도 실험해요!

[과정]
❶ 사각 틀에 ㄱ자 막대를 끼우고 틀 안에 있는 막대 양쪽에 네오디뮴 자석을 붙인다.
❷ 틀에 에나멜선을 감아 코일을 만들고, 사포로 에나멜선의 양 끝을 벗겨 발광 다이오드를 연결한다.

[결과 및 해석]
ㄱ자 막대를 돌리면 발광 다이오드에서 빛이 방출된다. ➡ 자석의 회전에 의해 코일을 통과하는 자기장의 세기가 변하여 유도 전류가 흐른다.

정리

1. **유도 전류의 발생**: 코일을 통과하는 자기장의 세기가 변할 때 코일에 유도 전류가 흐른다.
2. **유도 전류의 방향**: 자석의 운동 방향을 반대로 하거나 자석의 극을 바꾸어 움직이면 코일에 흐르는 유도 전류의 방향이 반대가 된다.
3. **유도 전류의 세기**: 자석의 세기가 셀수록, 코일 주위에서 자석을 빠르게 움직일수록 유도 전류의 세기가 커진다.
4. **에너지 전환**: 운동 에너지 → 전기 에너지

확인 문제

1 탐구A 에 대한 설명으로 옳은 것은 ○, 옳지 않은 것은 ×로 표시하시오.

(1) 코일 근처에서 자석을 움직일 때 코일을 통과하는 자기장의 세기가 변한다. … (　　　)

(2) 과정 ❹는 유도 전류의 방향에 영향을 미치는 조건을 확인하기 위한 것이다.
.... (　　　)

(3) 코일에 전류가 흐를 때 자석의 운동 에너지는 전기 에너지로 전환된다. ……… (　　　)

2 그림은 자석의 N극을 코일의 중심축을 따라 코일에서 멀어
지는 쪽으로 움직였더니 검류계 바늘이 ㉠ 방향으로 움직이
는 것을 나타낸 것이다.
검류계 바늘이 ㉡ 방향으로 움직이는 경우만을 [보기]에서
있는 대로 고른 것은?

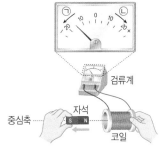

• 보기 •

ㄱ. 자석의 N극을 코일에 가까이 할 때

ㄴ. 코일을 자석의 N극에 가까이 할 때

ㄷ. 자석의 S극을 코일에 가까이 할 때

① ㄱ   ② ㄴ   ③ ㄷ
④ ㄱ, ㄴ   ⑤ ㄴ, ㄷ

3 그림과 같이 코일과 검류계를 연결하고, 코일 주위에서 자석을 움직
일 때 검류계 바늘을 관찰하였다.
유도 전류의 세기를 증가시키는 방법으로 옳은 것만을 [보기]에서
있는 대로 고른 것은?

• 보기 •

ㄱ. 자석을 더 빠르게 움직인다.

ㄴ. 자석의 극을 바꾸어 움직인다.

ㄷ. 코일의 감은 방향을 반대로 한다.

① ㄱ   ② ㄴ   ③ ㄱ, ㄴ
④ ㄱ, ㄷ   ⑤ ㄴ, ㄷ

중간·기말 고사에 출제될 확률이 높은 문항들로 구성하여, 내신에 완벽 대비할 수 있도록 하였습니다. | 정답과 해설 32쪽

Ⓐ 전자기 유도

01 저항에 흐르는 전류의 방향이 같은 것만을 [보기]에서 있는 대로 고른 것은?

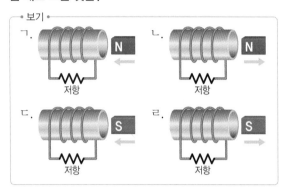

보기
ㄱ. (코일 N) 저항
ㄴ. (코일 N) 저항
ㄷ. (코일 S) 저항
ㄹ. (코일 S) 저항

① ㄱ, ㄴ　　② ㄱ, ㄷ　　③ ㄴ, ㄷ
④ ㄱ, ㄴ, ㄷ　　⑤ ㄴ, ㄷ, ㄹ

★중요
02 그림은 검류계가 연결된 코일 위에서 자석을 가만히 잡고 있는 모습을 나타낸 것이고, 표는 자석을 움직이는 순간, 검류계 바늘이 움직이는 방향을 나타낸 것이다. 검류계 바늘은 왼쪽 또는 오른쪽으로 움직인다.

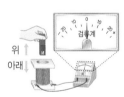

구분	자석의 움직임	검류계 바늘 방향
(가)	N극을 코일에서 멀리 한다.	㉠
(나)	S극을 코일에 가까이 한다.	㉡

이에 대한 설명으로 옳은 것만을 [보기]에서 있는 대로 고른 것은?

보기
ㄱ. ㉠과 ㉡은 같다.
ㄴ. (가)에서 자석과 코일 사이에는 서로 끌어당기는 힘이 작용한다.
ㄷ. (나)에서 코일을 통과하는 자기장의 세기는 감소한다.

① ㄱ　　② ㄴ　　③ ㄷ
④ ㄱ, ㄴ　　⑤ ㄴ, ㄷ

03 그림은 검류계가 연결된 코일의 중심축 상에서 자석의 N극이 코일을 향하도록 자석을 가만히 잡고 있는 것을 나타낸 것이다. 이에 대한 설명으로 옳은 것만을 [보기]에서 있는 대로 고른 것은?

보기
ㄱ. 코일을 자석에 가까이 할 때 자석과 코일 사이에는 서로 끌어당기는 자기력이 작용한다.
ㄴ. 코일에 흐르는 유도 전류의 방향은 자석을 코일에 가까이 할 때와 멀리 할 때 서로 반대이다.
ㄷ. 자석이 코일에 빠르게 다가갈수록 코일에 흐르는 유도 전류의 세기는 커진다.

① ㄱ　　② ㄴ　　③ ㄷ
④ ㄱ, ㄷ　　⑤ ㄴ, ㄷ

04 전자기 유도 현상에 대한 설명으로 옳은 것만을 [보기]에서 있는 대로 고른 것은?

보기
ㄱ. 코일에 흐르는 유도 전류의 방향은 코일을 통과하는 자기장의 변화를 증가시키는 방향이다.
ㄴ. 정지해 있는 코일 안에 자석을 가만히 놓으면 코일에 유도 전류가 흐른다.
ㄷ. 코일의 감은 수가 많을수록 코일에 흐르는 유도 전류의 세기가 커진다.

① ㄱ　　② ㄴ　　③ ㄷ
④ ㄱ, ㄷ　　⑤ ㄴ, ㄷ

서술형
05 그림과 같이 자석을 코일에 가까이 하거나 멀리 할 때 코일에 흐르는 유도 전류의 세기를 증가시키는 방법 세 가지를 서술하시오.

★중요
06 그림 (가), (나)는 동일한 자석이 각각 코일 A, B의 중심 축을 따라 A, B로부터 같은 거리만큼 떨어진 지점을 같은 속력으로 통과하는 것을 나타낸 것이다. 코일의 감은 수는 A가 B보다 적다.

이에 대한 설명으로 옳은 것만을 [보기]에서 있는 대로 고른 것은?

보기
ㄱ. 자석에 작용하는 자기력의 방향은 (가)에서와 (나)에서가 반대이다.
ㄴ. 저항에 흐르는 유도 전류의 방향은 (가)에서와 (나)에서가 같다.
ㄷ. 저항에 흐르는 유도 전류의 세기는 (가)에서가 (나)에서보다 작다.

① ㄱ   ② ㄴ   ③ ㄷ
④ ㄴ, ㄷ   ⑤ ㄱ, ㄴ, ㄷ

★중요
07 그림은 책상면에 고정된 원형 도선의 중심축을 따라 윗면이 S극인 자석을 원형 도선에 가까이 가져갔더니, 원형 도선에 ㉠ 방향으로 유도 전류가 흐르는 것을 나타낸 것이다.

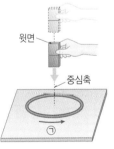

자석을 코일에 가까이 하는 동안에 대한 설명으로 옳은 것만을 [보기]에서 있는 대로 고른 것은?

보기
ㄱ. 원형 도선을 통과하는 자기장의 세기는 감소한다.
ㄴ. 자석에 작용하는 자기력의 방향과 중력의 방향은 서로 반대이다.
ㄷ. 윗면이 N극인 자석을 원형 도선에 가까이 하면 도선에 흐르는 유도 전류의 방향은 ㉠과 반대이다.

① ㄱ   ② ㄴ   ③ ㄷ
④ ㄱ, ㄴ   ⑤ ㄴ, ㄷ

B 발전기에서의 전기 에너지 생성

08 그림은 자석 사이에서 코일이 회전할 때 전구의 불이 켜지는 것을 나타낸 것이다.

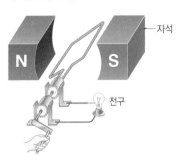

이에 대한 설명으로 옳은 것만을 [보기]에서 있는 대로 고른 것은?

보기
ㄱ. 전자기 유도 현상을 이용한 장치이다.
ㄴ. 코일의 회전 방향을 반대로 하면, 전구의 불이 켜지지 않는다.
ㄷ. 코일의 운동 에너지는 전기 에너지로 전환된다.

① ㄱ   ② ㄴ   ③ ㄷ
④ ㄱ, ㄷ   ⑤ ㄴ, ㄷ

09 그림은 자전거의 전조등에 사용되는 소형 발전기의 구조를 나타낸 것이다. 자전거의 바퀴를 돌릴 때 발전기 내부의 영구 자석이 회전하면서 전조등이 켜진다.

이에 대한 설명으로 옳은 것만을 [보기]에서 있는 대로 고른 것은?

보기
ㄱ. 영구 자석이 회전하면 코일에 유도 전류가 발생한다.
ㄴ. 자전거의 바퀴가 빠르게 회전할수록 전조등은 더 밝아진다.
ㄷ. 영구 자석이 회전할 때 코일을 통과하는 자기장의 세기는 일정하다.

① ㄱ   ② ㄴ   ③ ㄱ, ㄴ
④ ㄴ, ㄷ   ⑤ ㄱ, ㄴ, ㄷ

10 그림은 화력 발전소에서 전기 에너지를 생산하는 원리를 나타낸 것이다.

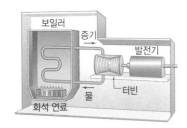

이에 대한 설명으로 옳은 것만을 [보기]에서 있는 대로 고른 것은?

· 보기 ·
ㄱ. 화석 연료의 화학 에너지를 이용한다.
ㄴ. 화석 연료가 핵반응할 때 발생하는 열로 물을 끓여 증기를 발생시킨다.
ㄷ. 터빈의 운동 에너지가 전기 에너지로 전환된다.

① ㄱ   ② ㄴ   ③ ㄱ, ㄷ
④ ㄴ, ㄷ   ⑤ ㄱ, ㄴ, ㄷ

11 그림 (가)는 수력 발전의 원리를, (나)는 핵발전의 원리를 나타낸 것이다.

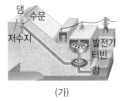 

(가)   (나)

이에 대한 설명으로 옳은 것만을 [보기]에서 있는 대로 고른 것은?

· 보기 ·
ㄱ. (가)는 물을 분해할 때 나오는 에너지를 이용하여 전기 에너지를 생산한다.
ㄴ. (나)는 우라늄이 핵분열할 때 방출되는 에너지로 물을 끓여 터빈을 돌린다.
ㄷ. (가), (나)는 모두 발전기에서 전자기 유도 현상을 이용하여 전기 에너지를 생산한다.

① ㄱ   ② ㄴ   ③ ㄱ, ㄷ
④ ㄴ, ㄷ   ⑤ ㄱ, ㄴ, ㄷ

★중요
12 그림 (가), (나)는 각각 핵발전과 화력 발전 과정의 일부를 순서 없이 나타낸 것이다.

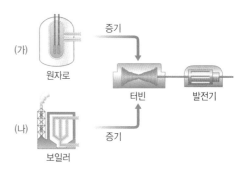

이에 대한 설명으로 옳은 것만을 [보기]에서 있는 대로 고른 것은?

· 보기 ·
ㄱ. 발전 과정에서 발생하는 이산화 탄소는 (가)에서가 (나)에서보다 많다.
ㄴ. (나)의 에너지원은 고갈될 염려가 없다.
ㄷ. (가), (나)에서 공통적인 에너지 전환 과정은 '열 에너지 → 운동 에너지 → 전기 에너지'이다.

① ㄴ   ② ㄷ   ③ ㄱ, ㄴ
④ ㄴ, ㄷ   ⑤ ㄱ, ㄴ, ㄷ

13 그림은 화력 발전과 핵발전 시설을 나타낸 것이다.

 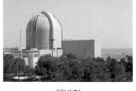

화력 발전   핵발전

화력 발전과 핵발전의 특징에 대한 설명으로 옳은 것만을 [보기]에서 있는 대로 고른 것은?

· 보기 ·
ㄱ. 화력 발전은 핵발전보다 건설 비용이 저렴하다.
ㄴ. 핵발전의 에너지원은 고갈될 염려가 없다.
ㄷ. 화력 발전은 핵발전에 비해 에너지 효율이 높아 대용량 발전이 가능하다.

① ㄱ   ② ㄴ   ③ ㄱ, ㄷ
④ ㄴ, ㄷ   ⑤ ㄱ, ㄴ, ㄷ

01 그림은 빗면을 따라 내려온 자석이 코일의 중심축에 놓인 마찰이 없는 수평 레일을 따라 운동하는 모습을 나타낸 것이다. 점 p, q는 레일 위에 있고, 자석이 p를 지날 때, 저항에 흐르는 유도 전류의 방향은 b → 저항 → a이다.

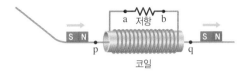

이에 대한 설명으로 옳은 것만을 [보기]에서 있는 대로 고른 것은?

• 보기 •
ㄱ. 자석이 코일로부터 받는 자기력의 방향은 p에서 와 q에서가 같다.
ㄴ. 자석의 속력은 p에서가 q에서보다 크다.
ㄷ. 자석이 q를 지날 때 저항에 흐르는 유도 전류의 방향은 b → 저항 → a이다.

① ㄱ   ② ㄴ   ③ ㄱ, ㄴ
④ ㄴ, ㄷ   ⑤ ㄱ, ㄴ, ㄷ

02 그림은 수평면에 고정된 원형 도선 A, B의 중심축을 따라 자석이 A, B 사이에서 B를 향해 일정한 속력으로 운동하는 동안 A에 화살표 방향으로 유도 전류가 흐르는 것을 나타낸 것이다.

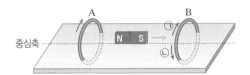

자석이 B에 가까이 다가가는 동안에 대한 설명으로 옳은 것만을 [보기]에서 있는 대로 고른 것은?

• 보기 •
ㄱ. A를 통과하는 자기장의 세기는 감소한다.
ㄴ. B에 흐르는 유도 전류의 방향은 ㉡이다.
ㄷ. 자석의 운동 에너지는 감소한다.

① ㄱ   ② ㄴ   ③ ㄷ
④ ㄱ, ㄴ   ⑤ ㄴ, ㄷ

03 그림은 발전기의 구조를 나타낸 것이다.

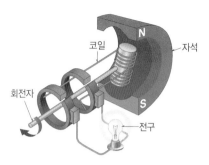

코일이 회전하는 동안에 대한 설명으로 옳은 것만을 [보기]에서 있는 대로 고른 것은?

• 보기 •
ㄱ. 발전기에서는 화학 에너지가 전기 에너지로 전환된다.
ㄴ. 코일의 회전 속력이 빠를수록 코일에 흐르는 유도 전류의 세기는 감소한다.
ㄷ. 코일 대신 자석을 회전시켜도 전구의 불이 켜진다.

① ㄱ   ② ㄴ   ③ ㄷ
④ ㄱ, ㄴ   ⑤ ㄴ, ㄷ

04 그림은 발전 과정에서 에너지 전환 과정을 나타낸 것이다. (가)~(다)는 수력 발전, 화력 발전, 핵발전을 순서 없이 나타낸 것이다.

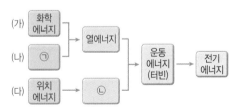

이에 대한 설명으로 옳은 것만을 [보기]에서 있는 대로 고른 것은?

• 보기 •
ㄱ. (가)는 수력 발전이다.
ㄴ. ㉠은 핵에너지이다.
ㄷ. ㉡은 역학적 에너지의 한 형태이다.

① ㄱ   ② ㄴ   ③ ㄷ
④ ㄱ, ㄴ   ⑤ ㄴ, ㄷ

03 에너지 효율과 신재생 에너지

핵심
짚기
- [ ] 에너지 전환
- [ ] 에너지 효율
- [ ] 에너지 보존
- [ ] 신재생 에너지

Ⓐ 에너지 전환과 보존

1 에너지[1] 일을 할 수 있는 능력(단위: J(줄))

역학적 에너지	운동 에너지와 위치 에너지의 합	운동 에너지	운동하는 물체가 가지는 에너지
		위치 에너지	물체가 위치에 따라 가지는 에너지
열에너지	물체를 이루는 원자의 진동이나 분자 운동에 의한 에너지로, 물체의 온도를 변화시키는 에너지		
화학 에너지	화학 결합에 의해 물질 속에 저장되어 있는 에너지		
전기 에너지	전하의 이동에 의해 발생하는 에너지		
빛에너지	빛의 형태로 전달되는 에너지		
소리 에너지	공기와 같은 물질의 진동에 의해 전달되는 에너지		

2 에너지 전환 한 형태의 에너지가 다른 형태의 에너지로 바뀌는 것[2]

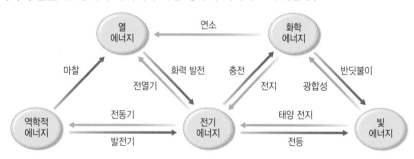

| **스마트 기기에서 일어나는 에너지 전환** |

스마트 기기를 충전하여 사용할 때 전기 에너지는 스피커에서 나오는 소리 에너지, 화면을 만드는 빛에너지, 진동을 만드는 운동 에너지, 스마트 기기가 발열되는 열에너지 등으로 전환된다.

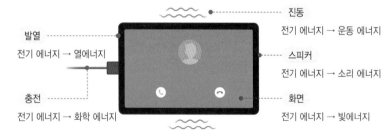

3 에너지 보존 법칙 에너지는 여러 가지 형태로 전환될 수 있지만 새롭게 생겨나거나 소멸되지 않으며, 에너지가 전환되는 과정에서 전환 전과 후 에너지의 총량은 항상 보존된다.[3]

Ⓑ 에너지의 효율적 이용

1 에너지 효율 공급한 에너지 중에서 유용하게 사용된 에너지의 비율 ➡ 에너지가 전환되는 과정에서 버려지는 에너지가 있기 때문에 에너지 효율은 항상 100 %보다 작다.[4]

$$에너지 효율(\%) = \frac{유용하게 사용된 에너지}{공급한 에너지} \times 100$$

Plus 강의

[1] 에너지
과학에서 에너지는 일을 할 수 있는 능력을 의미하며, 물체가 외부에 한 일만큼 물체의 에너지가 변한다.
일=에너지의 변화량(단위: J(줄))

[2] 에너지 전환 과정
- 반딧불이: 반딧불이는 배에 있는 화학 물질이 빛을 방출한다.
- 충전: 전기 에너지를 공급하면 화학 에너지의 형태로 저장된다.
- 전지: 전기 에너지를 화학 에너지로 저장하였다가 필요할 때 전기 에너지의 형태로 변환하여 사용한다.

[3] 역학적 에너지 보존 법칙
롤러코스터가 내려갈 때는 위치 에너지 → 운동 에너지, 올라갈 때는 운동 에너지 → 위치 에너지로 에너지 전환이 일어나는데, 마찰이나 공기 저항이 없을 때 역학적 에너지는 항상 일정하다.

▲ 롤러코스터의 운동

[4] 에너지 효율
에너지를 사용하는 과정에서 에너지의 전체 양은 보존되지만, 에너지가 전환될 때마다 항상 에너지의 일부는 다시 사용하기 어려운 형태의 열에너지로 전환된다. 따라서 공급한 에너지가 모두 유용하게 사용되지는 않는다.

🔍 **용어 돋보기**

✱ 효율(效 힘쓰다, 率 비율)_기계의 일한 양과 공급되는 에너지와의 비

| 자동차에서의 에너지 효율❹ |

최근에는 에너지 효율을 높이는 기술을 활발히 개발하고 있는데, 대표적인 예가 자동차이다.

화석 연료를 사용하는 자동차는 화석 연료의 연소 과정에서 버려지는 열에너지가 많기 때문에 에너지 효율이 낮다.

전기 자동차는 전기 에너지로 작동하여 발생하는 열에너지가 적고, 버려지는 에너지의 일부를 재사용하여 에너지 효율이 높다.

❺ 열기관과 열효율
- **열기관**: 열에너지를 일로 전환하는 장치
- **열효율**: 열기관의 효율로, 공급한 열에너지 중 열기관이 한 일의 비율

$$열효율(\%) = \frac{W}{Q_1} \times 100$$

2 에너지 절약과 효율적 이용

① 에너지를 절약해야 하는 까닭: 에너지가 전환되는 과정에서 다시 사용하기 어려운 형태의 열에너지로 전환되어 버려진다. ➡ 우리가 사용할 수 있는 유용한 에너지의 양이 점점 줄어들기 때문에 에너지를 효율적으로 사용해야 한다.

② 에너지 효율이 높은 제품 사용: 조명 기구는 열에너지로 전환되는 양을 줄이고 빛에너지로 전환되는 양을 높인 LED 전구를 사용한다.

❻ 에너지 소비 효율 등급이 높은 제품을 사용해야 하는 까닭

1등급에 가까운 제품일수록 에너지 절약형 제품이다. 1등급 제품을 사용하면 5등급 제품을 사용할 때보다 약 30 %~40 %의 에너지를 절약할 수 있다.

③ 에너지 소비 효율 등급 표시 제도: 에너지 소비가 많은 제품을 대상으로 에너지를 효율적으로 사용하는 정도에 따라 1등급~5등급을 부여하여 생산자가 효율이 높은 제품을 개발하도록 유도하고 있다.❼

▲ 에너지 소비 효율 등급 표시

정답과 해설 34쪽

1 다음은 다양한 에너지 전환 과정이다. (　　) 안에 알맞은 말을 쓰시오.

(1) 충전: (　　　) 에너지 → 화학 에너지

(2) 반딧불이: (　　　) 에너지 → 빛에너지

(3) 태양 전지: (　　　)에너지 → 전기 에너지

2 선풍기에 100 J의 에너지를 공급하였더니 유용한 에너지로 25 J을 사용하고, 나머지는 열에너지로 방출되었다. 이 선풍기의 에너지 효율은 몇 %인지 쓰시오.

3 에너지의 총량은 보존되지만 에너지가 전환되는 과정에서 다시 사용하기 어려운 (　　　)에너지의 형태로 전환되어 우리가 사용할 수 있는 유용한 에너지의 양이 줄어들기 때문에 에너지를 효율적으로 사용해야 한다.

에너지 효율 공식

에너지 효율(%)

$$= \frac{유용하게 사용된 에너지}{공급한 에너지} \times 100$$

C 지속가능한 발전을 위한 신재생 에너지의 활용 _{여기서 잠깐} 122쪽

1 신재생 에너지 신에너지와 재생 에너지의 합성어로, 기존의 화석 연료를 변환하여 이용하거나 햇빛, 바다, 바람 등의 재생 가능한 에너지를 변환하여 이용하는 에너지이다.
➡ 지속적인 에너지 공급이 가능

신에너지	재생 에너지
기존에 사용하지 않았던 새로운 에너지 예 수소 에너지, 연료 전지, 석탄의 *액화 및 가스화	계속해서 다시 사용할 수 있는 에너지 예 태양광, 태양열, 풍력, 수력, 해양(조력, 파력), 지열, 바이오, 폐기물 에너지

장점	• 화석 연료와 달리 자원 고갈의 염려가 없다. • 지속적인 에너지 공급이 가능하여 지속가능한 발전을 할 수 있다. • 이산화 탄소와 같은 온실 기체 배출로 인한 기후 변화나 환경 오염 문제가 거의 없다.
단점	기존의 에너지원에 비해 설치 비용이 많이 들고, 발전 효율이 낮다.

2 신재생 에너지와 발전

① 신에너지

수소 에너지	수소가 연소하면서 발생하는 에너지로 전기 에너지를 생산한다.
연료 전지	화학 반응을 통한 연료의 화학 에너지로 전기 에너지를 생산한다.
석탄의 액화 및 가스화	석탄을 액체나 가스 형태로 전환하여 사용한다.

② 재생 에너지와 발전 방식

태양광	에너지원	햇빛이 가지고 있는 빛에너지
	발전 방식	빛을 받으면 전압이 발생하는 원리를 이용하여 태양 전지에 도달하는 빛에너지를 모아 전기 에너지를 생산한다.
태양열❶	에너지원	햇빛이 가지고 있는 열에너지
	발전 방식	오목 거울과 같은 반사판으로 태양의 열에너지를 모아 전기 에너지를 생산한다.
풍력	에너지원	바람의 힘을 이용하는 에너지
	발전 방식	바람의 운동 에너지를 이용하여 발전기와 연결된 날개를 돌려 전기 에너지를 생산한다.
수력	에너지원	높은 곳에 있는 물이 가진 위치 에너지
	발전 방식	높은 곳에서 낮은 곳으로 흐르는 물의 위치 에너지로 터빈을 돌려 전기 에너지를 생산한다.
해양	조력❷ 에너지원	밀물과 썰물 때 해수면의 높이차로 생기는 에너지
	조력❷ 발전 방식	밀물 때 바닷물이 들어오면서 생기는 물의 운동 에너지로 터빈을 돌려 전기 에너지를 생산한다.
	파력 에너지원	파도가 갖는 에너지
	파력 발전 방식	파도가 칠 때 해수면이 상승하거나 하강하여 생기는 공기의 흐름을 이용하여 전기 에너지를 생산한다.
지열❸	에너지원	지구 내부의 열에너지
	발전 방식	지하에 있는 뜨거운 물과 수증기의 열에너지를 이용하여 전기 에너지를 생산한다.
바이오	에너지원	농작물, 목재, 해조류 등 살아있는 생명체의 에너지, 매립지의 가스를 원료로 이용하는 에너지
	발전 방식	연료를 발효시키거나 연료를 연소시켜 발생하는 가스로 터빈을 돌려 전기 에너지를 생산한다.
폐기물	에너지원	산업체와 가정에서 생기는 가연성 폐기물을 소각할 때 발생하는 열에너지
	발전 방식	폐기물을 소각할 때 발생하는 열에너지로 증기를 만들고 이 증기로 터빈을 돌려 전기 에너지를 생산한다.

Plus 강의

❶ 태양열 발전
태양의 빛에너지를 이용하여 전기 에너지를 생산하는 태양광 발전과 달리 태양열 발전은 태양의 열에너지를 이용하여 전기 에너지를 생산한다.

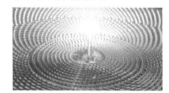
▲ 오목 거울로 빛을 모으는 태양열 발전

❷ 조력 발전
우리나라는 조수 간만의 차가 큰 서해안의 시화호에 조력 발전소를 건설하여 운영하고 있다.

▲ 시화호의 조력 발전소

❸ 지열 발전
지열 발전은 지구 내부 에너지를 이용하여 전기 에너지를 생산하는 방식으로 지열 에너지의 근원은 방사성 원소의 핵반응, 화산 활동, 지표면에 흡수된 태양 에너지 등이 있다.

▲ 지열 발전소

용어 돋보기

✽ 액화(液 진, 化 되다) _ 기체 상태에 있는 물질이 에너지를 방출하여 액체로 변하는 현상

3 친환경 에너지 도시 태양광, 재활용 시설 등 다양한 신재생 에너지 설비를 갖춘 도시❹

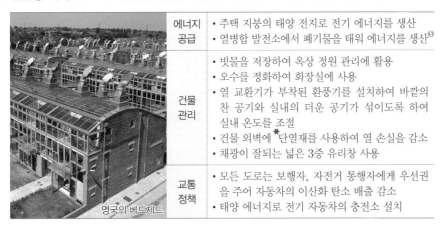

에너지 공급	• 주택 지붕의 태양 전지로 전기 에너지를 생산 • 열병합 발전소에서 폐기물을 태워 에너지를 생산❺
건물 관리	• 빗물을 저장하여 옥상 정원 관리에 활용 • 오수를 정화하여 화장실에 사용 • 열 교환기가 부착된 환풍기를 설치하여 바깥의 찬 공기와 실내의 더운 공기가 섞이도록 하여 실내 온도를 조절 • 건물 외벽에 *단열재를 사용하여 열 손실을 감소 • 채광이 잘되는 넓은 3중 유리창 사용
교통 정책	• 모든 도로는 보행자, 자전거 통행자에게 우선권을 주어 자동차의 이산화 탄소 배출 감소 • 태양 에너지로 전기 자동차의 충전소 설치

영국의 베드제드

4 새로운 에너지원 개발 신재생 에너지의 단점을 극복하기 위해 새로운 에너지원을 개발하고 있으며, 대표적으로 우리나라에서는 초전도 핵융합 연구가 진행되고 있다.
➡ 우리나라에서는 독자적으로 '한국 차세대 초전도 토카막 연구'를 진행하여 한국형 핵융합 연구 장치(KSTAR)를 개발하였다.

❹ **우리나라의 친환경 에너지 도시**
우리나라에서도 삼척시 도계읍의 무지개 마을에서 에너지 자립 마을을 조성하여 지구 환경 문제를 해결하기 위해 노력하고 있다.

❺ **열병합 발전**
전기 에너지를 생산하는 과정에서 버려지는 열을 회수하여 난방이나 온수에 이용하는 발전 방식

🔍 **용어 돋보기**

✱ **단열(斷 끊을, 熱 더울)_**물체와 물체 사이에 열이 서로 이동하지 않도록 막음

 개념 쏙쏙

정답과 해설 34쪽

4 다음은 신재생 에너지에 대한 설명이다. ( ) 안에 알맞은 말을 쓰시오.

(1) ( )에너지: 기존에 사용하지 않았던 새로운 에너지
(2) ( ) 에너지: 계속해서 다시 사용할 수 있는 에너지
(3) 신재생 에너지는 기존의 ㉠( )를 변환시켜 이용하거나 햇빛, 물, 지열, 강수 등 ㉡( ) 가능한 에너지를 변환시켜 이용하는 에너지이다.

5 신재생 에너지에 대한 설명을 옳게 연결하시오.

(1) 연료 전지 • • ㉠ 수소가 연소하면서 발생하는 에너지를 이용한다.
(2) 수소 에너지 • • ㉡ 화학 반응을 통한 연료의 화학 에너지를 이용한다.
(3) 바이오 에너지 • • ㉢ 폐기물을 소각할 때 발생하는 열에너지를 이용한다.
(4) 폐기물 에너지 • • ㉣ 농작물, 목재 등 생명체의 에너지, 매립지의 가스를 원료로 이용한다.

6 다음에 해당하는 발전 방식을 쓰시오.

(1) 태양 전지를 이용하여 빛에너지로부터 전기 에너지를 생산한다.
(2) 파도가 칠 때 해수면의 움직임을 이용하여 전기 에너지를 생산한다.
(3) 밀물과 썰물의 해수면의 높이차를 이용하여 전기 에너지를 생산한다.

7 친환경 에너지 도시를 설계할 때 적용할 수 있는 기술로 옳은 것은 ○, 옳지 않은 것은 ✕로 표시하시오.

(1) 주택의 지붕에 태양 전지판을 설치한다. ································ ( )
(2) 건물 외벽에 고효율 단열재를 사용한다. ······························ ( )
(3) 모든 도로는 자동차에게 우선권을 준다. ······························ ( )

암기 꼭!

신재생 에너지
• **신에너지**: 기존에 사용하지 않았던 새로운 에너지
예 수소 에너지, 연료 전지, 석탄의 액화 및 가스화
• **재생 에너지**: 계속해서 다시 사용할 수 있는 에너지
예 태양광, 태양열, 풍력, 수력, 해양(조력, 파력), 지열, 바이오, 폐기물

여기서 잠깐 | 에너지 문제 해결하기

정답과 해설 34쪽

우리나라뿐만 아니라 여러 나라에서는 에너지 문제를 해결하기 위해 화석 연료 외에 다른 에너지원을 활용하여 환경과 에너지 문제에 대처하고 있답니다. 신재생 에너지의 원리와 친환경 에너지 하우스에서 에너지 효율을 어떻게 높일 수 있는지 살펴보아요.

◎ 신재생 에너지의 원리

구분	연료 전지	조력 발전	파력 발전	태양광 발전
원리	화학 에너지를 전기 에너지로 전환하는 장치로 (−)극에서 수소가 산화되어 발생한 수소 이온과 전자가 (+)극으로 이동하여 전류가 흐른다.	방조제를 쌓아 밀물 때 바닷물을 받아 터빈을 돌려 발전기에서 전기 에너지를 생산하고, 썰물 때 수문을 열어 물을 흘려보낸다.	파도와 함께 해수면이 움직여 구조물 안의 공기가 압축될 때 공기의 흐름이 터빈을 돌려 발전기에서 전기 에너지를 생산한다.	태양 전지에 빛을 비추면 태양 전지 내부에 자유 전자가 생긴다. 이 전자가 한쪽 전극으로 이동하면 전압이 발생하여 전류가 흐른다.
장점	• 화학 반응을 통해 전기 에너지를 직접 생산하므로 화력 발전보다 효율이 높다. • 물이 유일한 생성물이므로 환경 오염 문제가 없다.	• 발전 비용이 저렴하다. • 밀물과 썰물이 매일 일어나 지속적 발전이 가능하다. • 발전소가 한번 건설되면 오랫동안 이용할 수 있다.	• 연료비가 들지 않고, 소규모로 개발할 수 있다. • 방파제로 활용할 수 있어 실용성이 크다. • 환경에 미치는 영향이 적다.	• 태양 에너지는 자연에서 쉽게 얻을 수 있어 자원 고갈의 염려가 없다. • 유지와 보수가 간편하다.
단점	• 수소를 생산하는 비용과 저장 및 운반 비용이 많이 든다. • 수소는 폭발의 위험이 크다.	• 건설 비용이 많이 들며, 에너지 생산 효율이 낮다. • 갯벌이 파괴되어 해양 생태계에 혼란을 줄 수 있다.	• 기후에 따라 파도가 약해지면 발전량이 적어진다. • 파도에 노출되므로 내구성이 약하다.	• 계절과 일조량의 영향으로, 발전 시간이 제한적이다. • 설치 공간이 넓고, 초기 건설 비용이 많이 든다.

Q 1 • 연료 전지는 (　　　) 에너지로부터 전기 에너지를 생산한다.
  • (　　　) 발전은 밀물과 썰물을 이용하여 전기 에너지를 생산한다.
  • (　　　) 발전은 파도의 에너지를 이용하여 전기 에너지를 생산한다.
  • 태양광 발전은 태양 전지에 (　　　)을 비추면 전류가 흐르는 것을 이용하여 발전기 없이 직접 전기 에너지를 생산한다.

◎ 친환경 에너지 하우스

❶ 친환경 에너지 하우스: 필요한 에너지를 태양, 지열, 풍력 등의 재생 에너지나 연료 전지 등의 신에너지를 통해 얻고, 낭비되는 에너지를 줄여 외부의 에너지 공급 없이 자급할 수 있는 미래형 주택
❷ 친환경 에너지 하우스의 특징
  • 지붕의 태양광 발전 장치: 전기 에너지 생산
  • 지열 냉난방 시스템, 태양열 급탕: 냉난방, 온수
  • 단열 자재, 채광 설비: 냉난방 에너지 사용량 감소
  • 빗물 자원 재활용 시스템
  • 남는 전기는 밤에 다시 사용
  • 절전형 고효율 생활 가전 기기 사용
  • 폐열 활용

Q 2 친환경 에너지 하우스는 (　　　) 에너지로부터 에너지를 공급받는다.

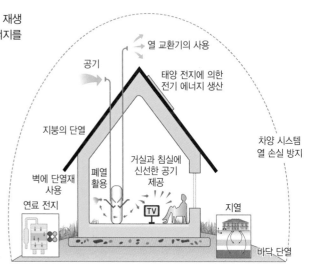

친환경 에너지 하우스의 구조 ▶

A 에너지 전환과 보존

01 에너지에 대한 설명으로 옳은 것만을 [보기]에서 있는 대로 고른 것은?

• 보기 •
ㄱ. 에너지와 일의 단위는 다르다.
ㄴ. 에너지는 일을 할 수 있는 능력이다.
ㄷ. 에너지는 다른 형태의 에너지로 전환될 수 있다.

① ㄱ   ② ㄴ   ③ ㄱ, ㄷ
④ ㄴ, ㄷ   ⑤ ㄱ, ㄴ, ㄷ

02 여러 가지 에너지에 대한 설명으로 옳지 <u>않은</u> 것은?

① 열에너지는 물체의 온도를 변화시키는 에너지이다.
② 빛에너지는 공기의 진동으로 전달되는 에너지이다.
③ 역학적 에너지는 운동 에너지와 위치 에너지의 합이다.
④ 전기 에너지는 전하의 이동에 의해 발생하는 에너지이다.
⑤ 화학 에너지는 화학 결합에 의해 물질 속에 저장되어 있는 에너지이다.

★중요
03 그림은 우리 주변에서 볼 수 있는 여러 가지 에너지와 에너지 전환을 나타낸 것이다.

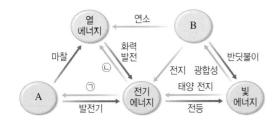

이에 대한 설명으로 옳은 것만을 [보기]에서 있는 대로 고른 것은?

• 보기 •
ㄱ. A는 화학 에너지이다.
ㄴ. B는 역학적 에너지이다.
ㄷ. ㉠의 예로는 전동기, ㉡의 예로는 전열기가 있다.

① ㄱ   ② ㄷ   ③ ㄱ, ㄴ
④ ㄴ, ㄷ   ⑤ ㄱ, ㄴ, ㄷ

04 그림은 스마트 기기를 사용할 때 일어나는 여러 현상들을 나타낸 것이다.

이에 대한 설명으로 옳은 것만을 [보기]에서 있는 대로 고른 것은?

• 보기 •
ㄱ. 화면에서 전기 에너지가 빛에너지로 전환된다.
ㄴ. 배터리가 충전될 때 화학 에너지가 전기 에너지로 전환된다.
ㄷ. 스마트 기기가 뜨거워지는 까닭은 전기 에너지가 화학 에너지로 전환되었기 때문이다.

① ㄱ   ② ㄷ   ③ ㄱ, ㄴ
④ ㄴ, ㄷ   ⑤ ㄱ, ㄴ, ㄷ

B 에너지의 효율적 이용

★중요
05 표는 조명 장치 A, B에 공급된 에너지가 빛에너지로 전환될 때 A, B의 에너지 효율을 나타낸 것이다.

조명 장치	A	B
공급된 전기 에너지	$3E_0$	$2E_0$
빛에너지	$2E$	E
에너지 효율(%)	㉠	45

이에 대한 설명으로 옳은 것만을 [보기]에서 있는 대로 고른 것은?

• 보기 •
ㄱ. ㉠은 60이다.
ㄴ. 방출된 빛의 세기는 A가 B보다 크다.
ㄷ. 조명 장치에 공급된 전기 에너지가 일정할 때 빛에너지로 전환되는 양이 작을수록 에너지 효율이 크다.

① ㄱ   ② ㄷ   ③ ㄱ, ㄴ
④ ㄴ, ㄷ   ⑤ ㄱ, ㄴ, ㄷ

★중요
06 그림 (가), (나)는 각각 백열전구와 LED 전구에 공급된 에너지가 다른 형태로 전환된 에너지 비율을 나타낸 것이다.

↓100 %	↓100 %
빛에너지 A	빛에너지 B
열에너지 95 %	열에너지 10 %
(가)	(나)

이에 대한 설명으로 옳은 것만을 [보기]에서 있는 대로 고른 것은? (단, 공급된 에너지는 빛에너지와 열에너지로만 전환된다.)

보기
ㄱ. A는 5 %, B는 90 %이다.
ㄴ. 에너지 효율은 (나)가 (가)보다 높다.
ㄷ. (가), (나)에서 전환된 열에너지는 다시 모아서 사용하기 쉽다.

① ㄱ   ② ㄷ   ③ ㄱ, ㄴ
④ ㄱ, ㄷ   ⑤ ㄴ, ㄷ

서술형
07 일상생활에서 에너지를 절약해야 하는 까닭을 다음 단어를 모두 포함하여 서술하시오.

보존, 에너지

08 그림은 가전제품 (가), (나)의 에너지 효율 등급 표시를 나타낸 것이다. (가), (나)에 공급된 에너지는 같다.

에너지소비효율등급 1	에너지소비효율등급 3
(가)	(나)

이에 대한 설명으로 옳은 것만을 [보기]에서 있는 대로 고른 것은?

보기
ㄱ. (가)는 유용한 에너지로 전환된 에너지와 공급된 에너지가 같다.
ㄴ. 에너지 효율은 (가)가 (나)보다 높다.
ㄷ. 유용한 에너지로 사용되지 못하고 버려진 에너지는 (가)가 (나)보다 적다.

① ㄱ   ② ㄷ   ③ ㄱ, ㄴ
④ ㄱ, ㄷ   ⑤ ㄴ, ㄷ

C 지속가능한 발전을 위한 신재생 에너지의 활용

09 신재생 에너지에 대한 설명과 거리가 가장 먼 것은?
① 자원 고갈의 염려가 없다.
② 재생 에너지는 계속해서 다시 사용할 수 있다.
③ 대부분 기존의 화석 연료보다 에너지 효율이 낮다.
④ 기존의 에너지원에 비해 초기 투자 비용이 적게 든다.
⑤ 이산화 탄소 배출로 인한 환경 문제가 거의 발생하지 않는다.

★중요
10 그림 (가)~(다)는 신재생 에너지를 이용하여 전기 에너지를 생산하는 여러 가지 발전 방식을 나타낸 것이다.

(가) 풍력 발전	(나) 지열 발전	(다) 태양열 발전

이에 대한 설명으로 옳은 것만을 [보기]에서 있는 대로 고른 것은?

보기
ㄱ. (가)는 운동 에너지를 전기 에너지로 전환한다.
ㄴ. (나)는 화학 에너지를 이용한다.
ㄷ. (다)는 화력 발전에 비해 에너지 효율이 높은 편이다.

① ㄱ   ② ㄷ   ③ ㄱ, ㄴ
④ ㄴ, ㄷ   ⑤ ㄱ, ㄴ, ㄷ

11 친환경 에너지 도시를 설계할 때 고려해야 할 사항으로 옳은 것만을 [보기]에서 있는 대로 고른 것은?

보기
ㄱ. 재생 가능한 에너지를 적극 활용하여 이산화 탄소 배출량을 줄인다.
ㄴ. 열 손실을 줄여 건물의 실내 온도 유지에 필요한 에너지를 최소화한다.
ㄷ. 신재생 에너지를 이용하여 환경 문제와 에너지 문제를 함께 해결한다.

① ㄱ   ② ㄷ   ③ ㄱ, ㄴ
④ ㄴ, ㄷ   ⑤ ㄱ, ㄴ, ㄷ

01 그림은 석유가 가진 에너지가 전기 자동차의 운동 에너지로 전환되는 과정을 나타낸 것이다.

석유　　　화력 발전소　　전기 자동차

충전　　　배터리⊏>모터　　운동 에너지

이에 대한 설명으로 옳은 것만을 [보기]에서 있는 대로 고른 것은?

— 보기 —
ㄱ. 화력 발전소에서는 석유의 화학 에너지를 열 에너지로 전환하여 전기 에너지를 생산한다.
ㄴ. 배터리를 충전하는 과정에서 전기 에너지가 화학 에너지로 전환된다.
ㄷ. 에너지가 전환되는 과정에서 재사용이 어려운 열에너지가 발생한다.

① ㄱ　　　　② ㄷ　　　　③ ㄱ, ㄴ
④ ㄴ, ㄷ　　　⑤ ㄱ, ㄴ, ㄷ

02 그림은 어떤 지역에서 활용하고 있는 열병합 발전소의 에너지 흐름을 1초 동안 전달되는 에너지의 양으로 나타낸 것이다.

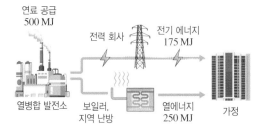

연료 공급
500 MJ

전력 회사　　전기 에너지
175 MJ

열병합 발전소　　보일러,
지역 난방　　열에너지
250 MJ　　가정

이에 대한 설명으로 옳은 것만을 [보기]에서 있는 대로 고른 것은?

— 보기 —
ㄱ. 발전소의 전기 에너지 생산 효율은 50 %이다.
ㄴ. 발전소의 총에너지 생산 효율은 85 %이다.
ㄷ. 발전소에 공급된 에너지의 15 %는 활용되지 못하고 버려진다.

① ㄱ　　　　② ㄷ　　　　③ ㄱ, ㄴ
④ ㄴ, ㄷ　　　⑤ ㄱ, ㄴ, ㄷ

03 그림 (가), (나)는 각각 태양광 발전과 조력 발전의 모습을 나타낸 것이다.

(가) 태양광 발전　　　(나) 조력 발전

이에 대한 설명으로 옳은 것만을 [보기]에서 있는 대로 고른 것은?

— 보기 —
ㄱ. (가)는 열에너지를 이용한다.
ㄴ. (나)는 건설 비용에 비해 전기 에너지 생산 효율이 매우 높다.
ㄷ. (가), (나)는 모두 재생 에너지를 이용한다.

① ㄱ　　　　② ㄷ　　　　③ ㄱ, ㄴ
④ ㄴ, ㄷ　　　⑤ ㄱ, ㄴ, ㄷ

04 그림 (가)~(다)는 친환경 에너지 도시를 설계할 때 적용할 수 있는 장치를 나타낸 것이다.

(가) 환풍기　　(나) 3중 유리창　　(다) 전기 자동차 충전소

이에 대한 설명으로 옳은 것만을 [보기]에서 있는 대로 고른 것은?

— 보기 —
ㄱ. (가)에 열 교환기를 부착하여 난방 기구 없이 실내 온도를 조절한다.
ㄴ. (나)를 이용하여 열 손실을 줄이되 채광을 위해 창을 넓게 만든다.
ㄷ. (다)를 이용하여 다른 도시에 있는 발전소에서 생산한 전기를 공급받아 전기 자동차를 충전한다.

① ㄱ　　　　② ㄷ　　　　③ ㄱ, ㄴ
④ ㄴ, ㄷ　　　⑤ ㄱ, ㄴ, ㄷ

01 그림 (가)는 태양의 모습을, (나)는 태양에서 발생하는 핵 반응을 간략하게 나타낸 것이다.

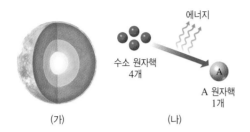

(가)   (나)

(나)에 대한 설명으로 옳은 것만을 [보기]에서 있는 대로 고른 것은?

> • 보기 •
> ㄱ. (가)의 중심부에서 일어난다.
> ㄴ. A는 헬륨이다.
> ㄷ. 핵반응 전의 전체 질량이 반응 후의 전체 질량보 다 크다.

① ㄱ   ② ㄷ   ③ ㄱ, ㄴ
④ ㄴ, ㄷ   ⑤ ㄱ, ㄴ, ㄷ

02 그림은 태양 에너지가 전환되는 여러 가지 경우를 나타낸 것이다.

석탄   풍력 발전   식물

이에 대한 설명으로 옳은 것만을 [보기]에서 있는 대로 고른 것은?

> • 보기 •
> ㄱ. 석탄을 연소하는 과정에서 탄소는 땅속에 저장 된다.
> ㄴ. 풍력 발전은 태양 에너지에 의한 운동 에너지를 이용한다.
> ㄷ. 식물이 태양 에너지를 이용하는 과정에서 탄소 를 배출한다.

① ㄱ   ② ㄴ   ③ ㄷ
④ ㄱ, ㄴ   ⑤ ㄴ, ㄷ

03 그림은 지구에서 일어나는 탄소의 순환 과정 일부를 나타 낸 것이다.

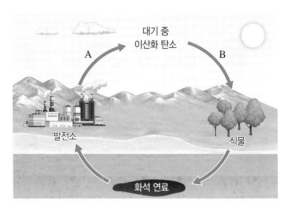

이에 대한 설명으로 옳은 것만을 [보기]에서 있는 대로 고른 것은?

> • 보기 •
> ㄱ. A가 활발할수록 대기 중 탄소량이 증가한다.
> ㄴ. B에서 태양 에너지가 화학 에너지로 전환된다.
> ㄷ. 화석 연료의 근원은 태양 에너지이다.

① ㄱ   ② ㄷ   ③ ㄱ, ㄴ
④ ㄴ, ㄷ   ⑤ ㄱ, ㄴ, ㄷ

04 그림 (가)~(다)는 동일한 자석을 코일에 가까이 할 때 검 류계에 전류가 흐르는 것을 나타낸 것이다. (가)~(다)에 서 자석의 속력은 모두 같고, 코일의 감은 수는 각각 4회, 8회, 8회이다.

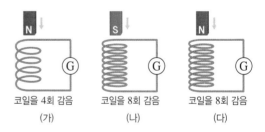

코일을 4회 감음   코일을 8회 감음   코일을 8회 감음
(가)   (나)   (다)

이에 대한 설명으로 옳은 것만을 [보기]에서 있는 대로 고른 것은?

> • 보기 •
> ㄱ. 검류계에 흐르는 유도 전류의 세기는 (가)에서가 (나)에서보다 크다.
> ㄴ. 자석에 작용하는 자기력의 방향은 (나)에서와 (다)에서가 반대이다.
> ㄷ. 검류계에 흐르는 유도 전류의 방향은 (나)에서와 (다)에서가 반대이다.

① ㄱ   ② ㄴ   ③ ㄷ
④ ㄱ, ㄷ   ⑤ ㄱ, ㄴ, ㄷ

05 그림과 같이 수레에 고정된 자석이 검류계가 연결된 코일을 향해 운동한다. 이때 검류계에는 b → ⑥ → a 방향으로 전류가 흘렀다.

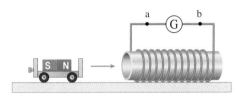

자석이 코일에 가까워지는 동안에 대한 설명으로 옳은 것만을 [보기]에서 있는 대로 고른 것은? (단, 모든 마찰은 무시한다.)

┌─ 보기 ─────────────────────────────┐
ㄱ. 코일을 통과하는 자기장의 세기는 증가한다.
ㄴ. 자석의 속력은 감소한다.
ㄷ. 자석의 극을 반대로 하여 코일에 가까이 하면 검류계에 흐르는 유도 전류의 방향은 a → ⑥ → b 이다.
└───────────────────────────────────┘

① ㄱ   ② ㄷ   ③ ㄱ, ㄴ
④ ㄴ, ㄷ   ⑤ ㄱ, ㄴ, ㄷ

06 그림과 같이 천장에 자석을 매달고 자석을 점 P에서 가만히 놓았더니 자석이 코일의 중심축 상의 점 Q를 지나 점 R에서 속력이 0이 되었다. 자석이 P에서 Q까지 운동하는 동안 검류계에는 ⓐ 방향으로 전류가 흐른다.
이에 대한 설명으로 옳은 것만을 [보기]에서 있는 대로 고른 것은?

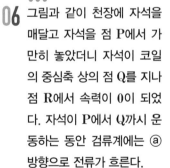
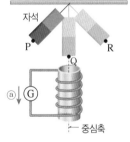

┌─ 보기 ─────────────────────────────┐
ㄱ. P와 R의 높이는 같다.
ㄴ. 자석이 운동하는 동안 자석의 역학적 에너지는 보존된다.
ㄷ. 자석이 Q에서 R까지 운동하는 동안 검류계에 흐르는 유도 전류의 방향은 ⓐ와 반대이다.
└───────────────────────────────────┘

① ㄱ   ② ㄷ   ③ ㄱ, ㄴ
④ ㄴ, ㄷ   ⑤ ㄱ, ㄴ, ㄷ

07 그림은 터빈을 회전시켜 전기 에너지를 생산하는 장치를 나타낸 것이다.
이와 같은 원리를 이용하는 발전 방식만을 [보기]에서 있는 대로 고른 것은?

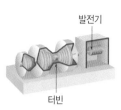

┌─ 보기 ─────────────────────────────┐
ㄱ. 수력 발전   ㄴ. 태양광 발전   ㄷ. 핵발전

└───────────────────────────────────┘

① ㄱ   ② ㄴ   ③ ㄱ, ㄷ
④ ㄴ, ㄷ   ⑤ ㄱ, ㄴ, ㄷ

08 그림은 자전거 바퀴가 회전하는 동안 전구에 불이 켜지게 하는 자전거 발전기의 구조를 나타낸 것이다.

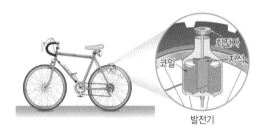

이에 대한 설명으로 옳은 것만을 [보기]에서 있는 대로 고른 것은?

┌─ 보기 ─────────────────────────────┐
ㄱ. 바퀴가 회전하면 발전기의 코일을 통과하는 자기장의 세기가 변한다.
ㄴ. 바퀴의 속력이 빠를수록 전구의 밝기는 밝아진다.
ㄷ. 자전거의 발전기는 역학적 에너지를 전기 에너지로 전환하는 장치이다.
└───────────────────────────────────┘

① ㄱ   ② ㄷ   ③ ㄱ, ㄴ
④ ㄴ, ㄷ   ⑤ ㄱ, ㄴ, ㄷ

09 그림 (가), (나)는 각각 핵발전과 화력 발전을 나타낸 것이다.

(가) 핵발전   (나) 화력 발전

이에 대한 설명으로 옳은 것만을 [보기]에서 있는 대로 고른 것은?

─ 보기 ─
ㄱ. (가)는 핵융합 반응을 이용한다.
ㄴ. (나)는 지속가능한 발전 방식이 아니다.
ㄷ. (가), (나)의 에너지원의 근원은 태양 에너지이다.
ㄹ. (가), (나)에서 '열에너지 → 운동 에너지 → 전기 에너지'의 에너지 전환 과정이 공통으로 나타난다.

① ㄱ, ㄴ   ② ㄱ, ㄷ   ③ ㄴ, ㄹ
④ ㄱ, ㄷ, ㄹ   ⑤ ㄴ, ㄷ, ㄹ

10 그림 (가)~(다)는 일상생활에서 이용하는 여러 가지 장치를 나타낸 것이다.

(가) 휴대 전화   (나) 전열기   (다) 형광등

(가)~(다)에서 일어나는 에너지 전환에 대한 설명으로 옳은 것만을 [보기]에서 있는 대로 고른 것은?

─ 보기 ─
ㄱ. (가)에서 화학 에너지가 전기 에너지로 전환된다.
ㄴ. (나)에서 전기 에너지가 열에너지로 전환된다.
ㄷ. (가), (나), (다)에서 모두 전기 에너지가 빛에너지로 전환된다.

① ㄱ   ② ㄴ   ③ ㄱ, ㄷ
④ ㄴ, ㄷ   ⑤ ㄱ, ㄴ, ㄷ

11 그림은 멀티탭에 선풍기와 다리미를 연결하여 사용하는 모습을 나타낸 것이고, 표는 각 기기에 공급된 에너지, 유용하게 사용한 에너지의 양, 에너지 효율을 나타낸 것이다.

구분	선풍기	다리미
공급된 에너지	300 J	300 J
사용한 에너지	㉠	200 J
에너지 효율	50 %	㉡

이에 대한 설명으로 옳은 것만을 [보기]에서 있는 대로 고른 것은?

─ 보기 ─
ㄱ. ㉠은 150 J이다.
ㄴ. 에너지 효율은 다리미가 선풍기보다 높다.
ㄷ. 유용하게 사용되지 못하고 버려지는 에너지는 다리미가 선풍기보다 많다.

① ㄱ   ② ㄷ   ③ ㄱ, ㄴ
④ ㄴ, ㄷ   ⑤ ㄱ, ㄴ, ㄷ

12 그림은 백열전구, 형광등, LED 전구를 나타낸 것이다. 기존의 백열전구나 형광등을 LED 전구로 교체하였더니, 주변이 더 밝아졌다.

백열전구   형광등   LED 전구

이에 대한 설명으로 옳은 것만을 [보기]에서 있는 대로 고른 것은? (단, 백열전구, 형광등, LED 전구에 공급된 에너지는 같고, 공급된 에너지는 빛에너지와 열에너지로만 전환된다.)

─ 보기 ─
ㄱ. LED 전구는 백열전구보다 에너지 효율이 낮다.
ㄴ. 방출되는 빛에너지는 LED 전구에서가 백열전구에서보다 많다.
ㄷ. 발생하는 열에너지는 형광등에서가 LED 전구에서보다 적다.

① ㄱ   ② ㄴ   ③ ㄷ
④ ㄱ, ㄴ   ⑤ ㄴ, ㄷ

13 신재생 에너지에 대한 설명으로 옳지 <u>않은</u> 것은?

① 신재생 에너지는 자원 고갈의 염려가 없다.

② 폐기물 에너지는 신재생 에너지에 포함된다.

③ 신재생 에너지는 이산화 탄소를 전혀 발생하지 않는다.

④ 석탄의 액화 및 가스화 에너지는 신재생 에너지에 포함된다.

⑤ 신재생 에너지에는 기존의 화석 연료를 변환하여 이용하는 에너지가 포함된다.

14 그림은 에너지원으로부터 전기 에너지를 생산하는 과정 A, B, C를 나타낸 것이다.

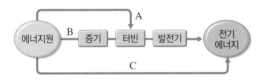

A, B, C에 해당하는 발전 방식으로 가장 적절한 것은?

	A	B	C
①	조력 발전	지열 발전	연료 전지 발전
②	화력 발전	태양열 발전	연료 전지 발전
③	핵발전	연료 전지 발전	파력 발전
④	수력 발전	화력 발전	풍력 발전
⑤	태양광 발전	지열 발전	연료 전지 발전

15 친환경 에너지 도시의 에너지 관리에 대한 설명으로 옳지 <u>않은</u> 것은?

① 오수를 정화하여 화장실에 활용한다.

② 화석 연료를 사용하지 않도록 개발되었다.

③ 열병합 발전소에서 석탄을 소각하여 에너지를 생산한다.

④ 주택의 지붕 위에 태양 전지를 설치하여 전기 에너지를 생산한다.

⑤ 환풍구를 특수 제작하여 미세한 바람을 이용해 실내 온도를 적정 온도로 유지한다.

서술형 문제

16 다음은 태양의 중심부에서 수소 원자핵이 핵반응을 하여 에너지가 발생하는 과정을 나타낸 것이다.

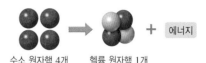

수소 원자핵 4개   헬륨 원자핵 1개

위의 핵반응에서 에너지가 발생하는 까닭을 서술하시오.

_____

_____

17 그림은 수문이 열려 저수지의 물이 출구로 내려오면서 전기 에너지를 생산하는 수력 발전의 구조를 나타낸 것이다.

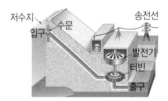

수력 발전에서 전기 에너지가 생산되는 에너지 전환 과정을 서술하시오.

_____

_____

18 그림은 전동기가 연결된 태양 전지에 빛을 비추었을 때 전동기가 작동하는 모습을 나타낸 것이다. 태양 전지가 태양으로부터 받은 빛에너지는 200 J이고, 전동기에 공급된 전기 에너지는 40 J이며, 전동기의 운동 에너지는 25 J이다. 태양 전지와 전동기에서는 열에너지가 방출된다.

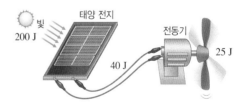

태양 전지의 에너지 효율과 전동기의 에너지 효율을 각각 계산 과정과 함께 구하시오. (단, 도선에서의 에너지 손실은 무시한다.)

_____

_____

수능 기출 문제 또는 변형된 문제로 수능을 미리 경험해 볼 수 있도록 구성하였습니다. | 정답과 해설 37쪽

| 2020학년도 10월 학평 물리학I 5번 |

01 다음은 국제핵융합실험로(ITER)에 대한 기사의 일부이다.

개념 **Link** 102쪽

> 2020년 8월 ○일　　　　　　　　　　　　　　　　　　○○신문
>
> 　라틴어로 '길'이라는 뜻을 지닌 국제핵융합실험로(ITER) 공동 개발 사업은 ㉠핵융합 발전의 상용화를 위해 대한민국 등 7개국이 참여한 과학 기술 협력 프로젝트이다.
> 　㉡태양에서 ┃ A ┃ 원자핵이 헬륨 원자핵으로 융합되는 것과 같은 핵반응을 핵융합로에서 일으키려면 핵융합로는 1억도 이상의 온도를 유지해야 한다. … (중략) … 현재 ITER는 대한민국이 생산한 주요 부품을 바탕으로 본격적인 조립 단계에 접어들었다.

이에 대한 설명으로 옳은 것만을 [보기]에서 있는 대로 고른 것은?

> ● 보기 ●
> ㄱ. ㉠은 질량이 에너지로 전환되는 현상을 이용한다.
> ㄴ. ㉡이 일어날 때 태양의 질량은 변하지 않는다.
> ㄷ. 원자 번호는 A가 헬륨보다 크다.

① ㄱ　　　　　　② ㄷ　　　　　　③ ㄱ, ㄴ
④ ㄴ, ㄷ　　　　⑤ ㄱ, ㄴ, ㄷ

| 2023학년도 10월 학평 물리학I 5번 변형 |

02 다음은 전자기 유도에 대한 실험이다.

개념 **Link** 108쪽~109쪽

[과정]
(가) 그림과 같이 코일에 전류계를 연결한다.
(나) 자석의 N극을 코일의 윗면까지 일정한 속력으로 접근시키면서 전류계로 전류의 세기를 측정한다.
(다) (나)에서 자석의 속력만 ┃ ㉠ ┃ 하여 전류의 세기를 측정한다.

[결과]

과정	(나)	(다)
전류의 세기의 최댓값	I_0	$1.7I_0$

이에 대한 설명으로 옳은 것만을 [보기]에서 있는 대로 고른 것은?

> ● 보기 ●
> ㄱ. 자석이 코일에 접근할 때 코일에 전류가 흐른다.
> ㄴ. '느리게'는 ㉠에 해당한다.
> ㄷ. (나)에서 자석과 코일 사이에는 서로 끌어당기는 자기력이 작용한다.

① ㄱ　　　　　　② ㄴ　　　　　　③ ㄷ
④ ㄱ, ㄴ　　　　⑤ ㄱ, ㄷ

| 2020학년도 7월 학평 물리학 I 8번 변형 |

03 그림은 어떤 가전제품에 E_1의 에너지를 공급하였더니 유용한 에너지로 E_2를 사용하고 남은 에너지 E_3을 열에너지로 방출하는 과정을 모식적으로 나타낸 것이다. 표는 이 가전제품에서 두 가지 상황 A, B의 E_1, E_2, E_3을 나타낸 것이다. 가전제품의 에너지 효율은 같다.

개념 Link 118쪽~119쪽

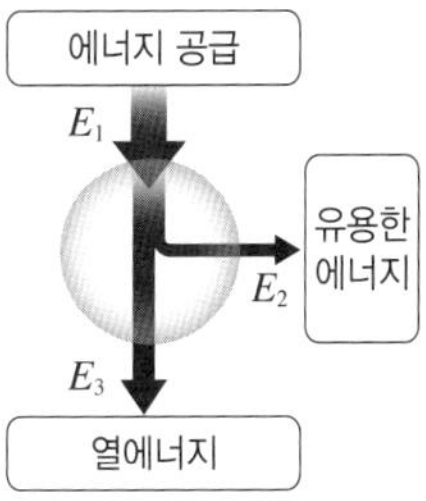

에너지 공급
E_1
유용한 에너지
E_2
E_3
열에너지

구분	A	B
E_1	200 kJ	㉡
E_2	㉠	30 kJ
E_3	150 kJ	

㉠ : ㉡은?

① 1 : 1 ② 5 : 12 ③ 7 : 12

④ 12 : 5 ⑤ 12 : 7

| 2022학년도 3월 학평 물리학 I 12번 |

04 다음은 탄소 중립에 대한 글이다.

개념 Link 102쪽, 120쪽

㉠화석 연료를 사용할 때 방출되는 이산화 탄소는 지구 온난화의 주요한 원인이다. 세계 각국은 지구 온난화에 대응하기 위해 탄소 중립을 선언하거나 지지하였고, 우리나라도 이에 동참하여 다양한 실천 계획을 수립하였다. 그 중 하나는 ㉡풍력 발전과 ㉢태양광 발전 등 재생 에너지를 이용한 발전으로 에너지 공급 체계를 전환하는 것이다.

※탄소 중립: 배출되는 탄소의 양과 흡수되는 탄소의 양을 같게 하여 탄소의 순 배출량이 0이 되게 하는 것

이에 대한 설명으로 옳은 것만을 [보기]에서 있는 대로 고른 것은?

· 보기 ·
ㄱ. ㉠에는 화학 에너지의 형태로 에너지가 저장되어 있다.
ㄴ. ㉡은 운동 에너지를 전기 에너지로 전환한다.
ㄷ. ㉢은 발전 과정에서 이산화 탄소를 배출한다.

① ㄱ ② ㄷ ③ ㄱ, ㄴ

④ ㄴ, ㄷ ⑤ ㄱ, ㄴ, ㄷ

III 과학과 미래 사회

1 과학과 미래 사회

01 과학 기술의 활용

핵심 짚기
- ☐ 감염병과 감염병의 진단
- ☐ 최신 감염병 기술과 감염병의 추적·관리
- ☐ 빅데이터의 의미와 문제점
- ☐ 빅데이터의 활용 분야

A 과학의 유용성과 필요성

1 감염병 진단

① **감염병**: 바이러스, 세균, 곰팡이 등과 같은 병원체에 감염되어 발생하는 질병❶
- **감염병의 예**: 감기, 독감, 결핵, 폐렴, 무좀 등
- **감염병의 진단**: 감염으로 인한 증상이 나타나는 사람에게서 검체를 채취한 후 검사를 통해 병원체에 감염되었는지를 판별한다.❷

② **감염병 진단 검사(바이러스 감염병의 경우)**❸
- **신속항원검사**: 바이러스를 구성하는 단백질을 이용하는 검사로, 간편하고 신속 진단이 가능하다.
- **유전자증폭검사(PCR 검사)**: 바이러스를 구성하는 핵산을 이용하는 검사로, 전문가가 필요하고 시간이 걸린다.

▲ 신속항원검사

③ 최신 감염병 진단 기술

나노바이오센서	생물정보학
바이오센서에 나노 기술을 결합시켜 성능을 향상시킨 것으로 아주 적은 양의 병원체도 찾아낼 수 있다.	빅데이터 기술과 인공지능(AI) 기술을 토대로 하는 생물정보학이 신종 감염병 연구에 활용되고 있다.

2 과학 기술을 활용한 감염병의 추적·관리

① **감염병의 추적**: 스마트 기기에 내장된 위성 위치 확인 시스템(GPS), 와이파이(WiFi), 블루투스, 센서 등을 활용하여 환자의 정보를 수집하고 공유한다.❹

② **감염병의 관리**: 감염병의 특성을 파악하고 확산을 예측하기 위해 빅데이터 기술과 인공지능 기술을 활용하고, 방역 로봇과 같은 인공지능 로봇을 활용하기도 한다.

3 미래 사회 문제 해결에서 과학의 필요성

① **미래 사회의 문제**: 감염병 대유행, 기후 변화, 에너지 고갈, 자연재해, 물 부족, 식량 부족, 초연결 사회로 인한 사생활 침해 및 보안, 인공지능과 자동화 기술의 발달에 따른 일자리 변화 등의 다양한 문제가 나타날 것으로 예측되고 있다.

② **미래 사회 문제 해결을 위한 과학 기술**: 빅데이터 기술, 생체 인증 기술, 배터리 기술, 지속가능한 농업 기술, 인공지능 기술, 생명공학 기술, 나노 기술, 로봇 공학 기술 등

B 과학 기술 사회에서 빅데이터 활용

1 실시간 생활 데이터 측정

① **실시간 데이터 측정**: 각종 센서를 부착한 스마트 기기를 이용한 측정을 통해 일상생활에서 다양한 데이터를 얻을 수 있다.❺

> **| 스마트 기기를 이용한 실시간 데이터 측정의 예 |**
> - 스마트 워치로 심박수, 수면 패턴 등을 실시간으로 측정하여 건강 상태를 확인한다.
> - 미세 먼지 측정기를 이용하여 미세 먼지 농도를 실시간으로 측정하여 공기의 질을 확인한다.

▲ 미세 먼지 농도 측정기

② **데이터의 생성과 축적**: 오늘날 인터넷에 연결된 많은 장치가 정보를 검색하고 생성하고 저장함에 따라 매일 많은 양의 데이터가 생성되고 있다.

Plus 강의

❶ 병원체 감염 경로
호흡을 통한 흡입, 오염된 물과 음식물의 섭취, 피부 접촉, 수혈 등

❷ 검체
사람이나 동물로부터 수집한 타액, 혈액, 소변 등

❸ 바이러스
단백질과 핵산(DNA나 RNA와 같은 유전 물질)으로 이루어진 생물과 무생물 중간 형태의 미생물이다.

❹ 블루투스
개인 휴대 단말기 등의 무선 통신 기기와 전자 제품 사이에 데이터를 근거리에서 무선으로 주고받을 수 있는 무선 통신 기술이다.

❺ 스마트 기기를 이용한 데이터 측정
스마트 기기는 네트워크에 연결되어 작동되는 조작 가능한 전자기기로, 사용자가 원하는 응용 프로그램을 설치해 데이터를 측정한다.

용어 돋보기

✽ **항원**(抗 겨루다, 原 원인)_생체 속에 침입하여 항체를 형성하게 하는 원인이 되는 물질

2 빅데이터 기존의 데이터 관리 및 처리 도구로는 다루기 어려운 대용량의 데이터이다.

① *빅데이터의 형성: 많은 양의 데이터가 디지털 형태로 전환되어 실시간으로 빠르게 수집되면서 빅데이터가 형성된다.

② 빅데이터의 활용: 빅데이터를 효과적으로 저장 및 처리하는 기술도 함께 발전하고 있으며, 빅데이터로부터 정보를 추출하고 결과를 분석하여 다양한 용도로 활용한다. ❻

⭐ 3 빅데이터의 특징

① 장점: 여러 분야에서 수집한 빅데이터의 분석 과정을 통해 현상에 대한 더 빠른 이해와 정확한 예측이 가능하다.

② 문제점: 빅데이터를 형성하는 과정에서 사생활 침해 가능성, 충분히 검증되지 못한 데이터의 활용 가능성, 지나친 데이터 의존 등이 제기되고 있다. ❼

4 과학 기술 사회에서 빅데이터의 활용

과학 실험	기상 관측	유전체 분석	신약 개발
수집된 빅데이터를 기반으로 개별 연구자만으로는 기존에 수행하기 어려웠던 과학 실험을 수행할 수 있게 되었다.	기상 위성과 기상 관측소에서 수집한 빅데이터를 분석하여 기상 현상을 예측하는 정확도가 증가하게 되었다.	유전체와 관련된 빅데이터를 분석하여 질병을 예측하고, 유전적 특성에 맞는 적절한 치료를 받을 수 있게 되었다.	질병과 관련된 빅데이터를 분석하여 특정 질병을 치료할 수 있는 물질과 합성하는 방법을 찾을 수 있게 되었다.

❻ 빅데이터의 활용 분야
빅데이터는 활용 목적에 맞게 분석되어 금융, 교육, 의료, 과학 등의 분야에 활용되고 있다.

❼ 사생활 침해 가능성과 관련있는 빅데이터의 예
문자 송수신 기록, 음성 데이터, 인터넷 검색 기록, CCTV에 녹화된 영상, 신용 카드 사용 기록 등이 있다.

🔍 용어 돋보기

* 빅데이터(Big Data)_기존의 데이터 베이스로는 수집·저장·분석 따위를 수행하기가 어려울 만큼 방대한 양의 데이터

개념 쏙쏙

정답과 해설 38쪽

1 다음은 감염병 진단에 대한 설명이다. ( ) 안에 알맞은 말을 쓰시오.

(1) ( )은 바이러스 같은 병원체에 감염되어 발생하는 질병이다.

(2) 단백질이나 ( )을 이용하여 바이러스에 의한 감염병의 감염 여부를 진단할 수 있다.

2 감염병 진단 기술에 대한 설명으로 옳은 것은 ○, 옳지 <u>않은</u> 것은 ×로 표시하시오.

(1) 신속항원검사는 단백질을 이용한다. ┈┈┈┈┈┈┈┈┈ ( )

(2) 유전자증폭검사는 일상생활에서 신속한 진단이 가능하다. ┈┈┈ ( )

3 다음 설명의 ( ) 안에 알맞은 말을 쓰시오.

(1) 센서가 부착된 스마트 기기를 이용한 측정을 통해 실시간 생활 ( )를 얻을 수 있다.

(2) 기존의 데이터 관리 및 처리 도구로는 다루기 어려운 방대한 양의 데이터를 ( )라고 한다.

4 빅데이터에 대한 설명으로 옳은 것은 ○, 옳지 <u>않은</u> 것은 ×로 표시하시오.

(1) 빅데이터의 분석을 통해 유용한 정보를 얻을 수 있다. ┈┈┈┈┈ ( )

(2) 빅데이터를 활용할 때는 항상 사생활 보호가 가능하다. ┈┈┈┈ ( )

(3) 과학 실험, 기상 관측, 유전체 분석 등 다양한 분야에서 활용된다. ┈ ( )

암기 꼭!

감염병 진단 검사
• 신속항원검사: 단백질을 이용한 검사
• 유전자증폭검사: 핵산을 이용한 검사

빅데이터
기존의 데이터 관리 및 처리 도구로는 다루기 어려운 대용량의 데이터

중간·기말 고사에 출제될 확률이 높은 문항들로 구성하여, 내신에 완벽 대비할 수 있도록 하였습니다. | 정답과 해설 38쪽

A 과학의 유용성과 필요성

★중요
01 그림은 바이러스를 구성하는 단백질을 이용하는 감염병 진단 검사이다.
이에 대한 설명으로 옳은 것만을 [보기]에서 있는 대로 고른 것은?

보기
ㄱ. 신속항원검사이다.
ㄴ. 핵산을 이용한 검사이다.
ㄷ. 신속한 진단이 가능하다.

① ㄱ ② ㄴ ③ ㄱ, ㄷ
④ ㄴ, ㄷ ⑤ ㄱ, ㄴ, ㄷ

★중요
02 과학 기술을 활용한 감염병의 진단과 추적에 대한 설명으로 옳은 것만을 [보기]에서 있는 대로 고른 것은?

보기
ㄱ. 검체에서 병원체의 핵산이나 단백질을 검출하는 진단 기술을 이용해 감염병을 신속하고 정확하게 진단한다.
ㄴ. 환자의 발생 규모, 감염 경로를 파악하기 위해 역학 조사관이 환자의 동선을 일일이 추적한다.
ㄷ. 나노바이오센서를 이용한 진단 기술, 인공지능 (AI) 등을 이용한 분석 및 데이터 처리 기술 등이 감염병의 관리에 활용된다.

① ㄱ ② ㄴ ③ ㄱ, ㄴ
④ ㄱ, ㄷ ⑤ ㄴ, ㄷ

03 미래 사회에 나타날 것으로 예측되는 다양한 문제를 해결할 수 있는 과학 기술과 거리가 가장 먼 것은?

① 나노 기술 ② 빅데이터 기술
③ 로봇 공학 기술 ④ 자동차 공학 기술
⑤ 인공지능 기술

B 과학 기술 사회에서 빅데이터 활용

04 스마트 기기를 이용한 생활 데이터 측정에 대한 설명으로 옳은 것만을 [보기]에서 있는 대로 고른 것은?

보기
ㄱ. 스마트 기기에 부착된 센서를 통해 측정이 가능하다.
ㄴ. 생활 데이터를 실시간으로 수집할 수 있다.
ㄷ. 생활 데이터를 이용해 건강하고 편리한 삶을 누릴 수 있다.

① ㄱ ② ㄱ, ㄴ ③ ㄱ, ㄷ
④ ㄴ, ㄷ ⑤ ㄱ, ㄴ, ㄷ

★중요
05 빅데이터에 대한 설명으로 옳은 것은?

① 기존의 데이터 관리 및 처리 도구로도 다룰 수 있다.
② 인터넷에 연결된 전자기기의 사용으로 수집된 대량의 데이터이다.
③ 다양한 분야에서 많은 정보를 아날로그 형태로 전환하여 축적한 대량의 데이터이다.
④ 빅데이터를 효과적으로 저장 및 처리하는 기술은 더 이상 발전하지 못하고 있다.
⑤ 빅데이터가 수집되는 과정에서 보안과 사생활이 항상 보장된다.

06 빅데이터를 과학 기술 사회의 여러 분야에서 활용할 때의 장점에 대한 설명으로 옳은 것만을 [보기]에서 있는 대로 고른 것은?

보기
ㄱ. 장기적인 기상 현상 예측의 정확도가 감소한다.
ㄴ. 질병의 발생 원인과 진행 방향을 예측할 수 있다.
ㄷ. 개별 연구만으로는 실험 결과의 신뢰도를 높일 수 없어서 기존에 수행하기 어려웠던 과학 실험을 수행할 수 있다.

① ㄴ ② ㄷ ③ ㄱ, ㄴ
④ ㄴ, ㄷ ⑤ ㄱ, ㄴ, ㄷ

01 다음은 바이러스에 의한 감염을 진단하는 방법 중 신속항원검사와 유전자증폭검사의 장단점을 순서없이 나타낸 것이다.

기술	(가)	(나)
장점	감염 여부를 정밀하게 진단할 수 있다.	검사가 간편하고, 시간과 비용이 (㉠) 든다.
단점	시간과 비용이 많이 든다.	검체에 들어 있는 병원체의 양이 적을 경우 병원체가 검출되지 않을 수도 있다.

이에 대한 설명으로 옳은 것만을 [보기]에서 있는 대로 고른 것은?

• 보기 •
ㄱ. (가)는 바이러스의 핵산을 이용하는 검사법이다.
ㄴ. (나)는 유전자증폭검사이다.
ㄷ. '많이'가 ㉠에 해당한다.

① ㄱ   ② ㄴ   ③ ㄷ
④ ㄱ, ㄴ   ⑤ ㄴ, ㄷ

02 미래 사회에서 과학의 역할에 대한 설명으로 옳은 것만을 [보기]에서 있는 대로 고른 것은?

• 보기 •
ㄱ. 미래 사회에는 감염병 대유행, 기후 변화, 자연재해 및 재난, 에너지 및 자원 고갈, 물 부족, 식량 부족 등의 사회 문제가 나타날 것으로 예측하고 있다.
ㄴ. 미래 사회에는 여러 가지 문제가 더 다양해지고 심화되어 과학 기술로 해결하기 어렵다.
ㄷ. 과학 기술은 인류가 안전하고 건강하며 풍요롭도록 삶의 질을 개선하는 데 기여할 것으로 예측하고 있다.

① ㄱ   ② ㄴ   ③ ㄱ, ㄷ
④ ㄴ, ㄷ   ⑤ ㄱ, ㄴ, ㄷ

03 다음은 여행 계획을 세우는 과정에서 인터넷에서 검색하는 정보의 예를 나타낸 것이다.

• 지난해 인기 여행지 순위
• 여행 당일에 예상되는 이동 소요 시간
• 여행지 근처의 관광지와 맛집

이에 대한 설명으로 옳은 것만을 [보기]에서 있는 대로 고른 것은?

• 보기 •
ㄱ. 인터넷 여행 정보는 이동 통신, 신용 카드, 네비게이션 앱 등을 통해 수집된 빅데이터를 활용하여 제공된다.
ㄴ. 인터넷 여행 정보를 활용하면 여행 계획을 세우는 시간을 단축할 수 있어 편리하다.
ㄷ. 인터넷 여행 정보는 모두 신뢰할 수 있는 정보이다.

① ㄱ   ② ㄴ   ③ ㄷ
④ ㄱ, ㄴ   ⑤ ㄴ, ㄷ

04 다음은 우리나라의 보건의료 빅데이터의 활용에 대한 설명이다.

　우리나라의 경우 건강관리보험공단, 건강보험심사평가원 등과 같은 다수의 공공기관들은 막대한 양의 (가)의료데이터를 보유하고 있다. 이러한 의료데이터를 결합한 보건의료 빅데이터가 (나)여러 분야의 연구에 제공되어 활용될 수 있도록 관련 법률안을 발의하는 등 활발한 정책적 방안을 추진하고 있다.

이에 대한 설명으로 옳은 것만을 [보기]에서 있는 대로 고른 것은?

• 보기 •
ㄱ. (가)는 개인의 사적인 생활과 관계없는 데이터이다.
ㄴ. (나)는 인공지능(AI) 의료기기, 신약 개발 연구, 과학 연구 등의 분야가 해당된다.
ㄷ. 보건의료 빅데이터는 누구에게나 개방되어야 한다.

① ㄴ   ② ㄱ, ㄴ   ③ ㄱ, ㄷ
④ ㄴ, ㄷ   ⑤ ㄱ, ㄴ, ㄷ

02 과학 기술의 발전과 쟁점

핵심 짚기
- ☐ 인공지능 로봇, 사물 인터넷
- ☐ 과학 기술의 유용성과 한계
- ☐ 과학 관련 사회적 쟁점
- ☐ 과학 윤리의 중요성

Ⓐ 과학 기술과 미래 사회

1 지능정보화 시대

① **인공지능 로봇**: 센서로 주변 환경의 데이터를 수집하여 정보를 추출하고 이를 기반으로 최선의 작업을 수행하는 로봇

② **사물 인터넷(IoT) 기술**: 센서, 통신 기능, 소프트웨어 등을 내장한 전자기기가 인터넷에 연결된 다른 사물과 주변 환경의 데이터를 실시간으로 주고받는 기술[1]

③ 지능 정보화 시대의 과학 기술
- **데이터화**: 인간의 삶과 환경에 관한 데이터는 주로 사물 인터넷(IoT) 기술과 누리소통망을 통해 수집되어 빅데이터 형태로 인터넷의 클라우드에 축적된다.
- **정보화**: 빅데이터의 경향성과 규칙성을 분석하여 가치있는 정보를 추출한다.
- **지능화**: 빅데이터 정보가 인공지능(AI) 기술 구현에 활용된다.

2 사물 인터넷 활용
다양한 분야에서 인간의 삶과 환경을 개선하는 데 활용되고 있으며, 인공지능 기술 개발에 필요한 기초 기술이다.

3 과학 기술의 발전과 인공지능 로봇

① **인공지능(AI)**: 학습 및 문제 해결 같은 사람의 인식 기능을 모방하는 컴퓨터 시스템의 기능으로, 빅데이터를 학습하고 분석하는 기술을 바탕으로 활용된다.[2]

② **인공지능 로봇** 인공지능 기술, 반도체, 센서 등의 첨단 기술이 적용되어 주변 환경을 인식하여 자율적으로 작업을 수행한다.[3]

안내 로봇	물류 로봇	청소 로봇	의료 로봇
시설물, 민원 서비스, 전시 정보 등을 안내한다.	창고나 공장에서 이송, 분류 등의 작업을 수행한다.	집안, 도로, 사업장 등에서 청소를 한다.	의료 현장에서 수술, 재활, 약품 조제 등을 수행한다.

4 과학 기술의 유용성과 한계

① **과학 기술 발전의 유용성**: 사물 인터넷, 빅데이터, 인공지능, 로봇, 가상 현실 등의 과학 기술은 미래 사회의 다양한 분야에 활용되어 인간 삶의 질을 향상시키고 미래 환경을 개선할 것이다.

② **과학 기술 발전의 한계**: 과학 기술의 발전은 인공지능의 한계, 미래 환경 개선의 한계, 과학 기술의 부적응과 의존성, 비윤리성의 문제가 발생할 수 있다.

Ⓑ 과학 관련 사회적 쟁점과 과학 윤리

1 과학 관련 사회적 쟁점(Socio-Scientific Issues, SSI)

① **과학 기술 발전의 양면성**: 과학 기술의 발달로 인간의 삶은 더욱 편리하고 풍요로워졌지만, 예상하지 못한 문제와 다양한 과학 관련 사회적 쟁점이 발생하기도 한다.[4]

Plus 강의

❶ 사물 인터넷 기술의 활용 사례
- **스마트 도시**: 공기의 질, 수질, 에너지 사용 등을 실시간으로 관리한다.
- **스마트 공장**: 생산 기계를 실시간으로 관리하고 재고 물량을 바탕으로 제품을 생산하여 생산 과정의 효율성을 높인다.
- **스마트 홈**: 집 안의 조명, 온도, 보안 장치 등을 실시간으로 관리하고 제어한다.

❷ 인공지능 기술
- **생성형 인공지능 기술**: 사람의 말, 글, 그림 등을 입력하여 다양한 형식의 문서, 음악, 그림, 영상 등을 만들 수 있다.
- **예측형 인공지능 기술**: 기존 데이터의 추이를 분석하여 미래 변화를 예측하거나 결과를 도출할 수 있다.
- **자율 주행 인공지능**: 사물 인식 및 제어 기술로 주변 상황을 인식하고 스스로 구동 장치를 제어할 수 있다.

❸ 인공지능 로봇의 활용
일상생활뿐만 아니라 문화·예술, 산업 현장, 우주 탐사 등 다양한 분야에서 활용되고 있다.

❹ 과학 관련 사회적 쟁점
과학 기술의 발전 과정에서 사회 구성원마다 서로 다른 입장을 나타내는 과학 관련 주제

🔍 용어 돋보기

✱ **인공지능(AI, Artificial Intelligence 인공의 지능)**_ 인간의 학습 능력, 지능 등을 모방하는 컴퓨터 시스템

✱ **사물(事 일, 物 물건)**_ 일정한 모양과 성질을 갖추고 있는 물건

✱ **쟁점(爭 다투다, 點 점)**_ 서로 의견이 대립하게 되는 내용

② 과학 관련 사회적 쟁점의 사례

의견 1	쟁점	의견 2
식량 부족 문제를 해결하기 위해 유전자변형 농산물의 생산 비율을 늘려야 한다.	유전자변형 농산물 사용❺ 	유전자변형 농산물의 부작용을 충분히 검증하지 못했으므로 이에 대한 사용을 제한해야 한다.
새로운 자원이나 터전을 확보할 수 있으므로 우주 개발을 확대해야 한다.	우주 개발 	수명을 다한 우주 비행체, 부속품 등의 우주 쓰레기나 우주선 발사 때 배출하는 오염 물질이 환경에 부정적 영향을 준다.

2 과학 윤리의 중요성

① 과학 윤리: 과학 기술을 개발, 이용하는 과정에서 가져야 하는 올바른 생각과 태도
② 과학 윤리의 중요성: 과학 기술을 올바르게 이용해야 문제가 발생하지 않고, 장기적으로 과학 연구의 신뢰성이 높아지며 지속가능한 생태계를 유지할 수 있다.❻

3 과학 관련 사회적 쟁점과 과학 윤리의 중요성에 대한 논증

① 과학적인 근거와 타당성 검토: 자신의 입장을 과학적 근거를 들어 논리적으로 설명하고, 상대방의 입장의 논리성과 타당성을 검토하면서 의견을 경청한다.
② 과학 윤리 고려: 개인적 측면, 사회적 측면뿐만 아니라 윤리적인 측면을 고려하여 합리적이고 사회적으로 책임감 있는 의사결정을 내릴 수 있도록 노력해야 한다.

❺ 유전자변형 농산물
유전자 재조합 기술을 통해서 새롭게 만들어진 농산물로, 해충에 잘 견딜 수 있어서 오래 보관할 수 있고 대량 생산할 수 있다.

❻ 과학 윤리를 준수하는 사례
• 의약품 개발과 관련된 동물 실험에서 생명 윤리에 위배되는 행동을 하지 않는다.
• 임상 실험 중 참가자가 동의하지 않은 실험은 수행하지 않는다.

개념 쏙쏙

정답과 해설 39쪽

1 과학 기술의 발전에 대한 설명으로 옳은 것은 ○, 옳지 않은 것은 ×로 표시하시오.

(1) 지능 정보화 시대는 천연자원에 기반을 둔다. ·········· (   )
(2) 과학 기술은 미래 사회에서 유용하게 활용될 수 있다. ·········· (   )

2 다음 설명의 (   ) 안에 알맞은 말을 쓰시오.

(1) 인공지능 기술은 (   )를 학습하고 분석하는 기술을 바탕으로 한다.
(2) (   )은 센서, 통신 기능 등을 내장한 전자기기가 인터넷에 연결된 다른 사물과 주변 환경의 데이터를 주고받는 기술이다.
(3) (   ) 로봇은 주변 상황을 인식하여 자율적으로 작업을 수행한다.

3 다음 설명의 (   ) 안에 알맞은 말을 쓰시오.

(1) 과학 관련 (   )은 과학 기술의 발전 과정에서 사회 구성원마다 서로 다른 의견을 나타내는 주제이다.
(2) (   )는 과학 기술을 개발하거나 이용하는 과정에서 가져야 하는 올바른 생각과 태도를 말한다.

4 과학 관련 사회적 쟁점과 과학 윤리에 대한 설명으로 옳은 것은 ○, 옳지 않은 것은 ×로 표시하시오.

(1) 현대 사회에서는 다양한 과학 관련 사회적 쟁점이 발생한다. ········· (   )
(2) 과학 관련 사회적 쟁점을 해결할 때 자신의 입장을 끝까지 유지한다. ·········· (   )

암기꼭!

사물 인터넷
전자기기가 다른 사물과 인터넷으로 연결되어 데이터를 실시간으로 주고받는 기술

인공지능 로봇
주변 환경을 인식하여 자율적으로 작업을 수행하는 로봇

과학 윤리
과학 기술을 개발하거나 이용하는 과정에서 가져야 하는 올바른 생각과 태도

A 과학 기술과 미래 사회

중요

01 그림은 가정에서 활용되고 있는 사물 인터넷을 모식적으로 나타낸 것이다.
이에 대한 설명으로 옳은 것만을 [보기]에서 있는 대로 고른 것은?

보기
ㄱ. 인터넷에 연결된 기기들이 주변 환경의 데이터를 실시간으로 주고 받는다.
ㄴ. 사물 인터넷 기술이 적용된 전자기기는 사용자의 조작을 통해서만 작동될 수 있다.
ㄷ. 사물 인터넷 기술이 적용된 전자기기는 센서, 통신 기능, 소프트웨어가 내장되어 있다.

① ㄱ　　　　② ㄷ　　　　③ ㄱ, ㄴ
④ ㄱ, ㄷ　　　⑤ ㄴ, ㄷ

02 인공지능 로봇에 대한 설명으로 옳은 것만을 [보기]에서 있는 대로 고른 것은?

보기
ㄱ. 주변 상황을 인식하여 자율적으로 작업을 수행한다.
ㄴ. 인공지능 기술, 반도체, 센서 등의 기술이 집약되어 있다.
ㄷ. 작업 환경과 목표가 달라도 크기, 형태, 작동 방식이 모두 동일하다.

① ㄱ　　　　② ㄴ　　　　③ ㄱ, ㄴ
④ ㄱ, ㄷ　　　⑤ ㄴ, ㄷ

03 미래 사회에서의 과학 기술 발전의 한계로 예측되는 것과 거리가 가장 먼 것은?

① 인공지능 기술의 성능 향상이 더디게 진행된다.
② 미래 사회의 환경에서 오염과 폐기물이 생길 수 있다.
③ 새로운 과학 기술에 적응하지 못할 수 있다.
④ 인간 삶에 필수적인 능력이 약해질 수 있다.
⑤ 개인정보 보호 및 보안에 관한 문제가 발생할 수 있다.

B 과학 관련 사회적 쟁점과 과학 윤리

04 과학 기술 발달이 우리 사회에 미친 영향에 대한 설명으로 옳은 것만을 [보기]에서 있는 대로 고른 것은?

보기
ㄱ. 생활이 편리해지고 물질적으로 풍요로워졌다.
ㄴ. 우리의 삶이 모든 면에서 나아졌다.
ㄷ. 다양한 과학 관련 사회적 쟁점이 발생하기도 한다.

① ㄱ　　　　② ㄴ　　　　③ ㄱ, ㄴ
④ ㄱ, ㄷ　　　⑤ ㄴ, ㄷ

05 과학 기술을 개발하거나 이용할 때 과학 윤리를 준수하는 사례와 거리가 먼 것은?

① 연구자가 조작이나 왜곡없이 연구 결과를 도출한다.
② 임상 실험에서 참가자의 자발적 동의가 없는 실험은 실행하지 않는다.
③ 연구 결과가 유익하다면 지구 환경 문제는 별개의 문제로 다룬다.
④ 동물 대상의 연구에서 생명 윤리에 위배되는 행동은 하지 않는다.
⑤ 직관적이고 주관적 판단보다는 충분한 근거와 논리가 뒷받침하는 연구 결과를 발표한다.

06 과학 관련 사회적 쟁점을 해결하기 위한 올바른 태도에 대한 설명으로 옳은 것만을 [보기]에서 있는 대로 고른 것은?

보기
ㄱ. 자신의 입장을 과학적 근거를 들어 논리적으로 설명한다.
ㄴ. 입장과 근거 사이의 논리성과 타당성을 검토하면서 상대방의 의견을 경청한다.
ㄷ. 윤리적인 측면을 고려하여 합리적이고 사회적으로 책임감 있는 의사결정을 내리도록 해야 한다.

① ㄱ　　　　② ㄷ　　　　③ ㄱ, ㄴ
④ ㄴ, ㄷ　　　⑤ ㄱ, ㄴ, ㄷ

01 다음은 모기 관련 문제를 해결하기 위해 컴퓨터에서 인공지능(AI)의 기계 학습을 활용하는 순서를 나타낸 것이다.

> (가) 특정 질병을 유발하는 모기 사진을 수집한다.
> (나) 수집한 사진을 종류별로 컴퓨터 시스템에 올린 후 학습시킨다.
> (다) 채집한 모기 사진을 컴퓨터 시스템에 올린 후, 어떤 종류인지 출력을 통해 확인한다.

이에 대한 설명으로 옳은 것만을 [보기]에서 있는 대로 고른 것은?

> • 보기 •
> ㄱ. 인공지능의 기계 학습은 습득한 데이터를 기반으로 예측 또는 결정 능력을 학습한다.
> ㄴ. 습득한 모기 사진의 양과 관계없이 인공지능은 정확한 결과를 제시한다.
> ㄷ. 습득한 모기 사진의 오류와 관계없이 인공지능은 정확한 결과를 제시한다.

① ㄱ　　　　② ㄴ　　　　③ ㄷ
④ ㄱ, ㄴ　　　⑤ ㄴ, ㄷ

★중요
02 그림은 과학 기술이 미래 사회의 다양한 분야에 활용되는 것을 나타낸 것이다.

이에 대한 설명으로 옳은 것만을 [보기]에서 있는 대로 고른 것은?

> • 보기 •
> ㄱ. 미래 사회의 과학 기술은 사물 인터넷, 빅데이터, 인공지능, 로봇, 가상 현실 등이 활용된다.
> ㄴ. 과학 기술의 발전은 인간 삶과 미래 사회의 환경 개선에 유용할 것이다.
> ㄷ. 과학 기술의 발전은 미래 사회에서 의도하지 않은 여러 가지 문제점을 발생시킬 수 있다.

① ㄴ　　　② ㄱ, ㄴ　　　③ ㄱ, ㄷ
④ ㄴ, ㄷ　　⑤ ㄱ, ㄴ, ㄷ

03 다음은 과학 관련 사회적 쟁점의 몇 가지 예를 나타낸 것이다.

> (가) 우주 개발
> (나) 유전자변형 농산물 사용
> (다) 유전체 분석 기술 이용
> (라) 신재생 에너지 이용

이에 대한 설명으로 옳은 것은?

① (가)를 찬성하는 입장은 새로운 자원과 터전 개발의 필요성을 근거로 제시한다.
② (나)를 반대하는 입장은 친환경 농산물 생산의 필요성을 근거로 제시한다.
③ (다)를 찬성하는 입장은 유전자 재조합 기술의 안전성을 근거로 제시한다.
④ (라)를 반대하는 입장은 환경 오염 물질이 많이 배출되는 것을 근거로 제시한다.
⑤ (가)~(라)는 과학 기술의 발전과 관계없이 발생하는 사회적 쟁점들이다.

04 다음은 인간의 유전체 사업에 관한 사회적 쟁점에 대한 여러 입장 중 하나를 나타낸 것이다.

> 질병의 진단과 치료를 위해 유전자 정보가 다른 사람의 손에 들어가 낙인이 찍히거나 보험이나 고용 관계에서 차별을 받을 수 있다.

위 입장의 근거와 타당성을 고려하여 사회적 쟁점을 해결하려는 노력으로 옳은 것만을 [보기]에서 있는 대로 고른 것은?

> • 보기 •
> ㄱ. 인류의 일반적인 유전적 변이에 대한 특징을 이해할 수 있는 점을 강조한다
> ㄴ. 누가 제공한 정보인지 알 수 없도록 익명화시키는 작업을 수행한다.
> ㄷ. 참여자의 동의와 관계없이 정보가 공개될 수 있다는 것을 설득시킨다.

① ㄱ　　　　② ㄴ　　　　③ ㄷ
④ ㄱ, ㄴ　　　⑤ ㄴ, ㄷ

중단원 정복

01 감염병을 진단하는 방법 중 하나인 유전자증폭검사에 대한 설명으로 옳은 것만을 [보기]에서 있는 대로 고른 것은?

┌ 보기 ┐
ㄱ. 생명과학 기술을 활용한 진단 방법이다.
ㄴ. 바이러스를 구성하는 핵산을 이용하는 검사이다.
ㄷ. 검체에 들어 있는 병원체의 양이 적을 경우 병원체가 검출되지 않을 수도 있다.

① ㄱ   ② ㄴ   ③ ㄷ
④ ㄱ, ㄴ   ⑤ ㄴ, ㄷ

02 빅데이터에 대한 설명으로 옳은 것만을 [보기]에서 있는 대로 고른 것은?

┌ 보기 ┐
ㄱ. 여러 분야에서 수집된 많은 양의 데이터가 디지털 형태로 전환되어 생성된 방대한 양의 데이터를 의미한다.
ㄴ. 분석되지 않은 빅데이터만으로도 해당 분야의 현상에 대한 빠른 이해와 예측이 가능하다.
ㄷ. 기상 관측, 신약 개발, 유전체 분석 등의 분야에 활용된다.

① ㄱ   ② ㄱ, ㄴ   ③ ㄱ, ㄷ
④ ㄴ, ㄷ   ⑤ ㄱ, ㄴ, ㄷ

03 그림은 일상생활에서 활용되는 여러 인공지능 로봇을 나타낸 것이다.

물류 로봇   청소 로봇   의료 로봇

이에 대한 설명으로 옳지 않은 것은?

① 다양한 센서를 통해 주변 상황을 인식한다.
② 인공지능 기술로 주변 상황을 분석하여 자율적으로 작업을 수행한다
③ 자율주행 기능, 음성 인식 기능 등이 필수적이다.
④ 기계 학습을 통해 로봇의 학습 능력과 작업 수행 능력을 점진적으로 향상시킬 수 있다.
⑤ 문화·예술, 산업 현장, 우주 탐사 등 다양한 분야에서 활용된다.

04 과학 관련 사회적 쟁점에 대한 설명으로 옳은 것만을 [보기]에서 있는 대로 고른 것은?

┌ 보기 ┐
ㄱ. 우주 개발과 관련된 논쟁은 과학 관련 사회적 쟁점 사례 중 하나이다.
ㄴ. 신재생 에너지 이용에 대한 여러 입장 중에는 환경 오염 물질이 적게 배출되고 지속가능하므로 신재생 에너지를 주력 에너지원으로 확대해야 한다는 입장이 있다.
ㄷ. 과학 관련 사회적 쟁점을 해결할 때에는 자신의 입장을 논리적으로 설명하고 상대방의 의견을 경청해야 한다.

① ㄱ   ② ㄷ   ③ ㄱ, ㄴ
④ ㄴ, ㄷ   ⑤ ㄱ, ㄴ, ㄷ

서술형 문제

05 사물 인터넷 기술의 정의를 다음 단어들을 사용하여 서술하시오.

┌─────────────────────────────┐
│   인터넷   데이터   실시간   │
└─────────────────────────────┘

_____

_____

06 미래 사회에서 과학 기술 발전의 한계로 예측되는 것을 두 가지 이상 서술하시오.

_____

_____

07 과학 기술을 개발하거나 이용할 때 과학 윤리를 지켜야 하는 까닭을 서술하시오.

_____

_____

01 다음은 과학 기술을 활용하여 감염병을 관리하는 사례를 나타낸 것이다.

개념 Link 134쪽~135쪽

> (가) 감염병 확진 판정을 받은 환자들의 (나) 이동 통신 정보(스마트폰의 위치가 기록된 데이터)와 지도 관련 통계 정보 등 여러 기관의 데이터를 취합하여 환자의 이동 경로를 빠른 시간 내에 파악하고 그들이 전염성이 높은 시기에 접촉한 사람들을 찾아내어 자가격리와 함께 검사와 치료를 받도록 한다. 또 사람들의 이동 통신 정보로부터 (다) 전반적인 이동 및 행동 패턴을 분석하여 감염병이 어떻게 확산될지 예측한다.

이에 대한 설명으로 옳은 것만을 [보기]에서 있는 대로 고른 것은?

> • 보기 •
> ㄱ. (가)는 병원체에 감염되어 발생하는 질병이다.
> ㄴ. (나)는 스마트폰의 위성 위치 확인 시스템(GPS) 기능이나 스마트폰 기지국 정보 등을 이용해 수집할 수 있다.
> ㄷ. (다)에는 빅데이터 기술과 인공지능 기술이 활용된다.

① ㄱ　　　　　　　② ㄷ　　　　　　　③ ㄱ, ㄴ
④ ㄴ, ㄷ　　　　　　⑤ ㄱ, ㄴ, ㄷ

02 다음은 동물 실험에 대한 학생 A, B, C의 대화를 나타낸 것이다.

개념 Link 138쪽~139쪽

이에 대한 설명으로 옳은 것만을 [보기]에서 있는 대로 고른 것은?

> • 보기 •
> ㄱ. A는 동물 실험을 찬성하는 입장에서 근거를 제시하고 있다.
> ㄴ. B는 동물 실험이 동물권을 침해한다는 윤리적인 측면에서 반대하고 있다.
> ㄷ. C는 동물 실험에서 지켜야 할 원칙의 준수와 거리가 먼 의견을 제시하고 있다.

① ㄱ　　　　　　　② ㄴ　　　　　　　③ ㄱ, ㄴ
④ ㄱ, ㄷ　　　　　　⑤ ㄴ, ㄷ

정답과 해설

통합과학 2

visang

ABOVE IMAGINATION

우리는 남다른 상상과 혁신으로
교육 문화의 새로운 전형을 만들어
모든 이의 행복한 경험과 성장에 기여한다

I 변화와 다양성

1 지구 환경 변화와 생물다양성

01 지구 환경 변화

개념 쏙쏙

진도교재 → 11쪽, 13쪽

1 (1) ○ (2) × (3) × (4) ○ (5) × **2** (1) 시상 (2) 표준
(3) 고생대 (4) 표준 (5) 육지 **3** 선캄브리아시대 **4** (1) ㉠
(2) ㉣ (3) ㉢ (4) ㉡ **5** (1) × (2) ○ (3) × (4) ×

1 (1) 화석은 지질 시대에 살았던 생물의 유해나 흔적이 지층 속에 남아 있는 것이다.
(2) 화석을 통해 지진 발생의 유무는 알기 어렵다. 글로소프테리스 화석은 멀리 떨어진 여러 대륙에서 발견되는데, 이를 통해 현재는 멀리 떨어져 있는 대륙들이 과거에는 한 덩어리로 뭉쳐 초대륙을 이루었다는 것을 알 수 있다.
(3) 지질 시대는 지구가 탄생한 후부터 현재까지의 기간이다. 최초의 생명체는 지구가 탄생한 이후에 출현하였다.
(4) 지질 시대는 지구 환경 변화로 인한 생물계의 급격한 변화, 즉 화석의 변화를 기준으로 구분한다.
(5) 선캄브리아시대에는 생물의 개체 수가 적었고, 생물체에 단단한 골격이 없었으며, 화석이 되었어도 지각 변동과 풍화 작용을 많이 받아 화석으로 남아 있기 어렵기 때문에 선캄브리아시대의 화석이 거의 발견되지 않는다.

2 (1) 지층이 퇴적될 당시의 환경은 시상 화석으로 알아낼 수 있다.
(2) 생존 기간이 짧고, 특정한 시대에서만 생존하는 생물의 화석은 표준 화석이다.
(3) 표준 화석은 지층의 생성 시대를 알려 주는 화석으로, 삼엽충(고생대), 공룡(중생대), 화폐석(신생대) 등이 있다.
(4) 표준 화석은 특정한 시대에서만 생존한 생물의 화석이기 때문에 지질 시대를 구분하는 데 이용한다.
(5) 고사리는 과거부터 현재까지 따뜻하고 습한 육지 환경에서 서식한다.

3 지질 시대는 약 45억 6천 7백만 년 전 지구가 탄생한 후부터 현재까지 지질학적 활동이 일어나고 있는 시대로, 선캄브리아시대, 고생대, 중생대, 신생대 순으로 상대적으로 길이가 길다.

4 (1) 고생대는 오존층이 두꺼워져 지표에 도달하는 유해한 자외선을 차단하여 최초로 육상 생물이 등장한 시기이다.
(2) 중생대에는 공룡, 암모나이트, 겉씨식물이 번성하였다.
(3) 신생대에는 현재와 비슷한 수륙 분포를 형성하였다.
(4) 선캄브리아시대에는 최초의 광합성 생물이 출현하였다.

5 (1) 지질 시대 동안 동물계는 무척추동물 → 어류 → 양서류 → 파충류 → 조류와 포유류 순으로 진화하였다.

(2) 지질 시대 동안 식물계는 선캄브리아시대에 해조류, 고생대에 양치식물, 중생대에 겉씨식물, 신생대에 속씨식물이 번성하였다.
(3) 지질 시대 동안 가장 큰 규모의 대멸종은 판게아가 형성되는 고생대 말기에 일어났다.
(4) 대멸종이 일어난 후 생물의 멸종과 새로운 종의 출현이 끊임없이 반복되면서 생물다양성이 회복된다.

내신 탄탄

진도교재 → 14쪽~16쪽

01 ③ **02** A **03** ① **04** D **05** ③ **06** ②
07 ③ **08** 해설 참조 **09** ① **10** ② **11** ④ **12** ⑤
13 해설 참조 **14** ② **15** ④ **16** (다) → (가) → (나)
17 ③ **18** ④ **19** 해설 참조

01 ① 지층 속에 남아 있는 생물의 유해뿐만 아니라 활동 흔적(발자국, 배설물 등)도 화석에 해당한다.
② 생물의 유해나 흔적이 지층 속에 빨리 매몰되어야 지각 변동을 받지 않고 화석으로 남기 쉽다.
④ 생물이 단단한 뼈나 껍데기가 있으면 쉽게 분해되지 않기 때문에 화석으로 보존될 가능성이 크다.
⑤ 화석을 통해 화석이 발견된 지층이 퇴적될 당시의 환경과 지층의 생성 시대를 알 수 있다.
바로알기 ③ 생물의 사체가 분해되기 전에 지층 속에 빨리 매몰되어야 화석으로 보존될 가능성이 커진다.

02 •학생 A: 공룡은 중생대에서만 살았으므로 퇴적물에 공룡 발자국이 찍힌 시기는 중생대이다.
바로알기 •학생 B: 퇴적물이 단단하게 굳기 전에 퇴적물에 공룡 발자국이 찍혔을 것이다.
•학생 C: 공룡 발자국 화석이 만들어진 이후에 지층이 심하게 지각 변동을 받으면 화석이 소실된다.

03 ㄱ. 현재 고사리는 온난 다습한 육지 환경에서 자라므로 고사리 화석 (가)가 발견된 곳은 과거에 온난 다습한 육지였을 것으로 추정할 수 있다.
바로알기 ㄴ. 산호는 따뜻하고 얕은 바다에서 서식하므로 산호 화석 (나)는 수심이 얕은 바다 환경에서 잘 생성될 것이다.
ㄷ. 고사리는 육지 환경에서, 산호는 바다 환경에서 서식하기 때문에 고사리 화석과 산호 화석은 동일한 퇴적층에서 발견되기 어렵다.

04 표준 화석으로는 생물의 생존 기간이 짧고 분포 면적이 넓은 D가 적합하다.
바로알기 시상 화석으로는 생물의 생존 기간이 길고 분포 면적이 좁은 A가 적합하다.

05 ③ 지질 시대의 구분 기준은 지구 환경 변화로 인한 생물계의 급격한 변화(화석의 변화)이다.

06 ㄴ. 지질 시대의 구분 기준은 표준 화석의 변화이다.

바로알기 ㄱ. 지질 시대는 지구가 탄생한 후부터 현재까지의 기간이다.

ㄷ. 지질 시대는 선캄브리아시대, 고생대, 중생대, 신생대로 구분할 수 있다. 지질 시대는 '대'를 세분하여 '기'로 나눌 수 있다.

07 ③ 오존층이 형성되어 최초의 육상 생물이 출현한 시기는 고생대(B)이다.

바로알기 ① 지질 시대는 선캄브리아시대, 고생대, 중생대, 신생대 순으로 상대적으로 길이가 길다. 따라서 A는 선캄브리아시대, B는 고생대, C는 중생대, D는 신생대이다.

② 선캄브리아시대(A)의 화석은 거의 발견되지 않는다.

④ 중생대(C)에서는 파충류가 크게 번성하였다. 포유류가 번성한 지질 시대는 신생대(D)이다.

⑤ 빙하기 없이 전반적으로 온난하였던 지질 시대는 중생대(C)이다.

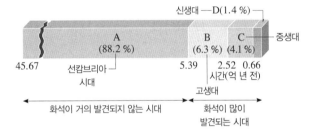

08 화석이 생성되려면 생물의 개체 수가 많아야 하고, 생물에 단단한 부분이 있어야 하며, 생물의 유해나 흔적이 빨리 지층 속에 매몰되어 화석화 작용을 받아야 하고, 지각 변동을 받지 않아야 한다.

모범 답안 선캄브리아시대에는 생물의 개체 수가 적었고, 생물에 대부분 단단한 골격이 없었으며, 화석이 되었더라도 지각 변동과 풍화 작용을 많이 받았기 때문에 선캄브리아시대의 화석이 거의 발견되지 않는다.

채점 기준	배점
선캄브리아시대의 화석이 거의 발견되지 않는 까닭을 세 가지 모두 옳게 서술한 경우	100 %
선캄브리아시대의 화석이 거의 발견되지 않는 까닭을 두 가지만 옳게 서술한 경우	60 %
선캄브리아시대의 화석이 거의 발견되지 않는 까닭을 한 가지만 옳게 서술한 경우	30 %

09 ㄴ. 중생대는 빙하기가 없었으며, 가장 따뜻했던 지질 시대이다.

바로알기 ㄱ. 지구의 평균 기온이 높으면 빙하의 융해와 해수의 열팽창으로 평균 해수면이 높아진다. 따라서 신생대에는 초기에 온난했으나 후기로 가면서 점차 한랭해졌으므로 초기보다 후기에 지구의 평균 해수면이 낮았을 것이다.

ㄷ. 중생대를 제외한 다른 지질 시대의 말기에는 모두 빙하기가 존재하였다.

10 ㄷ. 선캄브리아시대에는 생물에 유해한 자외선을 차단하는 오존층이 형성되지 않아 대부분의 생물이 바다에서 살았다.

바로알기 ㄱ. 최초의 광합성 생물인 A는 선캄브리아시대의 남세균(사이아노박테리아)이고, 광합성으로 발생한 기체 B는 산소이다.

ㄴ. 남세균은 선캄브리아시대부터 현재까지 존재하므로 스트로마톨라이트는 선캄브리아시대부터 만들어질 수 있다. 고생대를 대표하는 표준 화석에는 삼엽충, 방추충, 갑주어 등이 있다.

11 ④ 에디아카라 동물군은 선캄브리아시대 말기에 등장한 최초의 다세포생물의 화석군이다.

바로알기 ① (가)에서는 삼엽충, 양서류, 대형 곤충 등이 나타나므로 (가) 시기는 고생대이다.

② 암모나이트가 번성한 지질 시대는 중생대이고, 삼엽충이 번성한 지질 시대는 고생대이다.

③ (나) 시기는 생물다양성이 상대적으로 매우 빈약했던 선캄브리아시대이다. 최초의 육상 생물이 등장한 지질 시대는 고생대이다.

⑤ 초대륙인 판게아는 고생대 말기에 형성되었다.

12 ㄱ, ㄴ. (가)는 중생대의 바다에서, (나)는 신생대의 바다에서, (다)는 고생대의 바다에서 번성했던 생물의 화석이다.

ㄷ. 고생대의 기간이 신생대의 기간보다 길다. 따라서 생물이 출현해서 멸종하기까지 걸린 시간은 고생대 동안 번성했던 삼엽충이 신생대에 번성했던 화폐석보다 길다.

13 선캄브리아시대에는 생물들이 유해한 자외선이 잘 닿지 않는 바다에서 주로 살았다. 그러나 고생대에는 대기 중의 산소 농도 증가로 오존층이 두꺼워져 지표에 도달하는 유해한 자외선을 차단하였기 때문에 육상 생물이 출현할 수 있었다.

모범 답안 고생대, 고생대에는 오존층이 형성되어 지표에 도달하는 유해한 자외선을 차단하였기 때문이다.

채점 기준	배점
육상 생물이 출현한 지질 시대의 이름을 쓰고, 육상 생물이 출현할 수 있게 된 까닭을 모두 옳게 서술한 경우	100 %
육상 생물이 출현한 지질 시대의 이름만 옳게 쓴 경우	50 %
육상 생물이 출현할 수 있게 된 까닭만 옳게 서술한 경우	50 %

14 (가)는 판게아가 분리되기 시작했으므로 중생대, (나)는 판게아가 형성되었으므로 고생대, (다)는 현재 수륙 분포와 비슷하므로 신생대의 수륙 분포이다. 중생대인 (가) 시기에 번성했던 생물은 공룡(ㄱ), 암모나이트(ㅁ)이고, 고생대인 (나) 시기에 번성했던 생물은 삼엽충(ㄷ)이며, 신생대인 (다) 시기에 번성했던 생물은 매머드(ㄴ), 화폐석(ㄹ)이다.

15 ㄱ. 완족류는 해양 무척추동물로, 고생대에 번성하였다.

ㄷ. 히말라야산맥은 신생대 초기에 인도 대륙이 유라시아 대륙과 충돌하면서 형성되기 시작하였다.

바로알기 ㄴ. 기권의 오존층은 최초의 육상 생물이 등장한 고생대 중기보다 앞선 시기에 형성되었다.

16 삼엽충은 고생대 말기에 멸종하였고, 판게아는 중생대에 분리되기 시작하였다. 남세균의 광합성 활동이 처음 시작된 시기는 선캄브리아시대이다.

17 ③ 대멸종 이후 생물 과의 수는 일시적으로 감소하지만, 새로운 환경에 적응한 생물이 다양한 종으로 진화하여 생물 과의 수는 점점 증가한다.

① 대멸종은 지질 시대 동안 총 5회 일어났으며, 일정한 주기로 발생한 것은 아니다.

② 최대 규모의 대멸종은 고생대 말기에 일어났다.

④ 대멸종 시기에 나타난 급격한 환경 변화에 적응한 생물은 대멸종 이후에 크게 번성할 수 있는 기회를 얻어 다양한 종으로 진화하였다.

⑤ 신생대에 생물 과의 수가 가장 많으므로 생물다양성이 가장 높은 시기는 신생대이다.

18 ㄴ. 최대 규모의 대멸종은 고생대 말기에 판게아의 형성, 화산 폭발로 인한 온난화 때문에 일어난 것으로 추정된다.

ㄷ. 대멸종 이후 새로운 생물이 번성할 기회를 얻게 되면서 생물다양성은 다시 회복된다.

ㄱ. 고생대는 약 5.39억 년 전부터 2.52억 년 전까지이므로 A는 고생대 초기에 일어난 대멸종이다.

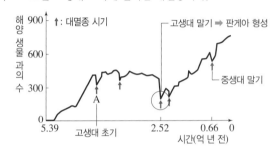

19 공룡과 암모나이트는 중생대 말기에 일어난 제 5차 대멸종 시기에 완전히 멸종하였다. 이 시기의 대멸종을 설명하는 여러 가설 중 가장 유력한 가설은 소행성 충돌설이다.

소행성 충돌설, 소행성이 지구에 떨어지면서 생성된 운석 구덩이가 실제로 발견되었으며, 이 운석 구덩이가 생성된 시기를 경계로 지층에서 발견되는 화석의 종류가 급격한 변화를 보인다.

채점 기준	배점
공룡, 암모나이트의 멸종 원인을 설명할 수 있는 가설과 근거를 모두 옳게 서술한 경우	100 %
공룡, 암모나이트의 멸종 원인을 설명할 수 있는 가설만 옳게 쓴 경우	50 %
공룡, 암모나이트의 멸종 원인을 설명할 수 있는 근거만 옳게 서술한 경우	50 %

1등급 도전

진도교재 ➡ 17쪽

01 ⑤   02 ①   03 ④   04 ①

01 지질 시대는 생물계의 급격한 변화를 기준으로 구분한다. 따라서 화석의 종류가 급변하는 곳을 경계로 지질 시대를 구분할 수 있다.

ㄱ. ㉠~㉣ 중 표준 화석은 ㉠, ㉡, ㉣이며, ㉠은 신생대, ㉡은 중생대, ㉣은 고생대 지층에서 산출된다. 따라서 A와 B 층은 고생대 지층, C 층은 중생대 지층, D와 E 층은 신생대 지층이다.

ㄴ. ㉡은 중생대 지층에 해당하는 C 층에서 산출되므로 중생대의 표준 화석에 해당한다.

ㄷ. ㉢은 B, C, D, E 층에서 산출되므로 고생대, 중생대, 신생대 지층에서 모두 산출되는 것을 알 수 있다.

	화석	㉠	㉡	㉢	㉣
지층				(시상 화석)	
신생대	E	●		●	
	D	●		●	
중생대	C		●	●	
고생대	B			●	●
	A				●

02 ㄱ. ㉠은 현재와 수륙 분포가 거의 비슷한 신생대이고, ㉡은 판게아가 형성된 고생대 말기이며, ㉢은 인도 대륙이 적도 부근에 위치한 중생대이다.

ㄴ. (나)는 공룡, 파충류 등이 나타나므로 중생대의 환경과 생물을 복원한 모식도이다. 따라서 (나) 시기의 수륙 분포에 해당하는 것은 ㉢이다.

ㄷ. (나) 시기는 중생대로, 빙하기 없이 전반적으로 온난했으므로 중위도에 대륙 빙하가 나타나지 않았을 것이다.

03 ㄴ. B와 D에는 육상 생물인 매머드와 공룡 화석이 산출되므로 두 지층은 육지 환경에서 퇴적되었다.

ㄷ. C는 고생대에 퇴적되었으므로 ㉠에서 산출될 수 있는 화석에는 고생대의 표준 화석인 삼엽충, 갑주어, 방추충 등이 있다.

ㄱ. A에서는 화폐석 화석, B에서는 매머드 화석이 산출되므로 A, B는 신생대에 퇴적되었다. D에서는 공룡 화석이 산출되므로 D는 중생대에 퇴적되었다. (가), (나) 지역에서 고생대, 중생대, 신생대 지층이 나타나고, C는 D보다 먼저 퇴적되었으므로 고생대에 퇴적되었다는 것을 알 수 있다. 따라서 지층의 생성 순서는 C → D → A → B이다.

04 ㄱ. 육상 식물의 과의 수 변화를 통해 대멸종 시기를 확인하기 어렵기 때문에 지질 시대를 구분할 경우에는 해양 동물이 육상 식물보다 더 유용하다.

ㄴ. 생물에 유해한 자외선을 차단하는 오존층은 육상 식물이 출현하기 이전에 형성되었다.

ㄷ. B 시기는 최대 규모의 대멸종이 일어난 고생대 말기이며, 이 시기에는 삼엽충, 완족류 등이 멸종하였다.

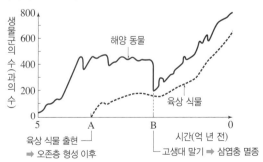

02 진화와 생물다양성

진도교재 → 19쪽, 21쪽

1 (1) ㉠ 변이, ㉡ 유전자 (2) 자연선택 (3) 진화 　　**2** (1) ×
(2) ○ (3) ○ (4) × 　　**3** (가) 생태계다양성 (나) 종다양성 (다)
유전적 다양성 　　**4** (1) ○ (2) × (3) ○ (4) × 　　**5** 생물 서식지
복원, 생태통로 설치, 환경 오염 방지, 기후 변화 해결, 야생 생
물 불법 포획 금지, 외래생물 도입 전 영향 검증 등

1 (1) 같은 종의 개체 사이에서도 형질의 차이가 나타나는데,
이를 변이라고 한다. 변이는 주로 개체가 가진 유전자의 차이로
나타난다.

(2) 변이에 따라 환경에 적응하는 능력이 다르며, 환경에 적응하
기 유리한 형질을 가진 개체가 더 잘 살아남아 자손을 많이 남기
게 된다.

(3) 생물이 오랜 시간 동안 여러 세대를 거치면서 변화하는 현상
을 진화라고 하며, 지구 생태계의 다양한 환경에서 진화한 결과
오늘날과 같이 생물종이 다양해졌다.

2 (1), (2) 다윈의 자연선택설에 의하면 생물은 주어진 환경에
서 살아남을 수 있는 것보다 많은 수의 자손을 낳으며(과잉 생
산), 과잉 생산된 개체들 사이에 변이가 있어 개체마다 환경에
적응하는 능력이 다르다(변이).

(3) 같은 종의 개체들 사이에는 먹이, 서식지, 배우자 등을 두고
경쟁이 일어난다(생존경쟁).

(4) 자연선택설에 따르면 생물은 '과잉 생산과 변이 → 생존경쟁
→ 자연선택 → 유전과 진화'의 과정을 거쳐 진화가 일어난다고
설명한다.

3 (가)는 생물이 서식하는 생태계의 다양성을 나타낸 생태계다
양성, (나)는 일정한 지역에서 관찰되는 생물종의 다양성을 나타
낸 종다양성, (다)는 생물이 지닌 유전자의 다양성을 나타낸 유
전적 다양성이다.

4 (1) 지구 생태계의 다양한 환경에서 생물은 서로 다른 방향으
로 진화하였으며, 그 과정에서 새로운 생물종이 출현하여 오늘
날과 같이 생물종이 다양해졌다.

(2) 유전적 다양성이 높을수록 변이가 다양하므로 환경이 급격
히 변화하였을 때 적응하여 살아남는 개체가 있을 가능성이 높
아 쉽게 멸종되지 않는다.

(3) 종다양성은 일정한 지역에 사는 생물종의 다양한 정도를 의
미하는 것으로, 서식하는 종의 수가 많을수록, 각 종의 분포 비
율이 고를수록 종다양성이 높다.

(4) 생태계다양성은 어떤 지역에 사막, 초원, 삼림, 호수, 강, 바
다 등 다양한 생태계가 존재하는 것을 의미한다.

5 생물다양성을 보전하기 위해서는 서식지파괴와 단편화, 불
법 포획과 남획, 환경 오염과 기후 변화, 외래생물의 유입 등과
같이 생물다양성을 감소시키는 여러 요인들을 줄이는 노력이 필
요하다.

진도교재 → 23쪽

확인 문제 **1** (1) ○ (2) ○ (3) × (4) ○ 　　**2** ① 　　**3** 해설
참조

1 (1) 과자의 색깔이 각기 다른 것은 개체 사이의 형질 차이인
변이를 나타낸 것이다.

(2) 과정 ❷에서 과자를 도화지 밖으로 꺼내는 것은 포식자 등에
의해 무리에서 제거되는 것을 의미한다.

(3) 도화지와 비슷한 색깔의 과자가 눈에 덜 띄어 제거되지 않으
므로 초록색 도화지에서는 초록색이 생존에 유리한 형질이다.

(4) 도화지와 비슷한 색깔의 과자가 눈에 덜 띄므로 횟수를 반복
할수록 도화지 위에는 도화지와 비슷한 색깔의 과자 비율이 높
아질 것이다.

2 ㄱ. 도화지 색깔을 파란색에서 검은색으로 바꾸는 것은 환경
변화에 비유한 것이다.

바로알기 ㄴ. 도화지와 비슷한 색깔의 과자일수록 실험을 반복함
에 따라 도화지 위에 남는 비율이 높아지므로 ⓐ는 검은색, ⓑ
는 파란색이다.

ㄷ. 자연선택은 환경에 적응하기 유리한 형질을 가진 개체가 살
아남아 자손을 많이 남기는 것을 의미하므로 횟수를 반복할수록
도화지 위에 남아 있는 비율이 높아진 색깔의 과자가 그 환경에
서 자연선택된 것을 의미한다.

3 같은 형질이라도 어떤 환경에서는 생존에 유리하게 작용하
지만, 다른 환경에서는 생존에 불리하게 작용할 수 있다.

모범 답안 어떤 환경에서는 생존에 유리한 형질이 다른 환경에서
는 생존에 불리하게 작용하여 자연선택의 결과가 달라지기도
한다.

채점 기준	배점
환경 변화에 따라 유리한 형질이 달라져 자연선택 결과가 달라질 수 있음을 옳게 서술한 경우	100 %
형질에 대한 언급 없이 환경에 따라 자연선택 결과도 달라진다고만 서술한 경우	60 %

진도교재 → 24쪽~26쪽

01 ④ 　　**02** ④ 　　**03** ④ 　　**04** ③ 　　**05** ⑤ 　　**06** ⑤
07 ④ 　　**08** ③ 　　**09** ④ 　　**10** 해설 참조 　　**11** ① 　　**12** ④
13 해설 참조 　　**14** ① 　　**15** ⑤ 　　**16** ② 　　**17** ②

01 ① 같은 종의 개체 사이에 나타나는 모양, 색깔 등의 형질
차이를 변이라고 한다.

②, ⑤ 변이는 주로 개체가 가진 유전자의 차이로 나타나며, 유
전자의 차이는 오랫동안 축적된 돌연변이와 유성생식 과정에서
생식세포의 다양한 조합으로 발생한다.

③ 비유전적 변이는 환경의 영향으로 나타나며, 형질이 자손에
게 유전되지 않는다.

바로알기 ④ 유전자의 차이로 나타나는 유전적 변이의 경우에는 유전자가 자손에게 전달되므로 형질이 자손에게 유전되지만, 환경의 영향으로 나타나는 비유전적 변이의 경우에는 형질이 자손에게 유전되지 않는다.

02 ㄱ, ㄴ. 무당벌레의 딱지날개 무늬와 색이나 호랑나비의 날개 무늬와 색이 개체마다 다른 것은 개체마다 가지고 있는 유전자에 저장된 유전정보가 다르기 때문으로, 변이의 예이다.
바로알기 ㄷ. 변이는 같은 종에 속하는 개체 사이의 형질 차이로, 표범과 호랑이는 서로 다른 종이다. 따라서 표범과 호랑이의 모습과 털무늬가 조금씩 다른 것은 변이의 예가 아니다.

03 ㄴ, ㄷ. 자연 상태에서는 변이에 따라 환경에 적응하는 능력이 다르다. 따라서 다양한 변이를 가진 개체들 중에서 환경에 적응하기 유리한 형질을 가진 개체가 그렇지 않은 개체에 비해 더 잘 살아남아 자손에게 유전자를 물려준다.
바로알기 ㄱ. 어떤 환경에서는 생존에 유리한 형질이 다른 환경에서는 생존에 불리하게 작용하기도 하므로 환경에 따라 자연선택의 결과가 달라질 수 있다. 즉 환경 변화는 자연선택의 방향에 영향을 미친다.

04 ㄱ. ㉠과 ㉡은 서로 같은 종으로, 이들 사이에는 몸 색이 서로 다른 변이가 있다.
ㄷ. ㉠이 ㉡보다 더 잘 살아남아 자손을 많이 남기며, 생존에 유리한 형질을 자손에게 전달하므로 ㉠의 형질을 가진 개체의 비율이 증가한다.
바로알기 ㄴ. 주어진 환경에서 ㉡은 ㉠보다 포식자의 눈에 더 잘 띄어 높은 비율로 잡아먹히므로 눈에 덜 띄는 ㉠이 ㉡보다 생존에 유리하다.

05 ㄱ. 진화란 오랜 시간 동안 변화하는 환경에서 여러 세대를 거치면서 생물이 변화하는 현상이다.
ㄴ. 지구 생태계의 다양한 환경에서 생물은 서로 다른 방향으로 자연선택되며, 환경 적응에 유리한 변이가 자연선택되는 과정이 반복되어 진화가 일어난다.
ㄷ. 진화에 의해 새로운 생물종이 출현하면서 지구의 생물종이 오늘날과 같이 다양해졌다.

06 다윈의 자연선택설은 다양한 변이를 가진 개체 중에서 환경에 잘 적응한 개체가 자연선택되는 과정이 반복되어 생물이 진화한다고 설명한다.
바로알기 ⑤ 라마르크가 주장한 용불용설의 내용이며, 후천적으로 얻은 형질(비유전적 변이)은 유전되지 않는다는 한계점이 있어 현재는 받아들여지지 않는다.

07 자연선택설은 생물의 진화가 '과잉 생산과 변이(나) → 생존 경쟁(가) → 자연선택(다) → 유전과 진화(라)'의 과정으로 일어난다고 설명한다.

08 ㄱ. 목이 긴 기린은 목이 짧은 기린보다 먹이를 먹기에 유리한 형질을 가져 더 잘 살아남아 자손을 많이 남겼다. 즉 자연선택되었다.

ㄴ. 목 길이가 다양한 변이가 있는 기린들 사이에서 먹이를 두고 경쟁이 일어났다.
바로알기 ㄷ. 목이 긴 기린은 목이 짧은 기린보다 번식 능력이 뛰어나서가 아니라, 먹이 환경에 유리한 형질을 가져서 더 많이 살아남은 결과 자손을 더 많이 남긴 것이다.

09 ㄴ. 갈라파고스 제도의 각 섬은 먹이 환경이 달랐으며, 그 환경에서 먹이를 먹기에 가장 유리한 모양의 부리가 자연선택되었다. 따라서 핀치의 부리 모양에 가장 큰 영향을 미친 요인은 먹이의 종류였다.
ㄷ. 같은 종의 핀치가 오랫동안 각기 다른 먹이 환경에 적응하면서 서로 다른 방향으로 자연선택과 진화가 일어난 결과 서로 다른 종이 되었다.
바로알기 ㄱ. 각 섬에 흩어져 살기 전부터 이미 부리 모양과 크기에 다양한 변이가 있었고, 그중 각 섬의 환경에 적응하는 데 유리한 것이 자연선택되었다.

10 같은 변이를 가진 생물이라도 환경이 다르면 자연선택되는 결과가 다를 수 있으며, 오랜 시간 동안 이러한 과정이 반복되면 새로운 종이 나타날 수 있다.
모범 답안 지구 생태계의 다양한 환경에서 생물은 서로 다른 방향으로 자연선택되었으며, 이 과정이 오랫동안 반복되어 현재와 같이 생물종이 다양해졌다.

채점 기준	배점
오늘날과 같이 생물종이 다양해진 과정을 다양한 환경과 자연선택을 관련지어 옳게 서술한 경우	100 %
오늘날과 같이 생물종이 다양해진 과정을 다양한 환경이나 자연선택 중 하나만 언급하여 서술한 경우	40 %

11 ② 대륙과 해양의 분포, 위도, 기온, 강수량 등과 같은 환경의 차이로 지구에는 열대우림, 갯벌, 습지, 삼림, 초원, 사막, 해양 등 다양한 생태계가 나타난다.
③ 유전적 다양성이 높으면 급격한 환경 변화에도 적응하여 살아남는 개체가 있어 멸종될 가능성이 낮으므로 종다양성을 유지하는 데 도움이 된다.
④ 생물다양성은 유전적 다양성, 종다양성, 생태계다양성을 모두 포함하는 개념이다.
⑤ 생물다양성 중 생태계다양성은 생태계의 다양힘뿐만 아니라 생태계를 구성하는 생물과 환경 사이의 상호작용에 대한 다양성을 포함한다.
바로알기 ① 생물다양성은 식물 종과 동물 종뿐만 아니라 곰팡이, 세균, 아메바 등에 이르기까지 그 지역에 사는 모든 생물종을 포함한다.

12 ㄴ. (가)는 생태계다양성, (나)는 종다양성, (다)는 유전적 다양성이다.
ㄷ. 터키달팽이의 껍데기 무늬와 나선 방향이 개체마다 다른 것은 유전적 다양성의 예이다.
바로알기 ㄱ. 일정한 지역에 존재하는 생물종의 다양한 정도는 종다양성이며, 생태계다양성은 어떤 지역에 존재하는 생태계의 다양한 정도이다.

13 • 학생 A: 종다양성이 높을수록 복잡한 먹이그물이 형성되어 생태계가 안정적으로 유지될 수 있다.

• 학생 B: 생태계가 다양하면 생물에게 다양한 서식지와 환경 요인을 제공할 수 있으므로 종다양성이 높아진다. 또한 같은 종이라도 환경에 따라 변이가 다양하므로 생태계다양성이 높을수록 유전적 다양성도 높아진다.

(모범 답안) 학생 C, 종다양성은 일정한 지역에 서식하는 생물종의 수가 많을수록, 각 생물종의 분포 비율이 고를수록 높으며, 개체 수가 많을수록 종다양성이 높은 것은 아니다.

채점 기준	배점
C를 고르고, 종다양성 개념을 들어 옳게 서술한 경우	100 %
C를 고르고, 개체수가 많을수록 종다양성이 높은 것이 아니라고만 서술한 경우	70 %
C만 고른 경우	30 %

14 ㄱ. 유전적 다양성은 같은 종의 생물이 지닌 유전자의 다양성을 의미하므로, 하나의 형질을 결정하는 유전자가 다양할수록 유전적 다양성이 높다.

(바로알기) ㄴ. 우수한 품종만을 대규모로 키우면 특정 유전자의 비율이 높아져 그 집단의 유전적 다양성이 낮아진다.

ㄷ. 유전적 다양성이 높을수록 변이가 다양하므로 환경이 급격히 변화하였을 때 적응하여 살아남는 개체가 있을 가능성이 높아 멸종될 가능성이 낮다.

15 ㄴ. 야생 동식물을 남획하면 해당 생물종의 개체수가 급격히 감소하여 멸종될 수 있다.

ㄷ. 외래생물 도입 시 천적이 없는 경우에는 대량으로 번식하여 토종 생물의 서식지를 차지해 토종 생물의 생존을 위협하고 토종 생물의 멸종 원인이 되기도 한다.

(바로알기) ㄱ. 생물다양성을 감소시키는 가장 큰 원인은 삼림의 벌채나 경작지 개발, 도로 건설, 습지의 매립 등으로 인한 서식지파괴이다.

16 ㄴ. (나)에서는 철도와 도로로 인해 서식지 간의 생물 이동이 제한되어 생물종이 고립되기 쉽다.

(바로알기) ㄱ. 서식지가 분리되기 전(가)의 서식지 면적은 64 ha이고, 서식지가 철도와 도로에 의해 분리된 후(나)의 서식지 면적은 8.7 ha×4=34.8 ha이다. 따라서 (가)의 서식지 면적이 (나)보다 넓다.

ㄷ. 서식지가 분리되면 야생 동물이 도로를 건너다가 자동차에 치여 죽는 로드킬이 발생할 가능성이 높아지고, 생물종이 고립되기 쉬워 멸종 위험이 높아진다. 따라서 (나)는 (가)보다 생물다양성을 유지하기 어렵다.

17 ㄴ. 보호 동식물을 불법 포획하거나 야생 생물을 남획하면 해당 생물종의 개체수가 급격히 감소하여 멸종될 수 있다.

(바로알기) ㄱ. 외래생물은 천적이 없을 경우 토종 생물의 멸종 원인이 되기도 하므로 외래생물 도입은 종다양성을 낮추는 요인이 될 수 있다.

ㄷ. 갯벌이나 습지는 육지 생태계와 수 생태계가 공존하는 곳으로 종다양성이 매우 높다. 따라서 갯벌이나 습지를 매립하면 생물다양성이 크게 감소한다.

01 ⑤　**02** ③　**03** ③　**04** ①

01 ㄱ. 같은 환경이라도 개체가 가지고 있는 형질에 따라 다르게 적응하므로 변이는 개체의 환경 적응 능력에 영향을 준다.

ㄴ. 무당벌레의 딱지날개 무늬와 색이 개체마다 다른 것은 변이의 예로, 변이는 주로 개체가 가진 유전자의 차이로 나타난다.

ㄷ. 유성생식 과정에서 유전자 조합이 다양한 생식세포가 형성되고, 암수 생식세포가 무작위로 수정하면서 같은 부모로부터 다양한 유전자 구성을 가진 자손이 태어난다.

02 ㄱ. 항생제를 지속적으로 사용하였을 때 ㉠의 수는 줄어들었으므로, ㉠은 항생제 A에 저항성이 없는 세균이고, ㉡은 항생제 A에 저항성이 있는 세균이다.

ㄷ. 항생제 A를 지속적으로 사용하는 (나) → (다) 과정에서 항생제 A에 저항성이 있는 세균이 자연선택되어 그 비율이 증가하였다.

(바로알기) ㄴ. (가) → (나)에서 돌연변이에 의해 새로운 형질이 나타났다. 돌연변이는 DNA의 유전정보가 달라져 부모에게 없던 형질이 자손에게 나타나는 현상으로, 돌연변이로 새로운 유전자가 만들어졌으므로 세균 집단의 유전적 다양성이 증가하였다.

03 ㄱ. 씨가 있는 바나나(㉠)는 유성생식을 하는데, 유성생식 과정에서 생식세포의 다양한 조합으로 부모의 유전자가 다양하게 조합되어 자손에게 전달된다. 반면 뿌리로 번식하는 바나나(㉡)는 부모와 자손의 유전자가 같으므로 씨로 번식하는 바나나보다 변이가 적다.

ㄴ. ㉠이 ㉡보다 유전적 다양성이 높으므로 급격한 환경 변화가 일어났을 때 적응하여 살아남는 개체가 있을 확률이 높아 생존할 가능성이 더 높다.

(바로알기) ㄷ. ㉡에서 파나마병으로 그로 미셸 품종이 거의 멸종하게 된 것은 단일 품종만을 대규모로 재배하여 유전적 다양성이 낮았기 때문에 나타난 결과이다.

04 (가)~(다)에 서식하는 식물 종 A~D의 개체수는 다음과 같다.

구분	A	B	C	D
(가)	13	2	2	3
(나)	16	1	1	2
(다)	4	5	7	4

ㄱ. (가)와 (나)에 서식하는 식물 종의 수는 4종으로 같다.

(바로알기) ㄴ. 종다양성은 일정한 지역에 서식하는 생물종 수가 많을수록, 각 생물종의 분포 비율이 고를수록 높다. (가), (나), (다)에서 식물 종 수는 모두 4종으로 같지만, 각 식물 종의 분포 비율이 (다)>(가) >(나) 순으로 균등하므로 종다양성은 (다)> (가)>(나) 순으로 높다.

ㄷ. 종다양성이 높을수록 복잡한 먹이그물이 형성되므로 종다양성은 생태계를 안정적으로 유지하는 데 매우 중요하다. 따라서 종다양성이 높은 (다)에서가 (가)에서보다 생태계가 안정적으로 유지될 수 있다.

중단원 정복

진도교재 → 28쪽~31쪽

01 ②	02 ④	03 ③	04 ⑤	05 ⑤	06 ⑤
07 ③	08 ②	09 ①	10 ③	11 ④	12 ③
13 ③	14 ⑤	15 ③	16 ⑤	17 ②	18 ③
19 해설 참조	20 해설 참조	21 해설 참조			

01 A는 생물의 분포 면적이 좁고, 생존 기간이 길기 때문에 시상 화석에 적합하다. B는 생물의 분포 면적이 넓고, 생존 기간이 짧기 때문에 표준 화석에 적합하다.

ㄷ. 지질 시대는 표준 화석을 이용하여 구분하므로 A보다 B가 유용하다.

바로알기 ㄱ. 화폐석은 신생대의 표준 화석이므로 B에 해당한다.
ㄴ. 특정한 환경에서 서식하는 생물은 시상 화석으로 가치가 있으며, 시상 화석의 조건은 A에 해당한다.

02 ㄴ, ㄹ. 지질 시대는 생물계의 급격한 변화(화석의 변화)를 기준으로 구분한다. 또한, 화석이 거의 발견되지 않는 시기(선캄브리아시대)도 있으므로 대규모 지각 변동(예 부정합)을 기준으로 지질 시대를 구분하기도 한다.

03 A는 선캄브리아시대, B는 고생대, C는 중생대, D는 신생대이다.

ㄱ. 최초의 광합성 생물인 남세균(사이아노박테리아)은 선캄브리아시대(A)에 출현하였다.
ㄷ. 지구의 평균 기온은 빙하기가 없었던 중생대(C)가 신생대(D)보다 높았다.

바로알기 ㄴ. 판게아는 고생대(B) 말기에 형성되었다.

04 ⑤ 삼엽충은 중생대가 시작되기 직전에 멸종하였고, 판게아는 고생대 말기에 형성되었다. 최초의 육상 생물은 오존층이 형성되고 나서 고생대 중기에 출현하였다.

05 ㄱ, ㄷ. A 층은 고생대, B 층은 신생대, C 층은 중생대, D 층은 고생대에 퇴적되었다. 따라서 A와 B 층의 연령 차이가 C와 D 층의 연령 차이보다 크다.

ㄴ. D 층이 퇴적된 고생대에는 양치식물이 번성하였다.

06 그림은 중생대의 수륙 분포이다.
① 중생대에는 빙하기 없이 전반적으로 온난하였다.
②, ③ 중생대의 육지에서는 소철, 은행나무와 같은 겉씨식물이, 바다에서는 암모나이트가 번성하였다.
④ 고생대 말기에 형성된 판게아가 중생대에 분리되면서 대서양과 인도양이 형성되기 시작하였다.

바로알기 ⑤ 알프스산맥과 히말라야산맥은 신생대에 형성되었다.

07 ㄱ. (가)는 암모나이트가 번성한 중생대이고, (나)는 삼엽충이 번성한 고생대이다.
ㄴ. (가)의 중생대에는 육지에서 공룡이 번성하였다.

바로알기 ㄷ. 겉씨식물은 중생대에 번성하였다.

08 ② A 시기는 최대 규모의 대멸종이 일어난 고생대 말기이고, B 시기는 마지막 대멸종이 일어난 중생대 말기이다. ㉠과 ㉣은 고생대 말기에, ㉡은 신생대 말기에, ㉢은 중생대 말기에 멸종하였다. 따라서 A 시기에 멸종한 생물은 ㉠, ㉣이고, B 시기에 멸종한 생물은 ㉢이다.

09 최초의 광합성 생물인 남세균(사이아노박테리아)은 약 35억 년 전에 출현하였고, 오존층은 고생대 초기에 형성되었으며, 화폐석은 신생대 초기에 처음 등장하였다.

ㄱ. 최초의 다세포생물은 선캄브리아시대 말기에 출현하였다.

바로알기 ㄴ. 인류의 조상은 신생대 말기에 출현하였다.
ㄷ. 지질 시대의 길이는 A 기간(선캄브리아시대~고생대 초기)이 B 기간(고생대 초기~신생대 초기)보다 길다.

10 ①, ② 변이는 주로 개체가 가진 유전자(유전정보)의 차이로 나타나며, 진화의 원동력이 된다.
④ 돌연변이는 DNA의 유전정보가 달라져 부모에게 없던 형질이 자손에게 나타나는 현상으로, 새로운 변이의 원인이 될 수 있다.
⑤ 기린의 털 무늬와 색이 다양한 것은 같은 종의 개체 사이에 나타나는 변이의 예이다.

바로알기 ③ 변이는 같은 종의 개체 사이에 나타나는 형질의 차이이다.

11 ㄱ, ㄷ. 환경에 적응하기 유리한 형질을 가진 개체가 더 많이 살아남아 자손을 남기고(자연선택), 이 과정이 오랫동안 누적되면 생물의 구조와 기능이 변하는 진화가 일어난다.

바로알기 ㄴ. 환경이 변화하면 자연선택되는 형질이 달라지고, 그에 따라 진화의 방향도 달라진다.

12 ㄱ. 지의류가 있어 나무줄기의 색깔이 밝을 때에는 흰색 몸이, 지의류가 없어 나무줄기의 색깔이 어두울 때에는 검은색 몸이 새의 눈에 잘 띄지 않아 생존에 유리하다.
ㄴ. (가)에서 지의류가 있을 때에는 흰색 나방이 검은색 나방보다 새의 눈에 잘 띄지 않아 더 많이 살아남는다.

바로알기 ㄷ. (나)에서는 검은색 나방이 흰색 나방보다 새의 눈에 잘 띄지 않으므로 검은색 나방이 자연선택될 것이다.

13 살충제를 사용하였을 때 제거되는 A가 살충제 저항성이 없는 해충이고, 살아남는 B가 살충제 저항성이 있는 해충이다.
ㄱ. 살충제를 지속적으로 사용하였을 때 살충제 저항성이 있는 해충(B)의 수가 늘어나는 것으로부터 살충제 저항성 유전자는 자손에게 유전됨을 알 수 있다.
ㄷ. 살충제를 지속적으로 사용하는 환경에서는 살충제 저항성 유전자를 가진 해충(B)이 살아남을 가능성이 크므로 생존에 유리하다.

바로알기 ㄴ. 살충제 저항성 유전자를 가진 해충(B)은 살충제 사용 전에 이미 집단 내에 존재하고 있었다.

14 ㄱ. 같은 종의 생물이라도 유전자에 따라 형질의 차이가 있다. 따라서 진화가 일어나기 전에도 부리 모양에 변이가 있었다.
ㄴ. 핀치가 먹이 환경에 적응하여 부리 모양이 달라진 것처럼 같은 종의 생물에서도 환경에 따라 기관의 형태가 달라질 수 있다.
ㄷ. 각 섬의 먹이 종류에 따라 먹이를 먹기에 가장 알맞은 형태의 부리 모양이 자연선택되었다.

15 ㄱ. 생태계는 종류에 따라 환경이 다양하므로 생태계다양성 (가)이 높은 지역은 종다양성(나)과 유전적 다양성(다)이 높다.

ㄴ. 종다양성(나)이 낮은 생태계는 어느 한 생물종이 사라지면 그 생물종과 먹고 먹히는 관계에 있는 생물종이 직접 영향을 받기 때문에 생태계평형이 깨지기 쉽다. 반면, 종다양성이 높은 생태계는 어느 한 생물종이 사라져도 대체할 수 있는 생물종이 있어 생태계평형이 잘 깨지지 않는다.

바로알기 ㄷ. 환경이 급격하게 변했을 때 유전적 다양성(다)이 낮은 종은 높은 종보다 살아남는 개체가 존재할 확률이 낮아 멸종할 가능성이 높다.

16 바로알기 ⑤ 버드나무 껍질에서 추출한 살리실산은 아스피린을 만드는 원료로 사용되며, 항생제인 페니실린의 주성분은 푸른곰팡이에서 얻는다.

17 ㄷ. (가)와 같이 생물의 서식지가 단편화되면 서식지의 면적이 줄어들고 생물종의 이동이 제한되어 고립되므로 생물다양성이 감소한다. 이때 (나)와 같이 생태통로 등으로 단편화된 서식지를 연결하면 생물다양성 감소 요인을 줄일 수 있다.

바로알기 ㄱ, ㄴ. (가)와 같이 도로 건설 등으로 숲이 단편화되면 가장자리 면적은 넓어지고 중앙 면적은 좁아진다. 그 결과 숲 중앙에 살던 생물종은 개체수가 감소하고, 멸종으로 이어질 수 있다.

18 ③ 생물다양성이 높은 지역을 국립 공원으로 지정하여 보존하면 생태계를 보전하는 데 도움이 된다.

바로알기 ① 우수한 품종의 작물만 대량으로 재배하면 유전적 다양성이 낮아진다.

② 외래생물은 천적이 없을 경우 대량으로 번식하여 토종 생물의 서식지를 차지하고 생존을 위협하여 생물다양성을 감소시킨다.

④ 습지를 매립하면 생물의 서식지가 파괴되거나 그 면적이 감소하여 생물종 수가 급격히 감소한다.

⑤ 서식지를 단편화하면 서식지 면적이 감소하고, 생물종의 이동이 제한되고 고립되므로 생물다양성이 감소한다.

19 A 층에서는 중생대의 표준 화석인 암모나이트와 따뜻하고 얕은 바다에 살았던 산호 화석이 산출된다. B 층에서는 중생대의 표준 화석인 공룡 발자국 화석과 겉씨식물인 은행나무 잎 화석이 산출된다.

모범 답안 A 층은 중생대의 바다 환경에서 퇴적되었고, B 층은 중생대의 육지 환경에서 퇴적되었다.

채점 기준	배점
A 층, B 층이 쌓일 당시의 퇴적 환경과 지질 시대에 대해 모두 옳게 서술한 경우	100 %
A 층, B 층이 쌓일 당시의 퇴적 환경만 옳게 서술한 경우	50 %
A 층, B 층이 쌓일 당시의 지질 시대만 옳게 서술한 경우	50 %

20 모범 답안 A 시기에는 오존층이 형성되지 않아 육상 생물이 출현(존재)하지 않았기 때문이다.

채점 기준	배점
A 시기에는 오존층이 형성되지 않아 육상 생물이 존재하지 않았기 때문이라고 옳게 서술한 경우	100 %
A 시기에는 해양 생물만 존재하기 때문이라고만 서술한 경우	50 %

21 모범 답안 (나), 종다양성은 생물종의 수가 많을수록, 각 생물종의 분포 비율이 균등할수록 높다. (가)와 (나)에서 서식하는 식물 종의 수는 4로 같으므로 상대적으로 각 식물 종의 분포 비율이 균등한 (나)에서가 (가)에서보다 종다양성이 높다.

채점 기준	배점
(나)를 고르고, 종다양성이 높은 까닭을 종의 수 및 분포 비율과 관련지어 옳게 서술한 경우	100 %
(나)를 고르고, 종다양성이 높은 까닭을 분포 비율만 관련지어 서술한 경우	60 %
(나)만 고른 경우	30 %

수능 맛보기

진도교재 → 32쪽~33쪽

01 ④ **02** ② **03** ④ **04** ④

01 • 학생 A: 판게아가 분리되기 시작한 지질 시대는 중생대이다. 따라서 중생대인 (가)의 지층에서는 공룡 화석이 발견될 수 있다.

• 학생 C: (다) 시기에는 대형 곤충, 양치식물이 번성했으므로 고생대이다. 따라서 (가)는 중생대, (나)는 신생대, (다)는 고생대이므로 지질 시대의 순서는 (다) → (가) → (나)이다.

바로알기 • 학생 B: 히말라야산맥은 신생대에 형성되었다. 신생대 후기에는 빙하기와 간빙기가 반복되어 나타났으므로 (나) 시기에는 빙하기가 있었다.

02 ㄴ. 어류가 크게 번성한 시기는 고생대 중기이므로 A와 B 사이에 해당한다.

바로알기 ㄱ. A는 고생대 초기에 일어난 대멸종이고, B는 고생대 말기에 일어난 최대 규모의 대멸종이며, C는 중생대 말기에 일어난 마지막 대멸종이다. 대멸종은 고생대에 3회, 중생대에 2회 일어났다.

ㄷ. 판게아의 형성은 고생대 말기에, 판게아의 분리는 중생대 초기에 일어났다. 따라서 C의 대멸종은 판게아의 형성과 관련이 없고, 소행성 충돌과 관련이 있는 것으로 추정된다.

03 ㄴ. 진화가 일어남에 따라 종의 수가 늘어났으므로 이 지역의 생물다양성은 증가하였다.

ㄷ. 갈라파고스 제도의 핀치는 서로 다른 환경에 적응하여 서로 다른 종의 핀치로 진화하였다. 따라서 그림과 같은 원리로 핀치의 종류가 다양해졌다고 볼 수 있다.

바로알기 ㄱ. B는 A가 새로운 환경에서 자연선택을 거듭한 결과 A와 서로 다른 종이 된 것이므로 A와 B의 유전정보는 다르다.

04 ㄱ. ㉠은 약 3 m 이하에서, ㉢은 약 9 m~15 m에서 서식한다.

ㄴ. 종다양성은 생태계의 다양성을 안정적으로 유지하는 원천이 되며, 나무 높이의 다양성이 높을수록 새의 종다양성이 높다. 따라서 나무 높이의 다양성이 높을수록 생태계의 다양성을 안정적으로 유지할 수 있다.

바로알기 ㄷ. 나무 높이의 다양성이 높을수록 새의 종다양성이 높다. 높이가 h_3인 나무만 있는 숲에서가 높이가 h_1, h_2, h_3인 나무가 고르게 분포하는 숲에서보다 나무 높이의 다양성이 낮으므로 새의 종다양성도 낮다.

2 화학 변화

01 산화와 환원

개념 쏙쏙

1 ㉠ 산화, ㉡ 환원 **2** (1) 제련 (2) 광합성 **3** (1) ㉠ 산화,
㉡ 환원 (2) ㉠ 산화, ㉡ 환원

1 물질이 산소를 얻거나 전자를 잃는 반응은 산화이고, 산소를
잃거나 전자를 얻는 반응은 환원이다. 산화·환원 반응이 일어날
때 산화와 환원은 항상 동시에 일어난다.

2 (1) 철광석의 주성분인 산화 철(Ⅲ)에서 산소를 제거하여 순
수한 철을 얻는 과정을 철의 제련이라고 한다.
(2) 원시 바다에서 광합성을 하는 생물인 남세균이 출현하여 대
기 중 산소의 농도가 증가하였다.

3 (1) 일산화 탄소(CO)는 산소를 얻어 이산화 탄소(CO_2)로 산
화되고, 산화 철(Ⅲ)(Fe_2O_3)은 산소를 잃고 철(Fe)로 환원된다.

$$\underset{\text{환원}}{\overset{\text{산화}}{Fe_2O_3 + 3CO \longrightarrow 2Fe + 3CO_2}}$$

(2) 구리(Cu)는 전자를 잃고 구리 이온(Cu^{2+})으로 산화되고, 은
이온(Ag^+)은 전자를 얻어 은(Ag)으로 환원된다.

$$\underset{\text{환원}}{\overset{\text{산화}}{2Ag^+ + Cu \longrightarrow 2Ag + Cu^{2+}}}$$

탐구A

확인 문제 **1** (1) × (2) × (3) ○ (4) ○ (5) ○ **2** ③ **3** ⑤

1 (1), (2) 탄소(C)는 산소를 얻어 이산화 탄소(CO_2)로 산화되
고, 산화 구리(Ⅱ)(CuO)는 산소를 잃고 구리(Cu)로 환원된다.

$$\underset{\text{환원}}{\overset{\text{산화}}{2CuO + C \longrightarrow 2Cu + CO_2}}$$

(3) 석회수가 뿌옇게 흐려졌으므로 이산화 탄소(CO_2)가 생성되
었음을 알 수 있다.
(4) 반응 후 시험관 속에 생성된 붉은색 고체는 검은색 산화 구
리(Ⅱ)(CuO)가 환원되어 생성된 구리(Cu)이다.
(5) 반응이 일어날 때 산소는 산화 구리(Ⅱ)(CuO)에서 탄소(C)
로 이동한다.

2 산화 구리(Ⅱ)와 탄소 가루를 혼합하여 가열하면 다음과 같
은 반응이 일어난다.

$$\underset{\text{환원}}{\overset{\text{산화}}{2CuO + C \longrightarrow 2Cu + CO_2}}$$

ㄱ. 반응이 일어나면서 이산화 탄소(CO_2)가 생성되므로 석회수
가 뿌옇게 흐려진다.
ㄴ. 검은색의 산화 구리(Ⅱ)(CuO)가 산소를 잃고 환원되어 붉은
색의 구리(Cu)가 생성된다.
바로알기 ㄷ. 탄소(C)가 산소를 얻어 이산화 탄소(CO_2)로 산화
되고, 산화 구리(Ⅱ)(CuO)가 산소를 잃고 구리(Cu)로 환원되므
로 시험관 속에서 산화 반응과 환원 반응이 동시에 일어난다.

3 (가)와 (나)에서 일어나는 반응을 화학 반응식으로 나타내면
다음과 같다.

$$\text{(가)} \quad \underset{\text{환원}}{\overset{\text{산화}}{2Cu + O_2 \longrightarrow 2CuO}}$$

$$\text{(나)} \quad \underset{\text{환원}}{\overset{\text{산화}}{CuO + CO \longrightarrow Cu + CO_2}}$$

ㄱ. 알코올램프의 겉불꽃 속에는 산소가 충분하므로 (가)에서 구
리(Cu)는 산소를 얻어 산화 구리(Ⅱ)(CuO)로 산화된다.
ㄴ. (가)에서 생성된 검은색 물질은 산화 구리(Ⅱ)(CuO)이며,
(나)에서 산화 구리(Ⅱ)(CuO)는 일산화 탄소(CO)가 존재하는
속불꽃 속에서 산소를 잃고 구리(Cu)로 환원된다.
ㄷ. (가)와 (나)는 모두 산소의 이동이 일어나는 산화·환원 반응
이다.

내신 탄탄

01 ③	**02** ㉠ 산화, ㉡ 환원	**03** ③	**04** 해설 참조
05 ⑤	**06** ④	**07** ④	**08** 해설 참조 **09** ② **10** ③
11 ①	**12** ④	**13** ③	**14** ③ **15** ④ **16** ⑤

01 ㄱ. 산화는 물질이 산소를 얻는 반응이고, 환원은 물질이 산
소를 잃는 반응이다.
ㄷ. 어떤 물질이 산소를 얻거나 전자를 잃고 산화되면 다른 물질
은 산소를 잃거나 전자를 얻어 환원되므로 산화와 환원은 항상
동시에 일어난다.
바로알기 ㄴ. 산화는 물질이 전자를 잃는 반응이고, 환원은 물질
이 전자를 얻는 반응이다.

02 철(Fe)이 산소(O_2)와 반응하여 산화 철(Ⅲ)(Fe_2O_3)을 생성
할 때 철(Fe)은 전자를 잃고 철 이온(Fe^{3+})으로 산화되고, 산소
(O)는 전자를 얻어 산화 이온(O^{2-})으로 환원된다.

$$\underset{\text{환원}}{\overset{\text{산화}}{4Fe + 3O_2 \longrightarrow 2Fe_2O_3}}$$

03 (가)에서 일산화 탄소(CO)는 산소를 얻어 이산화 탄소
(CO_2)로 산화되고, (나)에서 아연(Zn)은 전자를 잃고 아연 이온
(Zn^{2+})으로 산화된다. 또, (다)에서 나트륨(Na)은 산소를 얻어
산화 나트륨(Na_2O)으로 산화된다.

$$\text{(가)} \quad \underset{\text{환원}}{\overset{\text{산화}}{CuO + CO \longrightarrow Cu + CO_2}}$$

(나) $\underset{\longleftarrow 환원 \longrightarrow}{\overset{\longleftarrow 산화 \longrightarrow}{Zn + Cu^{2+} \longrightarrow Zn^{2+} + Cu}}$

(다) $\underset{\longleftarrow 환원 \longrightarrow}{\overset{\longleftarrow 산화 \longrightarrow}{4Na + O_2 \longrightarrow 2Na_2O}}$

04 석회수가 뿌옇게 흐려졌으므로 이산화 탄소(CO_2)가 생성되었음을 알 수 있다. 산화 구리(Ⅱ)와 탄소 가루를 혼합하여 가열하면 다음과 같은 반응이 일어난다.

$\underset{\longleftarrow 환원 \longrightarrow}{\overset{\longleftarrow 산화 \longrightarrow}{2CuO + C \longrightarrow 2Cu + CO_2}}$

(모범 답안) 이산화 탄소(CO_2), 탄소(C)가 산소를 얻어 이산화 탄소(CO_2)로 산화된다.

채점 기준	배점
석회수의 변화로 알 수 있는 반응의 생성물을 옳게 쓰고, 그 생성 과정을 옳게 서술한 경우	100 %
석회수의 변화로 알 수 있는 반응의 생성물만 옳게 쓴 경우	30 %

05 (가)와 (나)에서 일어나는 반응을 화학 반응식으로 나타내면 다음과 같다.

(가) $\underset{\longleftarrow 환원 \longrightarrow}{\overset{\longleftarrow 산화 \longrightarrow}{2Cu + O_2 \longrightarrow 2CuO}}$

(나) $\underset{\longleftarrow 환원 \longrightarrow}{\overset{\longleftarrow 산화 \longrightarrow}{CuO + CO \longrightarrow Cu + CO_2}}$

ㄴ. (가)에서 생성된 산화 구리(Ⅱ)(CuO)는 구리(Cu)에 산소가 결합한 물질이므로 (가)에서 구리판의 질량은 증가한다.

ㄷ. (나)에서 검은색 산화 구리(Ⅱ)(CuO)는 산소를 잃고 붉은색 구리(Cu)로 환원된다.

06 질산 은 수용액에 구리 선을 넣으면 다음과 같은 반응이 일어난다.

$\underset{\longleftarrow 환원 \longrightarrow}{\overset{\longleftarrow 산화 \longrightarrow}{Cu + 2Ag^+ \longrightarrow Cu^{2+} + 2Ag}}$

ㄴ, ㄷ. 구리 이온(Cu^{2+})은 수용액이 푸른색을 띠게 한다. 구리(Cu)는 전자를 잃고 구리 이온(Cu^{2+})으로 산화되어 수용액에 녹아 들어간다. 따라서 수용액 속 구리 이온(Cu^{2+}) 수는 증가하고, 수용액이 푸른색을 띤다.

(바로알기) ㄱ. 은 이온(Ag^+)은 전자를 얻어 은(Ag)으로 환원된다.

07 황산 구리(Ⅱ) 수용액에 마그네슘판을 넣으면 다음과 같은 반응이 일어난다.

$\underset{\longleftarrow 환원 \longrightarrow}{\overset{\longleftarrow 산화 \longrightarrow}{Mg + Cu^{2+} \longrightarrow Mg^{2+} + Cu}}$

ㄱ. 구리 이온(Cu^{2+})이 전자를 얻어 구리(Cu)로 환원되어 석출되므로 수용액 속 구리 이온(Cu^{2+}) 수는 감소한다. 따라서 수용액의 푸른색은 점점 옅어진다.

ㄴ. 마그네슘(Mg)은 전자를 잃고 마그네슘 이온(Mg^{2+})으로 산화되고, 구리 이온(Cu^{2+})은 전자를 얻어 구리(Cu)로 환원된다. 따라서 전자는 마그네슘(Mg)에서 구리 이온(Cu^{2+})으로 이동한다.

(바로알기) ㄷ. 구리 이온(Cu^{2+}) 1개가 감소할 때 마그네슘 이온(Mg^{2+}) 1개가 생성되므로 수용액 속 양이온 수는 일정하다.

08 (모범 답안) $Mg + 2Ag^+ \longrightarrow Mg^{2+} + 2Ag$, 마그네슘(Mg)은 전자를 잃고 마그네슘 이온(Mg^{2+})으로 산화되고, 은 이온(Ag^+)은 전자를 얻어 은(Ag)으로 환원된다.

채점 기준	배점
화학 반응식을 옳게 쓰고 비커에서 일어나는 반응을 전자의 이동에 의한 산화·환원으로 옳게 서술한 경우	100 %
화학 반응식만을 옳게 쓴 경우	50 %
화학 반응식은 옳게 쓰지 못하였으나 비커에서 일어나는 반응을 전자의 이동에 의한 산화·환원으로 옳게 서술한 경우	50 %

09 묽은 염산에 아연판을 넣으면 다음과 같은 반응이 일어난다.

$\underset{\longleftarrow 환원 \longrightarrow}{\overset{\longleftarrow 산화 \longrightarrow}{Zn + 2H^+ \longrightarrow Zn^{2+} + H_2\uparrow}}$

ㄴ. 아연(Zn)이 전자를 잃고 아연 이온(Zn^{2+})으로 산화되어 수용액에 녹아 들어가므로 아연판의 질량은 감소한다.

(바로알기) ㄱ. 수소 이온(H^+)은 전자를 얻어 수소(H_2)로 환원된다.

ㄷ. 아연(Zn) 원자 1개가 산화될 때 수소 이온(H^+) 2개가 환원된다.

10 ㄱ, ㄴ. 광합성은 식물의 엽록체에서 빛에너지를 이용하여 이산화 탄소와 물로 포도당과 산소를 만드는 반응이며, 산화·환원 반응이다.

(바로알기) ㄷ. 원시 바다에서 남세균이 최초로 광합성을 하면서 대기 중 산소의 농도가 증가하였다.

11 화학 반응식 (가)와 (나)를 완성하면 다음과 같다.

(가) $\underset{\longleftarrow 환원 \longrightarrow}{\overset{\longleftarrow 산화 \longrightarrow}{C_6H_{12}O_6 + 6O_2 \longrightarrow 6CO_2 + 6H_2O + 에너지}}$

(나) $\underset{\longleftarrow 환원 \longrightarrow}{\overset{\longleftarrow 산화 \longrightarrow}{6CO_2 + 6H_2O \overset{빛에너지}{\longrightarrow} C_6H_{12}O_6 + 6O_2}}$

②, ⑤ (가)는 마이토콘드리아에서 포도당($C_6H_{12}O_6$)과 산소(O_2)가 반응하여 이산화 탄소(CO_2)와 물(H_2O)이 생성되는 세포 호흡이고, (나)는 식물의 엽록체에서 빛에너지를 이용하여 이산화 탄소(CO_2)와 물(H_2O)로 포도당($C_6H_{12}O_6$)과 산소(O_2)를 만드는 광합성이다.

③ (가)에서 에너지가 발생하며, 이 에너지는 생명활동에 이용된다.

④ ㉡은 이산화 탄소(CO_2)이며, (나)에서 이산화 탄소(CO_2)는 포도당($C_6H_{12}O_6$)으로 환원된다.

(바로알기) ① ㉠과 ㉡은 모두 이산화 탄소(CO_2)이므로 ㉠과 ㉡은 같은 물질이다.

12 용광로에서 철을 제련할 때 다음과 같은 반응이 일어난다.

(가) $\overset{\longleftarrow 산화 \longrightarrow}{2C + O_2 \longrightarrow 2CO}$

(나) $\underset{\longleftarrow 환원 \longrightarrow}{\overset{\longleftarrow 산화 \longrightarrow}{Fe_2O_3 + 3CO \longrightarrow 2Fe + 3CO_2}}$

ㄴ. (나)에서 일산화 탄소(CO)는 산소를 얻어 이산화 탄소(CO₂)로 산화된다.

ㄷ. (가)와 (나)는 모두 산화·환원 반응이다.

바로알기 ㄱ. (가)에서 코크스(C)는 산소를 얻어 일산화 탄소(CO)로 산화된다.

13 ㄱ, ㄴ. 인류는 철을 제련하여 무기, 농기구 등 여러 가지 도구를 만들어 사용하였고, 화석 연료인 석탄을 에너지원으로 하는 증기 기관의 발명은 산업 혁명이 일어나는 데 큰 영향을 주었다.

바로알기 ㄷ. 화석 연료가 공기 중에서 연소할 때 화석 연료는 이산화 탄소로 산화된다.

14 ㄱ, ㄷ. 메테인(CH₄)은 도시가스의 주성분으로, 연소할 때 이산화 탄소(CO₂)와 물(H₂O)이 생성되고 많은 열이 발생한다.

바로알기 ㄴ. 메테인(CH₄)의 연소에서 메테인(CH₄)은 산소를 얻어 이산화 탄소(CO₂)로 산화된다.

15 ㄱ. 수소 연료 전지에서 수소(H₂)는 산소를 얻어 물(H₂O)로 산화된다.

ㄷ. 수소 연료 전지에서 생성되는 에너지는 수소 자동차나 우주선의 동력으로 이용되기도 한다.

바로알기 ㄴ. 수소 연료 전지에서 수소와 산소가 반응하여 물이 생성되는 과정에서 물질의 화학 에너지가 전기 에너지로 전환된다.

16 광합성, 철의 부식, 섬유 표백은 모두 산화·환원 반응의 예이다.

1등급 도전

진도교재 → 43쪽

01 ① **02** ③ **03** ② **04** ③

01 ㄱ. 금속 A 표면에서 발생한 기포는 수소(H₂)이다. A는 전자를 잃고 A 이온으로 산화되고, 수소 이온(H⁺)은 전자를 얻어 수소(H₂)로 환원된다.

바로알기 ㄴ. 금속 B의 표면에서는 아무 변화가 없으므로 B는 산화되거나 환원되지 않는다.

ㄷ. 수소 이온(H⁺)이 수소(H₂)로 환원되므로 수용액 속 수소 이온(H⁺) 수는 감소한다.

02 ㄱ. B를 넣은 후 수용액에 A 이온이 없으므로 B는 전자를 잃고 B 이온으로 산화되었고, A 이온은 전자를 얻어 A로 환원되었음을 알 수 있다. 따라서 전자는 B에서 A 이온으로 이동한다.

ㄴ. A 이온 4개가 반응하여 B 이온 2개가 생성되었으므로 A 이온 2개가 반응할 때 B 원자 1개가 반응한다.

바로알기 ㄷ. A 이온 4개가 반응하여 B 이온 2개가 생성되었으므로 A 이온 4개가 얻은 전자의 수는 B 원자 2개가 잃은 전자의 수와 같다. 따라서 B 이온의 전하량은 A 이온의 전하량의 2배이다.

03 질산 은 수용액에 철못을 넣으면 다음과 같은 반응이 일어난다.

$$\overset{\text{산화}}{\overbrace{2Ag^+ + Fe \longrightarrow 2Ag + Fe^{2+}}}$$

ㄴ. 철(Fe) 원자 1개가 철 이온(Fe²⁺)으로 산화되어 수용액에 녹아 들어갈 때 은 이온(Ag⁺) 2개가 은(Ag)으로 환원되어 석출된다. 이때 원자 1개의 평균 질량은 은이 철보다 크므로 못의 질량은 증가한다.

바로알기 ㄱ. 질산 이온(NO₃⁻)은 산화되거나 환원되지 않는다.

ㄷ. 은 이온(Ag⁺) 2개가 감소할 때 철 이온(Fe²⁺) 1개가 생성되고, 질산 이온(NO₃⁻)은 반응에 참여하지 않으므로 수용액 속 전체 이온 수는 감소한다.

04 ㉠ 메테인의 연소에서 메테인은 이산화 탄소로 산화된다.

㉡ 철의 제련에서 철광석의 주성분인 산화 철(Ⅲ)은 철로 환원된다.

㉢ 광합성에서 이산화 탄소는 포도당으로 환원된다.

02 산, 염기와 중화 반응

개념 쏙쏙

진도교재 → 45쪽, 47쪽

1 (1) 염기성 (2) 산성 (3) 산성 (4) 염기성 　　**2** (1) H⁺
(2) CH₃COO⁻ (3) Na⁺ (4) 2OH⁻ 　　**3** ㉠ 무색, ㉡ 붉은색,
㉢ 노란색, ㉣ 파란색 　　**4** (1) ○ (2) ○ (3) × (4) ○
5 (1) (가) 노란색 (나) 노란색 (다) 초록색 (라) 파란색 (2) (다)
6 ㉠ 산성, ㉡ 염기성

1 (1), (4) 쓴맛이 나고, 붉은색 리트머스 종이를 푸르게 변화시키는 것은 염기의 공통적인 성질이다.

(2), (3) 금속과 반응하여 수소 기체를 발생시키고, 탄산 칼슘과 반응하여 이산화 탄소 기체를 발생시키는 것은 산의 공통적인 성질이다.

2 (1) $HCl \longrightarrow H^+ + Cl^-$

(2) $CH_3COOH \longrightarrow H^+ + CH_3COO^-$

(3) $NaOH \longrightarrow Na^+ + OH^-$

(4) $Ca(OH)_2 \longrightarrow Ca^{2+} + 2OH^-$

3 페놀프탈레인 용액의 색은 산성 용액에서 무색, 염기성 용액에서 붉은색이고, BTB 용액의 색은 산성 용액에서 노란색, 염기성 용액에서 파란색이다.

4 (1), (2) 중화 반응은 산의 H⁺과 염기의 OH⁻이 1 : 1의 개수비로 반응하여 물을 생성하는 반응이다.

(3) 염은 산의 음이온과 염기의 양이온이 결합하여 생성된 물질이다.

(4) 중화 반응이 일어나면 중화열이 발생한다.

5 (1) (가)와 (나)에는 H^+이 존재하므로 (가)와 (나)의 액성은 산성이고, (다)에서 H^+이 모두 반응하여 중화 반응이 완결되었으므로 (다)의 액성은 중성이다. (라)에는 OH^-이 존재하므로 (라)의 액성은 염기성이다. 따라서 (가)~(라)에 BTB 용액을 넣으면 (가), (나)는 노란색, (다)는 초록색, (라)는 파란색을 띤다.
(2) (다)에서 중화 반응이 완결되어 중화열이 가장 많이 발생하므로 (다)의 최고 온도가 가장 높다.

6 산성 물질인 위산이 너무 많이 분비되어 속이 쓰릴 때 염기성 물질인 제산제를 먹어 위산을 중화하면 속이 쓰린 것을 완화할 수 있다.

탐구 A

진도교재 → 49쪽

확인 문제) **1** (1) ○ (2) ○ (3) × (4) × (5) ○ **2** ① **3** ⑤

1 (1) 산과 염기는 모두 물에 녹아 이온화하므로 산 수용액과 염기 수용액은 모두 전류가 흐른다.
(2) 레몬즙과 식초는 모두 산성 물질이므로 레몬즙과 식초에 각각 페놀프탈레인 용액을 떨어뜨려도 색이 변하지 않는다.
(3) 염기성 물질인 제빵 소다 수용액은 마그네슘 리본과 반응하지 않는다.
(4) 산성 물질인 묽은 염산에 들어 있는 양이온은 H^+이고, 염기성 물질인 수산화 나트륨 수용액에 들어 있는 양이온은 Na^+이다.
(5) 염기성 물질인 수산화 나트륨 수용액과 하수구 세정제에는 모두 OH^-이 들어 있다.

2 푸른색 리트머스 종이를 붉은색으로 변화시키고, 마그네슘 조각이나 달걀 껍데기를 넣으면 기체가 발생하는 것으로 보아 X 수용액은 산성 물질이다.
ㄱ. 산성 물질인 X 수용액에는 이온이 들어 있으므로 X 수용액은 전기 전도성이 있다.
바로알기) ㄴ. 산성 물질인 X 수용액에는 H^+이 들어 있다.
ㄷ. X 수용액은 산성 물질이므로 X 수용액에 페놀프탈레인 용액을 떨어뜨려도 색이 변하지 않는다.

3 수산화 나트륨 수용액과 제빵 소다 수용액은 모두 염기성 물질이므로 마그네슘 조각과 반응하지 않고, 페놀프탈레인 용액을 붉은색으로 변화시키며, BTB 용액을 떨어뜨리면 파란색을 띤다. 따라서 ㉠은 '변화 없음', ㉡은 '붉은색', ㉢은 '파란색'이 적절하다.

탐구 B

진도교재 → 51쪽

확인 문제) **1** (1) × (2) ○ (3) ○ (4) ○ (5) × (6) ○ **2** ④
3 ①

---

1 (1) 묽은 염산과 수산화 나트륨 수용액을 반응시켰을 때 용액의 온도가 높아진 까닭은 산의 양이온인 H^+과 염기의 음이온인 OH^-이 반응하여 중화열이 발생하였기 때문이다.
(2) 혼합 용액의 최고 온도가 가장 높은 C에서 중화 반응이 완결된 것으로 보아 같은 농도의 묽은 염산과 수산화 나트륨 수용액은 1 : 1의 부피비로 반응한다.
(3) A는 BTB 용액을 떨어뜨렸을 때 파란색을 띠므로 염기성 용액이다. 따라서 A에는 OH^-이 들어 있다.
(4) B에서는 묽은 염산과 수산화 나트륨 수용액이 각각 4 mL씩 반응하여 물을 생성하고, E에서는 묽은 염산과 수산화 나트륨 수용액이 각각 2 mL씩 반응하여 물을 생성한다. 따라서 중화 반응으로 생성된 물의 양은 B가 E보다 많다.
(5) C에는 중화 반응에 참여하지 않는 입자인 Na^+과 Cl^-이 존재한다.
(6) D는 산성 용액이므로 수산화 나트륨 수용액을 넣으면 중화 반응이 일어난다.

2

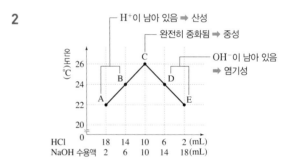

C에서 혼합 용액의 최고 온도가 가장 높으므로 완전히 중화되었고, 묽은 염산과 수산화 나트륨 수용액은 1 : 1의 부피비로 반응함을 알 수 있다.
① A에서는 묽은 염산 2 mL와 수산화 나트륨 수용액 2 mL가 반응하고, 용액에는 반응하지 않은 H^+이 남아 있다. 따라서 A의 액성은 산성이다.
② B에서는 묽은 염산 6 mL와 수산화 나트륨 수용액 6 mL가 반응하고, 용액에는 반응하지 않은 H^+이 남아 있다. 따라서 B의 액성은 산성이므로 B에 BTB 용액을 떨어뜨리면 노란색을 띤다.
③ 혼합 용액의 최고 온도가 가장 높은 C에서 완전히 중화되었으므로 중화열이 가장 많이 발생한다.
⑤ E에서는 묽은 염산 2 mL와 수산화 나트륨 수용액 2 mL가 반응하고, 용액에는 반응하지 않은 OH^-이 남아 있다.
바로알기) ④ B에서는 묽은 염산과 수산화 나트륨 수용액이 각각 6 mL씩 반응하여 물을 생성하고, D에서도 묽은 염산과 수산화 나트륨 수용액이 각각 6 mL씩 반응하여 물을 생성하므로 중화 반응으로 생성된 물 분자 수는 B와 D가 같다.

3

혼합 용액	(가)	(나)	(다)	(라)
묽은 염산의 부피 (mL)	10	15	20	25
수산화 칼륨 수용액의 부피(mL)	30	25	20	15
혼합 용액의 액성	염기성	염기성	중성	산성

묽은 염산과 수산화 칼륨 수용액의 농도가 같으므로 같은 부피의 수용액에 들어 있는 이온 수가 같다. 따라서 묽은 염산과 수산화 칼륨 수용액은 1 : 1의 부피비로 반응한다.

ㄱ. (가)에서는 묽은 염산 10 mL와 수산화 칼륨 수용액 10 mL가 반응하고, 용액에는 반응하지 않은 OH^-이 남아 있다. 따라서 (가)의 액성은 염기성이므로 페놀프탈레인 용액을 떨어뜨리면 붉은색으로 변한다.

바로알기 ㄴ. (나)에서 반응한 묽은 염산과 수산화 칼륨 수용액의 부피는 각각 15 mL이고, (다)에서 반응한 묽은 염산과 수산화 칼륨 수용액의 부피는 각각 20 mL이다. 반응하는 H^+과 OH^-의 수가 많을수록 중화열이 많이 발생하므로 용액의 최고 온도는 (다)가 (나)보다 높다.

ㄷ. (나)와 (라)에서 모두 묽은 염산 15 mL와 수산화 칼륨 수용액 15 mL가 반응하여 물을 생성하므로 생성된 물 분자 수는 (나)와 (라)가 같다.

내신 탄탄

진도교재 → 52쪽~54쪽

01 ③ 02 ④ 03 ③ 04 해설 참조 05 ④ 06 ②
07 ④ 08 ③ 09 ⑤ 10 (가) 산성 (나) 산성 (다) 중성
(라) 염기성 11 ② 12 ③ 13 A: 칼륨 이온(K^+),
B: 염화 이온(Cl^-), C: 수소 이온(H^+), D: 수산화 이온(OH^-)
14 해설 참조 15 ④ 16 ⑤ 17 ④

---

01 ①, ② 산 수용액은 신맛이 나고, 탄산 칼슘과 반응하여 이산화 탄소 기체를 발생시킨다.

④ 염기 수용액은 단백질을 녹이는 성질이 있어 손으로 만지면 미끈거린다.

⑤ 산과 염기는 물에 녹아 이온화하므로 산 수용액과 염기 수용액은 모두 전기 전도성이 있다.

바로알기 ③ 염기 수용액은 마그네슘과 반응하지 않는다.

02 (가)는 산이고, (나)는 염기이다.

①, ② (가) 수용액은 산성 용액이므로 BTB 용액을 떨어뜨리면 노란색을 띠고, 마그네슘 리본과 반응하여 수소 기체를 발생시킨다.

③ (나) 수용액은 염기성 용액이므로 공통으로 OH^-이 들어 있다.

⑤ 산과 염기는 물에 녹아 이온화하므로 (가) 수용액과 (나) 수용액은 모두 전류가 흐른다.

바로알기 ④ (나) 수용액은 염기성 용액이므로 메틸 오렌지 용액을 떨어뜨리면 노란색을 띤다.

03 ㄷ, ㄹ. 붉은색 리트머스 종이를 푸른색으로 변화시키고, 페놀프탈레인 용액을 붉게 변화시키는 물질은 염기성 물질이다. 주어진 물질 중 염기성 물질은 하수구 세정제와 제빵 소다 수용액이다.

바로알기 ㄱ, ㄴ. 식초와 레몬즙은 산성 물질이다.

---

04 주어진 수용액은 OH^-이 들어 있으므로 염기 수용액이다.

모범 답안 파란색, 주어진 수용액은 염기 수용액이며 BTB 용액은 염기성에서 파란색을 띠기 때문이다.

채점 기준	배점
BTB 용액을 떨어뜨렸을 때의 색과 그 까닭을 옳게 서술한 경우	100 %
BTB 용액을 떨어뜨렸을 때의 색은 옳게 썼으나 그 까닭은 옳게 서술하지 못한 경우	50 %
수용액의 액성은 옳게 썼으나 BTB 용액을 떨어뜨렸을 때의 색은 옳게 쓰지 못한 경우	

05 · $HCl \longrightarrow H^+ + Cl^-$
· $CH_3COOH \longrightarrow H^+ + CH_3COO^-$
· $NaOH \longrightarrow Na^+ + OH^-$

㉠은 H^+, ㉡은 CH_3COO^-, ㉢은 OH^-이다.

ㄱ. 염산과 아세트산 수용액의 공통적인 성질(산성)은 H^+(㉠) 때문에 나타난다.

바로알기 ㄴ. 푸른색 리트머스 종이를 붉게 변화시키는 것은 H^+(㉠)이다.

06 묽은 염산은 산성 용액이고, 수산화 칼슘 수용액은 염기성 용액이다. 두 수용액에는 모두 이온이 들어 있으므로 전기 전도성이 있다. 따라서 ㉠은 '있음'이 적절하다.

산성 용액은 달걀 껍데기와 반응하여 이산화 탄소 기체를 발생시키므로 ㉡은 '기체 발생'이 적절하다.

염기성 용액에 메틸 오렌지 용액을 떨어뜨리면 노란색을 띠므로 ㉢은 '노란색'이 적절하다.

07 ㄴ. 푸른색 리트머스 종이를 붉게 변화시키는 이온은 H^+으로, 전류를 흘려 주면 (−)극 쪽으로 이동한다.

ㄷ. 아세트산 수용액에도 H^+이 들어 있으므로 묽은 염산 대신 아세트산 수용액으로 실험해도 리트머스 종이가 실에서부터 A극 쪽으로 붉게 변해 간다.

바로알기 ㄱ. (+)극 쪽으로 이동하는 이온은 Cl^-과 NO_3^-으로 두 가지이다.

08 ㄱ. 레몬즙과 식초는 푸른색 리트머스 종이를 붉은색으로 변화시키고, 마그네슘 리본을 넣었을 때 기체를 발생시키므로 모두 산성 물질이다.

ㄴ. 하수구 세정제는 붉은색 리트머스 종이를 푸른색으로 변화시키고, 마그네슘 리본을 넣었을 때 변화가 없으므로 염기성 물질이다. 따라서 하수구 세정제에는 OH^-이 들어 있다.

바로알기 ㄷ. 레몬즙은 산성 물질이므로 페놀프탈레인 용액을 떨어뜨려도 색이 변하지 않지만, 하수구 세정제는 염기성 물질이므로 페놀프탈레인 용액을 떨어뜨리면 붉은색으로 변한다.

09 ③ 중화 반응이 일어나면 중화열이 발생한다.

④ 산의 H^+과 염기의 OH^-이 모두 반응하여 중화 반응이 완결된 지점을 중화점이라고 한다.

바로알기 ⑤ H^+과 OH^-이 1 : 1의 개수비로 반응하므로 혼합하는 산과 염기 수용액 속 이온의 수에 따라 용액의 액성이 달라진다. 혼합하는 H^+과 OH^-의 수가 같으면 중성, H^+의 수가 OH^-의 수보다 많으면 산성, H^+의 수가 OH^-의 수보다 적으면 염기성이 된다.

10 (가)와 (나)에는 H^+이 존재하므로 (가)와 (나)의 액성은 산성이다. (다)에서는 H^+과 OH^-이 완전히 중화되었으므로 (다)의 액성은 중성이다. (라)에는 OH^-이 존재하므로 (라)의 액성은 염기성이다.

11 ㄴ. (다)에서 H^+과 OH^-이 완전히 중화되어 중화열이 가장 많이 발생하므로 용액의 최고 온도가 가장 높다. (다) → (라)에서는 중화 반응이 더 이상 일어나지 않고 (다)보다 온도가 낮은 수산화 나트륨 수용액을 더 넣어 주므로 (라)의 최고 온도는 (다)보다 낮다.

바로알기 ㄱ. (나)에는 H^+이 존재하므로 (나)의 액성은 산성이다. 따라서 (나) 용액에 BTB 용액을 떨어뜨리면 노란색을 띤다. ㄷ. (나)에 H^+ 1개, (라)에 OH^- 1개가 존재하므로 (나)와 (라)를 혼합한 용액의 액성은 중성이다.

12

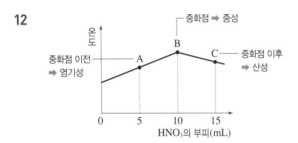

혼합 용액의 온도가 가장 높은 B에서 수산화 칼륨 수용액과 질산이 완전히 중화되었다. 즉, B에서 중화점에 도달하였고, B는 중성 용액이다. A는 중화점에 도달하기 이전이므로 염기성 용액이다. C는 중화점 이후 질산을 더 넣어 준 용액이므로 산성 용액이다.

ㄴ. A는 염기성 용액이고, C는 산성 용액이므로 A와 C를 혼합하면 중화 반응이 일어나 물이 생성된다.

바로알기 ㄷ. B(중화점) 이후에는 중화 반응이 일어나지 않는다. 따라서 중화 반응으로 생성된 물의 양은 B와 C가 같다.

13 A는 수산화 칼륨 수용액을 넣는 대로 그 수가 증가하므로 반응에 참여하지 않는 K^+이다. B는 넣어 준 수산화 칼륨 수용액의 부피와 관계없이 그 수가 일정하므로 반응에 참여하지 않는 Cl^-이다. C는 수산화 칼륨 수용액을 넣을수록 그 수가 점차 감소하다가 중화점 이후에는 존재하지 않으므로 H^+이다. D는 처음에는 존재하지 않다가 중화점 이후부터 그 수가 증가하므로 OH^-이다.

14

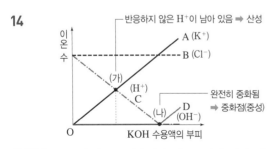

모범 답안 산성, (가)에는 반응하지 않은 H^+이 남아 있으므로 (가)는 산성 용액이고, (나)에서는 H^+과 OH^-이 모두 반응하여 완전히 중화되었으므로 (나)는 중성 용액이다. 따라서 (가)와 (나)를 혼합한 용액의 액성은 산성이다.

채점 기준	배점
혼합 용액의 액성을 옳게 쓰고, 그 까닭을 옳게 서술한 경우	100 %
혼합 용액의 액성만을 옳게 쓴 경우	30 %

15

혼합 용액	(가)	(나)	(다)	(라)
묽은 염산(mL)	10	20	40	60
수산화 나트륨 수용액(mL)	70	60	40	20
최고 온도(°C)	24	25	27	㉠
혼합 용액의 액성	염기성	염기성	중성	산성

ㄴ. 같은 농도의 묽은 염산과 수산화 나트륨 수용액은 1 : 1의 부피비로 반응하므로 혼합 후 남아 있는 OH^-이 가장 많은 용액은 혼합 전 수산화 나트륨 수용액의 양이 가장 많고, 묽은 염산의 양이 가장 적은 (가)이다.

ㄷ. (라)에서는 묽은 염산 20 mL와 수산화 나트륨 수용액 20 mL가 반응하고, 반응하지 않은 H^+이 남아 있다. 따라서 (라)의 액성은 산성이고, 마그네슘 조각을 넣으면 수소 기체가 발생한다.

바로알기 ㄱ. (다)에서 반응한 묽은 염산과 수산화 나트륨 수용액의 부피는 각각 40 mL이고, (라)에서 반응한 묽은 염산과 수산화 나트륨 수용액의 부피는 각각 20 mL이다. 반응하는 H^+과 OH^-의 수가 많을수록 중화열이 많이 발생하므로 (라)의 최고 온도는 27 °C보다 낮다.

16 속이 쓰릴 때 제산제를 먹는 것은 중화 반응을 이용하는 예이다.

①, ②, ③, ④ 산성화된 토양에 석회 가루를 뿌리는 것, 충치 예방을 위해 치약으로 양치질을 하는 것, 생선 요리에 레몬즙을 뿌려 비린내를 줄이는 것, 김치의 신맛을 줄이기 위해 제빵 소다를 넣는 것은 중화 반응을 이용하는 예이다.

바로알기 ⑤ 철광석과 코크스를 이용하여 순수한 철을 얻는 것은 산화·환원 반응을 이용하는 예이다.

17 ·학생 B: 벌레에 물렸을 때 산성 물질인 벌레의 독을 염기성 물질인 치약이나 암모니아수로 중화할 수 있다.

·학생 C: 공장에서 발생한 기체에 포함된 황산화물은 산성 물질로, 염기성 물질인 산화 칼슘으로 중화하여 제거한다.

바로알기 ·학생 A: 묽은 염산에 마그네슘 조각을 넣으면 마그네슘은 전자를 잃고 마그네슘 이온으로 산화되고, 수소 이온은 전자를 얻어 수소로 환원된다. A가 말한 반응은 산화·환원 반응이다.

1등급 도전 진도교재 → 55쪽

01 ⑤ **02** ① **03** ② **04** ③

01 B는 페놀프탈레인 용액의 색을 변화시키지 않으므로 산성 용액인 묽은 황산이고, A는 수산화 칼륨 수용액이다.

ㄱ. 묽은 황산에는 이온이 들어 있으므로 묽은 황산은 전기 전도성이 있다. 따라서 ㉠은 '있음'이 적절하다.

ㄴ. 수산화 칼륨 수용액은 염기성 용액이므로 페놀프탈레인 용액을 붉은색으로 변화시킨다. 따라서 ㉡은 '붉은색'이 적절하다.

ㄷ. 묽은 황산은 산성 용액이므로 묽은 황산에 달걀 껍데기를 넣으면 이산화 탄소 기체가 발생한다.

02

수용액	(가)	(나)	(다)
이온 모형	음이온 H⁺	음이온 H⁺	음이온 양이온
BTB 용액	노란색	노란색	초록색(㉠)
액성	산성	산성	중성

ㄱ. (가)와 (나)는 BTB 용액을 넣었을 때 모두 노란색을 띠므로 산성 용액이고, (가)와 (나)에 공통으로 들어 있는 ●은 H^+이다.

바로알기 ㄴ. (나)에서 ●은 H^+이므로 ▲은 음이온이며, (나)의 액성은 산성이므로 ▲은 OH^-이 아니다. (다)에서 양이온은 H^+이 아니고 음이온은 OH^-이 아니므로 (다)는 중성 용액이다. 따라서 ㉠은 '초록색'이 적절하다.

ㄷ. (가), (나)는 산성 용액이고 (다)는 중성 용액이므로 (가)~(다)에 각각 탄산 칼슘을 넣으면 (가), (나)에서만 이산화 탄소 기체가 발생한다.

03

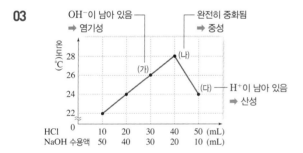

(나)에서 혼합 용액의 최고 온도가 가장 높으므로 완전히 중화되었고, 묽은 염산과 수산화 나트륨 수용액은 2 : 1의 부피비로 반응함을 알 수 있다.

ㄷ. (나)에서는 묽은 염산 40 mL와 수산화 나트륨 수용액 20 mL가 반응하고, (다)에서는 묽은 염산 20 mL와 수산화 나트륨 수용액 10 mL가 반응한다. 따라서 (나)의 액성은 중성이고, (다)에는 반응하지 않은 H^+이 남아 있으므로 (다)의 액성은 산성이다. 그러므로 페놀프탈레인 용액을 떨어뜨려도 (나)와 (다)는 모두 색이 변하지 않는다.

바로알기 ㄱ. 묽은 염산과 수산화 나트륨 수용액이 2 : 1의 부피비로 반응하므로 묽은 염산과 수산화 나트륨 수용액의 농도비는 1 : 2이다. 따라서 같은 부피의 수용액에 들어 있는 전체 이온 수는 묽은 염산이 수산화 나트륨 수용액의 $\frac{1}{2}$이다.

ㄴ. (가)에서는 묽은 염산 30 mL와 수산화 나트륨 수용액 15 mL가 반응하고, 반응하지 않은 OH^-이 남아 있다. 따라서 (가)의 액성은 염기성이고, 마그네슘 조각을 넣어도 반응이 일어나지 않는다.

04

혼합 용액	(가)	(나)	(다)
묽은 염산(mL)	5	10	10
수산화 나트륨 수용액(mL)	10	10	5
용액 속 이온의 종류	OH^-(㉠), Cl^-, Na^+	Cl^-, Na^+	H^+(㉡), Na^+
최고 온도(°C)	t_1	t_2	t_3
혼합 용액의 액성	염기성	중성	산성

묽은 염산과 수산화 나트륨 수용액을 혼합했을 때 혼합 용액의 액성이 중성이라면 Cl^-, Na^+이 들어 있고, 산성이라면 H^+, Cl^-, Na^+이 들어 있고, 염기성이라면 Cl^-, Na^+, OH^-이 들어 있다.

ㄱ. (나)에 들어 있는 이온은 Cl^-, Na^+ 두 가지이므로 (나)의 액성은 중성이고, 묽은 염산과 수산화 나트륨 수용액이 1 : 1의 부피비로 반응하므로 묽은 염산과 수산화 나트륨 수용액의 농도는 같다. 따라서 (가)는 염기성 용액이므로 ㉠은 OH^-이고, (다)는 산성 용액이므로 ㉡은 H^+이다.

ㄷ. (가)에서는 수산화 나트륨 수용액 5 mL가 반응하지 않았고, (다)에서는 묽은 염산 5 mL가 반응하지 않았으므로 (가)와 (다)를 혼합한 용액의 액성은 중성이다.

바로알기 ㄴ. (가)와 (다)에서는 묽은 염산과 수산화 나트륨 수용액이 각각 5 mL씩 반응하여 물을 생성하고, (나)에서는 묽은 염산과 수산화 나트륨 수용액이 각각 10 mL씩 반응하여 물을 생성한다. 반응하는 H^+과 OH^-의 수가 많을수록 중화열이 많이 발생하므로 $t_2 > t_1 = t_3$이다.

03 물질 변화에서 에너지의 출입

개념 쏙쏙

진도교재 → 57쪽

1 ㉠ 높아, ㉡ 낮아   **2** (1) 방출 (2) 흡수 (3) 방출 (4) 흡수
3 (1) ㉠ 방출, ㉡ 높아 (2) ㉠ 흡수, ㉡ 낮아

1 물질 변화가 일어날 때 열에너지를 방출하면 주변의 온도가 높아지고, 열에너지를 흡수하면 주변의 온도가 낮아진다.

2 (1) 메테인이나 나무 등이 연소할 때 방출하는 열에너지를 요리나 난방, 교통수단 등에 이용한다.

(2) 여름날 도로에 물을 뿌리면 물이 기화하면서 열에너지를 흡수하여 시원해진다.

(3) 묽은 염산과 수산화 나트륨 수용액이 중화 반응할 때 중화열을 방출한다.

(4) 탄산수소 나트륨을 가열하면 탄산수소 나트륨이 열에너지를 흡수하여 분해되면서 이산화 탄소가 생성된다.

3 (1) 손난로를 흔들면 철 가루가 산소와 반응하면서 열에너지를 방출하므로 주변의 온도가 높아진다.
(2) 냉찜질 팩에서는 질산 암모늄이 물에 녹으면서 열에너지를 흡수하므로 주변의 온도가 낮아진다.

내신 탄탄

진도교재 → 58쪽~60쪽

01 ②	**02** ③	**03** ④	**04** ②	**05** ③	**06** ②
07 ③	**08** 해설 참조	**09** ③	**10** ④	**11** 해설 참조	
12 ④	**13** ③	**14** ②	**15** ②		

01 (바로알기) ② 화학 변화의 종류에 따라 에너지를 방출하기도 하고 흡수하기도 한다.

02 나무가 연소할 때는 열에너지를 방출하여 주변의 온도가 높아진다. 여름날 도로에 물을 뿌리면 물이 기화하면서 열에너지를 흡수하여 주변의 온도가 낮아지므로 시원하게 느껴진다.

03 ㄴ, ㄷ. 수증기의 액화와 중화 반응은 모두 열에너지를 방출하는 현상이므로 변화가 일어날 때 주변의 온도가 높아진다.
(바로알기) ㄱ. 수증기가 물로 상태 변화하는 것은 물리 변화이고, 중화 반응은 화학 변화이다.

04 ㄴ, ㄷ. 나무의 연소, 금속과 산의 반응은 물질 변화가 일어날 때 열에너지를 방출하여 주변의 온도가 높아지는 현상이다.
ㄱ, ㄹ, ㅁ. 물의 기화, 드라이아이스의 승화, 질산 암모늄과 수산화 바륨의 반응은 물질 변화가 일어날 때 열에너지를 흡수하여 주변의 온도가 낮아지는 현상이다.

05 ㄱ, ㄷ. (가)에서 묽은 염산과 수산화 나트륨 수용액이 만나면 중화 반응이 일어난다. 중화 반응이 일어날 때 중화열이 방출되므로 용액의 온도는 높아진다. (나)에서 마그네슘 조각과 묽은 염산이 만나면 수소 기체가 발생하면서 열에너지를 방출하므로 용액의 온도는 높아진다.
(바로알기) ㄴ. 산과 금속의 반응은 열에너지를 방출하는 반응이다.

06 ㄴ. 나무판이 삼각 플라스크에 달라붙는 것으로 보아 질산 암모늄과 수산화 바륨이 반응할 때 열에너지를 흡수하여 주변의 온도가 낮아지고 삼각 플라스크와 나무판 사이의 물이 얼었다.
(바로알기) ㄱ. 질산 암모늄과 수산화 바륨의 반응은 열에너지를 흡수하는 반응이다.
ㄷ. 묽은 염산과 수산화 칼륨 수용액이 중화 반응할 때 중화열을 방출한다. 따라서 두 반응의 에너지 출입 방향은 다르다.

07 물의 응고는 열에너지를 방출하는 변화이고, 물리 변화이다. 얼음의 융해는 열에너지를 흡수하는 변화이고, 물리 변화이다. 철의 산화는 열에너지를 방출하는 변화이고, 화학 변화이다. 따라서 (가)는 얼음의 융해, (나)는 물의 응고, (다)는 철의 산화이다.

08 수증기의 액화와 메테인의 연소는 물질 변화가 일어날 때 열에너지를 방출하는 현상이고, 드라이아이스의 승화와 탄산수소 나트륨의 열분해는 물질 변화가 일어날 때 열에너지를 흡수하는 현상이다.
(모범 답안) (가)는 물질 변화가 일어날 때 에너지를 방출하는 현상이고, (나)는 물질 변화가 일어날 때 에너지를 흡수하는 현상이다.

채점 기준	배점
(가)와 (나)로 분류한 기준을 옳게 서술한 경우	100 %
(가)와 (나)로 분류한 기준을 서술하지 못한 경우	0 %

09 ① 모닥불에서는 나무가 연소하면서 열에너지를 방출한다.
② 생명체는 세포호흡으로 발생하는 열에너지의 일부를 생명활동에 이용한다.
④ 철 가루 손난로를 흔들면 철 가루가 산소와 반응하면서 열에너지를 방출하여 따뜻해진다.
⑤ 발열 도시락에서는 물과 산화 칼슘이 반응하면서 방출하는 열에너지로 음식을 데운다.
(바로알기) ③ 냉찜질 팩에서는 질산 암모늄이 물에 녹으면서 열에너지를 흡수하여 차가워진다.

10 •학생 A: 신선식품을 배달할 때 얼음주머니를 넣으면 얼음이 융해하면서 열에너지를 흡수하여 신선도가 유지된다.
•학생 B: 손난로를 흔들면 철 가루가 산소와 반응하면서 열에너지를 방출하여 따뜻해진다.
•학생 C: 발열 용기에서는 물과 산화 칼슘이 반응하면서 방출하는 열에너지로 음식을 조리한다.
ㄴ. 발열 용기에서 반응이 일어날 때 열에너지를 방출하므로 주변의 온도가 높아진다.
ㄷ. B와 C가 말한 현상은 물질 변화가 일어날 때 열에너지를 방출하는 현상이다. 물질 변화가 일어날 때 열에너지를 흡수하는 현상에 대해 말한 사람은 A 한 명이다.
(바로알기) ㄱ. B가 말한 현상에서 철 가루와 산소가 반응할 때 열에너지를 방출한다.

11 (모범 답안) 과수원에서 개화 시기에 물을 뿌리면 물이 얼음으로 응고하면서 열에너지를 방출하여 주변의 온도가 높아지므로 냉해를 예방할 수 있다.

채점 기준	배점
냉해를 예방하는 원리를 열에너지의 출입과 주변의 온도 변화를 이용하여 옳게 서술한 경우	100 %
냉해를 예방하는 원리를 열에너지의 출입, 주변의 온도 변화 중 한 가지만 이용하여 옳게 서술한 경우	50 %

12 (가) 여름날 마당에 물을 뿌리면 물이 기화하면서 열에너지를 흡수하여 시원해진다.
(나) 메테인 등의 연료가 연소할 때 방출하는 열에너지를 요리나 난방, 교통수단 등에 이용한다.
(다) 손난로를 흔들면 철 가루가 산소와 반응하면서 열에너지를 방출하여 따뜻해진다.
(라) 제빵 소다를 넣어 빵을 구우면 탄산수소 나트륨이 열에너지를 흡수하여 분해되고, 이산화 탄소 기체가 발생하여 반죽이 부풀어 오른다.

13 ② 생명체는 세포호흡으로 발생하는 열에너지의 일부를 생명활동에 이용한다.

바로알기 ③ 냉장고의 냉매가 기화하면서 열에너지를 흡수하여 냉장고 안이 시원해진다.

14 냉찜질 팩에서는 질산 암모늄이 물에 녹으면서 열에너지를 흡수하여 차가워진다.

ㄱ. 식물은 빛에너지를 흡수하여 광합성을 한다.

ㄹ. 물은 전기 에너지를 흡수하여 수소 기체와 산소 기체로 분해된다.

바로알기 ㄴ. 생명체는 세포호흡으로 발생하는 열에너지의 일부를 생명활동에 이용한다.

ㄷ. 철이 산화되어 녹슬 때 열에너지를 방출한다.

15 메테인 등의 연료가 연소할 때 방출하는 열에너지를 요리나 난방, 교통수단 등 이용한다. 음료수에 얼음을 넣으면 얼음이 용해하면서 열에너지를 흡수하여 주변의 온도가 낮아지므로 음료수가 시원해진다.

바로알기 ㄱ. 메테인이 연소할 때 열에너지를 방출하므로 주변의 온도가 높아진다.

ㄷ. (가)에서는 열에너지를 방출하고, (나)에서는 열에너지를 흡수하므로 (가)와 (나)에서 열에너지의 출입 방향은 다르다.

1등급 도전

진도교재 → 61쪽

01 ④   **02** ③   **03** ⑤   **04** ④

01 ㄴ. 메테인의 연소 반응에서 반응물의 에너지 합이 생성물의 에너지 합보다 크므로 반응이 일어날 때 열에너지를 방출하고 주변의 온도가 높아진다.

ㄷ. 도시가스의 주성분인 메테인이 연소할 때 방출하는 열에너지를 요리나 난방, 교통수단 등에 이용할 수 있다.

바로알기 ㄱ. 메테인의 연소 반응이 일어날 때 열에너지를 방출한다.

02 ㄱ, ㄴ. 반응 후 용액의 온도가 높아진 것으로 보아 염화 칼슘과 물이 반응할 때 열에너지를 방출하고 주변의 온도가 높아진다.

바로알기 ㄷ. 염화 칼슘과 물이 반응할 때 주변의 온도가 높아지므로 냉각 주머니에 이용하기에 적절하지 않다.

03 ㄱ. 이 제품에서는 물과 산화 칼슘이 반응하면서 방출하는 열에너지로 음식을 데운다. 따라서 ㉠은 '방출'이 적절하다.

ㄴ. 물과 산화 칼슘이 반응할 때 열에너지를 방출하므로 주변의 온도가 높아진다.

ㄷ. 물과 산화 칼슘의 반응은 열에너지를 방출하는 반응이므로 반응물의 에너지 합은 생성물의 에너지 합보다 크다.

04 ㄴ. (나)에서 아세트산 수용액과 수산화 칼륨 수용액이 만나면 중화 반응이 일어나 중화열을 방출하므로 용액의 온도가 높아진다. 따라서 ㉠은 '높아졌다'가 적절하다.

ㄷ. (가)에서 용액의 온도가 낮아진 것으로 보아 질산 암모늄이 물에 녹을 때 열에너지를 흡수하고 주변의 온도가 낮아진다. 따라서 (가)의 반응을 이용하여 냉찜질 팩을 만들 수 있다.

바로알기 ㄱ. 질산 암모늄이 물에 녹을 때 열에너지를 흡수한다.

중단원 정복

진도교재 → 62쪽~65쪽

01 ⑤   **02** ③   **03** ③   **04** ④   **05** ③   **06** ⑤
07 ⑤   **08** ⑤   **09** ②   **10** ⑤   **11** ①   **12** ②
13 ④   **14** ③   **15** ④   **16** 해설 참조   **17** 해설 참조
18 해설 참조

01 마그네슘 리본을 공기 중에서 연소시키면 다음과 같은 반응이 일어난다.

$$\underset{\longleftarrow\text{환원}\longleftarrow}{\overset{\longrightarrow\text{산화}\longrightarrow}{2Mg + O_2 \longrightarrow 2MgO}}$$

ㄱ. 마그네슘의 연소는 산화·환원 반응이다.

ㄴ, ㄷ. 마그네슘(Mg)이 산소(O_2)와 반응하여 산화 마그네슘(MgO)을 생성할 때 마그네슘(Mg)은 전자를 잃고 마그네슘 이온(Mg^{2+})으로 산화되고, 산소(O)는 전자를 얻어 산화 이온(O^{2-})으로 환원된다.

02 Ⅰ과 Ⅱ에서 일어나는 반응을 화학 반응식으로 나타내면 다음과 같다.

$$Ⅰ: \underset{\longleftarrow\text{환원}\longleftarrow}{\overset{\longrightarrow\text{산화}\longrightarrow}{2A^+ + B \longrightarrow 2A + B^{2+}}}$$

$$Ⅱ: \underset{\longleftarrow\text{환원}\longleftarrow}{\overset{\longrightarrow\text{산화}\longrightarrow}{3B^{2+} + 2C \longrightarrow 3B + 2C^{3+}}}$$

ㄱ. Ⅰ에서 B는 전자를 잃고 B^{2+}으로 산화되고, A^+은 전자를 얻어 A로 환원된다.

ㄴ. Ⅱ에서 C가 전자를 잃고 C^{3+}으로 산화될 때 B^{2+}은 전자를 얻어 B로 환원된다. 따라서 전자는 C에서 B^{2+}으로 이동한다.

바로알기 ㄷ. Ⅱ에서 B^{2+} 3개가 감소할 때 C^{3+} 2개가 생성되므로 수용액 속 전체 이온 수는 감소한다.

03 ㄱ. (가)에서 아연(Zn)은 전자를 잃고 아연 이온(Zn^{2+})으로 산화되고, 구리 이온(Cu^{2+})은 전자를 얻어 구리(Cu)로 환원된다.

ㄴ. (나)는 포도당($C_6H_{12}O_6$)과 산소(O_2)가 반응하여 이산화 탄소(CO_2)와 물(H_2O)이 생성되는 세포호흡으로, 산화·환원 반응이다.

바로알기 ㄷ. (다)에서 질산 은($AgNO_3$) 수용액에 들어 있는 은 이온(Ag^+) 2개가 감소할 때 구리 이온(Cu^{2+}) 1개가 생성되므로 전체 이온 수는 감소한다.

04 (가)에서 일어나는 반응을 화학 반응식으로 나타내면 다음과 같다.

$$\underset{\longleftarrow\text{환원}\longleftarrow}{\overset{\longrightarrow\text{산화}\longrightarrow}{2Mg + CO_2 \longrightarrow 2MgO + C}}$$

정답과 해설 **17**

ㄴ. 마그네슘(Mg)이 이산화 탄소(CO_2)와 반응하여 산화 마그네슘(MgO)과 탄소(C)를 생성할 때 마그네슘(Mg)은 전자를 잃고 마그네슘 이온(Mg^{2+})으로 산화된다.

ㄷ. 마그네슘(Mg)은 산소를 얻어 산화 마그네슘(MgO)으로 산화되고, 이산화 탄소(CO_2)는 산소를 잃고 탄소(C)로 환원된다. 따라서 산소는 이산화 탄소(CO_2)에서 마그네슘(Mg)으로 이동한다.

바로알기 ㄱ. 이산화 탄소(CO_2)는 산소를 잃고 탄소(C)로 환원된다.

05 ㄱ. (가)는 식물의 엽록체에서 빛에너지를 이용하여 이산화 탄소(CO_2)와 물(H_2O)로 포도당($C_6H_{12}O_6$)과 산소(O_2)를 만드는 광합성이고, (나)는 메테인(CH_4)과 산소(O_2)가 반응하여 이산화 탄소(CO_2)와 물(H_2O)이 생성되는 메테인의 연소 반응이다.

(가) $6CO_2 + 6H_2O \xrightarrow{\text{빛에너지}} C_6H_{12}O_6 + 6O_2$

(나) $CH_4 + 2O_2 \longrightarrow CO_2 + 2H_2O$

ㄴ. (나)에서 메테인(CH_4)은 산소를 얻어 이산화 탄소(CO_2)로 산화된다.

바로알기 ㄷ. 식물이 광합성을 할 때는 빛에너지를 흡수하고, 메테인이 연소할 때는 열에너지를 방출한다.

06 ㄱ. X 수용액은 푸른색 리트머스 종이를 붉게 변화시키므로 산성 용액이다. 따라서 X 수용액에는 H^+이 들어 있다.

ㄴ. X 수용액은 산성 용액이므로 마그네슘 조각과 반응하여 수소 기체를 발생시킨다. 따라서 ㉠은 '기체가 발생하였다'가 적절하다.

ㄷ. X 수용액은 산성 용액이므로 염기성 용액인 수산화 나트륨 수용액을 넣으면 중화 반응이 일어나 중화열이 발생하여 용액의 온도가 높아진다.

07

수용액	A	B	C	D
페놀프탈레인 용액을 떨어뜨림	무색→붉은색	변화 없음	변화 없음	변화 없음(㉠)
마그네슘 리본을 넣음	변화 없음(㉡)	변화 없음	기체 발생(㉢)	기체 발생

(수산화 나트륨 수용액 — A, 염화 나트륨 수용액 — B, 묽은 염산 또는 아세트산 수용액 — C, D)

네 가지 수용액 중에서 묽은 염산과 아세트산 수용액은 산성 용액, 수산화 나트륨 수용액은 염기성 용액, 염화 나트륨 수용액은 중성 용액이다. A는 페놀프탈레인 용액을 붉게 변화시키므로 염기성 용액인 수산화 나트륨 수용액이다. B는 페놀프탈레인 용액의 색을 변화시키지 않으므로 중성 또는 산성 용액인데, 마그네슘과 반응하지 않으므로 산성 용액이 아니다. 따라서 B는 중성 용액인 염화 나트륨 수용액이다. C와 D는 각각 묽은 염산 또는 아세트산 수용액 중 하나이다.

⑤ C와 D는 모두 산성 용액이므로 C와 D에 존재하는 양이온은 H^+으로 같다.

바로알기 ① D는 산성 용액이므로 페놀프탈레인 용액의 색을 변화시키지 않는다. 따라서 ㉠은 '변화 없음'이 적절하다.

② A는 염기성 용액인 수산화 나트륨 수용액이므로 마그네슘과 반응하지 않는다. 따라서 ㉡은 '변화 없음'이 적절하다.

③ C는 산성 용액이므로 마그네슘과 반응하여 수소 기체를 발생시킨다. 따라서 ㉢은 '기체 발생'이 적절하다.

④ A는 염기성 용액인 수산화 나트륨 수용액이고, B는 중성 용액인 염화 나트륨 수용액이므로 두 수용액을 혼합하여도 용액의 온도가 변화하지 않는다.

08 전류를 흘려 주면 묽은 염산의 H^+은 (−)극 쪽으로 이동하고, 수산화 나트륨 수용액의 OH^-은 (+)극 쪽으로 이동한다.

ㄱ. BTB 용액은 산성에서 노란색, 염기성에서 파란색을 나타내므로 (나)에서 A는 노란색, B는 파란색으로 변한다.

ㄴ. BTB 용액을 파란색으로 변화시키는 것은 음이온인 OH^-이므로 (다)에서 파란색은 (+)극 쪽으로 이동한다.

ㄷ. 묽은 염산의 H^+은 (−)극 쪽으로, 수산화 나트륨 수용액의 OH^-은 (+)극 쪽으로 이동한다. 따라서 A와 B 사이에서 H^+과 OH^-이 만나 중화 반응이 일어난다.

09 (가)는 H^+이 들어 있으므로 산성 용액이고, (나)는 OH^-이 들어 있으므로 염기성 용액이다.

ㄴ. (가)와 (나)를 혼합하면 중화 반응이 일어나 중화열이 발생하므로 용액의 온도가 높아진다. 따라서 혼합 용액의 최고 온도는 (가) 또는 (나)보다 높다.

바로알기 ㄱ. (가)와 (나)를 혼합하면 중화 반응이 일어나 H^+과 OH^-이 반응하여 물이 생성되므로 혼합 용액 속 H^+ 수는 (가)보다 적다.

ㄷ. (가)와 (나)를 혼합한 용액에는 반응하지 않은 H^+이 남아 있으므로 혼합 용액의 액성은 산성이다. 페놀프탈레인 용액은 산성에서 무색이므로 혼합 용액에 페놀프탈레인 용액을 떨어뜨려도 색이 변하지 않는다.

10

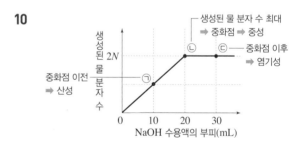

일정량의 묽은 염산에 수산화 나트륨 수용액을 넣을 때 중화 반응으로 생성된 물 분자 수는 중화점에서 최대가 되고, 그 이후에는 중화 반응이 일어나지 않으므로 일정하게 유지된다. 따라서 ㉠은 중화점 이전, ㉡은 중화점, ㉢은 중화점 이후이다.

ㄱ. ㉠은 중화점 이전이므로 ㉠ 용액에는 반응하지 않은 H^+이 남아 있다. 따라서 ㉠ 용액의 액성은 산성이므로 마그네슘 조각을 넣으면 수소 기체가 발생한다.

ㄴ. ㉡은 중화점이므로 ㉡ 용액의 액성은 중성이다.

ㄷ. ㉡은 중화점이므로 묽은 염산 10 mL에 들어 있는 H^+의 수와 수산화 나트륨 수용액 20 mL에 들어 있는 OH^-의 수는 $2N$으로 같다. 따라서 ㉢에서 혼합 전 묽은 염산 10 mL에 들어 있는 Cl^-의 수는 $2N$이고, 수산화 나트륨 수용액 30 mL에 들어 있는 Na^+의 수는 $3N$이다. Na^+과 Cl^-은 중화 반응에 참여하지 않으므로 혼합 전과 후의 수가 같다. 따라서 ㉢에 들어 있는 $\dfrac{Na^+\text{의 수}}{Cl^-\text{의 수}} = \dfrac{3N}{2N} = \dfrac{3}{2}$이다.

11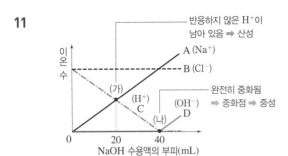

A는 수산화 나트륨 수용액을 넣는 대로 그 수가 증가하므로 반응에 참여하지 않는 Na^+이다. B는 넣어 준 수산화 나트륨 수용액의 부피와 관계없이 그 수가 일정하므로 반응에 참여하지 않는 Cl^-이다. C는 수산화 나트륨 수용액을 넣을수록 그 수가 점차 감소하다가 중화점 이후에는 존재하지 않으므로 H^+이다. D는 처음에는 존재하지 않다가 중화점 이후부터 그 수가 증가하므로 OH^-이다.

② (가)에서는 반응하지 않은 H^+이 남아 있으므로 (가) 용액의 액성은 산성이다. 따라서 (가) 용액에 마그네슘 조각을 넣으면 수소 기체가 발생한다.

③ 용액의 최고 온도는 중화점에 도달한 (나) 용액이 중화점에 도달하지 않은 (가) 용액보다 높다.

④ 넣어 준 수산화 나트륨 수용액의 부피는 (나)가 (가)의 2배이고 (가)와 (나)에서 넣어 준 수산화 나트륨 수용액이 모두 반응한다. 따라서 중화 반응으로 생성되는 물 분자 수는 (나) 용액이 (가) 용액의 2배이다.

⑤ (나)에서 H^+과 OH^-이 완전히 중화되었다. 묽은 염산 20 mL를 완전히 중화하는 데 수산화 나트륨 수용액 40 mL가 필요하므로 같은 부피의 수용액에 들어 있는 이온 수는 묽은 염산이 수산화 나트륨 수용액의 2배이다.

바로알기 ① A는 Na^+이므로 양이온이고, D는 OH^-이므로 음이온이다.

12 (가)와 (나)에는 OH^-이 있으므로 (가)와 (나)는 염기성 용액이고, (다)는 중화 반응이 완결된 용액이므로 중성 용액이다. (라)에는 H^+이 있으므로 (라)는 산성 용액이다.

ㄷ. (다)에서 H^+과 OH^-이 완전히 중화되었고, (다)에서 넣어 준 묽은 염산은 총 10 mL이다. 수산화 나트륨 수용액 10 mL에 묽은 염산 10 mL를 넣었을 때 중화 반응이 완결되었으므로 수산화 나트륨 수용액과 묽은 염산의 농도는 같다.

바로알기 ㄱ. 페놀프탈레인 용액을 떨어뜨렸을 때 붉은색을 나타내는 것은 염기성 용액인 (가)와 (나) 두 가지이다.

ㄴ. (다)는 중화점이며, 중화점 이후에는 중화 반응이 일어나지 않는다. 따라서 중화 반응으로 생성된 물 분자 수는 (다)와 (라)가 같다.

13 • 학생 B: 열에너지를 흡수하는 반응이 일어날 때는 주변의 온도가 낮아지고, 열에너지를 방출하는 반응이 일어날 때는 주변의 온도가 높아진다.

• 학생 C: 산과 염기가 중화 반응할 때 중화열을 방출하므로 용액의 온도가 높아진다.

바로알기 • 학생 A: 화학 변화의 종류에 따라 열에너지를 방출하기도 하고 흡수하기도 한다.

14 ㄴ. 더운 여름날 도로에 물을 뿌리면 물이 기화하면서 열에너지를 흡수하여 시원해진다.

ㄷ. 냉찜질 팩에서는 질산 암모늄이 물에 녹으면서 열에너지를 흡수하여 차가워진다.

바로알기 ㄱ. 생명체는 세포호흡으로 발생하는 열에너지의 일부를 생명활동에 이용한다.

ㄹ. 손난로를 흔들면 철 가루가 산소와 반응하면서 열에너지를 방출하여 따뜻해진다.

15 ④ 학생의 가설이 옳고 반응 후 용액의 온도가 반응 전보다 높으므로 '염화 칼슘이 물에 녹을 때 열에너지를 방출한다.'가 가설로 적절하다.

바로알기 ① 중화 반응 외에도 열에너지를 방출하는 반응이 있으므로 용액의 온도를 측정하는 것으로는 염화 칼슘과 물의 반응이 중화 반응인지 알 수 없다.

② 염화 칼슘을 물에 녹인 용액이 산성인지 알아보려면 지시약 등으로 용액의 액성을 알아보아야 한다.

③ 용액의 온도를 측정하는 것으로는 염화 칼슘과 물의 반응이 산화·환원 반응인지 알 수 없다.

⑤ 염화 칼슘을 물에 녹인 용액이 전기 전도성이 있는지 알아보려면 전기 전도성 측정기로 전류가 흐르는지 알아보아야 한다.

16 질산 은 수용액에 구리판을 넣었을 때 일어나는 반응을 화학 반응식으로 나타내면 다음과 같다.

$$\overset{\text{산화}}{\overbrace{2Ag^+ + Cu \longrightarrow 2Ag}} + Cu^{2+}$$
$$\underset{\text{환원}}{\underbrace{}}$$

모범 답안 은(Ag), 구리(Cu)가 전자를 잃고 구리 이온(Cu^{2+})으로 산화되고, 은 이온(Ag^+)이 전자를 얻어 은(Ag)으로 환원되어 구리판의 표면에 은(Ag)이 석출된다.

채점 기준	배점
석출되는 금속을 옳게 쓰고, 금속이 석출되는 과정을 산화되는 입자와 환원되는 입자를 포함하여 옳게 서술한 경우	100 %
석출되는 금속을 옳게 썼으나 금속이 석출되는 과정을 옳게 서술하지 못한 경우	30 %

17 묽은 염산과 수산화 칼륨 수용액의 농도가 같으므로 두 수용액은 1 : 1의 부피비로 반응한다. 따라서 (가)에서는 묽은 염산과 수산화 칼륨 수용액이 각각 10 mL씩 반응하고, (나)에서는 묽은 염산과 수산화 칼륨 수용액이 각각 5 mL씩 반응한다.

모범 답안 혼합 용액의 최고 온도는 (가)가 (나)보다 높다. 같은 농도의 묽은 염산과 수산화 칼륨 수용액은 1 : 1의 부피비로 반응하므로 반응한 묽은 염산과 수산화 칼륨 수용액의 부피는 (가)가 (나)보다 많고, 따라서 발생하는 중화열도 (가)가 (나)보다 많기 때문이다.

채점 기준	배점
(가)와 (나)의 최고 온도를 옳게 비교하고 그 까닭을 옳게 서술한 경우	100 %
(가)와 (나)의 최고 온도를 옳게 비교하기만 한 경우	40 %

18 **모범 답안** 나무판이 삼각 플라스크에 달라붙는다. 삼각 플라스크 안에서 반응이 일어날 때 열에너지를 흡수하므로 주변의 온도가 낮아져 물이 얼기 때문이다.

채점 기준	배점
삼각 플라스크를 들어 올릴 때 나타나는 현상과 그 까닭을 옳게 서술한 경우	100 %
삼각 플라스크를 들어 올릴 때 나타나는 현상을 옳게 쓰고 그 까닭을 물이 얼기 때문이라고만 서술한 경우	50 %
삼각 플라스크를 들어 올릴 때 나타나는 현상만을 옳게 서술한 경우	30 %

수능 맛보기

진도교재 → 66쪽~67쪽

01 ④   **02** ③   **03** ③   **04** ②

01 ㄱ. X^{2+} $3N$개가 얻은 전자 수와 Y 원자 $2N$개가 잃은 전자 수가 같으므로 Y^{m+}에서 $m=3$이다.

$$3X^{2+} + 2Y \longrightarrow 3X + 2Y^{3+}$$

ㄷ. (다)에서 Z는 전자를 잃고 Z^{2+}으로 산화된다.

바로알기 ㄴ. (나)에는 Y^{3+} $2N$개가 들어 있고, (다)에서 Z가 전자를 잃고 Z^{2+}으로 산화되므로 Y^{3+}은 전자를 얻어 Y로 석출된다. Y^{3+} 1개가 Y 원자 1개로 환원될 때 얻은 전자는 3개이므로 Y^{3+} $2N$개가 Y 원자 $2N$개로 환원될 때 얻은 전자는 $6N$개이다. 따라서 Z 원자 xN개가 Z^{2+} xN개로 산화될 때 잃은 전자는 $6N$개이므로 $x=3$이다.

$$2Y^{3+} + 3Z \longrightarrow 2Y + 3Z^{2+}$$

02
혼합 용액		(가)	(나)	(다)
혼합 전 용액의 부피(mL)	묽은 염산 (HCl)	$x(30)$	30 $H^+:3N$ $Cl^-:3N$	40 $H^+:4N$ $Cl^-:4N$
	수산화 나트륨 (NaOH) 수용액	20 $Na^+:2N$ $OH^-:2N$	30 $Na^+:3N$ $OH^-:3N$	$x(30)$
혼합 용액에 존재하는 양이온 수의 비율		(원그래프) $\frac{2}{3}$ Na^+ / $\frac{1}{3}$ H^+		(원그래프) $\frac{3}{4}$ Na^+ / $\frac{1}{4}$ H^+
BTB 용액을 넣었을 때 색 변화			초록색	
혼합 용액의 액성		산성	중성	산성

(나)에서 BTB 용액을 넣었을 때의 색이 초록색이므로 (나)는 중성이고, 묽은 염산 30 mL에 들어 있는 H^+ 수와 수산화 나트륨 수용액 30 mL에 들어 있는 OH^- 수는 같다.

묽은 염산과 수산화 나트륨 수용액을 혼합한 용액의 액성이 산성일 때 혼합 용액에는 H^+, Cl^-, Na^+이 있고, 중성일 때 혼합 용액에는 Cl^-, Na^+이 있고, 염기성일 때 혼합 용액에는 Cl^-, Na^+, OH^-이 있다. (가)와 (다)에 존재하는 양이온의 종류가 각각 두 가지이므로 (가)와 (다)는 모두 산성 용액이다.

(나)에서 수산화 나트륨 수용액 30 mL에 들어 있는 Na^+ 수와 OH^- 수를 각각 $3N$이라고 하면 (가)에서 수산화 나트륨 수용액 20 mL에 들어 있는 Na^+ 수와 OH^- 수는 각각 $2N$이다. (가)에서 양이온 수의 비율이 $1:2$가 되려면 혼합 후 (가)에 들어 있는 H^+ 수가 N 또는 $4N$이어야 한다. 혼합 후 H^+ 수가 N이라면 혼합 전 H^+ 수는 $N+2N=3N$이고 $x=30$이다.

혼합 후 H^+ 수가 $4N$이라면 혼합 전 H^+ 수는 $4N+2N=6N$이고 $x=60$이다. 한편 (다)는 산성 용액이므로 x는 40 미만이어야 한다. 따라서 x는 30이다.

03
혼합 용액	혼합 전 용액의 부피(mL)			혼합 용액에 존재하는 모든 이온의 개수비	혼합 용액의 액성
	묽은 염산 (HCl)	수산화 나트륨 (NaOH) 수용액	수산화 칼륨 (KOH) 수용액		
(가)	10 $H^+:2N$ $Cl^-:2N$	10 $Na^+:N$ $OH^-:N$	0	$1:1:2$ $H^+:Cl^-:Na^+$ $=N:2N:N$	산성
(나)	10 $H^+:2N$ $Cl^-:2N$	0	10 $K^+:2N$ $OH^-:2N$	$1:1$ $Cl^-:K^+$ $=2N:2N$	중성
(다)	15 $H^+:3N$ $Cl^-:3N$	10 $Na^+:N$ $OH^-:N$	5 $K^+:N$ $OH^-:N$	$1:1:1:x$ $H^+:Cl^-:Na^+:K^+$ $=N:3N:N:N$	

묽은 염산과 수산화 칼륨 수용액을 혼합한 용액의 액성이 산성일 때 혼합 용액에는 H^+, Cl^-, K^+이 있고, 중성일 때 혼합 용액에는 Cl^-, K^+이 있고, 염기성일 때 혼합 용액에는 Cl^-, K^+, OH^-이 있다. (나)에 존재하는 이온이 두 가지이므로 (나)는 중성이며, (나)에 들어 있는 이온은 Cl^-, K^+이다. (나)에서 묽은 염산 10 mL와 수산화 칼륨 수용액 10 mL가 완전히 반응하였으므로 묽은 염산과 수산화 칼륨 수용액의 농도는 같다.

(가)는 산성이므로 (가)에 들어 있는 이온은 H^+, Cl^-, Na^+의 세 가지이다. 혼합 전 묽은 염산에 들어 있던 H^+ 수와 Cl^- 수는 같고, 혼합 후 H^+ 일부가 OH^-과 반응하였으므로 혼합 후 H^+ 수는 Cl^- 수보다 적다. 따라서 (가)에서 다른 이온들보다 2배만큼 존재하는 이온은 Cl^-이므로 (가)에 들어 있는 이온의 개수비는 $H^+:Na^+:Cl^-=1:1:2$이다. (가)에서 혼합 전 묽은 염산 10 mL에 들어 있는 H^+, Cl^- 수를 각각 $2N$이라고 하면 혼합 전 수산화 나트륨 수용액 10 mL에 들어 있는 Na^+, OH^- 수는 각각 N이고, 묽은 염산과 수산화 칼륨 수용액의 농도는 같으므로 혼합 전 수산화 칼륨 수용액 10 mL에 들어 있는 K^+, OH^- 수는 각각 $2N$이다.

따라서 (다)에서 혼합 전 존재하는 이온 수는 묽은 염산에 H^+이 $3N$, Cl^-이 $3N$, 수산화 나트륨 수용액에 Na^+이 N, OH^-이 N, 수산화 칼륨 수용액에 K^+이 N, OH^-이 N이다. 혼합 용액에서 H^+과 OH^-은 $1:1$의 개수비로 반응하여 물을 생성하므로 혼합 후 남은 이온 수는 H^+이 N, Cl^-이 $3N$, Na^+이 N, K^+이 N이다. 이를 간단한 정수비로 표현하면 $1:1:1:3$이므로 x는 3이다.

04 • 학생 C: 손난로를 흔들면 철(Fe) 가루가 산화되면서 열에너지를 방출하므로 주변의 온도가 높아진다.

바로알기 • 학생 A: 메테인(CH_4)의 연소는 열에너지를 방출하는 반응이다.

• 학생 B: 질산 암모늄(NH_4NO_3)이 물에 용해될 때 냉찜질 주머니가 차가워진 것으로 보아 질산 암모늄(NH_4NO_3)이 물에 용해될 때 열에너지를 흡수하여 주변의 온도가 낮아진다.

II 환경과 에너지

1 생태계와 환경 변화

01 생물과 환경

진도교재 → 71쪽

개념 쏙쏙

1 (1) × (2) ○ (3) ○ (4) × (5) ○　**2** (1) 빛 (2) 온도 (3) 물 (4) 공기

1 (1) 일정한 지역에 같은 종의 개체들이 무리를 이룬 것을 개체군이라고 하며, 여러 개체군이 모여 생활하는 것을 군집이라고 한다.
(2) 생태계는 생물요소인 군집과 비생물요소인 환경으로 구성되며, 이들이 서로 영향을 주고받는 체계이다.
(3) 분해자는 다른 생물의 배설물이나 죽은 생물로부터 에너지를 얻어 살아간다.
(4) 식물 플랑크톤은 생산자에 해당하고, 식물 플랑크톤을 먹고 살아가는 동물 플랑크톤은 소비자에 해당한다.
(5) 비생물요소는 빛, 온도, 물, 토양, 공기 등 생물을 둘러싸고 있는 환경요인을 말한다.

2 (1) 한 식물에서도 강한 빛을 받는 잎은 약한 빛을 받는 잎보다 울타리조직이 발달되어 잎의 두께가 두껍다.
(2) 개구리는 겨울이 되면 체온이 낮아져 물질대사가 원활하게 일어나지 않아 온도 변화가 적은 땅속으로 들어가 겨울잠을 잔다.
(3) 새의 알은 단단한 껍질로 싸여 있어 수분이 손실되는 것을 막는다.
(4) 산소가 희박한 고산 지대에 사는 사람은 평지에 사는 사람보다 혈액 속 적혈구의 수가 많아 산소를 효율적으로 운반한다.

여기서 잠깐

진도교재 → 72쪽

Q1 생물요소, 비생물요소　**Q2** 빛(일조 시간)　**Q3** 온도

[Q1] 낙엽은 생물요소이고, 토양은 비생물요소이므로 낙엽이 쌓여 분해되면 토양이 비옥해지는 것은 생물요소가 비생물요소에 영향을 준 예이다.

[Q2] 일조 시간은 햇빛이 지표면에 내리쬐는 시간으로, 일조 시간에 따라 식물의 개화 시기가 조절되는 것은 생물이 빛의 영향을 받은 것이다.

[Q3] 북극여우가 사막여우보다 몸집이 크고 몸 말단부가 작은 것은 추운 곳에서 체온을 유지하는 데 효과적으로, 이는 온도에 적응한 것이다.

내신 탄탄

진도교재 → 73쪽~74쪽

01 ③　**02** 해설 참조　**03** ⑤　**04** ④　**05** ④　**06** 해설 참조　**07** ③　**08** ③　**09** ①　**10** 온도　**11** ③

01 ㄱ. 생태계는 생산자, 소비자, 분해자의 생물요소와 빛, 온도, 물, 토양, 공기 등의 비생물요소로 구성된다.
ㄴ. 같은 종의 개체가 모여 개체군을 이루고, 개체군이 모여 군집을 이루며, 군집을 이루는 각 개체군이 다른 개체군 및 환경과 영향을 주고받으며 살아가는 체계가 생태계이다.
(바로알기) ㄷ. 일정한 지역에 같은 종의 개체들이 무리를 이룬 것은 개체군이고, 군집은 일정한 지역에 여러 개체군이 모여 생활하는 것으로, 여러 종의 개체들로 이루어져 있다.

02 • 학생 A: 독립적으로 생명활동을 할 수 있는 하나의 생명체를 개체라고 한다.
• 학생 B: 생물요소는 그 역할에 따라 구분하는데, 양분을 스스로 합성하는 생물은 생산자, 다른 생물을 먹고 사는 생물은 소비자, 죽은 생물이나 배설물로부터 양분을 얻는 생물은 분해자이다.
(모범 답안) 학생 C, 생태계에서 생물은 다른 생물 및 주변 환경과 서로 영향을 주고받으며 살아간다. 따라서 환경도 생물의 영향을 받는다.

채점 기준	배점
C를 고르고, 환경도 생물의 영향을 받음을 근거를 들어 옳게 서술한 경우	100 %
C를 고르고, 환경도 생물의 영향을 받는다고만 서술한 경우	60 %
C만 고른 경우	30 %

03 풀, 나무는 생산자이고, 메뚜기, 개구리, 뱀, 매, 여우는 소비자이며, 버섯, 곰팡이, 세균은 분해자이다. 빛, 물, 온도, 토양, 공기는 비생물요소이다.

04 ① 환경요인인 A는 비생물요소이고, 생산자(B), 분해자(C), 소비자(D)는 생물요소이다.
② 버섯은 다른 생물의 배설물이나 죽은 생물을 분해하여 양분을 얻는 분해자(C)이다.
③ 스스로 양분을 만들지 못하고 다른 생물을 먹이로 하여 양분을 얻는 생물은 소비자(D)로, 생물요소에 속한다.
⑤ B는 생산자이므로 '광합성으로 생명활동에 필요한 양분을 스스로 만드는 생물'은 ⊙에 해당한다.
(바로알기) ④ 군집은 일정한 지역 내에서 살아가는 모든 생물로 구성되므로 B, C, D는 군집에 포함되지만, 비생물요소인 A는 군집에 포함되지 않는다.

05 ㄴ. '식물은 빛이 비치는 쪽을 향해 굽어 자란다.'는 비생물요소인 빛이 생물요소인 식물에게 영향을 주는 것이므로 ⊙에 해당한다.
ㄷ. '지렁이가 땅속을 뚫고 다녀 토양의 통기성이 증가한다.'는 생물요소인 지렁이가 비생물요소인 토양에 영향을 준 것이므로 ⓒ에 해당한다.
(바로알기) ㄱ. 개체군 A, B, C는 서로 다른 개체군이므로, 각각 다른 종이다.

06 빛은 광합성의 에너지원으로, 일반적으로 빛의 세기가 강한 곳에 서식하는 식물의 잎은 두꺼운 반면에 빛의 세기가 약한 곳에 서식하는 식물의 잎은 얇고 넓다.

모범 답안 (가), 빛의 세기가 강한 곳의 잎은 광합성이 활발하게 일어나는 울타리조직이 발달하여 빛의 세기가 약한 곳의 잎보다 두껍기 때문이다.

채점 기준	배점
(가)를 고르고, 잎의 두께가 두꺼운 까닭을 울타리조직의 발달과 관련지어 옳게 서술한 경우	100 %
(가)를 고르고, 잎의 두께가 두껍기 때문이라고만 서술한 경우	60 %
(가)만 고른 경우	30 %

07 ①, ②, ④, ⑤는 환경이 생물에 영향을 준 예이고, ③은 생물이 환경에 영향을 준 예이다.
③ 동식물의 호흡과 식물의 광합성은 공기 조성에 영향을 미친다.
바로알기 ① 식물의 개화 시기는 빛의 영향을 받아서 붓꽃은 일조 시간이 길어지는 봄에 꽃이 피고, 코스모스는 일조 시간이 짧아지는 가을에 꽃이 핀다.
② 추운 툰드라에 사는 털송이풀은 잎이나 꽃에 털이 나 있어 체온이 낮아지는 것을 막는다.
④ 개구리와 같은 변온동물은 추운 겨울이 되면 땅속에 들어가 겨울잠을 잔다.
⑤ 사막에 사는 도마뱀은 몸 표면이 비늘로 덮여 있어 수분의 손실을 막는다.

08 ㄱ. 포유류는 추운 지역으로 갈수록 몸집은 커지고 몸 말단부는 작아져 체온을 유지하기에 유리하다. 따라서 몸 말단부가 작은 (가)가 추운 지역에 사는 여우이다.
ㄷ. (나)는 (가)보다 몸집이 작고 몸 말단부가 커서 열을 방출하는 데 유리하다.
바로알기 ㄴ. (가)는 (나)보다 몸집은 크고 몸 말단부는 작으므로, $\dfrac{몸의\ 표면적}{몸의\ 부피}$은 (가)가 (나)보다 작다.

09 (가) 산소가 희박한 고산 지대에 사는 사람은 평지에 사는 사람보다 혈액 속 적혈구의 수가 많아 산소를 효율적으로 운반한다.
(나) 꾀꼬리와 종달새는 일조 시간이 길어지는 봄에 번식하고, 송어와 노루는 일조 시간이 짧아지는 가을에 번식한다.
(다) 물에서 서식하는 수련의 줄기와 뿌리에는 공기가 통하는 통기조직이 발달되어 몸을 물에 뜨게 한다.

10 변온동물인 도마뱀이 햇빛이나 그늘을 찾아다니는 것이나 추운 지방에 사는 동물이 피하 지방층이 발달되어 있는 것은 온도에 대한 적응 현상이다.

11 • 학생 A: 생물은 빛, 온도, 물, 토양, 공기 등 여러 환경요인에 대해 적응하여 그에 알맞은 형태와 생활 방식, 번식 방법 등을 가지고 살아간다.
• 학생 C: 지렁이의 배설물은 토양을 비옥하게 만들어 식물이 살기 좋은 환경을 만든다.
바로알기 • 학생 B: 선인장의 잎이 가시로 변한 것은 건조한 지역에서 수분의 증발을 막기 위한 것으로, 물에 적응한 현상이다.

01 ㄷ. 온도가 낮아져 단풍이 드는 것은 비생물요소가 생물요소에 영향을 주는 것이므로 ⓒ에 해당한다.
바로알기 ㄱ. 같은 종의 기러기가 무리를 지어 이동할 때 리더를 따라 이동하는 것은 같은 종의 생물 사이에서 영향을 주고받는 것이므로 ⓛ에 해당한다.
ㄴ. 메뚜기의 개체수가 증가하자 메뚜기를 먹고 사는 개구리의 개체수가 증가하는 것은 서로 다른 종 사이에서 영향을 주고받는 것이므로 ㉠에 해당한다.

02 ㄴ. 김, 우뭇가사리는 홍조류(C)에 속하므로, 청색광을 주로 이용한다.
ㄷ. 바다의 깊이에 따라 분포하는 해조류의 종류가 다른 것은 빛의 파장에 따라 바다에 도달하는 깊이가 다르기 때문이다.
바로알기 ㄱ. A는 적색광을 주로 이용하는 녹조류, C는 청색광을 주로 이용하는 홍조류이며, B는 갈조류이다.

03 ㄱ. 국화는 일조 시간이 짧아지는 가을에 꽃이 핀다.
바로알기 ㄴ. 유채와 같이 일조 시간이 길어지는 봄이나 초여름에 꽃이 피는 식물에는 시금치, 상추가 있다. 코스모스는 일조 시간이 짧아지는 가을에 꽃이 핀다.
ㄷ. 일조 시간은 햇빛이 지표면에 내리쬐는 시간으로, 일조 시간에 따른 식물의 개화 여부와 가장 관련 깊은 환경요인은 빛이다.

04 ㄱ. (가)는 봄철 호랑나비, (나)는 여름철 호랑나비이다.
ㄴ. 온도에 따라 동물의 몸의 크기, 형태, 색이 달라지기도 한다. 봄철 호랑나비는 여름철 호랑나비보다 번데기 시기의 온도가 낮아 몸의 크기가 작고 색도 연하다.
ㄷ. 온도는 생물의 물질대사에 영향을 주므로 생물의 생명활동은 온도의 영향을 받는다.

○2 생태계평형

1 (1) 생태계에서는 여러 먹이사슬이 동시에 연결되어 복잡한 먹이그물을 이룬다.
(2) 생태계에서 에너지는 먹이사슬을 따라 하위 영양단계에서 상위 영양단계로 이동한다.
(3) 안정된 생태계에서는 상위 영양단계로 갈수록 에너지양, 개체수, 생체량이 줄어든다.
(4) 군집을 구성하는 개체군 사이의 먹이 관계는 각 개체군의 개체수에 영향을 미쳐 포식과 피식 관계에 있는 두 개체군의 개체수는 주기적으로 변동한다.

(5) 생태계평형은 주로 생물들 사이의 먹고 먹히는 관계로 유지되므로, 먹이 관계가 복잡할수록 생태계평형이 잘 유지된다.

2 안정된 생태계에서는 상위 영양단계로 갈수록 에너지양, 개체수, 생체량이 줄어들어 이를 하위 영양단계부터 상위 영양단계까지 차례로 쌓아올리면 피라미드 형태를 나타낸다.

3 1차 소비자의 개체수가 증가하면(ㄱ) 생산자의 개체수는 감소하고, 2차 소비자의 개체수는 증가한다(ㄷ). 그 결과 1차 소비자의 개체수가 감소하면서(ㄴ) 생산자의 개체수는 증가하고, 2차 소비자의 개체수는 감소하여 평형을 회복한다.

4 (1) 안정된 생태계는 환경 변화가 일어나 일시적으로 생물의 종류와 개체수가 변하더라도 다시 평형을 회복할 수 있지만, 과도한 환경 변화는 생물의 서식지를 훼손하고 먹이 관계를 파괴하여 생태계평형을 깨뜨린다.
(2) 인간의 활동에 의한 환경 변화뿐 아니라 홍수, 산불, 산사태 등 자연재해에 의한 환경 변화로도 생태계평형이 깨질 수 있다.
(3) 생태계평형이 깨지면 생태계를 회복하는 데에 오랜 시간과 많은 노력이 필요하므로 생태계평형을 유지하기 위해 지속적으로 노력해야 한다.

5 화산 폭발과 같은 자연재해와 경작지 개발, 환경 오염, 무분별한 벌목과 같은 인간의 활동은 환경을 급격하게 변화시켜 생태계평형을 깨뜨린다.
바로알기 ㄴ, ㅁ. 옥상 정원은 도시의 열섬 현상을 완화하고, 하천 복원 사업은 생물의 서식 환경을 개선하여 생태계를 보전하는 데 도움이 된다.

내신 탄탄

진도교재 → 80쪽~82쪽

01 ③	02 ③	03 ②	04 ③	05 ②	06 해설 참조
07 ①	08 ④	09 해설 참조	10 ④	11 ⑤	12 ②
13 ⑤	14 ①	15 ④			

01 ㄱ. 나비, 솔충이, 다람쥐, 토끼, 쥐는 모두 생산자(풀, 나무)를 먹고 사는 1차 소비자이다.
ㄴ. 족제비는 먹이사슬에 따라 2차 소비자, 3차 소비자가 된다. '나무 → 다람쥐 → 족제비'에서는 2차 소비자이고, '풀 → 쥐 → 뱀 → 족제비'에서는 3차 소비자이다.
바로알기 ㄷ. 이 생태계에서 참새가 사라져도 매는 다람쥐, 토끼, 쥐, 뱀을 먹고 살 수 있으므로 사라지지 않는다.

02 ㄱ. 멸치가 식물 플랑크톤을 먹을 때에는 1차 소비자가 되고, 1차 소비자인 동물 플랑크톤을 먹을 때에는 2차 소비자가 된다.
ㄴ. 상어는 멸치, 고등어, 오징어를 먹이로 하여 양분을 얻는 소비자이다.
바로알기 ㄷ. 식물 플랑크톤은 생산자이고, 동물 플랑크톤, 멸치, 고등어, 오징어, 상어는 모두 소비자로, 이 먹이그물에 생산자, 소비자는 있지만 분해자는 없다.

03 ㄴ. 벼는 광합성을 통해 빛에너지를 유기물에 화학 에너지 형태로 저장한다. 벼가 가진 에너지의 일부는 생명활동을 하는 데 쓰이거나 열에너지로 방출되고, 나머지 일부 에너지는 상위 영양단계인 메뚜기, 개구리, 뱀을 거쳐 매에게 전달된다.
바로알기 ㄱ. 벼는 생산자, 메뚜기는 1차 소비자, 개구리는 2차 소비자, 뱀은 3차 소비자, 매는 4차 소비자이다. 3차 소비자를 먹고 사는 것은 매이다.
ㄷ. 생태계의 하위 영양단계에서 상위 영양단계로 갈수록 개체수는 줄어든다.

04 ㄱ. 생태계에서 물질은 생물과 비생물 환경 사이를 순환하고, 에너지는 한 방향으로 흐르다가 생태계 밖으로 빠져나간다. 따라서 ㉠은 물질이고, ㉡은 에너지이다.
ㄴ. 각 영양단계의 생물이 가진 에너지는 세포호흡을 통해 생명활동에 쓰이거나 열에너지 형태로 생태계 밖으로 빠져나간다.
바로알기 ㄷ. 생태계에서 에너지는 먹이사슬을 따라 하위 영양단계에서 상위 영양단계로 이동하며, 각 영양단계의 에너지양은 상위 영양단계로 갈수록 감소한다. 따라서 각 영양단계의 에너지양은 A > B > C이다.

05 ㄴ. D는 생산자로, 광합성을 통해 태양의 빛에너지를 화학 에너지로 전환하여 유기물에 저장한다.
바로알기 ㄱ. 생태피라미드는 생산자부터 1차, 2차, 3차 소비자 순으로 차례로 쌓아올린 것으로, A는 3차 소비자, B는 2차 소비자, C는 1차 소비자, D는 생산자이다.
ㄷ. 생체량은 일정한 공간에 서식하는 생물 전체의 무게로, 하위 영양단계에서 상위 영양단계로 갈수록 줄어든다.

06 **모범 답안** 하위 영양단계의 생물이 가진 에너지의 일부는 생명활동을 하는 데 쓰이거나 열에너지로 방출되고, 나머지 일부 에너지만 상위 영양단계로 전달되기 때문이다.

채점 기준	배점
하위 영양단계의 에너지 사용을 포함하여 옳게 서술한 경우	100 %
일부 에너지만 상위 영양단계로 전달되기 때문이라고만 서술한 경우	30 %

07 ㄱ. 분해자는 생산자나 소비자의 사체나 배설물에 포함된 유기물을 무기물로 분해하여 에너지를 얻는다.
바로알기 ㄴ. 생태계에서 각 영양단계의 에너지양은 상위 영양단계로 갈수록 줄어들므로 C는 생산자, D는 1차 소비자, A는 2차 소비자, B는 3차 소비자이다. 따라서 B가 최종 소비자이다.
ㄷ. 생태계에서 에너지는 생산자에서 1차 소비자, 2차 소비자를 거쳐 3차 소비자로 이동하므로 C → D → A → B로 이동한다.

08 ㄴ. 그림에서 A가 증감함에 따라 B도 증감하므로, A는 피식자인 눈신토끼, B는 포식자인 스라소니의 개체수 변동을 나타낸 것이다.
ㄷ. 포식과 피식 관계에 있는 두 개체군은 서로의 개체수에 영향을 미친다. 피식자의 개체수가 증가하면 포식자의 개체수도 증가하고, 포식자의 개체수가 증가하면 피식자의 개체수는 감소한다. 그에 따라 먹이가 부족해져 포식자의 개체수는 다시 감소하여 두 개체군의 개체수는 주기적으로 변동한다.
바로알기 ㄱ. A는 눈신토끼의 개체수 변동을 나타낸 것이다.

09 (모범 답안) (나), 먹이그물이 복잡하면 환경 변화로 한 생물종이 사라져도 그 역할을 대신할 수 있는 다른 생물종들이 있어 생태계평형이 잘 유지될 수 있다.

채점 기준	배점
(나)를 고르고, 생태계평형이 잘 유지되는 까닭을 먹이그물과 관련지어 옳게 서술한 경우	100 %
(나)를 고르고, 먹이그물이 복잡하기 때문이라고만 서술한 경우	60 %
(나)만 고른 경우	30 %

10 ① 생태계평형이란 생태계에서 생물군집의 개체수, 물질의 양, 에너지의 흐름이 균형을 이루면서 안정된 상태를 유지하는 것을 말한다.
②, ③ 생태계평형은 주로 생물들 사이의 먹고 먹히는 관계로 유지되므로 먹이 관계가 복잡할수록 생태계평형이 잘 유지된다.
⑤ 안정된 생태계는 환경이 변해 일시적으로 생태계평형이 깨지더라도 시간이 지나면 평형을 회복한다.
(바로알기) ④ 생태계를 구성하는 생물종이 다양할수록 복잡한 먹이그물이 형성되므로 생태계평형이 잘 유지된다.

11 ㄱ, ㄴ. 생태계평형 상태에서 1차 소비자의 개체수가 일시적으로 증가하면, (가) 단계에서 생산자의 개체수는 감소하고, 2차 소비자의 개체수는 증가한다. 이로 인해 1차 소비자의 개체수가 감소하면, (나) 단계에서 생산자의 개체수는 증가하고, 2차 소비자의 개체수는 감소하여 생태계는 평형을 회복한다.
ㄷ. 생태계평형은 주로 먹이 관계로 유지되며, 먹이 관계는 각 영양단계의 개체수 변화에 영향을 미친다.

12 ① 해양쓰레기 증가는 바다생물의 생존을 위협할 수 있으며, ③ 무분별한 벌목과 ④ 경작지 개발로 인한 숲 훼손, ⑤ 화산 폭발 등은 생물의 서식지를 파괴하고, 생태계의 먹이 관계에 변화를 일으켜 생태계평형을 깨뜨릴 수 있다.
(바로알기) ② 도시화로 인해 자동차, 공장, 주택 등에서 사용하는 열기관으로부터 방출되는 열이 도심의 기온을 높여 열섬 현상이 나타난다. 옥상 정원을 가꾸고 중심부에 숲을 조성하면 이러한 열섬 현상을 완화할 수 있다.

13 ㄱ. 홍수로 인해 숲이 훼손되면 생물의 서식지가 사라지고 생물 개체수가 감소하여 생태계평형이 깨질 수 있다.
ㄴ. 도시화로 인한 무분별한 개발로 숲이 훼손되어 생물의 서식지가 파괴되거나 단편화된다.
ㄷ. 도로 건설과 같이 환경을 파괴할 수 있는 사업을 시작하기 전에는 환경영향평가를 실시하여 생태계에 미칠 수 있는 영향을 분석하고 검토하는 것이 필요하다.

14 도로나 댐 건설 등으로 서식지가 분리되면 생물의 이동이 어려워질 뿐만 아니라 서식지의 면적이 작아져 생물다양성이 감소한다. 이때 분리된 서식지를 연결하는 생태통로를 설치하면 서식지분리와 단편화로 인한 생태계평형 파괴를 완화할 수 있다.

15 ㄴ. 국제 사회는 생태계보전을 위해 법을 제정하거나 국제 협약을 맺어 협력하는 것이 필요하다.
ㄷ. 생태적으로 보전 가치가 있는 생태계를 국립 공원이나 보호 구역으로 지정하여 관리하면 생태계보전에 도움이 된다.

(바로알기) ㄱ. 하천에 콘크리트 제방을 쌓고 물길을 직선화한 인공 하천보다 나무, 돌, 풀, 흙과 같은 자연 재료를 이용하여 자연형 하천을 만들면 생물들의 서식지를 보호하여 생태계를 보전할 수 있다.

1등급 도전

진도교재 → 83쪽

01 ②   **02** ③   **03** ③   **04** ⑤

01 ㄴ. 생태계에서 생물들은 하나의 먹이사슬에만 연결되지 않고, 여러 먹이사슬에 동시에 연결된다.
(바로알기) ㄱ. 빛에너지를 화학 에너지로 전환하는 것은 생산자인 식물 플랑크톤이다. 동물 플랑크톤은 1차 소비자로, 생산자인 식물 플랑크톤을 먹고 살아간다.
ㄷ. 급격한 환경 변화로 오징어가 사라져도 참치는 멸치와 고등어를, 상어는 고등어와 참치를 먹으며 살아갈 수 있으므로 더 이상 사라지는 종은 없을 것이다.

02 ㄱ. 중금속은 생물체 내로 들어오면 잘 분해되거나 배출되지 않아 체내에 쌓인다. 따라서 (가)에서 옥수수가 중금속에 오염되었을 때 먹이사슬을 통해 체내에 축적되는 중금속의 양은 상위 영양단계에 있는 매가 하위 영양단계에 있는 쥐보다 많다.
ㄷ. 외래생물은 천적이 없을 경우 그 수가 급격히 늘어날 수 있다. 따라서 쥐를 먹이로 하는 같은 종류의 외래생물이 (가)와 (나)에 유입되면 먹이그물이 단순한 (가)가 먹이그물이 복잡한 (나)보다 생태계평형이 쉽게 깨질 것이다.
(바로알기) ㄴ. (나)에서 뱀이 사라지면 뱀의 먹이인 토끼의 개체수는 일시적으로 증가할 것이다.

03 ㄱ. 1차 소비자의 개체수가 증가하면 2차 소비자의 개체수는 증가하고 생산자의 개체수는 감소한다. A의 개체수가 증가하면 벼의 개체수가 증가하므로 A는 1차 소비자가 될 수 없고, B와 C 중 하나가 1차 소비자이다. C가 1차 소비자일 경우 A와 B 중 2차, 3차 소비자로 가능한 경우가 없으므로 B가 1차 소비자이다. A의 개체수가 증가하면 B의 개체수는 감소하고, C의 개체수는 증가하므로 A는 2차 소비자, C는 3차 소비자이다.
ㄷ. 3차 소비자(C)의 개체수가 증가하면 2차 소비자(A)의 개체수가 감소하고, 이에 따라 1차 소비자(B)의 개체수는 증가하며, 이후 벼의 개체수가 감소한다. 따라서 ㉠과 ㉡은 모두 '감소'이다.
(바로알기) ㄴ. 1차 소비자(B)가 가진 에너지의 일부가 2차 소비자(A)로 전달된다.

04 ㄱ. 1905년 늑대의 사냥을 허가한 이후 사슴을 먹이로 하는 늑대의 개체수가 감소하여 사슴이 덜 잡아먹혔기 때문에 사슴의 개체수가 급격히 증가하였다.
ㄴ. 사슴의 개체수가 급격히 증가하면서 풀의 양이 감소하여 사슴의 먹이가 부족해졌기 때문에 1920년경부터 사슴의 개체수가 감소하였다.
ㄷ. 사슴을 보호하기 위해 늑대 사냥을 허용한 것과 같은 인간의 간섭은 생태계평형을 파괴할 수 있다.

○3 지구 환경 변화와 인간 생활

개념 쏙쏙

진도교재 → 85쪽, 87쪽

1 (1) 복사 평형 (2) 30 (3) 온실 효과　**2** (1) × (2) ○ (3) ×
3 ④　**4** ㉠ 높은, ㉡ 약해질, ㉢ 약해진다　**5** (1) ○ (2) ×
(3) ○　**6** ④

1 (1) 지구는 흡수하는 에너지의 양과 방출하는 에너지의 양이
같아 복사 평형을 이루기 때문에 연평균 기온이 일정하게 유지
된다.
(2) 지구는 태양 복사 에너지 중 70 %를 흡수하고, 나머지 30 %
를 우주 공간으로 반사한다.
(3) 온실 효과는 대기 중 온실 기체가 지표에서 방출되는 복사
에너지의 일부를 흡수하였다가 지표로 재복사하여 대기가 없을
때보다 지구의 평균 기온을 높게 유지시키는 효과이다.

2 (1) 지구 온난화는 온실 효과의 강화로 인해 지구의 평균 기
온이 상승하는 현상으로, 온실 효과는 대기 중 온실 기체의 농도
가 증가할수록 강화된다.
(2), (3) 대기 중 온실 기체의 농도 증가로 온실 효과가 강화되면
지구 열수지 변동이 일어나고, 그 결과 시간이 지나면 더 높은
온도에서 복사 평형이 일어나 지구 온난화가 심해진다.

3 지구 온난화가 나타나면 빙하의 융해와 해수의 열팽창으로
해수면이 상승하여 육지 면적 감소, 농경지 면적 감소로 곡물 생
산량이 감소한다. 또한, 지구 온난화로 이상 기후가 나타나고,
생태계 변화로 인해 생물다양성이 감소한다.

4 엘니뇨는 평상시보다 무역풍이 약해져 적도 부근 동태평양의
따뜻한 해수의 이동이 약해지면서 동태평양 해역의 표층 수온이
평년보다 높은 상태가 지속되는 현상이다. 엘니뇨 시기일 때는
동태평양 해역에서 평상시보다 용승이 약하게 일어난다.

5 (1) 사막 주변 지역의 토지가 황폐해져 사막이 점차 넓어지는
현상을 사막화라고 한다.
(2) 사막은 고압대가 형성되어 강수량에 비해 증발량이 많은 위
도 30° 부근에 주로 분포한다.
(3) 사막화는 인간의 과잉 경작, 과잉 방목, 무분별한 산림 벌채
등에 의해 발생한다.

6 지구 온난화에 의한 기후 변화에 대처하기 위해서는 탄소 저
감 기술, 화석 연료를 대체할 수 있는 지속 가능한 에너지(예 태
양 전지, 태양열, 지열, 바람) 사용 기술, 에너지 효율을 높이는
기술 등의 개발이 필요하다. 화석 연료의 사용량을 늘리면 대기
중 온실 기체의 농도가 증가하여 지구 온난화가 더욱 심해질 것
이다.

탐구A

진도교재 → 89쪽

확인 문제　**1** (1) ○ (2) × (3) × (4) ×　**2** ④　**3** ③

---

1 (1) 발포 비타민의 탄산수소 나트륨($NaHCO_3$) 성분이 물에
녹으면 이산화 탄소가 발생한다. 이산화 탄소는 온실 기체에 해
당한다.
(2) 페트병 B는 A보다 온실 기체인 이산화 탄소의 농도가 더 높다.
(3) 온도가 높은 페트병 B가 A보다 더 높은 온도에서 복사 평형
을 이루었기 때문에 방출하는 에너지의 양과 흡수하는 에너지의
양은 페트병 B가 A보다 많다.
(4) 대기 중 이산화 탄소의 농도가 높아지면 온실 효과가 강화되
어 지구는 더 높은 온도에서 복사 평형을 이룬다.

2 대기 중 온실 기체의 농도는 이산화 탄소가 메테인보다 훨씬
높다. 따라서 기온의 상승 정도가 가장 큰 A는 이산화 탄소이
고, B는 메테인이다. 에어로졸은 태양 복사 에너지를 차단하여
지구의 평균 기온을 낮추는 역할을 하므로, C는 에어로졸이다.

3 ㄱ. 태양 복사 에너지 100 단위 중 우주 공간으로 지구 복사
에너지로 방출하는 에너지가 70 단위이므로 우주 공간으로 반
사되는 에너지 A는 100−70=30 단위이다.
ㄷ. 온실 기체의 농도는 1750년보다 2020년에 높으므로 지표
면 온도는 1750년보다 2020년에 더 높다. 따라서 대기에서 지
표로 재복사하는 에너지 B와 지표에서 방출하는 에너지 C는 모
두 1750년보다 2020년에 더 많다.

바로알기 ㄴ. 대기 중 온실 기체의 농도가 증가하면 온실 효과가
강화되어 대기가 흡수하는 지구 복사 에너지가 많아져 대기에서
지표로 재복사하는 에너지의 양이 증가하고, 지표에서 방출하는
복사 에너지의 양이 증가한다. 따라서 온실 기체의 농도가 증가
하면 지표면 온도는 상승하는 경향이 있으므로 ㉠은 280보다
작다.

시기	온실 기체의 농도(ppm)	지표면 온도(℃)
1750년	280	( )
2020년	410	15
빙하기	(㉠)	8

└ 280보다 작다.
└ 온실 기체의 농도 증가 → 온실 효과 강화
→ 지구의 지표면 온도 상승

내신 탄탄

진도교재 → 90쪽~92쪽

01 ③　**02** ③　**03** ⑤　**04** ④　**05** ③　**06** 해설 참조
07 ④　**08** ②　**09** ①　**10** ①　**11** ①　**12** ⑤
13 해설 참조

01 ㄴ. 위도 0°~위도 약 40° 지역은 태양 복사 에너지의 입사
량이 지구 복사 에너지의 방출량보다 많으므로 에너지 과잉 상태
이고, 위도 약 40°~극 지역은 태양 복사 에너지의 입사량이 지
구 복사 에너지의 방출량보다 적으므로 에너지 부족 상태이다.
ㄷ. 대기와 해수에 의한 에너지 수송은 저위도에서 고위도 방향
으로 일어나므로 대기와 해수에 의한 에너지의 이동 방향은 남
반구에서 남쪽이고, 북반구에서 북쪽이다.

바로알기 ㄱ. 저위도에서는 흡수하는 태양 복사 에너지의 양이
방출하는 지구 복사 에너지의 양보다 많으므로 A는 태양 복사
에너지의 입사량이다.

ㄹ. 대기와 해수에 의한 에너지 수송은 위도 간 온도 차이가 큰 중위도 지역에서 가장 활발하다.

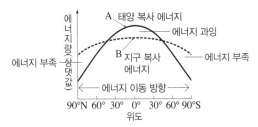

02 ③ 대기가 존재할 경우에는 대기에서 지표로 재복사하는 에너지로 인해 더 높은 온도에서 복사 평형을 이룬다.

(바로알기) ① 지구는 대기의 존재 여부와 관계 없이 입사된 에너지의 양과 방출하는 에너지의 양이 같으면 복사 평형을 이룬다.
② 대기는 파장의 길이가 짧은 가시광선보다 파장의 길이가 긴 적외선을 잘 흡수한다.
④ 지표의 온도는 (가)보다 대기의 온실 효과가 나타나는 (나)에서 높다.
⑤ 대기 중 온실 기체의 농도가 증가하면 대기에서 지표로 재복사하는 에너지의 양이 증가하지만, 지구로 입사하는 태양 복사 에너지의 양은 변하지 않는다.

03 ① 입사된 태양 복사 에너지 100 단위 중 대기의 반사 및 산란으로 23 단위, 지표면 반사로 7 단위가 우주 공간으로 반사되므로 지구의 반사율은 30 %이다.
② 태양 복사 에너지 중 대기에서 23 단위가 흡수되고, 지표면에서 47 단위가 흡수된다.
③ 지구에서 우주로 방출되는 에너지는 거의 대부분 적외선 영역의 복사이다.
④ 대기가 지표로부터 흡수하는 에너지의 양은 133 단위이고, 대기에서 지표로 재복사하는 에너지의 양은 98 단위이다.
(바로알기) ⑤ 대기 중 온실 기체의 농도가 증가하면 대기가 지표에서 방출하는 에너지를 더 많이 흡수하게 되고, 대기에서 지표로 재복사하는 에너지의 양이 증가한다.

04 ㄱ. 이산화 탄소의 농도는 과거에서 현재로 올수록 점점 가파르게 증가하고 있다.
ㄴ. 자료에서 이산화 탄소의 농도는 계속 증가하고, 지구의 평균 기온도 계속 상승하고 있다. 따라서 이산화 탄소 농도 변화와 지구의 평균 기온 변화는 비례하는 경향이 있음을 알 수 있다.
ㄹ. 대기 중 온실 기체의 농도가 증가하면 지표에서 방출된 에너지를 대기가 더 많이 흡수하고, 대기에서 지표로 재복사하는 에너지의 양이 증가하기 때문에 지구 열수지는 변한다.
(바로알기) ㄷ. 1880년부터 최근까지 지구의 평균 기온이 상승하였으므로 지구 온난화가 나타나는 것을 알 수 있다. 지구 온난화는 대기 중 온실 기체의 농도 증가로 인한 온실 효과의 강화로 일어난다.

05 ㄱ, ㄴ. 지구 온난화의 영향으로 해수의 열팽창과 빙하의 융해가 일어나 해수면이 상승하였다.
(바로알기) ㄷ. 지구 온난화의 영향으로 강수량과 증발량의 지역적 편차가 커져 홍수나 가뭄 등 기상 이변이 증가하였다.

06 지구의 평균 해수면 변화는 지구의 평균 기온 상승과 관계가 있다.
(모범 답안) 해수의 온도 상승에 의한 열팽창과 빙하가 녹아(빙하의 융해) 바다로 유입되었기 때문이다.

채점 기준	배점
지구의 평균 해수면 변화가 나타난 주요 요인 두 가지를 모두 옳게 서술한 경우	100 %
지구의 평균 해수면 변화가 나타난 주요 요인 한 가지만 옳게 서술한 경우	50 %

07 ④ 페루 연안은 적도 부근 동태평양 해역에 위치하여 엘니뇨 시기일 때 평상시보다 용승이 약해진다.
(바로알기) ① 엘니뇨는 기권과 수권의 상호작용으로 일어난다.
②, ③ 엘니뇨 시기에는 무역풍이 평상시보다 약해져 적도 부근 동태평양 해역에서 용승이 약해짐에 따라 표층 수온이 평년보다 높다.
⑤ 인도네시아 연안은 적도 부근 서태평양 해역에 위치하기 때문에 엘니뇨 시기에 하강 기류가 형성되어 가뭄이나 산불 피해가 자주 나타난다.

08 (가)는 (나)보다 적도 부근 동태평양의 표층 수온이 낮으므로 (가)는 평상시, (나)는 엘니뇨 발생 시이다.
ㄷ. 적도 부근 동태평양 해역에서는 (가)보다 (나)일 때 표층 수온이 더 높으므로 주변 공기를 따뜻하게 데우기 때문에 (가)보다 (나)일 때 기압이 더 낮다.
(바로알기) ㄱ. 엘니뇨는 무역풍이 평상시보다 약해질 때 발생하므로 무역풍의 평균 풍속은 (가)보다 (나)일 때 작다.
ㄴ. (나)는 따뜻한 표층 해수가 동쪽으로 이동하여 용승이 약하게 일어나 적도 부근 동태평양의 표층 수온이 평상시보다 높아지므로 동서 방향의 표층 수온 차이는 (가)보다 (나)일 때 작다.

09 ㄱ. 적도 부근 동태평양 해역에서 해수면의 높이 편차가 (+) 값이므로 평상시보다 해수면이 높게 나타나는 엘니뇨 시기에 해당하는 것을 알 수 있다.
(바로알기) ㄴ. 엘니뇨 시기에는 A 해역에서 평상시보다 용승이 약해지기 때문에 어획량이 감소한다.
ㄷ. A 해역은 평상시보다 표층 수온이 상승하여 주변 공기를 데우기 때문에 저기압이 형성되어 상승 기류가 활발해진다.

10 ㄱ. 엘니뇨 시기일 때 적도 부근 서태평양 해역에 위치한 인도네시아에서는 기후가 평년보다 건조해지기 때문에 산불과 가뭄 피해가 나타날 수 있다.
(바로알기) ㄴ. 우리나라에서는 겨울철에 이상 고온 현상이 나타나므로 한파 피해가 평년보다 감소할 것이다.
ㄷ. 엘니뇨에 의한 이상 기후는 지구 전체에서 발생할 수 있으므로 대서양 연안이나 인도양 연안에서도 나타난다.

11 ㄱ. 사막은 하강 기류가 우세하게 나타나는 위도 30° 부근에 주로 분포한다.
ㄴ. 사막화 지역은 사막 주변에 분포하기 때문에 사막화가 일어나면 사막의 면적이 증가할 것이다.
(바로알기) ㄷ. 사막화 지역은 강수량이 증발량보다 적어 (강수량－증발량)이 (－) 값을 갖는다.

ㄹ. 우리나라는 편서풍의 영향을 받으므로 고비 사막 주변에서 일어나는 중국 내륙의 사막화는 우리나라의 황사 발생을 증가시킨다.

12 ㄷ. 영구 동토층은 땅속이 1년 내내 언 상태로 있는 지대이다. 따라서 이 기후 변화 시나리오에 따라 지구의 평균 지표면 기온이 2100년까지 계속 상승한다면 극지방의 영구 동토층은 녹아 많이 사라지게 될 것이다.

ㄹ. 기후 변화에 대응하기 위해서는 온실 기체를 배출하는 화석 연료 대신 이를 대체할 수 있는 신재생 에너지를 개발하고, 에너지 효율을 높이는 기술을 연구해야 한다.

(바로알기) ㄱ, ㄴ. 이 기후 변화 시나리오에 따르면 지구의 평균 지표면 기온은 2100년까지 계속 상승하며, 기온 상승 속도는 2000년~2025년보다 2075년~2100년에 더 빠르다. 따라서 이 기후 변화 시나리오는 대기 중 온실 기체의 농도가 증가하여 지구 온난화가 점점 심화된 경우에 해당한다.

13 북극 지방의 빙하 면적은 1984년에 비해 2019년에 감소하였다. 현재 추세대로 대기 중 온실 기체의 배출량이 증가한다면 미래에는 북극 지방의 빙하가 현재보다 더 많이 녹아 빙하 면적이 현재보다 감소할 것이다.

(모범 답안) 극지방의 반사율이 감소하여 지표에서 흡수하는 태양 복사 에너지의 양이 증가할 것이다. 해류 분포에 영향을 미쳐 해수의 순환에 직접적인 영향을 줄 것이다. 빙하가 녹아 지구의 평균 해수면이 상승할 것이다 등

채점 기준	배점
미래의 지구 환경 변화를 두 가지 모두 옳게 서술한 경우	100 %
미래의 지구 환경 변화를 한 가지만 옳게 서술한 경우	50 %

1등급 도전

진도교재 → 93쪽

01 ④   02 ②   03 ④   04 ⑤

01 ㄴ. 지표에서 방출하는 에너지(E)는 거의 대부분 대기에 흡수(C)되며, 우주로 직접 나가는 양(D)은 매우 적다.

ㄹ. 태양 복사 에너지 중 지구에서 반사되는 양이 30 단위이므로 지표와 대기에 흡수되는 에너지 A+B=70 단위이고, 지표와 대기에서 우주로 나가는 지구 복사 에너지 D+F=70 단위이다.

(바로알기) ㄱ. 태양 복사 에너지 중에서 적외선은 대기에 흡수되고, 가시광선은 지표에 흡수된다. 태양 복사 에너지는 가시광선이 차지하는 비율이 크므로 A보다 B가 크다.

ㄷ. 대기에서 지표로 재복사되는 에너지로 인해 지표에서 방출되는 에너지 E는 대기가 없을 때보다 크므로 100 단위보다 크다. 지구는 복사 평형 상태이므로 태양 복사 에너지의 흡수량과 지구 복사 에너지의 방출량이 같다. 태양 복사 에너지 중 우주로 방출되는 에너지는 4 단위+26 단위=30 단위이고, 지구 복사 에너지 중 우주로 방출되는 에너지 D+F는 70 단위이므로 대기에서 우주로 방출되는 F는 70 단위보다 작다.

02 ㄱ. (가)보다 (나) 시기에 무역풍이 약하고, 적도 부근 동태평양 해역의 표층 수온이 높으므로 (가)는 평상시이고, (나)는 엘니뇨 발생 시기이다.

ㄹ. (나) 시기에는 적도 부근 동태평양 해역에서 평소보다 심층의 찬 해수가 표면으로 올라오는 용승이 약해진다. 심층의 찬 해수에는 영양분이 풍부하므로 적도 부근 동태평양 해역의 어획량은 (가)보다 (나) 시기에 적었을 것이다.

(바로알기) ㄴ. 동에서 서로의 표층 해수 이동은 무역풍이 약한 (나) 시기보다 평상시인 (가) 시기에 활발하다.

ㄷ. 적도 부근 서태평양 해역에서 (가) 시기에는 저기압이 형성되어 상승 기류가 발달하기 때문에 비가 내리고, (나) 시기에는 고기압이 형성되어 하강 기류가 발달하기 때문에 날씨가 맑고 건조하다. 따라서 적도 부근 서태평양 해역에서는 (나)보다 (가) 시기에 강수량이 많았을 것이다.

03 ㄴ. 빙하는 반사율이 크므로 대륙 빙하의 면적이 감소하면 지구의 반사율이 감소한다.

ㄷ. 지구 온난화로 해수의 온도가 상승하면 해수의 열팽창이 일어나고, 빙하가 녹아 해수의 양이 증가하므로 해수면 높이가 상승한다.

(바로알기) ㄱ. 온실 효과의 강화에 따른 지구 온난화는 지구 복사 에너지의 열수지 변화에 의해 일어난다. 지각 변동을 일으키는 에너지원은 지구 내부 에너지이므로 지구 온난화로 인해 지각 변동이 일어나는 것은 아니다.

04 ㄱ. A는 적도에서 최댓값이 나타나는 강수량이고, B는 아열대에서 최댓값이 나타나는 증발량이다. 사막은 증발량이 강수량보다 많은 위도대에 분포한다.

ㄴ. 염분은 증발량이 많을수록, 강수량이 적을수록 높게 나타나므로 해수의 표층 염분은 위도 20°~30° 부근에서 가장 높게 나타난다. 적도는 강수량이 증발량보다 많기 때문에 해수의 표층 염분이 중위도에 비해 상대적으로 낮게 나타난다.

ㄷ. 고비 사막은 중위도에 위치하므로 편서풍의 영향을 받는다. 따라서 고비 사막에서 발생한 황사는 편서풍의 영향으로 서쪽에서 동쪽으로 이동하여 우리나라에 영향을 미친다.

중단원 정복

진도교재 → 94쪽~97쪽

01 ①   02 ④   03 ⑤   04 ③   05 ①   06 ②
07 ④   08 ③   09 ①   10 ②   11 ②   12 ⑤
13 ②   14 ④   15 ④   16 해설 참조   17 해설 참조   18 해설 참조

01 • 학생 A: 공기는 환경요인으로, 비생물요소에 해당한다.

(바로알기) • 학생 B: 세균은 분해자로, 생물요소에 해당한다.

• 학생 C: 버섯은 다른 생물의 배설물이나 죽은 생물을 분해하여 양분을 얻는 생물인 분해자이다.

02 ㄴ. 토끼와 사자가 속하는 C는 다른 생물을 먹고 사는 소비자이다.

ㄷ. 낙엽수가 기온이 낮아지면 단풍이 들고 잎을 떨어뜨리는 것은 비생물요소인 온도가 생물에 영향을 주는 것이므로 ㉠에 해당한다.

바로알기 ㄱ. 개체군은 일정한 지역에 같은 종의 개체들이 무리를 이룬 것이므로 A는 보리 개체군과 소나무 개체군으로, B는 대장균 개체군과 푸른곰팡이 개체군으로, C는 토끼 개체군과 사자 개체군으로 이루어져 있다.

03 ㄱ, ㄴ. 강한 빛을 받는 잎은 울타리조직이 발달하여 약한 빛을 받는 잎보다 두께가 두껍다. 따라서 (가)는 강한 빛을 받는 잎이고, (나)는 약한 빛을 받는 잎이다.
ㄷ. 잎에 따라 두께가 다른 것은 식물이 빛의 세기에 적응한 결과이다. 한 식물에서도 잎의 위치에 따라 받는 빛의 세기가 다르므로 잎의 두께가 다를 수 있다.

04 ㄱ. 선인장과 같이 건조한 곳에 사는 식물은 뿌리가 길게 발달하고, 물을 저장하는 조직이 발달하였다.
ㄴ. 사막에 사는 도마뱀은 몸 표면이 비늘로 덮여 있어 수분이 손실되는 것을 막는다.

바로알기 ㄷ. ㄱ, ㄴ은 생물이 물에 적응한 것으로, 사막에 사는 낙타는 농도가 진한 오줌을 소량 배설하여 오줌으로 나가는 수분량을 줄인다.

05 A는 물, B는 공기, C는 온도이다.
ㄱ. 곤충은 몸 표면이 키틴질로 되어 있고, 새의 알은 단단한 껍질에 싸여 있어 수분의 손실을 막는다.

바로알기 ㄴ. 숲속이 바깥보다 산소의 농도가 높은 것은 식물의 광합성 때문으로, 이는 생물요소인 식물이 비생물요소인 공기에 영향을 준 것이다.
ㄷ. 툰드라에 사는 털송이풀의 잎이나 꽃에 털이 나 있는 것은 체온이 낮아지는 것을 막기 위한 것으로, 온도에 적응한 것이다. 꾀꼬리나 종달새가 봄에 번식하는 것은 빛(일조 시간)의 영향을 받은 것이다.

06 ㄷ. 생태계에서 생물들은 한 먹이사슬에만 속하지 않고, 여러 먹이사슬에 동시에 연결되며, 펭귄은 먹이사슬에 따라 2차, 3차, 4차 소비자에 해당한다.

바로알기 ㄱ. 다른 생물을 먹지 않는 A는 식물 플랑크톤으로, 생산자에 해당한다. A를 먹는 B는 동물 플랑크톤으로, 1차 소비자에 해당한다.
ㄴ. 이 생태계에서 최상위 영양단계에 해당하는 생물은 최종 소비자인 고래이다.

07 ㄴ. 태양의 빛에너지는 생산자의 광합성을 통해 유기물의 화학 에너지로 전환되어 먹이사슬을 따라 상위 영양단계로 이동한다.
ㄷ. 생태계에서 각 영양단계의 에너지 중 일부는 생명활동을 하는 데 쓰이거나 열에너지로 방출되고, 나머지 일부 에너지가 다음 영양단계로 전달된다. 따라서 두 생태계 모두 상위 영양단계로 갈수록 에너지양이 감소한다.

바로알기 ㄱ. A와 D는 생산자, B와 E는 1차 소비자, C와 F는 2차 소비자이다.

08 다른 생물의 배설물이나 사체를 분해하여 양분을 얻는 A는 분해자이고, B, C, D는 각각 생산자, 1차 소비자, 2차 소비자 중 하나이다. 에너지양은 D가 C보다 많고, B의 개체수가 일시적으로 증가하면 D의 개체수는 감소하고, C의 개체수는 증가하므로 B는 1차 소비자, D는 생산자, C는 2차 소비자이다.
ㄱ. 군집은 일정한 지역 내에서 살아가는 모든 생물로 구성되므로, A~D가 모두 포함된다.
ㄷ. 생태계에서 어떤 요인으로 한 생물종의 개체수가 증가하거나 감소하면 그 생물종과 먹이 관계에 있는 다른 생물종의 개체수도 영향을 받는다.

바로알기 ㄴ. 생태계에서 에너지양은 상위 영양단계로 갈수록 감소하므로 각 영양단계의 에너지양은 D>B>C이다.

09 ㄱ. 구간 Ⅰ에서 B의 생체량은 증가하고, C의 생체량은 거의 변화가 없으므로 $\dfrac{\text{B의 생체량}}{\text{C의 생체량}}$ 은 증가하였다.

바로알기 ㄴ. A는 생산자, B는 1차 소비자, C는 2차 소비자이다.
ㄷ. C는 B의 포식자이므로, C의 개체수가 감소하면 피식자인 B의 개체수는 증가한다. 따라서 구간 Ⅱ에서는 B의 개체수가 감소하여 C의 개체수가 감소하였음을 알 수 있다.

10 ㄷ. 생물다양성이 높을수록 복잡한 먹이그물이 형성되므로 생태계평형이 잘 유지되며, 일시적으로 생태계평형이 깨져도 빠르게 회복된다.

바로알기 ㄱ. (마)에서 생태계평형이 회복되었다는 것은 새로운 평형 상태에 도달하였다는 의미이지, 원래의 개체수를 회복했다는 것은 아니다.
ㄴ. 포식자의 개체수가 증가하면 먹이가 되는 피식자의 개체수는 감소한다.

11 • 학생 B: 수증기는 인간 활동에 의해 증가하거나 감소하지 않지만, 이산화 탄소는 화석 연료의 사용량이 증가하면 대기 중 농도가 증가한다.

바로알기 • 학생 A: 대표적인 온실 기체에는 수증기, 이산화 탄소, 메테인, 산화 이질소, 오존 등이 있다.
• 학생 C: 이산화 탄소는 적외선을 잘 흡수한다. 태양의 자외선을 주로 흡수하는 기체는 오존이다.

12 ㄱ. 발포 비타민이 물에 녹을 때 기포가 발생하는데, 이는 이산화 탄소가 방출되기 때문이다.
ㄴ. 이산화 탄소에 의한 온실 효과로 페트병 B의 온도 변화가 A의 온도 변화보다 클 것이다.
ㄷ. 이 실험을 통해 대기 중 온실 기체의 증가로 인해 지구 열수지 변동이 일어나 지구 온난화 현상이 나타나는 것을 확인할 수 있다.

13 ㄱ. 지구 온난화로 극지방의 평균 기온이 상승하면 빙하가 녹아 극지방의 빙하 면적은 감소한다.
ㄹ. 지구 온난화는 대기 대순환과 해수 순환에 영향을 미친다. 대기와 해수의 순환은 기후에 직접적인 영향을 미치므로 지구 온난화로 기후가 달라진다.

바로알기 ㄴ. 지구 온난화로 해수의 온도가 상승하면 증발량이 많아져 태풍이 발생하기 쉽고, 태풍의 에너지원이 충분히 공급되기 때문에 태풍의 발생 빈도와 세기가 증가할 것이다.

ㄷ. 화산 활동과 지진은 지구 내부 에너지에 의해 발생하므로 지구 온난화와 직접적인 관련이 없다.

14 ④ 엘니뇨가 발생하면 적도 부근 동태평양 해역에서는 상승 기류의 발달로 강수량이 증가하여 홍수 피해가 나타나고, 적도 부근 서태평양 해역에서는 하강 기류의 발달로 강수량이 감소하여 가뭄, 산불 피해가 나타난다.

(바로알기) ① (가)는 적도 부근 태평양 중앙 해역과 동태평양 해역에서 상승 기류가 우세한 엘니뇨 시기의 대기 순환 모습이다.

② 무역풍은 엘니뇨 시기인 (가)가 평상시인 (나)일 때보다 약하다.

③ 무역풍에 의해 적도 부근 해역의 표층 해수가 동쪽에서 서쪽으로 이동한다. 따라서 무역풍이 약하게 부는 (가) 엘니뇨 시기일 때가 (나) 평상시보다 표층 해수의 이동이 적어 적도 부근 동태평양 해역의 해수면 높이는 (가)보다 (나)일 때 낮다.

⑤ 평상시인 (나)일 때는 엘니뇨일 때보다 무역풍이 세게 불어 동쪽에서 서쪽으로 표층 해수의 이동이 많아 적도 부근 동태평양 해역에서는 (가)보다 (나)일 때 용승이 활발하다.

15 ① 사막화는 강수량이 부족한 심한 건조 기후가 지속되어 나타난다.

② 대기 대순환이 변하면 건조한 지역이 달라지면서 사막화 현상이 나타날 수 있다.

③ 인간 활동에 의한 과잉 방목, 과잉 경작, 무분별한 삼림 벌채 등은 사막화의 인위적 발생 원인에 해당한다.

⑤ 사막화 지역이 확대되면 건조 지역이 넓어지면서 황사의 발생 횟수와 강도가 증가할 것이다.

(바로알기) ④ 사막화 지역은 사막이 주로 분포하는 위도 30° 부근에서 나타난다.

16 (모범 답안) (가), (가)는 (나)보다 몸집이 크고 몸의 말단부가 작다. 따라서 단위 부피당 체표면적이 작아 열 방출량이 적기 때문에 추운 지역에서 체온을 유지하기에 유리하다.

채점 기준	배점
(가)를 고르고, 제시된 단어를 모두 포함하여 옳게 서술한 경우	100 %
(가)를 고르고, 제시된 단어 중 일부만 포함하여 서술한 경우	60 %
(가)만 고른 경우	30 %

17 (모범 답안) 자연재해와 인간의 활동은 생물의 서식지를 훼손하고 먹이 관계를 파괴하여 생태계평형을 깨뜨릴 수 있다.

채점 기준	배점
생물의 서식지와 먹이 관계를 포함하여 옳게 서술한 경우	100 %
생태계평형을 깨뜨릴 수 있다고만 서술한 경우	40 %

18 엘니뇨 시기에는 적도 부근 동태평양의 관측 수온이 평년 수온보다 높으므로 (관측 수온−평년 수온)이 (+) 값인 A가 엘니뇨 시기에 해당한다. 엘니뇨가 발생한 A 시기에는 동태평양 해역에서 상승 기류가 우세해져 평상시보다 강수량이 증가하기 때문에 강수량 편차(측정값−평년값)는 (+) 값을 갖는다.

(모범 답안) A, 엘니뇨가 발생한 A 시기에는 강수량 편차(측정값−평년값)가 (+) 값을 갖는다.

채점 기준	배점
엘니뇨 시기에 해당하는 것을 옳게 쓰고, 엘니뇨 시기일 때 강수량 편차에 대해 옳게 서술한 경우	100 %
엘니뇨 시기에 해당하는 기호만 옳게 쓴 경우	40 %
엘니뇨 시기일 때 강수량 편차에 대해서만 옳게 서술한 경우	60 %

🔵 수능 맛보기

진도교재 → 98쪽~99쪽

01 ① **02** ② **03** ⑤ **04** ④

01 ㄱ. 군집은 일정한 지역 내에서 살아가는 모든 생물로 구성되므로, 식물 종 X는 생물군집에 속한다.

(바로알기) ㄴ. ⓐ는 생물요소인 X가 비생물요소인 토양에 영향을 주는 것이므로 ㉡에 해당한다.

ㄷ. 동일한 생물종이라도 개체마다 형질이 다른 것은 유전적 다양성이다. 종다양성은 일정한 지역에 사는 생물종의 다양한 정도를 나타낸다.

02 ㄴ. 생태계에서 에너지는 먹이사슬을 따라 하위 영양단계에서 상위 영양단계로 이동하는데, 이때 에너지는 유기물에 저장된 형태로 이동한다.

(바로알기) ㄱ. A는 생산자, B는 1차 소비자, C는 2차 소비자이다. 곰팡이는 분해자이다.

ㄷ. A에서 B로 이동한 에너지양은 '태양에서 A로 이동한 양−(열로 방출된 양+사체, 배설물로 방출된 양)'이므로 100−(50+40)=10이고, B에서 C로 이동한 에너지양은 'A에서 B로 이동한 양−(열로 방출된 양+사체, 배설물로 방출된 양)'이므로 10−(4.5+3.5)=2이다.

03 ㄱ. (가)에서 1900년~2019년 동안 기온 편차 증가량은 아시아에서 대략 2 ℃이고, 전 지구에서 대략 1 ℃이다.

ㄴ. (나)에서 CO_2 농도의 연교차는 하와이, 전 지구, 남극 순으로 크다. CO_2 농도는 주로 화석 연료의 사용량 변화와 생물의 광합성량 변화에 의해 나타나는데, 남극에서는 두 가지 모두 계절에 따른 변화가 거의 없으므로 CO_2 농도의 연교차도 거의 없다.

ㄷ. (가)에서 전 지구의 평균 기온은 A보다 B 기간에 많이 상승하였다. 지구 온난화로 해수의 열팽창과 빙하의 융해가 나타나므로 지구의 평균 해수면 상승은 A보다 B 기간에 크다.

04 ㄱ. A는 서태평양 적도 부근 해역에서 대기 중 수증기량이 평상시보다 적으므로 해수면 온도가 낮은 엘니뇨 시기에 해당한다. 이와 반대로 나타나는 B는 라니냐 시기에 해당한다. 따라서 동풍 계열의 바람(무역풍)은 A보다 B일 때 강하다.

ㄴ. (나)는 동태평양 적도 부근 해역의 해수면 높이 편차가 (−)이므로 평상시보다 해수면이 낮아 해수의 표층 수온이 낮은 라니냐 시기에 해당한다. 따라서 (나)는 라니냐 시기인 B일 때 관측한 자료이다.

(바로알기) ㄷ. (나)의 ㉠에서는 해수면 높이 편차가 (−)이므로 평상시보다 해수면 높이가 낮다. ㉠에서는 평상시보다 해수의 온도가 낮아 고기압이 형성되어 하강 기류가 우세하게 나타난다.

01 태양 에너지의 생성과 전환

개념 쏙쏙

진도교재 → 103쪽

1 ㉠ 수소 핵융합, ㉡ 질량　**2** 태양 에너지　**3** (1) 운동 (2) 화학

1 태양의 중심부는 약 1500만 K인 초고온 상태이고, 수소 핵융합 반응이 일어나면서 질량이 감소한다. 이때 감소한 질량만큼 태양 에너지가 생성된다.

2 바람은 태양의 열에너지가 대기에 흡수되어 일어나고, 광합성은 식물이 태양의 빛에너지를 흡수하여 양분을 저장하는 과정이므로 태양 에너지가 근원이다.

3 (1) 태양의 열에너지에 의해 물이 증발하여 내린 비나 눈이 위치 에너지의 형태로 강의 상류나 댐 등에 저장된다. 이때 강의 상류나 댐에 저장된 물이 흐르면 운동 에너지에 의해 수력 발전소에서 전기 에너지를 생산한다.
(2) 식물은 광합성을 통해 태양의 빛에너지를 흡수하여 화학 에너지의 형태로 양분을 저장한다.

내신 탄탄

진도교재 → 104쪽~106쪽

01 ⑤　**02** ③　**03** ②　**04** 해설 참조　**05** ②　**06** ①
07 ⑤　**08** ③　**09** ③　**10** ②　**11** ③　**12** ③　**13** ①
14 ②

01 ㄱ. 태양의 중심부에서는 수소 핵융합 반응이 일어나 에너지가 방출된다.
ㄷ. A는 태양의 중심부로 약 1500만 K인 초고온 상태이다.
바로알기 ㄴ. 핵융합 과정에서 반응 전후 질량은 감소하는데, 감소한 질량만큼 에너지를 방출한다.

02 ㄱ. 태양의 중심부에서는 수소 원자핵 4개가 핵융합 반응을 통해 헬륨 원자핵 1개를 만든다. 따라서 ㉠은 헬륨 원자핵이다.
ㄴ. 핵융합 반응은 초고온 상태에서만 일어난다.
바로알기 ㄷ. 태양에서 일어나는 수소 핵융합 반응에서는 질량이 감소하므로 $M_1 > M_2$이다.

03 ㄴ. 질량과 에너지는 서로 변환될 수 있는 물리량으로, 수소 핵융합 반응에서 감소한 질량만큼 에너지를 방출한다.
바로알기 ㄱ. 수소 핵융합 반응은 초고온 상태에서 일어나므로 태양의 중심부에서 일어나는 반응이다.
ㄷ. 핵반응 과정에서 감소한 질량만큼 에너지를 방출하므로, 질량이 많이 감소할수록 발생하는 에너지가 크다.

04 **모범 답안** 반응 후 생성된 헬륨 원자핵 1개의 질량은 반응 전 수소 원자핵 4개의 질량의 합보다 작다. 이는 핵반응 과정에서 반응 전 질량의 일부가 반응 후 에너지로 전환되었기 때문이다.

채점 기준	배점
질량이 감소하고, 감소한 질량만큼 에너지로 전환된다는 것을 옳게 서술한 경우	100 %
질량이 감소한다는 것만 옳게 서술한 경우	30 %

05 ㄴ. 태양 에너지는 태양 중심부에서 일어나는 핵융합 과정에서 감소한 질량에 의한 에너지이다. 따라서 ㉢은 질량이다.
바로알기 ㄱ. 태양의 중심부에서는 4개의 수소 원자핵이 핵융합 반응을 통해 1개의 헬륨 원자핵이 만들어지므로 ㉠>㉡이다.
ㄷ. 태양에서 생성된 에너지는 일부만 지구에 도달한다.

06 ②, ④ 태양의 열에너지가 대기에 흡수되어 바람이 일어나고, 이 바람은 대기와 해수를 움직이게 한다.
③, ⑤ 식물은 광합성을 통해 태양의 빛에너지를 흡수하여 화학 에너지의 형태로 양분을 저장한다. 식물은 생명체의 에너지원이 되므로, 즉 태양 에너지는 생명체의 에너지원이 된다.
바로알기 ① 지진은 지구 내부 방사성 원소가 핵분열 할 때 방출되는 에너지에 의해 발생하므로 지구 내부 에너지가 근원이다.

07 ㄱ. 광합성은 식물이 태양의 빛에너지를 흡수하여 화학 에너지의 형태로 저장하는 과정이다. 따라서 (가)에서는 빛에너지가 화학 에너지로 전환된다.
ㄴ. 바람은 태양의 열에너지가 대기에 흡수되어 일어난다. 바람은 운동 에너지를 가지므로 (나)에서 태양의 열에너지는 바람의 운동 에너지로 전환된다.
ㄷ. 광합성과 바람 모두 태양 에너지에 의한 현상이므로 근원 에너지는 태양 에너지이다.

08 ① 태양의 열에너지가 대기에 흡수되어 바람을 일으킨다.
② 식물은 광합성을 통해 태양의 빛에너지를 화학 에너지의 형태로 저장한다.
④ 생명체는 태양 에너지로 생명활동을 유지한다. 이 생명체의 유해가 오랫동안 땅속에 묻히면 화석 연료가 된다.
⑤ 태양광 발전은 태양 전지를 이용하여 태양의 빛에너지를 직접 전기 에너지로 전환한다.
바로알기 ③ 핵에너지는 핵연료가 근원인 에너지이다.

09 태양의 열에너지(①)에 의해 물이 증발하여 대기 중의 수증기가 되고, 이 수증기가 모여 구름이 되면서 태양의 열에너지는 구름의 위치 에너지(④)로 전환되었다가, 비가 내리는 과정에서 빗방울의 위치 에너지가 운동 에너지(②)로 전환된다. 역학적 에너지(⑤)는 운동 에너지와 위치 에너지의 합이다.

10 ㄷ. 구름은 태양의 열에너지에 의해 물이 증발하여 생성되고, 화석 연료는 태양 에너지로 생명활동을 유지하는 생명체에 의해 생성된다. 따라서 (가), (나)는 태양 에너지가 근원으로 일어나는 현상이다.
바로알기 ㄱ. 구름은 태양의 열에너지에 의해 물이 증발하여 생긴다.
ㄴ. 광합성을 통해 빛에너지는 화학 에너지의 형태로 식물의 양분으로 저장되고, 식물을 포함한 생명체의 유해가 오랫동안 땅속에 묻혀 화석 연료가 된다. 즉 화석 연료는 지구 내부 에너지가 아닌 태양 에너지에 의해 생성된다.

11 ㄱ. 물의 순환은 태양 에너지에 의한 것이다.

ㄴ. 비가 강의 상류, 댐 등에 저장되었다가 물이 흐르면서 위치 에너지가 운동 에너지로 전환되고, ㉠에서 수력 발전소를 통해 물의 운동 에너지는 전기 에너지로 전환된다.

바로알기 ㄷ. ㉡에서는 태양의 열에너지에 의해 물이 증발하여 구름이 생성된다. 이때 태양의 열에너지는 구름의 위치 에너지로 전환된다.

12 식물은 광합성을 통해 태양의 빛에너지(①)를 흡수하여 화학 에너지(⑤)의 형태로 저장하고, 식물을 포함한 생명체의 유해가 오랫동안 땅속에 묻혀 화석 연료가 되며, 이 화석 연료는 자동차, 공장에서 운동 에너지(④), 열에너지(②) 등으로 전환된다.

13 ㄱ. (가)에서는 태양의 빛에너지가 전기 에너지로 전환된다.

바로알기 ㄴ. (나)에서는 화석 연료의 화학 에너지가 공장의 운동 에너지 또는 열에너지로 전환된다.

ㄷ. (나)는 화석 연료의 연소 과정에서 이산화 탄소가 발생하지만, (가)는 태양의 빛에너지를 직접 전기 에너지로 전환하므로 이산화 탄소가 발생하지 않는다. 즉 (가)는 탄소의 순환 과정에 해당하지 않는다.

14 태양 에너지는 지표에 열에너지(㉠)로 흡수되어 물을 증발시켜 구름을 만든다. 이 과정에서 태양 에너지는 구름과 높은 곳에 있는 물의 위치 에너지(㉡)로 전환된다. 탄소의 순환에서 식물은 광합성을 통해 빛에너지를 화학 에너지의 형태로 저장하고, 식물을 포함한 생명체의 유해가 오랫동안 땅속에 묻혀 화석 연료의 화학 에너지(㉢)로 전환된다.

1등급 도전

진도교재 → 107쪽

01 ⑤ **02** ③ **03** ② **04** ④

01 ㄴ. 태양의 핵융합 과정에서 발생하는 에너지는 감소한 질량에 의한 것이다. 따라서 태양의 질량은 계속해서 감소한다.

ㄷ. 태양의 중심부에서는 핵융합 반응이 계속해서 일어나 헬륨 원자핵이 계속해서 만들어진다. 따라서 시간이 지남에 따라 태양의 중심부에는 헬륨이 많아진다.

바로알기 ㄱ. 태양의 중심부에서는 수소 원자핵 4개가 융합하여 헬륨 원자핵 1개를 만드는 핵융합 반응이 일어난다.

02 ㄷ. 흐르는 강물은 태양 에너지가 만든 강수 현상으로 높은 지형에 저장된 물이 낮은 곳으로 흐르면서 위치 에너지가 운동 에너지로 전환된다.

바로알기 ㄱ. 식물은 태양의 빛에너지를 광합성(A)을 통해 화학 에너지(포도당)의 형태로 저장한다.

ㄴ. 식물이나 동물의 사체가 오랜 기간 땅속에 묻혀 화석 연료 (B)의 화학 에너지로 전환된다.

03 ㄴ. 식물은 광합성(㉠)을 통해 이산화 탄소를 양분으로 저장한다.

바로알기 ㄱ. (가)에서 내리는 비는 태양의 열에너지에 의해 물이 증발하고, 증발한 수증기는 구름이 되어 비가 내리게 된다. 즉

비가 땅으로 내릴 때 빗방울의 운동 에너지는 '태양의 열에너지 → 구름의 위치 에너지 → 빗방울의 운동 에너지' 과정을 거친다.

ㄷ. 화석 연료는 근원적으로 태양 에너지가 화학 에너지로 전환되어 저장된 것이다.

04 ㄴ. 태양 전지는 빛에너지(㉢)를 직접 전기 에너지로 전환시키는 장치이다. 화석 연료는 화학 에너지(㉠) 형태이고, 식물은 광합성을 통해 빛에너지(㉢)를 화학 에너지(㉠) 형태로 저장한다.

ㄷ. 바람은 운동 에너지(㉣) 형태이다. 자동차는 화석 연료를 이용하여 움직이므로 화석 연료의 화학 에너지(㉠)가 자동차의 운동 에너지(㉣)로 전환된다.

바로알기 ㄱ. 태양의 열에너지(㉡)가 대기에 흡수되어 바람을 일으킨다.

02 발전과 에너지원

개념 쏙쏙

진도교재 → 109쪽, 111쪽

1 전자기 유도 **2** (1) ㉡ (2) ㉡ (3) ㉠ **3** (1) ○ (2) ○ (3) × **4** ㉠ 자석, ㉡ 전자기 유도, ㉢ 운동 **5** (1) 위치 (2) 핵 (3) 열 **6** (1) × (2) ○ (3) ○

1 코일 근처에서 자석을 움직일 때나 자석 근처에서 코일을 움직일 때, 코일을 통과하는 자기장의 세기가 변하여 코일에 전류가 유도되는 현상을 전자기 유도 현상이라고 한다.

2 자석의 극을 바꾸어 코일의 왼쪽에 가까이 하거나, 자석의 극은 유지하고 코일의 왼쪽에서 멀어지면 저항에 흐르는 유도 전류의 방향은 반대로 바뀐다.

(1) 자석의 극만 반대로 하고 코일에 가까이 하면 저항에 흐르는 유도 전류의 방향은 반대로 바뀌므로 q → 저항 → p이다.

(2) 자석의 극은 그대로 두고 코일에서 멀리 하면 저항에 흐르는 유도 전류의 방향은 반대로 바뀌므로 q → 저항 → p이다.

(3) 자석의 극을 바꾸고 코일에서 멀리 하면 저항에 흐르는 유도 전류의 방향은 바뀌지 않으므로 p → 저항 → q이다.

3 자석의 세기가 셀수록, 자석을 빠르게 움직일수록, 코일의 감은수가 많을수록 코일에 흐르는 유도 전류의 세기가 커진다.

4 발전소의 발전기는 코일과 자석으로 구성되어 있다. 이때 발전기에 연결된 터빈이 회전하면 코일을 통과하는 자기장이 변하여 전자기 유도 현상이 일어나 전기 에너지가 생성된다. 즉 운동 에너지가 전기 에너지로 전환된다.

5 (1) 수력 발전은 물이 높은 곳에서 낮은 곳으로 떨어지면서 위치 에너지가 운동 에너지로 전환되어 터빈을 돌린다. 이때 터빈이 돌아가면서 운동 에너지는 전기 에너지로 전환된다.

(2) 핵발전은 원자로에서 핵연료의 핵에너지가 핵분열을 하면서 열에너지가 발생하고, 이 열에너지는 물을 끓인다. 이때 발생하는 증기로 터빈의 운동 에너지를 만들고, 터빈이 돌아가면서 운동 에너지는 전기 에너지로 전환된다.

(3) 화력 발전은 화석 연료의 화학 에너지를 연소시켜 발생하는 열에너지로 물을 끓인다. 이때 발생하는 증기로 터빈의 운동 에너지를 만들고, 터빈이 돌아가면서 운동 에너지는 전기 에너지로 전환된다.

6 (1) 화력 발전은 석탄, 석유, 천연가스 등과 같은 다양한 화석 연료를 사용할 수 있어 연료 공급의 안정성이 높다.
(2) 화력 발전은 다른 발전소에 비해 건설 비용이 저렴하고, 건설 기간이 짧은 장점이 있다.
(3) 핵발전은 화석 연료를 사용하지 않아 연소 과정이 없어 이산화 탄소 배출이 거의 없다. 하지만 방사능이 누출될 경우 큰 피해가 생길 수 있다.

탐구 A

진도교재 → 113쪽

확인 문제 **1** (1) ◯ (2) × (3) ◯ **2** ④ **3** ①

1 (1) 코일 주변에서 자석이 움직이면 코일을 통과하는 자기장의 세기가 변하여 전자기 유도 현상에 의해 코일에 전류가 흐른다.
(2) 과정 ❹는 자기장의 세기가 유도 전류의 세기에 영향을 미치는 조건을 확인하기 위한 것이다.
(3) 자석을 코일 주위에서 움직이면 코일에 전류가 흐르므로 코일에 전류가 흐를 때 자석의 운동 에너지는 전기 에너지로 전환된다.

2 ㄱ. 자석의 극은 그대로 두고, 운동 방향을 반대로 하였으므로 코일에 흐르는 유도 전류의 방향은 반대로 바뀐다. 따라서 검류계 바늘이 움직이는 방향은 ㉡이다.
ㄴ. 코일을 자석의 N극에 가까이 하면, 자석의 N극을 코일에 가까이 하는 것과 같으므로 코일에 흐르는 유도 전류의 방향은 반대로 바뀐다. 따라서 검류계 바늘이 움직이는 방향은 ㉡이다.
바로알기 ㄷ. 자석의 극을 반대로 하고, 운동 방향도 반대로 하였으므로 코일에 흐르는 유도 전류의 방향은 바뀌지 않는다. 따라서 검류계 바늘이 움직이는 방향은 ㉠이다.

3 유도 전류의 세기는 자석의 세기가 셀수록, 자석을 빠르게 움직일수록, 코일의 감은 수가 많을수록 커진다.
ㄱ. 자석을 빠르게 움직일수록 코일을 통과하는 자기장의 변화가 커지므로 코일에 흐르는 유도 전류의 세기가 커진다.
바로알기 ㄴ, ㄷ. 자석의 극을 바꾸거나 코일의 감은 방향을 반대로 하면 유도 전류의 세기는 변하지 않고, 방향만 반대가 된다.

내신 탄탄

진도교재 → 114쪽~116쪽

01 ③ **02** ④ **03** ⑤ **04** ③ **05** 해설 참조 **06** ③
07 ⑤ **08** ④ **09** ③ **10** ③ **11** ④ **12** ② **13** ①

01 N극을 코일에 가까이 할 때와 유도 전류의 방향이 반대인 경우는 극을 반대로 하여 가까이 하거나, 극은 그대로 두고 자석이 코일에서 멀어지는 경우이다. 이때 극을 반대로 하고, 코일에

서 멀어지면 유도 전류의 방향은 변하지 않는다. 따라서 유도 전류의 방향이 같은 것은 ㄱ, ㄹ 또는 ㄴ, ㄷ이다.

02 ㄱ. (가), (나)에서 자석의 극이 반대이고, 자석의 운동 방향도 반대이므로 코일에 흐르는 유도 전류의 방향은 같다. 따라서 검류계 바늘이 움직이는 방향이 같으므로 ㉠과 ㉡은 같다.
ㄴ. (가)에서는 자석이 코일에서 멀어지므로 자석과 코일 사이에는 서로 끌어당기는 힘이 작용한다.
바로알기 ㄷ. (나)에서 자석을 코일에 가까이 하므로 코일을 통과하는 자기장의 세기는 증가한다.

03 ㄴ. 자석의 극은 동일하고, 운동 방향이 반대이면 코일에 흐르는 유도 전류의 방향은 반대로 바뀐다.
ㄷ. 자석의 속력이 빠를수록 코일을 통과하는 자기장의 변화가 커지므로 코일에 흐르는 유도 전류의 세기는 커진다.
바로알기 ㄱ. 코일을 자석에 가까이 하면 자석과 코일 사이에는 서로 밀어내는 자기력이 작용한다.

04 ㄷ. 코일의 감은 수가 많을수록 변화하는 자기장의 세기가 커지므로 코일에 흐르는 유도 전류의 세기가 커진다.
바로알기 ㄱ. 코일에 흐르는 유도 전류의 방향은 자기장의 변화를 방해하는 방향이다.
ㄴ. 정지해 있는 코일 안에 자석을 가만히 놓으면 코일을 통과하는 자기장의 세기는 변하지 않으므로 유도 전류가 흐르지 않는다.

05 **모범 답안** 자석을 빠르게 움직인다. 코일의 감은 수를 많게 한다. 세기가 센 자석을 사용한다.

채점 기준	배점
세 가지 모두 옳게 서술한 경우	100 %
두 가지만 옳게 서술한 경우	70 %
한 가지만 옳게 서술한 경우	30 %

06 ㄷ. 코일의 감은 수가 많을수록 유도 전류의 세기는 커진다. 따라서 자석의 속력이 같을 때 저항에 흐르는 유도 전류의 세기는 코일의 감은 수가 적은 (가)에서가 (나)에서보다 작다.
바로알기 ㄱ. (가), (나)에서 자석이 코일을 향해 운동하고 있으므로 자석과 코일 사이에는 서로 밀어내는 자기력이 작용한다. 따라서 자석에 작용하는 자기력의 방향은 (가)에서와 (나)에서가 왼쪽으로 같다.
ㄴ. (가), (나)에서 코일에 다가가는 자석의 극이 반대이므로 저항에 흐르는 유도 전류의 방향은 반대이다.

07 ㄴ. 자석을 원형 도선에 가까이 하면 자석과 원형 도선 사이에는 서로 밀어내는 자기력이 작용한다. 즉 자석에 작용하는 자기력의 방향은 위쪽이고, 중력의 방향은 아래쪽이므로 자석에 작용하는 자기력의 방향과 중력의 방향은 반대이다.
ㄷ. 자석의 극을 반대로 하여 원형 도선에 가까이 하면 원형 도선에 흐르는 유도 전류의 방향은 반대로 바뀐다.
바로알기 ㄱ. 자석이 코일에 가까워지므로 원형 도선을 통과하는 자기장의 세기는 증가한다.

08 ㄱ. 발전기는 자석 사이의 코일을 회전시키면 코일을 통과하는 자기장이 변하여 일어나는 전자기 유도 현상을 통해 전기

에너지를 생산하는 장치이다.

ㄷ. 코일의 회전 운동이 전류를 유도시키므로 코일에 전류가 흐르면 코일의 운동 에너지가 전기 에너지로 전환된다.

바로알기 ㄴ. 코일의 회전 방향을 반대로 해도 코일을 통과하는 자기장의 변화가 생기므로 유도 전류가 흘러 전구의 불이 켜진다.

09 ㄱ. 영구 자석이 코일 내부에서 회전할 때 코일을 통과하는 자기장의 세기가 변하여 전자기 유도 현상에 의해 코일에는 유도 전류가 흐른다.

ㄴ. 자전거의 바퀴가 빠르게 회전할수록 코일을 통과하는 자기장의 변화가 커지므로 유도 전류의 세기가 커진다. 따라서 전조등에 흐르는 유도 전류의 세기가 커지므로 전조등의 밝기는 더 밝아진다.

바로알기 ㄷ. 영구 자석이 회전할 때 코일을 통과하는 자기장의 세기가 변하여 전조등이 켜진다.

10 ㄱ. 화력 발전은 화석 연료를 연소시켜 발생하는 열에너지로 물을 끓이고, 이때 발생하는 증기로 터빈을 돌린다. 즉 화력 발전은 화석 연료의 화학 에너지를 이용한다.

ㄷ. 발전 과정에서 발생하는 증기로 터빈을 회전시키면 발전기 내부의 자석이 코일 속을 회전하여 코일을 통과하는 자기장이 변한다. 이때 전자기 유도 현상이 일어나 전기 에너지가 생성된다. 즉, 터빈의 운동 에너지가 전기 에너지로 전환된다.

바로알기 ㄴ. 화석 연료가 연소할 때 발생하는 열로 물을 끓인다.

11 ㄴ. (나)는 핵발전으로 에너지원인 우라늄이 핵분열을 하면서 발생하는 열에너지로 물을 끓이고, 이때 발생하는 증기로 터빈을 돌린다.

ㄷ. (가), (나)는 모두 전자기 유도 현상을 이용하여 전기 에너지를 생산한다.

바로알기 ㄱ. 수력 발전은 높은 곳에 있는 물이 낮은 곳으로 내려오면서 터빈을 회전시켜 전기 에너지를 생산한다. 즉 수력 발전은 물의 위치 에너지를 활용하여 전기 에너지를 생산한다.

12 (가)는 원자로를 이용한 발전 방식이므로 핵발전이고, (나)는 보일러를 이용한 발전 방식이므로 화력 발전이다.

ㄷ. 핵발전에서는 핵연료가 핵분열을 하면서 발생하는 열에너지로 물을 끓이고, 이때 발생하는 증기로 터빈을 돌려 전기 에너지를 생산한다. 화력 발전에서는 화석 연료가 연소하면서 발생하는 열에너지로 물을 끓이고, 이때 발생하는 증기로 터빈을 돌려 전기 에너지를 생산한다. 즉 핵발전과 화력 발전은 '열에너지 → 운동 에너지 → 전기 에너지'의 에너지 전환 과정을 거쳐 전기 에너지를 생산한다.

바로알기 ㄱ. 핵발전은 화석 연료의 연소 과정이 없어 발전 과정 중 이산화 탄소가 거의 발생하지 않고, 화력 발전은 화석 연료를 연소하는 과정에서 이산화 탄소가 배출된다. 따라서 발전 과정에서 발생하는 이산화 탄소는 (가)에서가 (나)에서보다 적다.

ㄴ. 화석 연료는 식물을 포함한 생명체의 유해가 땅속에 묻힌 후 오랫동안 열과 압력을 받아 만들어진 에너지 자원으로 고갈될 염려가 있다.

13 ㄱ. 화력 발전은 다른 발전소에 비해 건설 비용이 저렴하고, 건설 기간도 짧다.

바로알기 ㄴ. 핵연료도 화석 연료와 같이 매장량이 한정되어 있어 에너지원이 고갈될 염려가 있다.

ㄷ. 핵발전은 화력 발전에 비해 연료의 단위질량당 발생하는 에너지가 크므로, 화력 발전보다 에너지 효율이 높아 대용량 발전이 가능하다.

1등급 도전

진도교재 → 117쪽

01 ③ **02** ④ **03** ③ **04** ⑤

01 ㄱ. 자석이 코일에 다가갈 때 자석과 코일 사이에는 서로 밀어내는 자기력이 작용하고, 자석이 코일에서 멀어질 때 자석과 코일 사이에는 서로 끌어당기는 자기력이 작용한다. 따라서 자석이 코일로부터 받는 자기력의 방향은 p에서와 q에서가 왼쪽으로 같다.

ㄴ. 자석이 p에서 q까지 운동하는 동안 자석의 역학적 에너지가 전기 에너지로 전환되므로 자석의 속력은 감소한다. 따라서 자석의 속력은 p에서가 q에서보다 크다.

바로알기 ㄷ. 자석이 p를 지날 때는 자석의 N극이 가까이 다가가고, 자석이 q를 지날 때는 자석의 S극이 멀어진다. 이때 코일에 다가갈 때와 코일에서 멀어질 때 코일 면이 같다면 유도 전류의 방향은 변화가 없지만, 다가갈 때는 코일 면이 왼쪽이고, 멀어질 때는 코일 면이 오른쪽이므로 유도 전류의 방향이 반대이다. 따라서 자석이 q를 지날 때 저항에 흐르는 유도 전류의 방향은 a → 저항 → b이다.

02 ㄱ. 자석은 A로부터 멀어지므로 A를 통과하는 자기장의 세기는 감소한다.

ㄴ. A는 N극이 멀어지고, B는 S극이 가까워지므로 유도 전류의 방향은 변화가 없어야 한다. 하지만, A, B의 위치가 자석의 왼쪽과 오른쪽, 즉 반대이므로 유도 전류의 방향은 반대가 된다. 따라서 자석이 B에 가까이 다가가는 동안 B에 흐르는 유도 전류의 방향은 ㉡이다.

바로알기 ㄷ. 자석의 속력은 일정하므로 운동 에너지는 일정하다.

03 ㄷ. 코일 대신 자석을 회전시켜도 코일을 통과하는 자기장이 변하므로 전구의 불이 켜진다.

바로알기 ㄱ. 발전기에서는 코일의 회전 운동이 코일에 전류를 유도 시키므로 코일의 운동 에너지가 전기 에너지로 전환된다.

ㄴ. 코일의 회전 속력이 빠를수록 코일을 통과하는 자기장의 변화가 커지므로 코일에 흐르는 유도 전류의 세기는 증가한다.

04 (가)는 화학 에너지를 이용하므로 화력 발전이고, (다)는 위치 에너지를 이용하므로 수력 발전이다. 따라서 (나)는 핵발전이다.

ㄴ. (나)는 핵발전이므로 ㉠은 핵에너지이다.

ㄷ. (다)는 수력 발전이므로 물이 흐르면서 터빈을 돌린다. 따라서 ㉡은 운동 에너지이다. 위치 에너지와 운동 에너지의 합을 역학적 에너지라고 한다.

바로알기 ㄱ. (가)는 화학 에너지가 전기 에너지로 전환되는 과정이므로 화력 발전이다.

○3 에너지 효율과 신재생 에너지

진도교재 → 119쪽, 121쪽

개념 쏙쏙

1 (1) 전기 (2) 화학 (3) 빛 **2** 25 % **3** 열 **4** (1) 신 (2) 재생 (3) ㉠ 화석 연료, ㉡ 재생 **5** (1) ㉡ (2) ㉠ (3) ㉢ (4) ㉢ **6** (1) 태양광 발전 (2) 파력 발전 (3) 조력 발전 **7** (1) ○ (2) ○ (3) ×

1 (1) 충전은 전기 에너지를 화학 에너지의 형태로 저장한다.
(2) 반딧불이는 배에 있는 화학 물질이 빛을 방출한다.
(3) 태양 전지는 빛을 받으면 전압이 발생하여 전기 에너지가 생성된다.

2 에너지 효율(%)$= \dfrac{유용하게\ 사용된\ 에너지}{공급한\ 에너지} = \dfrac{25\ J}{100\ J} \times 100$
$= 25\ \%$

3 에너지는 에너지 보존 법칙에 따라 에너지가 전환되어도 전환 전과 후의 총량은 보존된다. 하지만 에너지가 전환되는 과정에서 우리가 다시 사용하기 어려운 열에너지의 형태로 전환되는 에너지가 존재한다. 즉 버려지는 열에너지로 인해 우리가 사용할 수 있는 유용한 에너지의 양이 줄어들기 때문에 에너지를 효율적으로 사용해야 한다.

4 (1) 신에너지는 기존에 사용하지 않았던 새로운 에너지이다.
(2) 재생 에너지는 계속해서 다시 사용할 수 있는 에너지이다.
(3) 신재생 에너지는 신에너지와 재생 에너지의 합성어로, 기존의 화석 연료를 변환하여 이용하거나 햇빛, 바다, 바람 등의 재생 가능한 에너지를 변환하여 이용하는 에너지이다.

5 (1) 연료 전지는 화학 반응을 통한 연료의 화학 에너지로 전기 에너지를 생산한다.
(2) 수소 에너지는 수소가 연소하면서 발생하는 에너지로 전기 에너지를 생산한다.
(3) 바이오 에너지는 농작물, 목재, 해조류 등 살아있는 생명체의 에너지, 매립지의 가스를 원료로 이용하는 에너지이다.
(4) 폐기물 에너지는 산업체와 가정에서 생기는 가연성 폐기물을 소각할 때 발생하는 열에너지이다.

6 (1) 태양광 발전은 태양 전지에서 태양의 빛에너지로부터 직접 전기 에너지를 생산한다.
(2) 파력 발전은 파도가 갖는 에너지를 이용한 발전으로 파도가 칠 때 해수면이 상승하거나 하강하여 생기는 공기의 흐름을 이용하여 전기 에너지를 생산한다.
(3) 조력 발전은 밀물과 썰물 때 해수면의 높이차로 생기는 에너지를 이용한 발전으로 밀물 때 바닷물이 들어오면서 터빈을 돌려 전기 에너지를 생산한다.

7 (1) 주택의 지붕에 태양 전지판을 설치하여 전기 에너지를 생산한다.
(2) 건물 외벽에 단열재를 사용하여 열 손실을 감소시킨다.
(3) 모든 도로는 보행자, 자전거 통행자에게 우선권을 주어 자동차의 이산화 탄소 배출을 감소시킨다.

여기서 잠깐

진도교재 → 122쪽

Q1 화학, 조력, 파력, 빛 **Q2** 신재생

[Q1] • 연료 전지는 화학 에너지를 직접 전기 에너지로 전환하는 장치로 (−)극에서 수소가 산화되어 발생한 수소 이온과 전자가 (+)극으로 이동하여 전류가 흐른다.
• 조력 발전은 방조제를 쌓아 밀물 때 바닷물을 받아들여 터빈을 돌려 발전기에서 전기 에너지를 생산하고, 썰물 때 수문을 열어 물을 흘려보낸다.
• 파력 발전은 파도와 함께 해수면이 움직여 구조물 안의 공기가 압축될 때 공기의 흐름이 터빈을 돌려 발전기에서 전기 에너지를 생산한다.
• 태양 전지에 빛을 비추면 태양 전지 내부에 자유 전자가 생긴다. 이 전자가 한쪽 전극으로 이동하면 전압이 발생하여 전류가 흐른다.

[Q2] 친환경 에너지 하우스는 필요한 에너지를 태양, 지열, 풍력, 연료 전지 등의 신재생 에너지를 통해 얻고, 낭비되는 에너지를 줄여 외부의 에너지 공급 없이 자급할 수 있는 미래형 주택이다.

내신 탄탄

진도교재 → 123쪽~124쪽

01 ④ **02** ② **03** ② **04** ① **05** ③ **06** ③ **07** 해설 참조 **08** ⑤ **09** ④ **10** ① **11** ⑤

01 ㄴ. 에너지는 일을 할 수 있는 능력을 의미하며, 물체가 외부에 한 일만큼 물체의 에너지가 변한다.
ㄷ. 한 형태의 에너지는 다른 형태의 에너지로 전환될 수 있다.
바로알기 ㄱ. 에너지와 일은 서로 전환될 수 있는 양으로 단위도 J(줄)로 같다.

02 **바로알기** ② 빛에너지는 빛의 형태로 전달되는 에너지로, 공기의 진동 없이도 전달된다.

03 ㄷ. 전동기는 전기 에너지를 공급받으면 모터가 회전하므로 전기 에너지를 역학적 에너지로 전환시키는 장치이다. 따라서 전동기는 ㉠의 예에 해당한다. 전열기는 전기 에너지를 공급받으면 열이 발생하므로 전기 에너지를 열에너지로 전환시키는 장치이다. 따라서 전열기는 ㉡의 예에 해당한다.
바로알기 ㄱ. 발전기는 자석과 코일의 상대 운동인 역학적 에너지에 의해 전기 에너지를 생산하는 장치이다.
ㄴ. 광합성은 식물이 태양의 빛에너지를 화학 에너지의 형태로 저장하는 과정이다.

04 ㄱ. 화면에서는 전기 에너지가 빛에너지로 전환된다.
바로알기 ㄴ. 배터리가 충전될 때 전기 에너지가 화학 에너지로 전환된다.
ㄷ. 스마트 기기를 사용하면 전기 에너지의 일부가 열에너지로 전환되어 스마트 기기가 뜨거워진다.

05 ㄱ. B에서 $\dfrac{E}{2E_0} = \dfrac{45}{100}$ 이므로 $E = \dfrac{9}{10}E_0$이다. 따라서

$\bigcirc = \dfrac{2E}{3E_0} \times 100 = \dfrac{3}{5} \times 100 = 60\,\%$이다.

ㄴ. 빛에너지로 전환된 에너지가 A가 B보다 크므로 조명 장치에서 방출된 빛의 세기는 A가 B보다 크다.

바로알기 ㄷ. 조명 장치에 공급된 전기 에너지가 일정할 때 빛에너지로 전환되는 양이 많을수록 에너지 효율이 크다.

06 ㄱ. 에너지의 총량은 일정하게 보존되므로 100 %＝A＋95 %에서 A는 5 %, 100 %＝B＋10 %에서 B는 90 %이다.

ㄴ. 전구에서 유용하게 사용되는 에너지는 빛에너지이므로, 에너지 효율은 빛에너지로 전환된 비율이 높은 (나)가 (가)보다 높다.

바로알기 ㄷ. (가), (나)의 에너지 전환 과정에서 발생하는 열에너지는 다시 모아서 사용하기 어렵다.

07 **(모범 답안)** 에너지는 보존되지만 에너지는 여러 단계의 에너지 전환 과정을 거치면서 다시 사용하기 어려운 형태의 에너지로 전환되기 때문에 에너지를 절약해야 한다.

채점 기준	배점
단어 2개를 모두 포함하여 옳게 서술한 경우	100 %
단어 2개 중 1개만 포함하여 옳게 서술한 경우	30 %

08 ㄴ. 에너지 소비 효율 등급의 숫자가 낮을수록 에너지 효율이 높다. 따라서 에너지 효율은 (가)가 (나)보다 높다.

ㄷ. 공급된 에너지가 같을 때, 에너지 효율은 (가)가 (나)보다 높으므로 유용한 에너지로 사용되지 못하고 버려진 에너지는 (가)가 (나)보다 적다.

바로알기 ㄱ. 에너지가 전환되는 과정에서 버려지는 에너지가 존재하므로 (가)에 공급된 에너지는 유용한 에너지로 전환된 에너지보다 많다.

09 ① 신재생 에너지는 화석 연료와 달리 자원 고갈의 염려가 없다.

② 재생 에너지는 계속해서 다시 사용할 수 있는 에너지이다.

③ 대부분의 신재생 에너지는 화석 연료보다 발전 효율이 낮다.

⑤ 신재생 에너지는 이산화 탄소와 같은 온실 기체 배출로 인한 기후 변화나 환경 오염 문제가 거의 없다.

바로알기 ④ 신재생 에너지의 발전 설비는 초기 설치 비용이 많이 든다.

10 ㄱ. 풍력 발전은 바람의 운동 에너지를 전기 에너지로 전환하는 발전 방식이다.

바로알기 ㄴ. 지열 발전은 지구 내부의 열에너지를 이용한다.

ㄷ. (다)는 신재생 에너지 발전으로 에너지 효율은 화력 발전에 비해 낮은 편이다.

11 ㄱ. 발전 과정에서 온실 기체인 이산화 탄소가 거의 발생하지 않는 태양광 발전, 지열 발전 등 신재생 에너지를 이용하여 대기로 배출되는 이산화 탄소를 줄인다.

ㄴ. 단열재를 사용하여 건물의 열 손실을 줄이고, 열 교환기가 부착된 환풍기, 자연 채광 등을 이용하여 실내 온도 유지에 필요한 에너지를 최소화한다.

ㄷ. 다양한 신재생 에너지 설비를 갖춰 환경 문제와 에너지 문제를 함께 해결한다.

1등급 도전 진도교재 → 125쪽

01 ⑤ **02** ④ **03** ② **04** ③

01 ㄱ. 화력 발전소에서는 화석 연료를 연소시켜 발생하는 열에너지를 이용하여 전기 에너지를 생산한다.

ㄴ. 배터리의 충전 과정에서 화력 발전소에서 생산된 전기 에너지가 배터리의 화학 에너지로 전환된다.

ㄷ. 에너지 전환 과정에서 재사용이 어려운 열에너지가 발생한다.

02 ㄴ. 열에너지의 생산 효율은 $\dfrac{250\,\text{MJ}}{500\,\text{MJ}} \times 100 = 50\,\%$이므로, 발전소의 총 에너지 생산 효율은 35 %＋50 %＝85 %이다.

ㄷ. 에너지가 전환되는 과정에서 에너지의 일부가 다시 사용할 수 없는 형태의 열에너지로 전환된다. 발전소의 총 에너지 효율은 85 %이므로 버려지는 에너지는 100 %－85 %＝15 %이다.

바로알기 ㄱ. 발전소에서는 500 MJ의 연료 에너지로 175 MJ의 전기 에너지를 생산하였으므로 발전소의 전기 에너지 생산 효율은 $\dfrac{175\,\text{MJ}}{500\,\text{MJ}} \times 100 = 35\,\%$이다.

03 ㄷ. (가)는 태양 에너지, (나)는 해양 에너지를 이용한 발전 방식으로, 모두 재생 가능한 에너지를 이용한다.

바로알기 ㄱ. 태양광 발전은 태양의 빛에너지를 이용한다.

ㄴ. 조력 발전은 신재생 에너지로 건설 비용이 많이 들고, 전기 에너지 생산 효율이 낮다.

04 ㄱ. (가)의 환풍기에 열 교환기를 부착하여 건물 밖의 찬 공기와 건물 안의 더운 공기를 섞이게 하면 난방 기구 없이 실내 온도를 조절할 수 있다.

ㄴ. (나)의 3중 유리창은 단열 효과가 크므로 열 손실을 줄일 수 있고, 채광을 위해 창을 넓게 만들면 조명 기구에서 소비되는 전기 에너지를 절약할 수 있다.

바로알기 ㄷ. (다)의 전기 자동차 충전소에서는 태양광 발전과 같은 신재생 에너지를 활용하여 직접 생산한 전기 에너지로 전기 자동차를 충전한다.

중단원 정복 진도교재 → 126쪽~129쪽

01 ⑤ **02** ② **03** ⑤ **04** ③ **05** ⑤ **06** ③ **07** ④
08 ⑤ **09** ③ **10** ⑤ **11** ③ **12** ② **13** ③ **14** ①
15 ③ **16** 해설 참조 **17** 해설 참조 **18** 해설 참조

01 ㄱ. (나)는 수소 핵융합 반응으로 태양의 중심부에서 일어난다.

ㄴ. 수소 핵융합 반응에서 헬륨 원자핵이 생성된다.

ㄷ. 수소 핵융합 반응에서 질량이 감소하므로, 핵융합 반응 전의 전체 질량이 반응 후의 전체 질량보다 크다.

02 ㄴ. 바람을 이용한 풍력 발전은 태양의 열에너지에 의한 바람의 운동 에너지를 이용한 것이다.

바로알기 ㄱ. 석탄, 천연가스 등과 같은 화석 연료는 연소하는 과정에서 탄소를 대기 중으로 배출한다.

ㄷ. 식물은 태양 에너지를 이용한 광합성 과정에서 대기 중의 탄소를 흡수하여 산소를 배출한다.

03 ㄱ. 화석 연료의 연소는 대기 중의 탄소량을 증가시킨다.

ㄴ. B는 광합성으로 태양의 빛에너지가 화학 에너지로 전환된다.

ㄷ. 화석 연료는 식물을 포함한 생명체의 유해가 땅속에서 오랫동안 압력과 열을 받아 생성된다. 식물의 광합성이나 생명체의 생명활동의 근원이 태양 에너지이므로 화석 연료의 근원도 태양 에너지이다.

04 ㄷ. (나)에서는 S극이 코일에 다가가고, (다)에서는 N극이 코일에 다가가고 있으므로 검류계에 흐르는 유도 전류의 방향은 (나)에서와 (다)에서가 반대이다.

(바로알기) ㄱ. 코일의 감은 수가 많을수록 검류계에 흐르는 유도 전류의 세기가 커진다. 따라서 코일에 흐르는 유도 전류의 세기는 코일의 감은 수가 더 많은 (나)에서가 (가)에서보다 크다.

ㄴ. (나)와 (다)에서 자석이 코일에 가까이 다가가고 있으므로 (나)와 (다)에서 코일과 자석 사이에는 서로 밀어내는 자기력이 작용한다. 즉 (나)와 (다)에서 자석에 작용하는 자기력의 방향은 위쪽으로 같다.

05 ㄱ. 자석에 가까울수록 자기장의 세기는 증가하므로 자석이 코일에 가까워지는 동안 코일을 통과하는 자기장의 세기는 증가한다.

ㄴ. 자석과 코일 사이에는 서로 밀어내는 자기력이 작용하므로 자석의 속력은 감소한다.

ㄷ. 자석의 극을 반대로 하여 코일에 가까이 하였으므로 검류계에 흐르는 유도 전류의 방향은 반대로 바뀐다. 따라서 검류계에 흐르는 유도 전류의 방향은 a → ⓖ → b이다.

06 ㄷ. 자석이 P에서 Q로 운동할 때는 자석과 코일이 가까워지지만, Q에서 R로 운동할 때는 자석과 코일이 멀어지므로 검류계에 흐르는 유도 전류의 방향은 자석이 P에서 Q로 운동할 때와 Q에서 R로 운동할 때가 반대이다. 따라서 자석이 Q에서 R까지 운동하는 동안 검류계에 흐르는 유도 전류의 방향은 ⓐ와 반대이다.

(바로알기) ㄱ. 자석의 역학적 에너지 중 일부가 전기 에너지로 전환되므로 자석은 처음 높이까지 올라가지 못한다. 따라서 높이는 P가 R보다 높다.

ㄴ. 자석이 운동하는 동안 자석의 역학적 에너지는 전기 에너지로 전환되어 감소한다.

07 ㄱ. 수력 발전은 물의 역학적 에너지로 터빈을 회전시켜 전기 에너지를 생산한다.

ㄷ. 핵발전은 원자로에서 핵에너지를 이용하여 물을 끓이고, 이때 나오는 증기로 터빈을 회전시켜 전기 에너지를 생산한다.

(바로알기) ㄴ. 태양광 발전은 태양 전지를 이용하여 태양의 빛에너지로부터 전기 에너지를 생산한다.

08 ㄱ. 자전거 바퀴가 회전하면 발전기의 회전자에 연결된 자석이 회전하면서 발전기의 코일을 통과하는 자기장이 변한다.

ㄴ. 바퀴의 속력이 빠를수록 코일을 통과하는 자기장의 변화가 커지므로 코일에 흐르는 유도 전류의 세기가 커져 전구의 밝기는 밝아진다.

ㄷ. 자전거 발전기에서는 자전거 바퀴의 역학적 에너지(운동 에너지)가 전기 에너지로 전환된다.

09 ㄴ. (나)의 화력 발전에서 사용하는 화석 연료는 매장량이 한정되어 있어, 고갈될 에너지이므로 지속가능한 발전 방식에 해당하지 않는다.

ㄹ. (가)의 핵발전에서는 핵분열 반응에서 발생한 열에너지로, (나)의 화력 발전에서는 화석 연료를 연소시켜 발생한 열에너지로 각각 증기를 발생시켜 발전기를 돌린다. 따라서 (가), (나)는 모두 '열에너지 → 운동 에너지 → 전기 에너지'의 에너지 전환 과정이 나타난다.

(바로알기) ㄱ. (가)의 핵발전은 핵분열 반응에서 발생하는 열에너지로 물을 끓인다. 이때 발생한 증기로 터빈을 회전시켜 전자기 유도 현상에 의해 전기 에너지를 생산한다.

ㄷ. (가)의 에너지원인 핵연료는 우라늄으로 태양 에너지가 근원이 아니다.

10 ㄱ. (가)에서는 휴대 전화를 사용할 때 배터리의 화학 에너지는 전기 에너지로 전환되고, 전기 에너지는 휴대 전화 화면의 빛에너지로 전환된다.

ㄴ. (나)에서 전열기는 전기 에너지가 빛에너지와 열에너지로 전환된다.

ㄷ. (다)에서 형광등은 전기 에너지가 빛에너지로 전환되므로 (가), (나), (다)에서는 모두 전기 에너지가 빛에너지로 전환된다.

11 ㄱ. 선풍기의 에너지 효율은 $\dfrac{\text{⑤}}{300\text{ J}} \times 100 = 50$ %이므로 ⑤은 150 J이다.

ㄴ. 다리미의 에너지 효율은 $\dfrac{200\text{ J}}{300\text{ J}} \times 100 = 66.7$ %이므로 에너지 효율은 다리미가 선풍기보다 높다.

(바로알기) ㄷ. 유용하게 사용되지 못하고 버려지는 에너지는 선풍기에서 150 J, 다리미에서 100 J이므로 다리미가 적다.

12 ㄴ. 백열전구에서보다 LED 전구에서 더 밝은 빛이 방출되었으므로 전구에서 방출되는 빛에너지는 LED 전구에서가 백열전구에서보다 많다.

(바로알기) ㄱ. LED 전구 주변이 더 밝아졌으므로 LED 전구에서 더 많은 빛에너지를 방출한다. 따라서 LED 전구와 백열전구에 공급된 에너지가 같을 때 빛에너지로 전환되는 양이 많은 LED 전구의 효율이 백열전구보다 높다.

ㄷ. 형광등과 LED 전구에 같은 양의 에너지가 공급되었을 때 LED 전구에서 더 많은 빛에너지가 발생하였으므로 열에너지는 형광등에서 더 많이 발생한다.

13 (바로알기) ③ 석탄의 액화 및 가스화 에너지는 화석 연료를 변환시킨 것으로 이산화 탄소가 배출된다. 또 폐기물의 연소 과정에서 이산화 탄소가 배출된다.

14 A: 물을 끓이는 과정 없이 역학적 에너지를 이용하여 발전기에 연결된 터빈을 돌려 전기 에너지를 생산하는 방식으로는 수력 발전, 조력 발전, 파력 발전, 풍력 발전 등이 있다.

• 수력 발전: 높은 곳에서 낮은 곳으로 흐르는 물의 역학적 에너지를 이용하여 터빈을 돌려 전기 에너지를 생산한다.

• 조력 발전: 방조제를 쌓아 밀물 때 바닷물을 받아 터빈을 돌려 발전기에서 전기 에너지를 생산한다.

- 파력 발전: 파도가 칠 때 해수면이 상승하거나 하강하여 생기는 공기의 흐름을 이용하여 전기 에너지를 생산한다.
- 풍력 발전: 바람의 운동 에너지를 이용하여 발전기와 연결된 날개를 돌려 전기 에너지를 생산한다.

B: 열에너지로 물을 끓여 발생시킨 증기를 이용하여 발전기에 연결된 터빈을 돌려 전기 에너지를 생산하는 방식으로는 지열 발전, 태양열 발전, 화력 발전, 핵발전 등이 있다.
- 지열 발전: 지하의 열에너지를 이용하여 물을 끓이고 발생한 증기로 터빈을 돌려 전기 에너지를 생산한다.
- 태양열 발전: 태양의 열에너지를 이용하여 물을 끓이고, 이때 발생한 증기로 터빈을 돌려 전기 에너지를 생산한다.
- 화력 발전: 화석 연료를 연소시켜 발생하는 열에너지를 이용하여 물을 끓이고, 이때 발생한 증기로 터빈을 돌려 전기 에너지를 생산한다.
- 핵발전: 핵반응에서 발생하는 열에너지를 이용하여 물을 끓이고, 이때 발생한 증기로 터빈을 돌려 전기 에너지를 생산한다.

C: 발전기 없이 에너지원으로 직접 전기 에너지를 생산하는 방식으로는 연료 전지 발전, 태양광 발전 등이 있다.
- 연료 전지 발전: 화학 반응을 통한 연료의 화학 에너지로 전기 에너지를 생산한다.
- 태양광 발전: 태양 전지를 이용하여 태양의 빛에너지로 전기 에너지를 생산한다.

15 ① 친환경 에너지 도시는 빗물을 저장하여 옥상 정원 관리에 활용하고, 오수를 정화하여 화장실에 활용한다.
② 친환경 에너지 도시는 석유, 석탄 등의 화석 연료를 사용하지 않고 신재생 에너지를 활용하여 환경 문제와 에너지 문제를 함께 해결할 수 있는 도시이다.
④, ⑤ 주택 지붕 위에 태양광 패널을 설치하고 환풍구를 특수 제작하는 등 태양과 바람의 에너지를 이용하는 고효율의 친환경 건축물을 지어 사용한다.
바로알기 ③ 친환경 에너지 도시는 화석 연료를 사용하지 않도록 개발되었으므로, 열병합 발전소에서는 산업 폐기물에서 나온 목재 등을 소각하여 에너지를 생산한다.

16 (모범 답안) 핵반응에서 핵반응 후 질량의 합이 핵반응 전 질량의 합보다 줄어든다. 이때 감소한 질량만큼 에너지로 전환되기 때문에 에너지가 발생한다.

채점 기준	배점
감소한 질량만큼 에너지를 방출한다고 옳게 서술한 경우	100 %
질량이 감소한다고만 옳게 서술한 경우	30 %

17 (모범 답안) 수력 발전은 높은 곳에 있는 물이 낮은 곳으로 내려오면서 터빈을 회전시켜 전기 에너지를 생산한다. 이때 물의 위치 에너지는 터빈을 돌리고, 터빈의 운동 에너지는 발전기에서 전기 에너지로 전환된다.

채점 기준	배점
위치 에너지가 터빈의 운동 에너지로 전환되고, 터빈의 운동 에너지가 발전기의 전기 에너지로 전환된다는 것을 옳게 서술한 경우	100 %
위치 에너지가 전기 에너지로 전환된다는 것만 옳게 서술한 경우	70 %

18 (모범 답안) 태양 전지에 공급된 빛에너지는 200 J이고 태양 전지에서 생산된 전기 에너지는 40 J이므로 태양 전지의 에너지 효율은 $\frac{40 \text{ J}}{200 \text{ J}} \times 100 = 20 \text{ %}$이다. 전동기에 공급된 전기 에너지는 40 J이고 전동기의 운동 에너지는 25 J이므로 전동기의 에너지 효율은 $\frac{25 \text{ J}}{40 \text{ J}} \times 100 = 62.5 \text{ %}$이다.

채점 기준	배점
태양 전지와 전동기의 에너지 효율을 서술 과정과 함께 옳게 서술한 경우	100 %
태양 전지의 에너지 효율만 서술 과정과 함께 옳게 서술한 경우	30 %
전동기의 에너지 효율만 서술 과정과 함께 옳게 서술한 경우	

수능 맛보기

진도교재 → 130쪽~131쪽

01 ① 02 ① 03 ② 04 ③

01 ㄱ. 핵융합 발전은 태양의 수소 핵융합과 같이 핵반응에서 발생하는 에너지를 이용한 것이다. 이때 질량과 에너지는 서로 변환될 수 있는 물리량으로, 핵반응이 일어날 때 질량의 일부가 에너지로 전환되어 감소한다.
바로알기 ㄴ. 태양 중심부에서는 수소 핵융합 반응이 일어나는데, 핵반응이 일어날 때 질량의 일부가 에너지로 전환되어 감소하므로 태양의 질량은 감소한다.
ㄷ. A는 수소 원자핵으로 원자 번호가 1이고, 헬륨의 원자 번호는 4이므로 A는 헬륨보다 원자 번호가 작다.

02 ㄱ. 자석이 코일에 가까이 다가가면 코일을 통과하는 자석에 의한 자기장의 세기가 증가하므로 전자기 유도 현상에 의해 코일에 유도 전류가 흐른다.
바로알기 ㄴ. 자석이 코일에 빠르게 다가갈수록 코일을 통과하는 자기장의 변화가 커지므로 코일에 흐르는 유도 전류의 세기가 증가한다. 따라서 ㉠에 해당하는 것은 '빠르게'이다.
ㄷ. 자석이 코일에 다가가므로 자석과 코일 사이에는 서로 밀어내는 자기력이 작용한다.

03 $E_1 = E_2 + E_3$이므로 A에서 ㉠$= E_1 - E_3 = 200 \text{ kJ} - 150 \text{ kJ} = 50 \text{ kJ}$이고, 에너지 효율은 $\frac{50 \text{ kJ}}{200 \text{ kJ}} \times 100 = 25 \text{ %}$이다. 에너지 효율이 같으므로 B에서 $25 \text{ %} = \frac{30 \text{ kJ}}{㉡} \times 100$이므로 ㉡$= 120 \text{ kJ}$이다. 따라서 ㉠ : ㉡$= 50 \text{ kJ} : 120 \text{ kJ} = 5 : 12$이다.

04 ㄱ. 화석 연료는 화학 에너지의 형태로 에너지가 저장되어 있어 연소할 때 화학 에너지가 열에너지로 전환된다.
ㄴ. ㉡은 바람의 운동 에너지로 전기 에너지를 생산하는 발전 방식이다.
바로알기 ㄷ. ㉢은 태양 전지를 이용하여 빛에너지를 직접 전기 에너지로 전환하는 발전 방식이다. 따라서 발전 과정에서 이산화 탄소를 배출하지 않는다.

III 과학과 미래 사회

1 과학과 미래 사회

01 과학 기술의 활용

개념 쏙쏙　　　　　　　　　　진도교재 → 135쪽

1 (1) 감염병 (2) 핵산　　**2** (1) ○ (2) ×　　**3** (1) 데이터 (2) 빅데이터　　**4** (1) ○ (2) × (3) ○

1 감염병은 바이러스, 세균, 곰팡이 등과 같은 병원체에 감염되어 발생하는 질병으로, 단백질이나 핵산을 이용하여 진단한다.

2 (1) 신속항원검사는 바이러스를 구성하는 단백질을 이용하는 검사로, 간편하고 신속한 진단이 가능하다.
(2) 유전자증폭검사(PCR 검사)는 바이러스를 구성하는 핵산을 이용하는 검사로, 검사 전문가가 필요하고 검사 시간과 비용이 많이 든다.

3 각종 센서가 부착된 스마트 기기를 이용한 측정을 통해 일상생활에서 다양한 실시간 데이터를 얻을 수 있다.

4 (1) 여러 분야에서 형성된 빅데이터를 분석하면서 현상에 대한 더 빠른 이해와 정확한 예측이 가능해졌다.
(2) 빅데이터를 형성하는 과정에서 사생활 침해 가능성의 문제점이 제기되고 있다.
(3) 빅데이터는 과학 실험, 기상 관측, 유전체 분석, 신약 개발 등에 활용되고 있다.

내신 탄탄　　　　　　　　　　진도교재 → 136쪽

01 ③　**02** ④　**03** ④　**04** ⑤　**05** ②　**06** ④

01 ㄱ. 바이러스 감염병 진단 검사 중 신속항원검사를 나타낸 것이다.
ㄷ. 신속항원검사는 간편하고 신속한 진단이 가능하다.
바로알기 ㄴ. 바이러스를 구성하는 단백질을 이용하는 검사이다.

02 ㄱ. 바이러스에 감염되어 발생하는 감염병의 경우 단백질을 이용하는 신속항원검사와 핵산을 이용하는 유전자증폭검사를 통해 신속하고 정확하게 진단한다.
ㄷ. 나노바이오센서를 이용하면 아주 적은 양의 병원체도 찾아낼 수 있고, 빅데이터 기술과 인공지능(AI) 기술 등을 토대로 하는 생물정보학이 신종 감염병을 연구하고 진단하는 데 이용되고 있다.
바로알기 ㄴ. 환자의 발생 규모, 감염 경로를 파악하기 위해서 스마트 기기에 내장된 위성 위치 확인 시스템(GPS) 등을 활용하여 추적한다.

03 자동차 공학은 자동차 설계와 제조, 조립 등과 관련된 통신, 각종 재료, 기계, 전기, 전자 등을 복합적으로 다루는 분야로 미래 사회 문제를 해결하기 위한 기술이라고 볼 수 없다.

04 ㄱ. 각종 센서가 부착된 스마트 기기를 이용한 측정을 통해 일상생활에서 다양한 데이터를 얻을 수 있다.
ㄴ. 미세 먼지 농도와 같은 생활 데이터를 실시간으로 측정하여 공기의 질을 확인할 수 있다.
ㄷ. 실시간으로 측정할 수 있는 데이터의 종류와 양이 늘어나면서 우리의 삶은 지금보다 건강하고 편리해질 것이다.

05 ② 빅데이터는 인터넷에 연결된 전자기기의 사용으로 수집된 데이터이다.
바로알기 ①, ③ 빅데이터는 기존의 데이터 관리 및 처리 도구로는 다룰 수 없는 다양한 분야에서 디지털 형태로 전환하여 축적한 대량의 데이터이다.
④, ⑤ 빅데이터가 수집되면서 빅데이터를 효과적으로 처리하는 기술도 함께 발전하고 있으며, 빅데이터가 수집되는 과정에서 보안이 유지되지 못하고 사생활 침해 가능성이 있다.

06 ㄴ. 유전체와 관련된 빅데이터를 분석하여 개인에게 발생 가능한 질병을 예측하고, 적절한 치료를 받을 수 있게 되었다.
ㄷ. 여러 연구자에 의해 수집된 빅데이터를 기반으로 개별 연구자만으로는 기존에 수행하기 어려웠던 과학 실험을 수행할 수 있게 되었다.
바로알기 ㄱ. 기상 위성과 기상 관측소에서 수집한 빅데이터를 분석하여 기상 현상의 패턴을 찾을 수 있기 때문에 기상 현상 예측의 정확도가 증가하게 되었다.

1등급 도전　　　　　　　　　　진도교재 → 137쪽

01 ①　**02** ③　**03** ④　**04** ①

01 ㄱ. (가)는 유전자증폭검사(PCR 검사)로, 바이러스를 구성하는 핵산을 이용하는 검사이다.
바로알기 ㄴ. (나)는 신속항원검사이다.
ㄷ. 신속항원검사는 간편하고 신속한 진단이 가능하며 시간과 비용이 적게 들므로, '적게'가 ㉠에 해당한다.

02 ㄱ. 미래 사회에는 감염병 대유행뿐만 아니라 기후 변화, 자연 재해 및 재난, 에너지 및 자원 고갈, 물 부족, 식량 부족 등 다양한 문제가 나타날 것으로 예측되고 있다.
ㄷ. 과학 기술은 인류가 안전하고 건강하며 풍요롭도록 삶의 질을 개선하는 데 기여할 것이다.
바로알기 ㄴ. 미래 사회의 다양한 문제는 과학 기술을 복합적으로 활용하여 해결할 수 있을 것이다.

03 ㄱ. 정보를 검색할 때 이동 통신, 신용 카드, 네비게이션 앱 등을 통해 수집된 빅데이터를 활용할 수 있다.
ㄴ. 빅데이터를 통한 인터넷 여행 정보를 활용하면 여행 계획을 세우는 시간을 단축할 수 있다.

바로알기 ㄷ. 인터넷 여행 정보를 포함한 모든 종류의 빅데이터는 충분히 검증되지 못한 데이터가 포함되어 활용될 가능성이 있다.

04 ㄴ. 의료데이터를 결합한 보건의료 빅데이터에는 인공지능(AI) 의료기기, 신약 개발 연구, 과학 연구 등의 분야가 해당된다.
바로알기 ㄱ. (가)는 개인의 사적인 정보를 포함하는 경우가 많다.
ㄷ. 보건의료 데이터는 사생활 침해가 우려되는 정보에 해당하므로, 충분한 안전 장치와 함께 의약학적 연구 목적 등에만 제공되어야 한다.

○2 과학 기술의 발전과 쟁점

개념 쏙쏙
진도교재 → 139쪽

1 (1) × (2) ○   **2** (1) 빅데이터 (2) 사물 인터넷 (3) 인공지능
3 (1) 사회적 쟁점 (2) 과학 윤리   **4** (1) ○ (2) ×

1 (1) 지능 정보화 시대는 데이터에 기반을 둔다.
(2) 과학 기술은 미래 사회의 다양한 분야에 활용되어 인간 삶의 질을 향상시키고 미래 환경을 개선할 것이다.

2 (1) 인공지능 기술은 학습 및 문제 해결 같은 사람의 인식 기능을 모방하는 컴퓨터 시스템으로, 빅데이터를 학습하고 분석하는 기술을 바탕으로 활용된다.
(2) 사물 인터넷(IoT) 기술은 센서, 통신 기능, 소프트웨어 등을 내장한 전자기기가 인터넷에 연결된 다른 사물과 주변 환경의 데이터를 실시간으로 주고받는 기술이다.
(3) 인공지능 로봇은 주변 환경을 인식하여 자율적으로 작업을 수행한다.

3 (1) 과학 기술이 발달하면서 예상하지 못한 문제가 나타나기도 하며, 다양한 과학 관련 사회적 쟁점이 발생하기도 한다.
(2) 과학 윤리는 과학 기술을 개발하고 이용하는 과정에서 가져야 하는 올바른 생각과 태도이다.

4 (1) 과학 기술이 발달하면서 다양한 과학 관련 사회적 쟁점이 발생하기도 한다.
(2) 과학 관련 사회적 쟁점을 해결할 때에는 상대방의 입장과 근거 사이의 논리성과 타당성을 검토하는 것이 중요하다.

내신 탄탄
진도교재 → 140쪽

01 ④   **02** ③   **03** ①   **04** ④   **05** ③   **06** ⑤

01 ㄱ. 사물 인터넷 기술은 인터넷에 연결된 사물과 주변 환경의 데이터를 실시간으로 주고받는다.
ㄷ. 최근 개발된 대부분의 전자기기는 센서, 통신 기능, 소프트웨어를 내장하여 사물 인터넷 기술이 적용되어 있다.
바로알기 ㄴ. 사물 인터넷 기술이 적용된 기기는 사람의 도움 없이도 센서의 기능으로 작동할 수 있다.

02 ㄱ. 인공지능 로봇은 주변 상황을 인식하여 자율적으로 작업을 수행한다.
ㄴ. 인공지능 기술, 반도체, 센서 등 첨단 과학 기술의 발전은 수동적으로 작동하는 로봇을 자율적으로 행동하는 인공지능 로봇으로 진화시키고 있다.
바로알기 ㄷ. 인공지능 로봇은 작업 환경과 목표의 특성에 따라 개발되므로 크기, 형태, 작동 방식이 다르다.

03 인공지능 기술은 인공신경망이나 딥러닝 등 새로운 알고리즘과 기술이 개발되면서 지속적으로 발전하고 있으며 성능이 계속 향상되고 있다.

04 ㄱ, ㄷ. 과학 기술이 발달함에 따라 생활이 편리해지고 물질적으로 풍요로워졌지만 다양한 과학 관련 사회적 쟁점이 발생하기도 한다.
바로알기 ㄴ. 과학 기술의 발전 과정에서 환경 오염, 생태계 파괴, 개인 정보 침해 등의 예상치 못한 문제가 발생하여 우리의 삶에 영향을 주기도 한다.

05 연구 결과가 아무리 유익하더라도 하나뿐인 지구의 환경을 보존할 수 없다면 연구 결과의 정당성을 확보하기 어렵다.

06 ㄱ. 과학 관련 사회적 쟁점을 해결할 때에는 자신의 입장을 논리적으로 설명해야 한다.
ㄴ. 상대방의 입장과 근거 사이의 논리성과 타당성을 검토하면서 상대방의 의견을 경청하는 것이 중요하다.
ㄷ. 개인적 측면, 사회적 측면, 윤리적 측면 등 다양한 관점을 고려하여 합리적이고 사회적으로 책임감 있는 의사결정을 하도록 노력해야 한다.

1등급 도전
진도교재 → 141쪽

01 ①   **02** ⑤   **03** ①   **04** ②

01 ㄱ. 인공지능 로봇은 센서로 주변 환경의 데이터를 수집하여 정보를 추출하고 이를 기반으로 최선의 작업을 수행한다.
바로알기 ㄴ. 기계 학습에 사용된 데이터의 양이 적으면 부정확한 결과를 생성할 수 있다.
ㄷ. 기계 학습에 사용된 데이터에 오류가 있으면, 오해의 소지가 있는 결과를 생성할 수 있다.

02 ㄱ. 사물 인터넷, 빅데이터, 인공지능, 로봇, 가상 현실 등 과학 기술은 미래 사회의 다양한 분야에서 활용될 것이다.
ㄴ. 과학 기술의 발전은 인간 삶과 미래 세대를 위한 환경 개선에 유용할 것이다.
ㄷ. 과학 기술의 발전으로 예상하지 못한 오염과 폐기물이 생길 수 있다. 또한 새로운 과학 기술에 서툴러 적응하지 못하는 상황이 발생할 수 있고, 과학 기술에 너무 의존하여 인간의 삶에 필수적인 능력이 약해질 수 있다.

03 ① 우주 개발을 찬성하는 입장은 새로운 자원이나 터전을 확보할 수 있으므로 우주 개발을 확대해야 한다는 것을 근거로 제시한다.

② (나)를 반대하는 입장은 유전자변형 식품의 안전성이 충분히 검증되지 못한 것을 제시한다.

③ (다)를 찬성하는 입장은 질병의 진단과 치료를 근거로 제시한다.

④ (라)를 반대하는 입장은 안정적인 생산이 어렵고 초기에 투자 및 설치 비용이 많이 드는 것을 근거로 제시한다.

⑤ 현대 사회에는 과학 기술의 발달로 (가)~(라)와 같은 예상하지 못한 과학 관련 사회적 쟁점이 발생하기도 한다.

04 ㄴ. 유전자 정보가 다른 사람의 손에 들어가면 보험이나 고용 관계에서 차별을 받게 될 수 있으므로 누가 제공한 정보인지 알 수 없도록 한다면 사회적 쟁점을 해결할 수 있을 것이다.

ㄱ. 유전체 연구의 유용성을 강조하는 것만으로는 쟁점을 해결할 수 없다.

ㄷ. 참여자가 동의하지 않은 정보의 공개는 쟁점을 해결할 수 없다.

중단원 정복

진도교재 → 142쪽

01 ④　　**02** ③　　**03** ③　　**04** ⑤　　**05** 해설 참조
06 해설 참조　　**07** 해설 참조

01 ㄱ. 유전자증폭검사와 같은 감염병 검사는 생명과학 기술을 활용한 진단 방법이다.

ㄴ. 감염병의 경우 단백질을 이용하는 신속항원검사와 핵산을 이용하는 유전자증폭검사를 통해 진단한다.

ㄷ. 검체에 들어 있는 병원체의 양이 매우 적더라도 병원체가 검출되는 정확도가 높은 검사이다.

02 ㄱ. 빅데이터는 기존의 데이터 관리 및 처리 도구로는 다루기 어려운 방대한 양의 데이터이다.

ㄷ. 빅데이터는 과학 실험, 기상 관측, 신약 개발, 유전체 분석 등에 활용되고 있다.

ㄴ. 빅데이터 분석을 통해 가치있는 정보를 추출하여 활용할 수 있다.

03 로봇의 종류에 따라 작업 환경, 작동 방식을 달리한다. 예를 들어 의료 현장에서 수술을 담당하는 의료 로봇의 경우 자율주행 기능, 음성 인식 기능이 필수적이지는 않다.

04 ㄱ. 과학 관련 사회적 쟁점으로는 우주 개발, 유전자변형 농산물 사용, 신재생 에너지 사용 등이 있다.

ㄴ. 신재생 에너지는 에너지를 변환하는 과정에서 환경 오염 물질이 매우 적게 배출되므로 주력 에너지원으로 확대해야 한다는 긍정적인 입장도 있다.

ㄷ. 과학 관련 사회적 쟁점들은 사회 구성원마다 입장이 다르므로 이를 해결할 때에는 자신의 입장을 논리적으로 설명하고, 상대방의 입장과 근거 사이의 논리성과 타당성을 검토하면서 상대방의 의견을 경청하는 것이 중요하다.

05 스마트 전자기기로 인터넷에 연결된 다른 사물과 주변 환경의 데이터를 실시간으로 주고받는 기술이다.

채점 기준	배점
주어진 단어를 모두 사용하여 옳게 서술한 경우	100 %
주어진 단어 중 두 단어만 사용하여 서술한 경우	50 %

06 • 예상하지 못한 오염과 폐기물이 생길 수 있다.

• 새로운 과학 기술에 서툴러 적응하지 못하고, 과학 기술에 너무 의존하여 인간 삶에 필수적인 능력이 약해질 수 있다.

• 빅데이터의 활용으로 인한 개인정보 보호 및 보안에 관한 문제가 발생할 수 있다.

• 인공지능 기술을 활용할 때 학습된 데이터가 부족하거나 불완전하면 부정확한 결과를 생성할 수 있다.

채점 기준	배점
두 가지 모두 옳게 서술한 경우	100 %
한 가지만 옳게 서술한 경우	50 %

07 과학 기술을 올바르게 이용해야 문제가 발생하지 않고, 장기적으로 과학 연구의 신뢰성이 높아지며 지속가능한 생태계를 유지할 수 있기 때문이다.

채점 기준	배점
근거를 두 가지 이상 들어 옳게 서술한 경우	100 %
근거를 한 가지만 들어 옳게 서술한 경우	50 %

맛보기

진도교재 → 143쪽

01 ⑤　　**02** ③

01 ㄱ. 감염병은 바이러스, 세균, 곰팡이 등과 같은 병원체에 감염되어 발생하는 질병이다.

ㄴ. 스마트폰의 다양한 앱(지도, 누리소통망, 게임, 쇼핑 등)이 위성 위치 확인 시스템(GPS) 기능을 이용해 위치 데이터를 기록하는데, 정부와 기업들이 이 정보를 얻을 수 있다. 또 이용자가 스마트폰을 가지고 이동할 때 그 스마트폰은 인근 기지국에 신호를 보내는 과정에서 스마트폰이 신호를 보낸 기지국에 대한 위치 정보가 생성되어 전기통신사업자에게 저장된다.

ㄷ. 감염병의 특성을 파악하고 확산을 예측하기 위해 빅데이터 기술과 인공지능 기술이 활용되기도 한다.

02 ㄱ. A는 새로운 의약품 개발을 위해서는 동물 실험을 찬성한다는 입장이다.

ㄴ. B는 동물 실험이 동물권을 침해한다는 윤리적인 측면에서 동물 실험을 반대하는 입장이다.

ㄷ. 동물 실험에서 지켜야 할 원칙을 명시한 동물법에서는 동물 실험을 대체할 방법이 있으면 동물 실험을 대신하고, 대체할 수 없는 경우에는 최소한의 동물을 이용하고, 동물에 가해지는 통증이나 고통을 감소시켜야 한다고 되어 있다. 따라서 C는 동물 실험에서 지켜야 할 원칙에 준수하여 의견을 제시하고 있다.

잠깐 테스트

시험대비교재 → 4쪽

I - ❶ - 01 지구 환경 변화

1 ① 흔적, ② 환경, ③ 진화, ④ 수륙   **2** ① 많을수록, ② 있으면, ③ 빨리   **3** (가) A, (나) E   **4** ① 고생대, ② 중생대 ③ 신생대, ④ 육지, ⑤ 바다   **5** ① 현재, ② 화석   **6** 신생대 → 중생대 → 고생대 → 선캄브리아시대   **7** ① 중생대, ② 신생대, ③ 고생대   **8** (다) → (가) → (라) → (나)   **9** (1) 선캄브리아시대 (2) 고생대 (3) 신생대 (4) 중생대   **10** (1) ○ (2) × (3) × (4) ×

시험대비교재 → 5쪽

I - ❶ - 02 진화와 생물다양성

1 변이   **2** (1) ○ (2) ○ (3) ×   **3** 오랫동안 축적된 돌연변이, 유성생식 과정에서 생식세포의 다양한 조합   **4** 자연선택   **5** ① 적응, ② 진화   **6** (라) → (가) → (나) → (다)   **7** ① 유전적, ② 종, ③ 생태계   **8** (1) ○ (2) × (3) ○ (4) ○   **9** ① 생태계, ② 생물자원   **10** (1) ㄱ (2) ㄹ (3) ㄷ (4) ㄴ

시험대비교재 → 6쪽

I - ❷ - 01 산화와 환원

1 ① 산소, ② 전자, ③ 산소, ④ 전자   **2** (1) ① 산화, ② 환원 (2) ① 산화, ② 환원   **3** ① 얻어, ② 환원   **4** 산화   **5** 감소   **6** 뿌옇게 흐려진다.   **7** 구리(Cu)   **8** 산화되는 물질: 탄소(C), 환원되는 물질: 산화 구리(Ⅱ)(CuO)   **9** ㄴ, ㄷ   **10** A: 산소, B: 이산화 탄소

시험대비교재 → 7쪽

I - ❷ - 02 산, 염기와 중화 반응

1 ① 산성, ② 수소 이온(H^+), ③ 수소(H_2)   **2** ① 푸른색, ② 붉은색,   **3** ① 염기성, ② 수산화 이온(OH^-)   **4** ① 붉은색, ② 푸른색, ③ 단백질   **5** 수소 이온(H^+)   **6** 수산화 이온(OH^-)   **7** (나)   **8** (나)   **9** ① 노란색, ② 파란색   **10** ㄱ, ㄴ

시험대비교재 → 8쪽

I - ❷ - 03 물질 변화에서 에너지의 출입

1 (1) ○ (2) × (3) ×   **2** ① 방출, ② 흡수   **3** ① 흡수, ② 방출   **4** ① 방출, ② 높아   **5** ① 흡수, ② 낮아   **6** (가), (나)   **7** (다), (라)   **8** ㄱ, ㄴ   **9** ① 방출, ② 흡수   **10** ① 흡수, ② 방출

시험대비교재 → 9쪽

II - ❶ - 01 생물과 환경

1 생태계   **2** (1) 군집 (2) 개체군 (3) 개체   **3** ① 생물요소, ② 비생물요소   **4** (1) ○, ㅊ, ㅌ (2) ㄴ, ㅈ, ㅋ (3) ㄹ, ㅁ, ㅅ (4) ㄱ, ㄷ, ㅂ   **5** (1) ㉡ (2) ㉢ (3) ㉢ (4) ㉠ (5) ㉢   **6** ① 강한, ② 약한   **7** 빛(일조 시간)   **8** ① 크고, ② 작다   **9** 수분   **10** 물

시험대비교재 → 10쪽

II - ❶ - 02 생태계평형

1 ① 먹이사슬, ② 먹이그물   **2** ① 풀, ② 뱀   **3** 사슴, 토끼, 들쥐, 메뚜기   **4** (나)   **5** ① 생명활동, ② 열에너지, ③ 감소   **6** 생태피라미드   **7** ① 생태계평형, ② 복잡해야   **8** ㄴ → ㄱ → ㄷ   **9** ① 자연재해, ② 인간의 활동   **10** 천연기념물 지정, 국립 공원이나 보호 구역 지정, 옥상 정원 설치, 환경영향평가 실시, 국제 협약 가입 등

시험대비교재 → 11쪽

II - ❶ - 03 지구 환경 변화와 인간 생활

1 ① 복사, ② 70, ③ 복사   **2** (1) × (2) ○ (3) ○   **3** 지구 온난화   **4** 이산화 탄소   **5** ① 증가, ② 감소, ③ 감소, ④ 증가, ⑤ 감소   **6** 엘니뇨   **7** ① 서태평양, ② 동태평양   **8** ① 고압대, ② 하강 기류, ③ 건조   **9** ① 강수량 ② 방목   **10** ① 감소, ② 기상

시험대비교재 → 12쪽

II - ❷ - 01 태양 에너지의 생성과 전환

1 수소   **2** ① 4, ② 수소 핵융합   **3** 질량   **4** 태양   **5** ① 빛, ② 화학   **6** 태양 전지   **7** ㄴ, ㄷ, ㄹ   **8** ① 열, ② 구름, ③ 전기   **9** 화학   **10** ① 이산화 탄소, ② 탄소

시험대비교재 → 13쪽

II - ❷ - 02 발전과 에너지원

1 ① 전자기 유도, ② 자기장   **2** (1) × (2) ○   **3** 증가   **4** 척력   **5** a → ㉓ → b   **6** ① 빠를, ② 셀, ③ 많을   **7** (1) ○ (2) ×   **8** (1) ㉢ (2) ㉡ (3) ㉠   **9** ① 전자기 유도, ② 에너지원   **10** (1) × (2) ○ (3) ○

시험대비교재 → 14쪽

II - ❷ - 03 에너지 효율과 신재생 에너지

1 (1) ㉠ (2) ㉢ (3) ㉡   **2** A: 전기 에너지, B: 화학 에너지   **3** 에너지 보존   **4** 에너지 효율   **5** 70 J   **6** 열   **7** (1) ○ (2) × (3) ○   **8** (다)   **9** (나)   **10** (가)

Ⅲ-❶-01 과학 기술의 활용

1 ① 병원체, ② 검체 **2** 바이러스의 단백질 **3** 유전자증폭검사(PCR 검사) **4** 스마트 기기 **5** 과학 기술 **6** 실시간 **7** 빅데이터 **8** 빅데이터 **9** 사생활 **10** 신약 개발

Ⅲ-❶-02 과학 기술의 발전과 쟁점

1 (1) ㉡ (2) ㉢ (3) ㉠ **2** 사물 인터넷(IoT) **3** 인공지능 **4** 인공지능 로봇 **5** 한계 **6** ① 사회적 쟁점, ② 윤리 **7** 과학 관련 사회적 쟁점(SSI) **8** 과학 윤리 **9** 윤리적 측면 **10** 논리성

중단원 핵심 요약 & 문제

Ⅰ-❶ 지구 환경 변화와 생물다양성

01 지구 환경 변화

1 ③ **2** ③ **3** ① **4** ② **5** ④ **6** ② **7** ④

1 ①, ②, ④, ⑤ 화석을 통해 지층의 생성 시기, 지층이 퇴적될 당시의 환경, 과거 기후 변화, 과거 생물의 진화 과정, 과거 수륙 분포의 변화 등을 알 수 있다.
바로알기 ③ 암석의 생성 원인은 화석을 통해 알 수 없다.

2 A는 생물의 생존 기간이 길고, 분포 면적이 좁아 특정한 환경에서 과거부터 현재까지 서식하고 있는 생물의 화석인 시상 화석이다. B는 생물의 생존 기간이 짧고, 분포 면적이 넓어 지층의 생성 시대를 알려 주는 표준 화석이다.
ㄱ. (나)는 삼엽충 화석으로, 표준 화석에 해당한다.
ㄴ. 삼엽충은 고생대의 바다에서 번성했던 생물이다.
바로알기 ㄷ. (다)는 산호 화석으로, 시상 화석에 해당한다. 산호는 현재에도 따뜻하고 수심이 얕은 바다에서 서식하고 있다.

3 (가)는 선캄브리아시대 말기, (나)는 고생대 초기, (다)는 중생대 말기, (라)는 신생대 말기에 일어난 사건이다.
ㄱ. 최초의 다세포생물은 선캄브리아시대 말기에 출현하였다.
바로알기 ㄴ. 최초의 척추동물은 어류로, 고생대 초기에 출현하였다. 이 시기에는 아직 오존층이 형성되지 않아 육상에 식물이 존재하지 않았다.
ㄷ. 판게아가 분리되기 시작한 시기는 중생대 초기이다.

4 (가)는 중생대, (나)는 신생대, (다)는 고생대 말기의 수륙 분포이다.
ㄴ. (나)는 신생대의 수륙 분포에 해당하며, 이 시기에는 포유류가 번성하였다.
바로알기 ㄱ. 히말라야산맥은 신생대에 인도 대륙이 유라시아 대륙과 충돌하면서 형성되었다.
ㄷ. (다)일 때는 초대륙인 판게아가 형성되었으므로 해안선의 총 길이는 대륙이 분리되어 있는 (나)보다 (다)일 때 짧다.

5 (가)는 파충류와 겉씨식물이 번성한 중생대이다. (나)는 최초의 광합성 생물이 등장한 선캄브리아시대이다. (다)는 삼엽충이 표준 화석으로 산출되는 고생대이다. (라)는 신생대로, 후기에는 4번의 빙하기와 3번의 간빙기가 반복되어 나타났다.

6 삼엽충은 고생대, 공룡 발자국은 중생대, 화폐석은 신생대의 표준 화석이다.
ㄷ. 화폐석은 신생대의 표준 화석이며, 신생대에는 육지에서 속씨식물이 번성하였다.
바로알기 ㄱ. 이 지역은 지층이 생성되는 동안 지층의 위아래가 바뀐 적이 없으므로, 지층은 아래부터 순서대로 쌓인 것을 알 수 있다. 완족류는 고생대 초기부터 출현한 생물이고, 셰일층 위에

있는 이암층에서는 삼엽충 화석이 산출되므로 완족류 화석이 산출되는 셰일층은 고생대에 퇴적된 지층이다.

ㄴ. 사암층에서 공룡 발자국 화석이 산출되므로, 이 시기에 이 지역은 육지 환경이었다.

7 ㄴ. (나)의 삼엽충은 고생대 말기에 일어난 최대 규모의 대멸종 시기인 B에 멸종하였다.

ㄷ. C 시기의 대멸종은 중생대 말기에 해당하며, 이 시기 이후(신생대)에는 포유류가 번성하였다.

바로알기 ㄱ. A 시기는 고생대 초기에 일어난 첫 번째 대멸종에 해당한다.

시험대비교재 → 20쪽~21쪽

02 진화와 생물다양성

1 ④ **2** ⑤ **3** ④ **4** ⑤ **5** ④ **6** ③

1 ㄴ. 호랑나비의 날개 무늬와 색이 다양한 것은 유전적 변이로, 개체가 가진 유전정보가 서로 다르기 때문이다.

ㄷ. (가)와 (나)는 모두 같은 종의 개체 사이에서 나타나는 형질의 차이인 변이의 예이다.

바로알기 ㄱ. 기린의 털 무늬와 색이 다양한 것은 유전적 변이의 예로, 유전적 변이는 유전자의 차이로 나타난다.

2 ㄴ. 개체마다 변이가 있어 환경에 적응하는 방식과 능력이 다르다.

ㄷ. 환경에 적응하기 유리한 형질을 가진 개체는 그렇지 못한 개체보다 더 잘 살아남아 자손을 남기므로 시간이 지날수록 환경에 적응하기 유리한 형질을 가진 개체의 비율이 증가한다.

바로알기 ㄱ. 어떤 환경에서는 생존에 유리한 형질이 다른 환경에서는 생존에 불리하게 작용하기도 하므로, 환경이 달라지면 생존에 유리하게 작용하는 변이가 달라질 수 있다.

3 ① 생물은 주어진 환경에서 살아남을 수 있는 것보다 많은 수의 자손을 낳는다(㉠ 과잉 생산).

② 과잉 생산된 같은 종의 개체들 사이에 형태, 습성, 기능 등에서 다양한 변이(㉡)가 나타나는데, 돌연변이에 의해 새로운 유전자가 생성되면 새로운 변이가 나타날 수 있다.

③ 개체들 사이에서는 먹이와 서식지 등을 차지하기 위해 생존 경쟁(㉢)이 일어나며, 먹이와 서식지 환경에 따라 경쟁의 정도는 달라질 수 있다.

⑤ 자연선택 과정이 오랫동안 누적되면 생존에 유리한 형질을 가진 개체의 비율이 증가하면서 생물의 진화(㉤)가 일어난다.

바로알기 ④ 환경에 적응하기 유리한 형질을 가진 개체가 더 많이 살아남아 자손을 남기는데, 이것을 자연선택(㉣)이라고 한다. 환경에 적응하기 유리한 형질이 꼭 우수한 형질을 의미하는 것은 아니다.

4 ㄱ. 각 섬의 먹이 환경에 적응하기 유리한 부리를 가진 핀치가 자연선택되었다.

ㄴ. 같은 종의 생물이라도 개체가 가진 유전자의 차이로 기관의 형태가 다를 수 있다.

ㄷ. 지구 생태계의 다양한 환경에서 생물은 서로 다른 방향으로 자연선택되었으며, 이 과정이 오랫동안 반복되어 처음 조상과는 다른 형질을 가진 자손들이 나타나 새로운 종이 출현하게 되었고 그 결과 생물종이 다양해졌다.

5 ㄴ. 유전적 다양성(나)은 같은 종이라도 개체들이 가진 유전자 차이로 인해 다양한 형질이 나타나는 것을 의미한다.

ㄷ. 생태계다양성(다)은 강수량, 기온, 토양 등 환경요인의 차이로 인해 나타난다.

바로알기 ㄱ. 종다양성(가)이 높을수록 생태계에서 한 종이 사라지더라도 그 종을 대체할 수 있는 다른 종이 있어 생태계가 안정적으로 유지된다.

6 ㄱ. (가)와 (나)에 서식하는 생물종은 4종으로 같다.

ㄷ. 종다양성이 높을수록 생태계가 안정적으로 유지되므로 (나)의 생태계가 (가)의 생태계보다 안정적으로 유지된다.

바로알기 ㄴ. 일정한 지역에 서식하는 생물종의 수가 많을수록, 각 종의 분포 비율이 고를수록 종다양성이 높다. (가)와 (나)에서 생물종의 수는 같지만, (나)에서가 (가)에서보다 각 종의 분포 비율이 더 고르므로 (나)에서가 (가)에서보다 종다양성이 크다.

I-❷ 화학 변화

시험대비교재 → 22쪽~23쪽

01 산화와 환원

1 ① **2** ㄴ, ㄷ **3** ③ **4** ④ **5** ③ **6** ⑤ **7** ③
8 ⑤ **9** ④

1 알루미늄(Al)은 전자를 잃고 알루미늄 이온(Al^{3+})으로 산화되고, 구리 이온(Cu^{2+})은 전자를 얻어 구리(Cu)로 환원된다.

2 ㄴ. 메테인(CH_4)은 산소를 얻어 이산화 탄소(CO_2)로 산화된다.

ㄷ. 철(Fe)은 산소를 얻어 산화 철(Ⅲ)(Fe_2O_3)로 산화된다.

바로알기 ㄱ. 일산화 질소(NO)는 산소를 잃고 질소(N_2)로 환원된다.

3 (가) 황산 구리(Ⅱ)($CuSO_4$) 수용액에 아연(Zn)을 넣으면 구리 이온(Cu^{2+})이 전자를 얻어 구리(Cu)로 환원된다.

$$\overset{\overbrace{\qquad\text{산화}\qquad}}{Cu^{2+} + Zn} \underset{\underbrace{\qquad\text{환원}\qquad}}{\longrightarrow Cu + Zn^{2+}}$$

(나) 마그네슘(Mg)을 공기 중에서 가열하면 마그네슘(Mg)이 산소를 얻어 산화 마그네슘(MgO)으로 산화된다.

$$\overset{\overbrace{\quad\text{산화}\quad}}{2Mg + O_2} \underset{\underbrace{\quad\text{환원}\quad}}{\longrightarrow 2MgO}$$

(다) 철을 제련하는 과정에서 코크스(C)가 산소를 얻어 일산화 탄소(CO)로 산화된다.

$$\overset{\overbrace{\quad\text{산화}\quad}}{2C + O_2} \longrightarrow 2CO$$

4 산화 구리(Ⅱ)와 탄소 가루를 혼합하여 가열하면 다음과 같은 반응이 일어난다.

$$2CuO + C \xrightarrow{\quad\text{산화}\quad} 2Cu + CO_2$$

$\underset{\text{환원}}{\underbrace{\qquad\qquad}}$

① 석회수가 뿌옇게 흐려진 것으로 보아 이산화 탄소(CO_2)가 생성되었다.

② 반응 후 시험관 속에 생성된 붉은색 고체는 검은색 산화 구리(Ⅱ)(CuO)가 환원되어 생성된 구리(Cu)이다.

③ 탄소(C)는 산소를 얻어 이산화 탄소(CO_2)로 산화된다.

⑤ 시험관 속에서 산화·환원 반응이 일어난다.

바로알기 ④ 산화 구리(Ⅱ)(CuO)는 산소를 잃고 구리(Cu)로 환원된다.

5 질산 은 수용액에 구리 선을 넣으면 다음과 같은 반응이 일어난다.

$$Cu + 2Ag^+ \xrightarrow{\quad\text{산화}\quad} Cu^{2+} + 2Ag$$

$\underset{\text{환원}}{\underbrace{\qquad\qquad}}$

ㄱ. 은 이온(Ag^+)은 전자를 얻어 은(Ag)으로 환원된다.

ㄴ. 구리(Cu)가 구리 이온(Cu^{2+})으로 산화되어 수용액에 녹아 들어가므로 수용액이 푸른색을 띤다.

바로알기 ㄷ. 은 이온(Ag^+) 2개가 감소할 때 구리 이온(Cu^{2+}) 1개가 생성되고, 질산 이온(NO_3^-)은 반응에 참여하지 않으므로 수용액의 전체 이온 수는 감소한다.

6 묽은 염산에 마그네슘 조각을 넣으면 다음과 같은 반응이 일어난다.

$$Mg + 2H^+ \xrightarrow{\quad\text{산화}\quad} Mg^{2+} + H_2 \uparrow$$

$\underset{\text{환원}}{\underbrace{\qquad\qquad}}$

ㄱ, ㄴ. 마그네슘(Mg)은 전자를 잃고 마그네슘 이온(Mg^{2+})으로 산화되어 수용액에 녹아 들어가므로 마그네슘 조각의 질량은 감소한다.

ㄷ. 수소 이온(H^+) 2개가 감소할 때 마그네슘 이온(Mg^{2+}) 1개가 생성되므로 수용액 속 양이온 수는 감소한다.

7 ㄱ. (가)는 식물의 엽록체에서 빛에너지를 이용하여 이산화 탄소와 물로 포도당과 산소를 만드는 광합성이고, (나)는 철의 제련 과정에서 산화 철(Ⅲ)과 일산화 탄소가 반응하여 철과 이산화 탄소가 생성되는 반응이다.

ㄷ. (가)와 (나)는 모두 산화·환원 반응이다.

바로알기 ㄴ. ㉠은 산소, ㉡은 이산화 탄소이다. 따라서 ㉠과 ㉡은 다른 물질이다.

8 (가)는 철의 제련 과정에서 일어나는 반응의 일부이고, (나)는 철이 산화될 때 일어나는 반응이다.

ㄱ, ㄴ. (가)에서 산화 철(Ⅲ)(Fe_2O_3)은 산소를 잃고 철(Fe)로 환원되고, 일산화 탄소(CO)는 산소를 얻어 이산화 탄소(CO_2)로 산화된다. 따라서 A는 이산화 탄소(CO_2)이다.

ㄷ. (나)에서 철(Fe)과 산소(O_2)가 결합하여 산화 철(Ⅲ)(Fe_2O_3)이 생성될 때 철(Fe)은 전자를 잃고 철 이온(Fe^{3+})으로 산화된다.

9 ①, ②, ③, ⑤ 철이 녹스는 반응, 세포호흡, 섬유 표백, 사과의 갈변은 산화·환원 반응의 예이다.

바로알기 ④ 벌레에 물렸을 때 산성 물질인 벌레의 독을 염기성 물질인 암모니아수로 중화하는 것은 중화 반응의 예이다.

시험대비교재 → 24쪽~25쪽

02 산, 염기와 중화 반응

1 ⑤ **2** ③ **3** ① **4** ① **5** ③ **6** ③ **7** ②

1 ⑤ 산과 염기는 물에 녹아 이온화하므로 모두 수용액에서 전기 전도성이 있다.

바로알기 ①, ② 산 수용액은 탄산 칼슘과 반응하여 이산화 탄소 기체를 발생시키고, 페놀프탈레인 용액의 색을 변화시키지 않는다.

③, ④ 염기 수용액은 쓴맛이 나고, BTB 용액을 파란색으로 변화시킨다.

2 ㄱ. 푸른색 리트머스 종이를 붉게 변화시키는 이온은 H^+으로, 묽은 염산에 들어 있는 H^+이 (−)극 쪽으로 이동하므로 붉은색이 (−)극 쪽으로 이동한다.

ㄷ. 묽은 황산에도 H^+이 들어 있으므로 묽은 염산 대신 묽은 황산으로 실험해도 같은 결과가 나타난다.

바로알기 ㄴ. 음이온인 NO_3^-과 Cl^-은 (+)극 쪽으로 이동한다.

3 (가)는 푸른색 리트머스 종이를 붉은색으로 변화시키므로 산성 용액인 아세트산 수용액이고, (다)는 붉은색 리트머스 종이를 푸른색으로 변화시키므로 염기성 용액인 수산화 나트륨 수용액이다. (나)는 리트머스 종이의 색을 변화시키지 않으므로 중성 용액인 염화 나트륨 수용액이다.

ㄱ. (가)는 산성 용액이므로 (가)에는 H^+이 들어 있다.

바로알기 ㄴ. (나)는 중성 용액이므로 페놀프탈레인 용액의 색을 변화시키지 않는다.

ㄷ. (다)는 염기성 용액이므로 탄산 칼슘과 반응하지 않는다.

4 ㄱ. (가)는 산성 용액이고 (나)는 염기성 용액이므로 (가)와 (나)를 혼합하면 중화 반응이 일어나 중화열이 발생하여 용액의 온도가 높아진다. 따라서 용액의 최고 온도는 (다)가 (가) 또는 (나)보다 높다.

바로알기 ㄴ. Na^+은 반응에 참여하지 않으므로 Na^+의 수는 (나)와 (다)가 같다.

ㄷ. 산의 H^+과 염기의 OH^-은 1 : 1의 개수비로 반응하므로 (다)는 중성 용액이다. 따라서 (다)에 BTB 용액을 떨어뜨리면 초록색을 나타낸다.

5

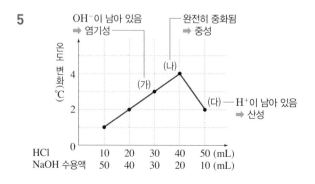

온도가 가장 많이 변한 (나)에서 혼합 용액의 최고 온도가 가장 높으므로 완전히 중화되었고, 묽은 염산과 수산화 나트륨 수용액은 2 : 1의 부피비로 반응함을 알 수 있다.

ㄱ. 반응하는 H^+과 OH^-의 수가 많을수록 중화열이 많이 발생한다. 따라서 중화 반응으로 생성된 물 분자 수는 용액의 최고 온도가 더 높은 (가)가 (다)보다 많다.

ㄷ. (가)에서는 묽은 염산 30 mL와 수산화 나트륨 수용액 15 mL가 반응하고, 반응하지 않은 OH^-이 남아 있으므로 (가)의 액성은 염기성이다. (다)에서는 묽은 염산 20 mL와 수산화 나트륨 수용액 10 mL가 반응하고, 반응하지 않은 H^+이 남아 있으므로 (다)의 액성은 산성이다. 따라서 (가)와 (다)를 혼합하면 중화 반응이 일어난다.

바로알기 ㄴ. (나)에서는 묽은 염산 40 mL와 수산화 나트륨 수용액 20 mL가 반응한다. 따라서 (나)의 액성은 중성이므로 (나)에 BTB 용액을 떨어뜨리면 초록색을 나타낸다.

6

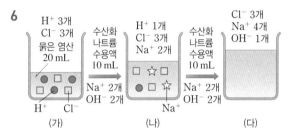

(가)　　　(나)　　　(다)

ㄱ. (가)에서 (나)로 될 때 ●의 수는 감소하고, □의 수는 일정한 것으로 보아 ●은 중화 반응에 참여하는 H^+이고, □은 중화 반응에 참여하지 않는 Cl^-이다.

ㄴ. (나)는 H^+이 존재하는 산성 용액이므로 (나)에 수산화 나트륨 수용액을 넣으면 중화 반응이 일어나 물 분자가 생성된다. 따라서 중화 반응으로 생성된 물 분자 수는 (다)가 (나)보다 많다.

바로알기 ㄷ. (나)에 들어 있는 ☆은 중화 반응에 참여하지 않는 Na^+이다. 수산화 나트륨 수용액 10 mL에는 Na^+ 2개가 들어 있으므로 (다)에는 Na^+ 4개가 들어 있다. (다)에 들어 있는 Cl^-은 3개이므로 (다)에 들어 있는 Na^+(☆)의 수는 Cl^-(□)의 수보다 많다.

7 ㄷ. 레몬즙(ⓜ)은 산성 물질이므로 레몬즙(ⓜ)에는 H^+이 들어 있다.

바로알기 ㄱ. 산성화된 토양(㉠), 위산(㉢), 레몬즙(ⓜ)은 산성을 띠고, 석회 가루(㉡), 제산제(㉣), 비린내의 원인 물질(ⓗ)은 염기성을 띤다.

ㄴ. 석회 가루(㉡)와 제산제(㉣)는 염기성 물질이므로 석회 가루(㉡)와 제산제(㉣)를 혼합해도 중화 반응이 일어나지 않는다.

시험대비교재 → 26쪽~27쪽

03 물질 변화에서 에너지의 출입

1 ㉠ 높아, ㉡ 낮아　**2** ④　**3** ③　**4** ③　**5** ③　**6** ①
7 ③　**8** ②　**9** ②

1 열에너지를 방출하는 반응이 일어날 때는 주변의 온도가 높아지고, 열에너지를 흡수하는 반응이 일어날 때는 주변의 온도가 낮아진다.

2 ④ 드라이아이스의 승화는 물질 변화가 일어날 때 열에너지를 흡수하는 현상이다.

바로알기 ①, ②, ③, ⑤ 물의 응고, 나무의 연소, 금속과 산의 반응, 철 가루와 산소의 반응은 물질 변화가 일어날 때 열에너지를 방출하는 현상이다.

3 ㄱ, ㄴ. 수증기가 물로 액화하거나 물과 산화 칼슘이 반응할 때 열에너지를 방출하여 주변의 온도가 높아진다.

바로알기 ㄷ. 질산 암모늄과 수산화 바륨이 반응할 때 열에너지를 흡수하여 주변의 온도가 낮아진다.

4 ㄱ. 도시가스와 같은 연료가 연소할 때 열에너지를 방출한다.

ㄴ. 아이스크림을 포장할 때 드라이아이스를 넣으면 드라이아이스가 승화하면서 열에너지를 흡수하여 주변의 온도가 낮아진다.

바로알기 ㄷ. 세포호흡은 열에너지를 방출하는 반응으로, 생명체는 세포호흡으로 발생하는 열에너지의 일부를 생명활동에 이용한다. 따라서 생명체의 세포호흡과 에너지 출입 방향이 같은 현상을 이용하는 예는 (가)이다.

5 ㄱ, ㄴ. 질산 암모늄과 수산화 바륨이 반응하면서 열에너지를 흡수하여 삼각 플라스크와 나무판 사이의 물이 얼게 되므로 나무판이 삼각 플라스크에 달라붙는다.

바로알기 ㄷ. 질산 암모늄과 수산화 바륨이 반응하면서 열에너지를 흡수하므로 주변의 온도가 낮아진다.

6 물과 산화 칼슘의 반응을 이용하여 달걀을 삶는 것으로 보아 물과 산화 칼슘이 반응할 때 열에너지를 방출하여 주변의 온도가 높아진다.

7 (가) 신선식품을 배달할 때 얼음주머니를 넣으면 얼음이 융해하면서 열에너지를 흡수하여 신선도가 유지된다.
(다) 냉찜질 팩에서는 질산 암모늄이 물에 녹으면서 열에너지를 흡수하여 차가워진다.

바로알기 (나) 손난로를 흔들면 철 가루가 산소와 반응하면서 열에너지를 방출하여 따뜻해진다.

8 냉장고의 냉매가 기화하면서 열에너지를 흡수하여 주변의 온도가 낮아져 냉장고 안이 시원해진다. 냉장고 뒤의 방열판에서는 냉매가 다시 액화하면서 열에너지를 방출하여 주변의 온도가 높아진다.

9 ㄴ. 발열 용기에서는 산화 칼슘이 물에 녹으면서 방출하는 열에너지로 음식을 조리한다.

바로알기 ㄱ. 불이 났을 때 탄산수소 나트륨 분말을 소화기로 뿌리면 탄산수소 나트륨이 분해되면서 열에너지를 흡수하여 불이 꺼진다.

ㄷ. 아이스크림을 포장할 때 드라이아이스를 넣으면 드라이아이스가 승화하면서 열에너지를 흡수하므로 아이스크림이 녹지 않는다.

II-❶ 생태계와 환경 변화

시험대비교재 → 28쪽~29쪽

01 생물과 환경

1 ⑤   **2** ①   **3** ④   **4** ②

1 ① 생태계는 생산자, 소비자, 분해자로 구성된 생물요소와 빛, 온도, 물, 공기, 토양 등과 같은 비생물요소로 이루어져 있다.
②, ③ 일정한 지역에 사는 같은 종의 생물이 모여 개체군을 이루며, 개체군이 모여 군집을 이룬다.
④ 생물은 빛, 온도, 물, 토양, 공기 등 여러 환경요인에 대해 적응하며 살아가며, 다른 생물과도 서로 영향을 주고받으며 살아간다.
바로알기 ⑤ 분해자는 생물의 사체나 배설물을 분해하여 생명활동에 필요한 에너지를 얻는 생물로, 세균, 버섯 등이 있다. 플랑크톤 중 식물 플랑크톤은 생산자이고, 동물 플랑크톤은 소비자이다.

2 ㄱ. 생태계에서는 비생물요소가 생물요소에 영향을 주기도 하고, 생물요소가 비생물요소에 영향을 주기도 하며, 생물요소 사이에도 서로 영향을 주고받는다.
바로알기 ㄴ. 철새가 계절에 따라 먹이나 적당한 온도를 찾아 이동하는 것은 비생물 환경이 생물에 영향을 준 것이므로 ㉠에 해당한다.
ㄷ. 지의류가 산성 물질을 분비하여 암석의 풍화를 촉진하는 것은 생물이 비생물 환경에 영향을 준 것이므로 ㉡에 해당한다.

3 ① 식물의 줄기는 잎이 빛을 잘 받을 수 있도록 빛이 오는 쪽을 향하여 굽어 자란다.
② 일조 시간은 일부 동물의 생식 주기나 행동에 영향을 주기도 한다.
③ 소나무와 같은 식물은 빛이 강한 환경에서 잘 자라고, 고사리와 같은 식물은 빛이 약한 환경에서 잘 자란다.
⑤ 일조 시간은 식물의 개화에 영향을 주어 상추와 같은 장일식물은 일조 시간이 길어지는 봄이나 여름에 꽃이 피고, 코스모스와 같은 단일식물은 일조 시간이 짧아지는 가을에 꽃이 핀다.
바로알기 ④ 강한 빛을 받는 잎은 광합성이 활발히 일어나는 울타리조직이 발달되어 있어 두껍고, 약한 빛을 받는 잎은 얇고 넓어 빛을 효율적으로 흡수한다.

4 (가) 사막에 사는 포유류는 농도가 진한 오줌을 배설하여 오줌으로 나가는 수분량을 줄인다.
(나) 기온이 매우 낮은 툰드라에 사는 털송이풀은 잎이나 꽃에 털이 나 있어 체온이 낮아지는 것을 막는다.
(다) 꾀꼬리와 종달새는 일조 시간이 길어지는 봄에 번식하고, 송어와 노루는 일조 시간이 짧아지는 가을에 번식한다.

시험대비교재 → 29쪽~30쪽

02 생태계평형

1 ⑤   **2** ②   **3** ③   **4** ②   **5** ④

1 ① 생태계평형은 생태계에서 생물군집의 구성이나 개체수, 물질의 양, 에너지의 흐름이 균형을 이루면서 안정된 상태를 유지하는 것으로, 주로 생물들 사이의 먹이 관계로 유지된다.
② 먹이 관계가 복잡할수록 생태계평형이 잘 유지되므로 생태계평형을 유지하기 위해서는 생물다양성을 보전하는 것이 중요하다.
③ 안정된 생태계는 환경이 변해 일시적으로 평형이 깨져도 평형을 회복할 수 있다.
④ 포식자의 개체수가 늘어나면 피식자의 개체수가 줄어들고, 피식자의 개체수가 줄어들면 포식자의 개체수도 줄어든다. 이처럼 포식과 피식 관계에 있는 두 개체군은 서로의 개체수에 영향을 미쳐 개체수가 주기적으로 변동하며 평형을 유지한다.
바로알기 ⑤ 생태계평형은 생태계에서 생물군집의 구성이나 개체수뿐 아니라 물질의 양, 에너지흐름의 균형까지 포함하는 개념이다.

2 ㄷ. 매의 개체수가 줄어들면 매의 피식자인 올빼미와 뱀의 개체수가 증가하므로 올빼미와 뱀이 먹이로 하는 들쥐의 개체수는 감소한다.
바로알기 ㄱ. 생태계에서 에너지는 먹이사슬을 따라 흐르며, 상위 영양단계로 갈수록 에너지양이 감소한다. 따라서 풀이 가진 에너지양이 가장 많으며, 풀이 가진 에너지의 일부는 생명활동을 하는 데 쓰이거나 열에너지로 방출되고, 나머지 일부만 토끼, 들쥐, 메뚜기로 전달된다.
ㄴ. 메뚜기가 사라지면 메뚜기만을 먹이로 하는 개구리는 사라지지만, 개구리를 먹이로 하는 뱀, 올빼미, 매는 다른 먹이를 먹을 수 있어 사라지지 않는다. 또 들쥐도 풀을 먹고 살아갈 수 있으므로 사라지지 않는다.

3 ㄱ. A는 3차 소비자, B는 2차 소비자, C는 1차 소비자, D는 생산자이다. 생산자는 광합성을 통해 유기물을 합성하여 생명활동에 필요한 에너지를 얻는다.
ㄴ. 안정된 생태계에서는 상위 영양단계로 갈수록 각 영양단계의 개체수와 에너지양, 생체량이 감소하므로, D → C → B → A로 갈수록 생체량이 감소한다.
바로알기 ㄷ. D가 가진 에너지의 일부가 C와 B를 거쳐서 A로 전달된다.

4 ㄴ. 2차 소비자의 개체수가 증가하면 먹이가 되는 1차 소비자의 개체수는 감소하고, 2차 소비자를 먹고 사는 3차 소비자의 개체수는 증가한다.
바로알기 ㄱ. 피식자의 개체수가 증가하면 피식자를 먹고 사는 포식자의 개체수도 증가한다.
ㄷ. 생태계평형이 회복되는 과정에서 1차 소비자의 개체수가 증가하거나 감소함에 따라 먹이인 생산자의 개체수도 변화한다.

5 • 학생 B: 벌목으로 숲이 파괴되면 숲에 서식하던 많은 생물들의 서식지가 파괴되어 생물들이 사라질 수 있다.
• 학생 C: 공장 폐수를 정화하지 않고 바다로 무단 방류하면 수질이 오염되어 많은 수생 생물들이 폐사하거나 생존에 위협을 받는다.

바로알기 • 학생 A: 콘크리트 제방으로 둘러싸인 인공 하천을 나무, 풀, 돌, 흙 등으로 이루어진 자연형 하천으로 바꾸면 생물들의 서식지가 보호되므로 생태계를 보전할 수 있다.

시험대비교재 → 31쪽~32쪽

03 지구 환경 변화와 인간 생활

1 ③   **2** ③   **3** ①   **4** ②   **5** ⑤   **6** ②

1 ㄱ. 위도에 따른 에너지 차이는 지구에서 방출하는 지구 복사 에너지보다 지구에 입사되는 태양 복사 에너지에서 크다. 따라서 (가)는 지구 복사 에너지, (나)는 태양 복사 에너지이다.

ㄴ. A에서는 지구 복사 에너지가 태양 복사 에너지보다 많으므로 A는 에너지 부족량을 나타내고, B에서는 지구 복사 에너지가 태양 복사 에너지보다 적으므로 B는 에너지 과잉량을 나타낸다.

바로알기 ㄷ. 저위도일수록 지구에 입사되는 태양 복사 에너지와 지구에서 방출하는 지구 복사 에너지가 많으므로 ㉠은 고위도, ㉡은 저위도이다. 따라서 대기와 해양에 의한 에너지 수송은 에너지 과잉에서 에너지 부족 쪽으로 일어나므로 ㉡에서 ㉠ 방향으로 일어난다.

2 ㄱ. A는 온실 기체 중 대기 중으로 가장 많은 양을 배출하는 이산화 탄소이다.

ㄷ. 온실 기체의 배출량이 증가할수록 온실 기체가 흡수하는 지구 복사 에너지가 증가하기 때문에 대기에서 지표로 재복사하는 에너지의 양이 증가한다.

바로알기 ㄴ. 메테인과 산화 이질소는 파장이 짧은 자외선보다 파장이 긴 적외선을 잘 흡수한다.

3 ㄱ. 1950년부터 2010년까지 이산화 탄소의 농도가 증가하고, 여름철 북극 얼음의 면적이 감소하는 것으로 보아 지구의 평균 기온이 상승하는 지구 온난화가 나타나고 있다는 것을 알 수 있다.

바로알기 ㄴ. 지구 온난화가 나타나면 지구의 평균 기온이 상승하여 해수의 열팽창과 빙하의 융해가 일어나기 때문에 지구의 평균 해수면이 높아진다.

ㄷ. 지구 온난화로 여름철 북극 얼음 면적이 감소하면 지표면의 반사율은 감소한다.

4 ㄴ. 엘니뇨 시기에는 페루 연안에서 평상시보다 용승이 약해져 표층 수온이 평상시보다 높아진다.

바로알기 ㄱ. 엘니뇨 시기에는 무역풍이 평상시보다 약해져 따뜻한 표층 해수의 상대적 이동 방향이 동쪽으로 나타난다.

ㄷ. 엘니뇨 시기에는 인도네시아 연안에 고기압이 형성되어 하강 기류가 발달하기 때문에 평상시보다 강수량이 감소한다.

5 ㄱ. 엘니뇨 시기에 A 해역은 평상시보다 표층 해수의 수온이 낮아 주변 공기도 차가워져 고기압이 형성된다.

ㄴ. 엘니뇨 시기에는 평상시보다 무역풍이 약하게 불기 때문에 서쪽으로 이동하는 표층 해수의 양이 적어 B 해역은 평상시보다 해수면 높이가 높아진다.

ㄷ. 무역풍은 동쪽에서 서쪽으로 부는 동풍 계열의 바람이다. 따라서 엘니뇨 시기에는 태평양 적도 부근 해역에서 동풍 계열의 바람이 약하게 분다.

6 ㄴ. 사막과 사막화 지역은 강수량이 적고 증발량이 상대적으로 많은 위도 20°~40°에 주로 분포한다.

ㄷ. 우리나라에서 나타나는 황사의 발원 지역은 중국 북부 지역과 몽골 지역이다. 따라서 ㉠(고비 사막)에서 사막과 사막화 현상이 심해지면 우리나라에서는 황사의 발생 빈도가 증가할 것이다.

바로알기 ㄱ. 사막화 현상은 주로 사막 주변에서 일어난다. 따라서 A는 사막 지역이고, B는 A 주변에 분포하는 사막화 지역이다.

ㄹ. 사막화를 막기 위해서는 숲의 면적 늘리기, 삼림 벌채 최소화, 가축의 방목 줄이기, 사막화 방지 협약 준수 등을 해야 한다.

Ⅱ-❷ 에너지 전환과 활용

시험대비교재 → 33쪽

01 태양 에너지의 생성과 전환

1 ⑤   **2** ③   **3** ②

1 ㄱ. 태양의 수소 핵융합 반응은 초고온 상태인 태양의 중심부에서 일어난다.

ㄴ. 태양의 수소 핵융합 반응은 수소 원자핵 4개가 반응하여 헬륨 원자핵 1개가 생성되는 반응이다.

ㄷ. 핵융합 반응에서 발생한 에너지는 핵융합 과정에서 감소한 질량에 의한 것이다.

2 ㄱ. 대기가 태양의 열에너지를 흡수하여 바람을 일으킨다. 이때 태양의 열에너지는 바람의 운동 에너지로 전환된다.

ㄴ. 태양광 발전은 태양 전지를 이용하여 태양의 빛에너지를 직접 전기 에너지로 전환하는 발전 방식이다.

바로알기 ㄷ. (가), (나)는 모두 근원 에너지가 태양 에너지이다.

3 ㄴ. 탄소는 이산화 탄소, 유기물, 석탄, 석유 등의 다양한 형태로 존재한다.

바로알기 ㄱ. 태양의 빛에너지를 흡수하여 식물이 성장을 하고, 이 식물이 땅속에 묻혀 화석 연료가 되므로 화석 연료의 근원은 태양 에너지이다.

ㄷ. 식물은 광합성을 통해 이산화 탄소를 화학 에너지의 형태로 저장한다. 따라서 광합성이 활발할수록 대기 중 이산화 탄소는 감소한다.

02 발전과 에너지원

1 ④ 2 ② 3 ⑤ 4 ③ 5 ⑤ 6 ① 7 ⑤

1 코일의 극을 반대로 하거나, 코일이 움직이는 방향을 반대로 하면 코일에 흐르는 유도 전류의 방향은 반대로 바뀐다.
ㄱ. 자석의 극은 그대로 두고, 자석의 운동 방향을 반대로 하였으므로 코일에 흐르는 유도 전류의 방향은 반대로 바뀐다. 따라서 검류계 바늘은 ⓐ 방향으로 움직인다.
ㄷ. 자석의 운동 방향은 변하지 않고, 자석의 극만 반대로 하였으므로 코일에 흐르는 유도 전류의 방향은 반대로 바뀐다. 따라서 검류계 바늘은 ⓐ 방향으로 움직인다.
바로알기 ㄴ. 자석의 극과 운동 방향을 모두 반대로 하였으므로 코일에 흐르는 유도 전류의 방향은 변하지 않는다. 따라서 검류계 바늘은 ⓑ 방향으로 움직인다.

2 ㄴ. 자석을 더 빠른 속력으로 낙하시키면 코일을 통과하는 자기장의 변화가 커지므로 검류계 바늘은 더 큰 폭으로 움직인다.
바로알기 ㄱ. 자석이 코일에 가까워지므로 자석과 코일 사이에는 서로 밀어내는 힘이 작용한다.
ㄷ. 자석의 역학적 에너지는 코일의 전기 에너지로 전환되어 감소한다.

3 ㄱ, ㄷ. 코일을 회전시키는 동안 코일을 통과하는 자기장이 변하므로 전자기 유도 현상에 의해 코일에 유도 전류가 흐른다.
ㄴ. 코일을 빠르게 회전시킬수록 코일을 통과하는 자기장의 변화가 커지므로 코일에 흐르는 유도 전류의 세기가 커진다.

4 ㄱ. 발전기에서는 터빈의 회전 운동 에너지가 전기 에너지로 전환된다.
ㄴ. 터빈의 속력이 빠를수록 자석이 코일을 통과하는 자기장의 변화가 커지므로 생산되는 전기 에너지는 많아진다.
바로알기 ㄷ. 코일의 감은 수가 많을수록 코일에 흐르는 유도 전류의 세기가 커지므로 생산되는 전기 에너지는 많아진다.

5 **바로알기** ⑤ 태양광 발전은 발전기 없이 태양 전지를 이용하여 태양 에너지를 직접 전기 에너지로 전환하는 발전 방식이다.

6 ㄱ. A는 화력 발전으로 화석 연료의 연소 과정에서 이산화 탄소가 많이 발생한다.
바로알기 ㄴ. B는 수력 발전으로 물의 위치 에너지를 이용한다.
ㄷ. C는 핵발전으로 방사능 누출로 인한 환경 오염이 발생할 수 있다.

7 ㄱ, ㄷ. 전기를 대규모로 공급하는 것이 가능해져 가정에서는 다양한 가전제품을 사용할 수 있게 되었고, 첨단 과학 기술의 발전이 가능해졌다.
ㄴ. 화석 연료의 연소 과정에서 온실 기체가 배출되어 생태계 파괴의 위험이 증가하는 문제가 발생하였다.

03 에너지 효율과 신재생 에너지

1 ② 2 ① 3 ⑤ 4 ① 5 ⑤ 6 ③

1 **바로알기** ② 소리 에너지는 공기와 같은 물질의 진동에 의해 전달되는 에너지이다.

2 (가) 광합성은 태양의 빛에너지를 흡수하여 화학 에너지의 형태로 식물의 양분으로 저장된다.
(나) 반딧불이는 배에 있는 화학 물질이 빛을 방출하므로 화학 에너지가 빛에너지로 전환된다.
(다) 충전은 전기 에너지를 공급하면 화학 에너지의 형태로 저장한다.

3 ㄱ. 엔진의 에너지 효율(%)=$\dfrac{14.4\,\text{kJ}}{72\,\text{kJ}} \times 100$=20 %이다.
ㄴ. 조명등에서 전기 에너지가 빛에너지로 전환된다.
ㄷ. 연료의 에너지는 에너지 전환 과정을 거쳐 최종적으로 다시 사용하기 어려운 형태의 열에너지로 전환된다.

4 ㄱ. 에너지 효율은 공급한 에너지 중에서 유용하게 사용된 에너지의 비율이므로 에너지 효율(%)=$\dfrac{\text{유용하게 사용된 에너지}}{\text{공급한 에너지}}$ $\times 100$이다.
바로알기 ㄴ. 공급된 에너지가 일정할 때 에너지 효율이 낮을수록 버려지는 에너지의 양이 많다.
ㄷ. 에너지 소비 효율 등급이 1등급인 제품은 5등급인 제품보다 유용하게 사용되는 에너지의 양이 많다.

5 ⑤ 석탄의 액화 및 가스화 에너지는 기존의 화석 연료를 변환하여 이용한 것이므로 신재생 에너지에 포함된다.
바로알기 ① 화력 발전에 비해 대부분 발전 효율이 낮다.
② 화석 연료와 달리 자원 고갈의 염려가 없다.
③ 기존의 에너지원에 비해 초기 투자 비용이 많이 든다.
④ 기존의 화석 연료를 변환시켜 이용하거나 재생 가능한 에너지를 변환시켜 이용하는 에너지이다.

6 (가) 태양광 발전은 태양 전지를 이용하여 빛에너지를 전기 에너지로 전환하는 발전 방식이다.
(나) 바이오 에너지는 농작물, 목재, 해조류 등 살아있는 생명체의 에너지, 매립지의 가스를 원료로 이용하는 에너지이다.

Ⅲ - ❶ 과학과 미래 사회

시험대비교재 → 38쪽~39쪽

01 과학 기술의 활용

1 ④ **2** ⑤ **3** ⑤ **4** ① **5** ⑤

1 ㄱ. 신속항원검사와 유전자증폭검사는 코로나바이러스감염증과 같이 바이러스에 감염되어 발생하는 감염병을 진단하는 검사이다.
ㄴ. 신속항원검사는 단백질을 이용해서 진단한다.
바로알기 ㄷ. 신속항원검사는 검체에 들어 있는 병원체의 양이 적을 경우 병원체가 검출되지 않을 수도 있으므로, 유전자증폭검사에 비해 정확도가 낮은 편이다.

2 과학 기술의 발달로 미래 사회에는 감염병 대유행, 기후 변화, 에너지 및 자원 고갈, 자연 재해, 물 부족, 식량 부족, 초연결 사회로 인한 사생활 침해 및 보안, 인공지능과 자동화 기술의 발달에 따른 일자리 변화 등과 같이 복잡하고 다양한 문제가 나타날 것으로 예측되고 있다.

3 ㄱ. 일상생활에서 미세 먼지 농도와 같은 데이터를 실시간으로 측정하면 공기의 질과 같은 생활 속 문제를 쉽게 파악하고 대처할 수 있다.
ㄴ. 스마트워치를 사용하여 심박수, 수면 패턴과 같은 데이터 측정이 가능해지면서 자신의 건강 상태를 간단하게 확인할 수 있게 되었다.
ㄷ. 현대 사회에는 실시간으로 측정할 수 있는 데이터의 종류와 양이 늘어나면서 우리의 삶이 건강하고 편리해지고 있다.

4 ㄱ. 빅데이터는 기존의 데이터 관리 및 처리 도구로는 다루기 어려운 방대한 양의 데이터이다.
바로알기 ㄴ. 디지털 형태로 전환된 많은 양의 데이터가 실시간으로 빠르게 수집되면서 빅데이터가 형성된다.
ㄷ. 빅데이터가 수집되는 과정에서 개인 정보가 수집되고 활용될 수 있는 문제점도 제기되고 있다.

5 과학 기술 사회에서는 과학 실험, 신약 개발, 기상 관측, 유전체 분석 등 다양한 분야에서 생성된 수많은 빅데이터를 분석하여 활용할 수 있지만 개인 정보 유출 등의 문제가 발생할 수 있다.
⑤ 개인 정보 누출로 인한 공유는 빅데이터를 수집, 분석, 관리하는 과정에서 생기는 문제점이다.

시험대비교재 → 40쪽

02 과학 기술의 발전과 쟁점

1 ⑤ **2** ② **3** ② **4** ②

1 ㄱ, ㄴ. 사물 인터넷(IoT)은 인터넷에 연결된 다른 사물과 주변 환경의 데이터를 실시간으로 주고받는 기술로, 사용자가 원격으로 사물의 상태를 파악하고 제어할 수 있다.
ㄷ. 사물 인터넷 기술은 다양한 분야에서 인간의 삶과 환경을 개선하는 데 활용되고 있고, 인공지능 기술 개발에 필요한 기초 기술로 미래 과학 기술 발전의 토대가 되고 있다.

2 ㄱ. 인공지능 기술은 학습 및 문제 해결 같은 사람의 인식 기능을 모방하는 컴퓨터 시스템으로, 빅데이터를 학습하고 분석하는 기술을 바탕으로 활용된다.
ㄴ. 생성형 인공지능 기술로 사람의 말, 글, 그림 등을 입력하여 다양한 형식의 문서, 음악, 그림, 영상 등을 만들고, 예측형 인공지능 기술로 기존 데이터의 추이를 분석하여 미래 변화를 예측하기도 한다. 또한 사물 인식 및 제어 기술로 주변 상황을 인식하고 스스로 구동 장치를 제어하는 자율주행 자동차를 개발하고 있다.
바로알기 ㄷ. 인공지능 로봇은 일상생활뿐만 아니라 문화·예술, 산업 현장, 우주 탐사 등 다양한 분야에서 활용되고 있다.

3 ㄱ. 의약품을 개발할 때 동물 실험 과정에서 생명 윤리와 관련된 논쟁은 과학 관련 사회적 쟁점 중 하나이다.
ㄴ. 과학 관련 사회적 쟁점 중 유전자변형 농산물 사용과 관련된 입장에는 식량 부족 문제를 해결하기 위해 현재 사용하고 있는 유전자변형 농산물의 생산 비율을 늘려야 한다는 의견과 유전자변형 농산물의 부작용을 충분히 검증하지 못했으므로 이에 대한 사용을 제한해야 한다는 의견이 있다.
바로알기 ㄷ. 과학 관련 사회적 쟁점을 해결할 때는 자신의 입장을 과학적 근거를 들어 논리적으로 설명하고, 상대방의 입장과 근거 사이의 논리성과 타당성을 검토하면서 상대방의 의견을 경청해야 한다.

4 과학 윤리는 과학자뿐만 아니라 정치인, 일반인 등 다양한 분야의 사람들이 과학 윤리를 준수하는 것에 관심을 가지고 이를 준수하도록 노력해야 한다.

I 변화와 다양성

시험대비교재 → 42쪽~43쪽

1 ③   **2** ③   **3** ①   **4** ③   **5** ③   **6** ⑤   **7** ⑤
8 ③

1 지질 시대의 길이는 선캄브리아시대≫고생대>중생대>신생대이다.
ㄱ. (가)에서 지질 시대의 길이는 C>D>A>B이므로 지질 시대의 순서는 C → D → A → B이다.
ㄷ. 스트로마톨라이트는 시상 화석에 속하므로 (나)의 화석은 고생대인 D 시대의 지층에서 발견될 수 있다.
바로알기 ㄴ. 스트로마톨라이트는 최초의 광합성 생물인 남세균에 의해 형성된 퇴적 구조이다. 남세균이 지구에 처음 출현할 당시에 대기에서는 산소가 없었다.

2 A 층에서는 삼엽충 화석이 산출되므로 고생대에 퇴적된 것이고, B 층에서는 화폐석 화석이 산출되므로 신생대에 퇴적된 것이며, D 층에서는 공룡 발자국 화석이 산출되므로 중생대에 퇴적된 것이다.
ㄱ. A, B 층에서 산출된 화폐석과 삼엽충은 모두 해양 동물의 화석이다. 따라서 (가)의 지층은 모두 바다에서 퇴적되었다.
ㄴ. B 층과 C 층은 같은 시기에 퇴적되었으므로 신생대에 퇴적되었고, D 층은 중생대의 지층이다. 따라서 (나) 지역의 지층은 위쪽 지층이 아래쪽 지층보다 생성 시기가 빠르므로 지각 변동을 받아 지층의 위아래가 역전되었다는 것을 알 수 있다.
바로알기 ㄷ. 가장 온난했던 지질 시대는 중생대이므로 이 시기에 퇴적된 지층은 D 층이다.

3 ㄱ. 가뭄이 일어났을 때 씨의 수가 감소하고, 핀치가 먹기 좋은 작고 연한 씨의 수가 줄어들면서 전체 개체수는 가뭄 후가 가뭄 전에 비해 훨씬 적어졌다.
바로알기 ㄴ. 핀치 부리의 평균 크기는 가뭄 전이 약 9.4 mm이고, 가뭄 후가 약 10.2 mm로 가뭄 전이 가뭄 후보다 작다. 즉 부리의 크기는 커지는 방향으로 자연선택되었다.
ㄷ. 핀치 부리의 크기는 가뭄 전에는 약 6 mm~13 mm이고, 가뭄 후에는 약 7 mm~13 mm이다. 부리의 크기를 결정하는 유전자가 다양할수록 부리의 크기는 다양할 것이다. 따라서 가뭄 전이 가뭄 후보다 부리의 크기를 결정하는 유전자가 다양하다고 할 수 있다.

4 ㄱ. 서식지가 단편화된 후 종 Ⓐ와 Ⓕ가 사라져 생물종 수가 감소했으므로 종다양성이 감소하였다.
ㄴ. 서식지가 단편화된 후 가장자리 면적은 늘어나고, 내부 면적은 줄어들었다. 따라서 $\dfrac{\text{가장자리 면적}}{\text{내부 면적}}$ 은 (가)에서가 (나)에서보다 작다.
바로알기 ㄷ. 서식지가 단편화된 후 종다양성이 감소하였으므로 생물다양성도 감소하였다.

5 ㄱ. A^{2+}이 A로 석출되므로 A^{2+}은 전자를 얻어 A로 환원된다.
ㄷ. A^{2+} 1개가 금속 A로 환원될 때 전자 2개를 얻는다. 이때 B가 전자를 잃고 B 이온으로 산화되는데, 수용액 속의 양이온 수가 일정하므로 A^{2+} 1개가 감소할 때 생성된 B 이온은 1개이다. A^{2+}이 얻은 전자 수와 B가 잃은 전자 수가 같으므로 B 원자 1개가 반응할 때 이동하는 전자는 2개이다.
바로알기 ㄴ. A^{2+}이 전자를 얻어 A로 환원될 때 B는 전자를 잃고 B 이온으로 산화된다. 따라서 전자는 B에서 A^{2+}으로 이동한다.

6 ㄱ. (다)에서는 중화 반응이 일어나 중화열이 발생하므로 용액의 최고 온도는 (다)가 (나)보다 높다.
ㄴ. (다)에는 H^+이 존재하므로 (다)는 산성 용액이다. 따라서 (다)에 마그네슘 조각을 넣으면 수소 기체가 발생한다.
ㄷ. (나) 10 mL에 들어 있는 OH^-은 1개이고, (다)에 들어 있는 H^+은 1개이다. 따라서 (다)에 (나) 10 mL를 넣으면 완전히 중화되어 중성 용액이 된다.

7 ㄱ. (가)와 (나)는 각각 산성 또는 염기성 용액이므로 묽은 염산의 부피가 더 큰 (가)는 산성이고, (나)는 염기성이다. (가)에는 H^+과 구경꾼 이온인 Cl^-, Na^+이 존재하므로 (가)에 들어 있는 양이온의 종류는 두 가지이다.
ㄴ. (나)는 염기성 용액이므로 (나)에 존재하는 양이온은 Na^+ 한 가지이고, Na^+은 중화 반응에 참여하지 않으므로 중화 반응이 일어나기 전과 후의 수가 같다. 따라서 수산화 나트륨 수용액 40 mL에는 Na^+과 OH^-이 각각 $8N$개씩 들어 있다.
(가)에서 혼합 전 수산화 나트륨 수용액 20 mL에 Na^+과 OH^-이 각각 $4N$개씩 들어 있다. (가)는 산성 용액이므로 OH^- $4N$개가 모두 반응하여 물 분자 $4N$개가 생성되었다. 혼합 후 (가)에 존재하는 H^+ 수는 $9N-4N=5N$이다. 혼합 전 H^+ $4N$개가 반응하여 물 분자가 되었으므로 혼합 전 묽은 염산 30 mL에 들어 있는 H^+ 수는 $5N+4N=9N$이다.
(나)에서 묽은 염산 10 mL에 들어 있는 H^+ 수는 $3N$개이고 (나)는 염기성 용액이므로 H^+ $3N$개가 모두 반응하여 물 분자 $3N$개가 생성되었다. 따라서 중화 반응으로 생성된 물 분자 수는 (가)가 (나)보다 많다.
ㄷ. 혼합 전 (가)에 들어 있는 이온은 H^+ $9N$개, Cl^- $9N$개, Na^+ $4N$개, OH^- $4N$개이고 혼합 전 (나)에 들어 있는 이온은 H^+ $3N$개, Cl^- $3N$개, Na^+ $8N$개, OH^- $8N$개이다. 따라서 (가)와 (나)를 혼합한 용액에는 Cl^- $12N$개, Na^+ $12N$개가 들어 있으므로 혼합 용액의 양이온 수는 $12N$이다.

8 ㄱ. (가)에서 반응물의 에너지 합이 생성물의 에너지 합보다 크므로 (가) 반응이 일어날 때 열에너지를 방출한다.
ㄷ. (나)에서 반응물의 에너지 합이 생성물의 에너지 합보다 작으므로 반응이 일어날 때 열에너지를 흡수한다. 질산 암모늄과 수산화 바륨이 반응할 때 열에너지를 흡수하므로 에너지 변화는 (나)와 같다.
바로알기 ㄴ. (나) 반응이 일어날 때 열에너지를 흡수하여 주변의 온도가 낮아진다.

Ⅱ 환경과 에너지

시험대비교재 → 44쪽~45쪽

1 ②	2 ④	3 ③	4 ①	5 ⑤	6 ③	7 ⑤
8 ⑤						

1 대장균, 토양, 해캄 중 특징 ㉠과 ㉡을 모두 가지고 있는 것은 해캄이고, 토양은 특징 ㉠과 ㉡을 모두 가지고 있지 않다. 따라서 B는 해캄, C는 토양, A는 대장균이며, ㉠은 '광합성을 한다.', ㉡은 '생물요소이다.'이다.

ㄴ. 대장균은 광합성을 하지 않고, 토양은 비생물요소이므로 ⓐ와 ⓑ는 모두 '×'이다.

바로알기 ㄱ. 대장균(A)은 생물의 사체나 배설물을 분해하여 에너지를 얻는 분해자이다.

ㄷ. ㉠은 '광합성을 한다.'이다.

2 ㄴ. C의 에너지효율은 $\dfrac{\text{C가 보유한 에너지양}}{\text{B가 보유한 에너지양}} \times 100 = \dfrac{30}{150}$ $\times 100 = 20\,\%$이고, E의 에너지효율은 $\dfrac{\text{E가 보유한 에너지양}}{\text{D가 보유한 에너지양}}$ $\times 100 = \dfrac{100}{1000} \times 100 = 10\,\%$이다. 따라서 에너지효율은 C가 E의 2배이다.

ㄷ. 각 영양단계의 에너지는 생명활동에 쓰이거나 열에너지로 방출되고, 나머지 일부 에너지만 상위 영양단계로 전달된다. 또 일부는 사체, 배설물을 통해 분해자로 전달된다.

바로알기 ㄱ. A와 D는 생산자, B와 E는 1차 소비자, C와 F는 2차 소비자이다.

3 ㄱ. 지구는 물수지 평형 상태를 유지한다. 따라서 지구 전체의 증발량이 증가하면 지구 전체의 강수량도 증가한다.

ㄷ. 구름은 햇빛(태양 복사 에너지)을 반사시키는 역할을 한다. 따라서 대기 중 구름의 양이 증가하면 지구의 반사율이 증가한다.

바로알기 ㄴ. 수증기는 온실 효과를 일으키는 기체이다. 따라서 대기 중 수증기의 양이 증가하면 지표에서 방출되는 지구 복사 에너지를 더 많이 흡수하여 지표로 재복사하는 에너지의 양이 증가한다.

4 엘니뇨 시기에는 평상시보다 무역풍이 약하게 불어 적도 부근 동태평양 해역에서 평상시보다 용승이 약하게 일어나 표층 수온이 높아진다.

ㄱ. 적도 부근 동태평양 해역의 표층 수온은 (가)보다 (나)에서 낮다. 따라서 (가)는 적도 부근 동태평양 해역에서 평상시보다 표층 수온이 높은 상태인 엘니뇨 시기에 해당하고, (나)는 평상시보다 표층 수온이 낮은 상태인 라니냐 시기에 해당한다.

바로알기 ㄴ. 엘니뇨 시기에는 적도 부근 동태평양 해역의 표층 수온이 평상시보다 높아지므로 표층 수온 편차가 (+)의 값을 갖는다. 라니냐 시기에는 이와 반대로 (−)의 값을 갖는다.

ㄷ. 수온 약층은 깊이에 따라 수온 변화가 급격하게 나타나는 해수층으로, 등수온선이 밀집해 있는 구간에 존재한다. 따라서 수온 약층이 시작되는 깊이는 (나)보다 (가)일 때 깊다.

5 ㄱ. 핵융합 과정에서 발생하는 에너지는 질량 결손에 의한 것이므로 $4m > M$이다.

ㄷ. 태양 에너지는 대기와 물의 순환, 탄소의 순환 등 지구에서 에너지 순환에 영향을 준다.

바로알기 ㄴ. 수소 핵융합 반응은 태양의 중심부에서 일어나며, 태양의 중심부는 초고온 상태이다. 즉 수소 핵융합 반응은 극저온에서 일어날 수 없다.

6 ㄱ. A가 관을 빠져나오는데 걸린 시간은 알루미늄 관에서가 구리 관에서보다 작다. 따라서 B도 관을 빠져나오는데 걸린 시간은 알루미늄 관에서가 구리 관에서보다 작아야 하므로 ㉠은 2초보다 작다.

ㄴ. 자석의 세기가 셀수록 자석의 운동을 방해하는 유도 전류에 의한 자기력의 세기가 커지므로 관을 빠져나오는데 걸리는 시간이 길어진다. 구리 관을 빠져 나오는데 걸린 시간이 A가 B보다 크므로 자석의 세기는 A가 B보다 세다.

바로알기 ㄷ. 자석의 세기는 A가 B보다 세므로 자석이 구리 관을 빠져 나오는 동안 발생한 전기 에너지는 A가 B보다 크다. 따라서 역학적 에너지 감소량은 A가 B보다 크다.

7 ㄴ. 화력 발전에 이용되는 에너지의 근원은 화석 연료이고, 수력 발전에 이용되는 에너지의 근원은 높은 곳에 위치한 물의 위치 에너지이다. 화석 연료와 물의 순환의 에너지 근원은 태양 에너지이다.

ㄷ. 세 가지 발전 방식의 에너지 전환 과정에서 터빈의 운동 에너지가 전기 에너지로 전환된다.

바로알기 ㄱ. 화력 발전은 화석 연료를 이용하므로 기상 현상과는 무관하다.

8 ㄱ. 에너지 효율은 LED 전구가 백열전구보다 높으므로 같은 밝기의 빛을 방출하기 위해서 공급된 에너지는 백열전구가 LED 전구보다 크다.

ㄴ. 자동차 엔진의 에너지 효율은 30 %이므로 버려진 에너지를 Q라고 하면, $\dfrac{100\,\text{J} - Q}{100\,\text{J}} \times 100 = 30\,\%$에서 $Q = 70\,\text{J}$이다.

ㄷ. 에너지 전환 과정에서 다시 사용하기 어려운 형태의 열에너지가 발생한다.

1 ③	**2** ③	**3** ②	**4** ⑤	**5** ③	**6** ⑤	**7** ③
8 ③	**9** ③	**10** ⑤	**11** ③	**12** ②	**13** ③	**14** ⑤
15 ③		**16** ②		**17** 해설 참조		**18** 해설 참조
19 해설 참조		**20** 해설 참조				

1 ㄱ. 산호는 수심이 얕고 따뜻한 바다에서 서식하므로, 산호 화석이 발견된 (가) 지역은 과거에 수심이 얕은 저위도 해역이었을 것이다.

ㄷ. (가)는 바다 환경, (나)는 육지 환경에서 퇴적된 지층에서 발견되기 때문에 같은 퇴적층에서 동시에 산호 화석과 단풍나무 잎 화석이 산출될 가능성은 거의 없다.

바로알기 ㄴ. 단풍나무는 속씨식물이고, 속씨식물은 신생대에 번성하였다. 따라서 단풍나무 잎 화석 (나)는 고생대 지층에서 산출될 수 없다.

2 A는 육상 생태계가 형성되기 이전에 일어난 대멸종이다. 따라서 A에서 멸종한 생물은 모두 해양 생물이다.

ㄱ. (가)에서 C는 최대 규모의 대멸종이므로 해양 생물의 멸종 비율이 가장 높은 대멸종이다.

ㄴ. (가)에서 C는 고생대 말기, E는 중생대 말기에 일어난 대멸종이다. 이 시기에 해양 생물 과의 수는 C보다 E일 때 많다.

바로알기 ㄷ. (나)는 판게아가 형성되었으므로 대멸종이 가장 크게 일어난 고생대 말기이다. 따라서 (나)의 수륙 분포는 (가)에서 C 시기에 나타난다.

3 A는 선캄브리아시대, B는 고생대, C는 중생대, D는 신생대이다.

ㄴ. 선캄브리아시대는 생물의 개체 수가 적었고, 생물에 대부분 단단한 골격이 없었으며, 화석이 되어도 지각 변동과 풍화 작용을 많이 받았기 때문에 화석이 거의 발견되지 않는다. 따라서 A 시대의 화석이 가장 적다.

바로알기 ㄱ. 현재와 비슷한 수륙 분포를 이루었던 시대는 신생대이다.

ㄷ. 중생대인 C 시대에는 전반적으로 온난한 기후가 나타났고, 말기에 소행성 충돌 등의 원인으로 생물이 멸종하였다.

4 ⑤ 이 복원도에는 최초의 다세포생물인 에디아카라 동물군이 나타나 있으며, 다세포생물은 선캄브리아시대 말기에 출현하였다.

바로알기 ① 최초의 어류인 갑주어는 고생대에 등장하였다.

② 인류의 조상이 출현한 지질 시대는 신생대이다.

③ 바다에서 암모나이트가 번성한 지질 시대는 중생대이다.

④ 육상 생태계는 오존층 형성 이후인 고생대 중기부터 형성되기 시작하였다.

5 •학생 A: 다윈은 자연선택설을 통해 다양한 변이를 가진 개체 중에서 환경에 잘 적응한 개체가 자연선택되는 과정이 반복되어 생물이 진화한다고 설명하였다.

•학생 B: 같은 형질이라도 환경에 따라 유리하게 작용하거나 불리하게 작용할 수 있어 자연선택의 결과가 다를 수 있다.

바로알기 •학생 C: 환경이 변하면 유리하게 작용하는 형질이 달라질 수 있으므로 환경의 변화는 자연선택의 방향에 영향을 줄 수 있다.

6 ㄱ. (가)에서 기린의 목 길이가 다양한 것처럼 같은 종의 개체 사이에 나타나는 형질의 차이를 변이라고 한다. 변이는 주로 개체가 가진 유전자의 차이로 나타난다.

ㄴ. (나)에서 기린들 사이에 먹이를 차지하기 위한 경쟁이 일어났고, 목이 긴 기린이 먹이 경쟁에서 이겨 살아남았다.

ㄷ. (다)에서 목이 긴 기린이 생존에 유리한 목이 긴 형질을 자손에게 전달하여 그 형질을 가진 개체의 비율이 증가하였으며, 이 과정이 반복되어 목이 긴 기린이 번성하게 되었다.

7 ㄱ. ㉠은 어떤 지역에 사막, 초원, 삼림, 호수, 강 등 다양한 생태계가 존재하는 것을 의미하는 생태계다양성을 나타낸다.

ㄴ. ㉡은 종다양성을 나타낸다. 종다양성이 높을수록 복잡한 먹이그물이 형성되어 생태계는 안정적으로 유지된다.

바로알기 ㄷ. 생태계다양성은 다양한 생태계가 존재하는 것을 의미할 뿐만 아니라 생태계를 구성하는 생물과 환경 사이의 상호 작용에 관한 다양성을 포함한다.

8 ㄱ. 품종에 따라 유전자 구성이 다르며, 경작지 A에는 다양한 감자 품종을 재배하고, B에는 단일 품종만을 선택적으로 재배하고 있으므로 A에 있는 감자가 B에 있는 감자보다 유전적 다양성이 높다.

ㄷ. 유전적 다양성이 낮아 쉽게 멸종되면 종다양성도 낮아진다. 따라서 유전적 다양성은 종다양성을 유지하는 데 중요한 역할을 한다.

바로알기 ㄴ. 유전적 다양성이 높을수록 변이가 다양하므로 환경이 급격하게 변화하였을 때 적응하여 살아남는 개체가 있을 확률이 높아 멸종될 가능성이 낮다.

9 ㄱ. 반응 전 수용액에 들어 있는 ▲은 은 이온(Ag^+)이고, 반응 후 생성되는 ●은 구리 이온(Cu^{2+})이다. 구리(Cu)는 전자를 잃고 구리 이온(Cu^{2+})으로 산화되고, 은 이온(Ag^+)은 전자를 얻어 은(Ag)으로 환원된다.

ㄷ. ●은 구리 이온(Cu^{2+})이다. 구리(Cu) 원자 1개가 반응하여 구리 이온(Cu^{2+})이 생성될 때 이동하는 전자는 2개이다.

바로알기 ㄴ. 질산 이온(NO_3^-)은 반응에 참여하지 않으므로 전자를 잃거나 얻지 않는다.

10 ㄱ. (가)에서 Y^{2+}이 전자를 얻어 Y로 환원될 때 X는 전자를 잃고 X 이온으로 산화된다.

ㄴ, ㄷ. (나)에서 일어나는 반응을 화학 반응식으로 나타내면 다음과 같다.

$$Y + 2Z^+ \longrightarrow Y^{2+} + 2Z$$

(나)에서 Z^+ 2개가 전자를 얻어 Z 원자로 환원될 때 Y 원자 1개가 전자를 잃고 Y^{2+}으로 산화된다. 따라서 수용액 속 양이온 수는 감소한다.

11 ㄱ. 세 수용액 중 페놀프탈레인 용액을 붉게 변화시키는 것은 염기성 용액인 수산화 나트륨 수용액이다. 따라서 (가)는 수산화 나트륨 수용액이다.

ㄷ. (나)와 (다)는 각각 묽은 염산과 질산 칼륨 수용액 중 하나이다. 묽은 염산은 탄산 칼슘과 반응하여 이산화 탄소 기체를 발생시키므로 (나)는 묽은 염산이 아니다. 따라서 (나)는 질산 칼륨 수용액이고, (다)는 묽은 염산이다. 산성 용액인 묽은 염산은 탄산 칼슘과 반응하여 이산화 탄소 기체를 발생시키므로 ㉡은 '기체 발생'이 적절하다.

바로알기 ㄴ. 질산 칼륨 수용액은 중성 용액이므로 페놀프탈레인 용액의 색을 변화시키지 않는다. 따라서 ㉠은 '변화 없음'이 적절하다.

12 혼합 용액이 산성일 경우 용액에 들어 있는 양이온은 H^+과 Na^+이고, 중성 또는 염기성일 경우 용액에 들어 있는 양이온은 Na^+이다. (가)에는 두 가지 양이온이 들어 있으므로 (가)는 산성 용액이다. 따라서 (가)와 (나)에 공통으로 들어 있는 △은 Na^+이고, ■은 H^+이다.

ㄴ. (가)에서 혼합 전 수산화 나트륨 수용액 10 mL에 들어 있는 Na^+과 OH^-은 각각 1개이다. H^+과 OH^-이 각각 1개씩 반응하여 물 분자 1개를 생성하고 H^+ 2개가 남았으므로 혼합 전 묽은 염산 30 mL에는 H^+ 3개가 들어 있다. (나)에서 혼합 전 묽은 염산 20 mL에 H^+ 2개, 수산화 나트륨 수용액 20 mL에 OH^- 2개가 들어 있으므로 (나)에서 물 분자 2개가 생성되었다. 따라서 발생한 중화열은 물이 더 많이 생성된 (나)에서 (가)에서보다 많다.

바로알기 ㄱ. △은 Na^+이고, ■은 H^+이다.

ㄷ. (가)에는 H^+ 2개가 남아 있으므로 (가)를 완전히 중화하려면 OH^- 2개가 필요하다. 따라서 (가)를 완전히 중화하기 위해 필요한 수산화 나트륨 수용액의 부피는 20 mL이다.

13 묽은 염산과 수산화 나트륨 수용액의 농도가 같으므로 묽은 염산과 수산화 나트륨 수용액은 1 : 1의 부피비로 반응한다.

ㄱ. (가)에서 중화 반응이 일어나 중화열이 발생하므로 혼합 용액의 온도가 높아진다.

ㄷ. Ⅰ에서는 묽은 염산 5 mL와 수산화 나트륨 수용액 5 mL가 반응하여 물을 생성하였고, Ⅱ에서는 묽은 염산 10 mL와 수산화 나트륨 수용액 10 mL가 반응하여 물을 생성하였다. 따라서 생성된 전체 물 분자 수는 Ⅱ에서가 Ⅰ에서의 2배이다.

바로알기 ㄴ. Ⅱ에서 수산화 나트륨 수용액 10 mL가 반응하고, 반응하지 않은 OH^-이 남아 있다. 따라서 ㉠은 '염기성'이 적절하다.

14 ⑤ 철과 산소가 반응할 때 열에너지를 방출한다.

바로알기 ① 물질의 상태가 변하거나 화학 반응이 일어나는 등 물질 변화가 일어날 때 에너지가 출입한다.

② 화학 변화의 종류에 따라 에너지를 방출하기도 하고 흡수하기도 한다.

③ 열에너지를 방출하는 반응이 일어나면 주변의 온도가 높아진다.

④ 열에너지를 흡수하는 반응이 일어나면 주변의 온도가 낮아진다.

15 냉찜질 팩에서는 질산 암모늄이 물에 녹으면서 열에너지를 흡수하여 차가워진다.

ㄷ, ㄹ. 드라이아이스의 승화, 질산 암모늄과 수산화 바륨의 반응은 열에너지를 흡수하는 물질 변화이다.

바로알기 ㄱ, ㄴ. 연료의 연소, 수증기의 액화는 열에너지를 방출하는 물질 변화이다.

16 ㄴ. Y가 물에 녹을 때 용액의 온도가 높아졌으므로 Y가 물에 녹을 때 열에너지를 방출하여 주변의 온도가 높아진다.

바로알기 ㄱ. X가 물에 녹을 때 용액의 온도가 낮아졌으므로 X가 물에 녹을 때 열에너지를 흡수한다.

ㄷ. Y가 물에 녹는 반응은 열에너지를 방출하는 반응이므로 냉각 팩에 이용할 수 없다.

17 지질 시대는 생물계의 급격한 변화, 즉 화석의 변화를 기준으로 구분한다. ㉢을 경계로 (가) 화석의 생물이 멸종하고, (다)와 (라) 화석의 생물이 출현하여 화석으로 산출되기 시작한다. ㉤을 경계로 (다) 화석의 생물과 (마) 화석의 생물이 멸종하고, (나) 화석의 생물이 출현하기 시작한다. 따라서 3개의 지질 시대로 나눌 경우에는 ㉢과 ㉤이 가장 적절한 경계이다.

모범 답안 ㉢, ㉤, 지질 시대는 화석이 급변하는 시기를 기준으로 구분하는데, ㉢과 ㉤을 경계로 생물이 멸종되거나 새로 출현하면서 화석으로 산출되기 때문이다.

채점 기준	배점
지질 시대를 구분하는 경계인 2곳의 시기를 옳게 쓰고, 지질 시대를 그렇게 구분하는 까닭을 모두 옳게 서술한 경우	100 %
지질 시대를 구분하는 경계인 2곳의 시기만 옳게 쓴 경우	50 %
지질 시대를 그렇게 구분하는 까닭만 옳게 서술한 경우	50 %

18 모범 답안 같은 종이라도 개체마다 가지고 있는 유전자가 달라 형질의 차이(변이)가 있기 때문이다.

채점 기준	배점
개체 사이의 유전자 차이를 들어 옳게 서술한 경우	100 %
달팽이 껍데기 무늬에 변이가 있기 때문이라고만 서술한 경우	40 %

19 구리 선을 공기 중에서 가열할 때 일어나는 반응을 화학 반응식으로 나타내면 다음과 같다.

$$2Cu + O_2 \longrightarrow 2CuO$$
산화 / 환원

모범 답안 구리(Cu), 구리(Cu)가 산소를 얻어 산화 구리(Ⅱ)(CuO)로 산화되기 때문이다.

채점 기준	배점
산화되는 물질을 옳게 쓰고, 그 까닭을 옳게 서술한 경우	100 %
산화되는 물질만 옳게 쓴 경우	30 %

20 모범 답안 실에서부터 (—)극 쪽으로 붉은색이 이동한다. 수소 이온(H^+)이 (—)극 쪽으로 이동하면서 푸른색 리트머스 종이를 붉게 변화시키기 때문이다.

채점 기준	배점
리트머스 종이에서 나타나는 색의 이동을 옳게 쓰고, 그 까닭을 옳게 서술한 경우	100 %
리트머스 종이에서 나타나는 색의 이동만 옳게 쓴 경우	40 %

1 ①	2 ②	3 ③	4 ②	5 ③	6 ①	7 ②
8 ⑤	9 ①	10 ⑤	11 ⑤	12 ④	13 ④	14
②	15 ⑤	16 ⑤	17 해설 참조		18 해설 참조	
19 해설 참조		20 해설 참조				

1 ② 개체군 A와 B는 서로 다른 종이므로 ㉠은 서로 다른 종에 속하는 생물들 사이에서 일어나는 상호작용이다.

③ 기러기 한 마리가 무리 전체를 이끌고 날아가는 것은 같은 종의 개체들 사이에서 일어나는 상호작용이므로 ㉡에 해당한다.

④ 추운 지역에 사는 펭귄에서 피하 지방층이 발달한 것은 비생물요소인 온도가 생물요소인 펭귄에 영향을 준 것(㉢)이다.

⑤ 식물의 광합성으로 공기의 조성이 달라지는 것은 생물요소인 식물이 비생물요소인 공기에 영향을 준 것(㉣)이다.

바로알기 ① 군집은 일정한 지역 내의 개체군의 모임을 말하므로, 비생물요소는 군집에 포함되지 않는다.

2 ㄷ. 바다의 깊이에 따라 해조류의 분포가 다른 것은 빛의 파장에 따라 바닷물을 투과하는 깊이와 양이 다르기 때문이다.

바로알기 ㄱ. A~C는 서로 다른 종이므로 한 개체군을 이루지 않는다.

ㄴ. A는 광합성에 적색광을 주로 이용하는 녹조류, C는 광합성에 청색광을 주로 이용하는 홍조류이며, B는 갈조류이다.

3 ㄱ. 추운 지방에 사는 포유류일수록 몸집은 커지고 몸의 말단부는 작아지는 것은 열 방출량을 줄이기 위한 것으로, 추위에 잘 견딜 수 있게 한다.

ㄷ. 북극토끼는 초원토끼보다 몸집은 크고, 귀는 훨씬 작으므로 $\dfrac{체표면적}{몸의 부피}$ 은 북극토끼가 초원토끼보다 작을 것이다.

바로알기 ㄴ. 포유류는 추운 지방으로 갈수록 몸집은 커지고, 몸의 말단부는 작아진다. 따라서 지구 온난화로 인해 서식지의 온도가 높아지면 몸집은 작아지고 몸 말단부는 커질 것이므로 ㉡은 '작아지고'이다.

4 ㄴ. 종다양성은 일정한 지역에 서식하는 생물종의 다양함을 의미하므로 (나)는 (가)보다 종다양성이 높다.

바로알기 ㄱ. (가)에서 최종 소비자는 뱀이고, (나)에서 최종 소비자는 여우와 매이다.

ㄷ. (나)에서 개구리가 사라지면 먹이가 부족해진 매가 메추라기와 쥐, 토끼를 더 많이 잡아먹으므로 여우의 먹이가 줄어든다. 따라서 여우의 개체수도 영향을 받을 것이다.

5 ㉡의 개체수가 감소하면 B의 개체수가 증가하였으므로 ㉡은 B의 포식자인 A이다. 또 B의 개체수가 증가했을 때 ㉠의 개체수가 감소했으므로 ㉠은 B의 피식자인 C이다.

ㄷ. C(㉠)의 개체수가 감소하고, A(㉡)의 개체수가 증가하면 B의 개체수는 감소한다.

바로알기 ㄱ. A는 2차 소비자, B는 1차 소비자, C는 생산자이고, 에너지양은 C>B>A이다. 따라서 에너지양은 A가 C보다 적다.

ㄴ. 생산자인 C(㉠)는 2차 소비자인 A(㉡)보다 하위 영양단계에 속한다.

6 ㄱ. 지구는 복사 평형 상태를 이루므로 흡수하는 태양 복사 에너지량과 방출하는 지구 복사 에너지량이 같다. 지구에 입사되는 태양 복사 에너지가 100 단위이므로 A+B+70 단위(=우주로 방출되는 지구 복사 에너지량)=100 단위이다. 따라서 A+B=30 단위이다.

바로알기 ㄴ. C는 지표에서 방출하는 에너지 중 대기가 흡수하는 에너지의 양이다. 지표에서 방출하는 에너지가 145 단위이고, 우주로 직접 나가는 양이 12 단위이므로 C는 145-12=133 단위이다.

ㄷ. 대기의 온실 효과가 증가하면 대기에서 지표로 재복사하는 D의 양이 증가한다.

7 ㄷ. 기온 상승은 저위도보다 고위도에서 크므로 그에 따른 환경 변화도 저위도보다 고위도에서 훨씬 크게 나타날 것이다.

바로알기 ㄱ. 적도보다 극지방의 기온 상승폭이 더 크므로 적도와 극지방의 연평균 기온 차는 현재보다 감소할 것이다.

ㄴ. 해양 산성화는 해수의 수소 이온 농도가 증가하는 현상이다. 따라서 대기 중 이산화 탄소의 농도가 높아지면 해수에 녹아드는 이산화 탄소의 양이 많아져 해양 산성화 현상이 더 심해질 것이다.

8 ㄱ. 무역풍이 평상시보다 약해지면 따뜻한 표층 해수가 평상시보다 서쪽으로 덜 이동하므로 해수면의 경사는 평상시보다 완만해진다.

ㄴ. 엘니뇨가 발생하면 A 해역에서는 따뜻한 해수층이 평상시보다 얇아져 표층 수온이 평상시보다 낮아지며, 하강 기류가 발달하여 평상시보다 강수량이 감소한다.

ㄷ. 엘니뇨가 발생하면 B 해역에서는 평상시보다 용승이 약해져 따뜻한 해수층이 두꺼워진다.

9 ㄱ. 수소 핵융합 반응에서 감소한 질량만큼 에너지가 방출된다.

바로알기 ㄴ. 수소 핵융합 반응은 태양의 중심부에서 일어난다.

ㄷ. 수소 핵융합 반응에서는 수소 원자핵 4개가 융합하여 헬륨 원자핵 1개가 생성된다.

10 ㄱ. A에서는 화석 연료의 연소에 의해 이산화 탄소가 대기로 배출된다. 이산화 탄소는 지구 온난화의 원인 중 하나이다.

ㄴ. B는 식물이 광합성을 통해 이산화 탄소를 저장하여 탄소를 순환시킨다.

ㄷ. 물의 순환은 태양 에너지에 의한 것이다.

11 ㄱ. 자석의 N극을 가까이 할 때와 멀리 할 때 코일에 흐르는 유도 전류의 방향은 반대이다.

ㄷ. 코일을 통과하는 자기장의 변화를 방해하는 방향으로 유도 전류가 흐른다.

바로알기 ㄴ. 자석은 움직이지 않고, 코일을 움직여도 코일을 통과하는 자기장의 세기가 변하므로 코일에는 유도 전류가 흐른다.

12 ㄱ. 자석이 p에서 r까지 운동하는 동안 자석의 역학적 에너

지의 일부는 전기 에너지로 전환되어 자석의 역학적 에너지가 감소한다. 따라서 자석의 역학적 에너지는 p에서가 r에서보다 크다.

ㄷ. 자석이 p에서부터 r까지 운동하는 동안 자석의 역학적 에너지는 전기 에너지로 전환되어 자석의 속력이 감소한다. 따라서 자석이 코일에 다가가는 속력이 느릴수록 유도 전류의 세기가 감소하므로 저항에 흐르는 유도 전류의 최댓값은 X가 Y보다 크다.

바로알기 ㄴ. 자석이 p를 지날 때 자석은 A에 다가가므로 자석과 A에 사이에는 서로 밀어내는 힘이 작용하고, q를 지날 때는 자석이 A로부터 멀어지므로 A와 자석 사이에는 서로 끌어당기는 힘이, B에는 가까워지므로 B와 자석 사이에는 서로 밀어내는 힘이 작용한다. 즉 자석에 작용하는 자기력의 방향은 p를 지날 때와 q를 지날 때가 왼쪽으로 같다.

13 ㄱ. 태양 전지는 태양의 빛에너지를 전기 에너지로 직접 전환하는 장치이다.

ㄴ. 발전기에서는 전자기 유도 현상에 의해 전류가 흐르므로 날개의 운동 에너지가 전기 에너지로 전환된다.

바로알기 ㄷ. (가)는 태양 에너지를, (나)는 바람을 이용하여 전기 에너지를 생산하므로 환경 오염 물질이 배출되지 않는다.

14 ㄷ. C는 핵발전으로 화석 연료의 연소 과정이 없어 이산화 탄소 배출량이 화석 연료를 이용한 화력 발전(A)보다 적다.

바로알기 ㄱ. A는 화석 연료를 연소시키므로 화력 발전이다.

ㄴ. B는 수력 발전으로 물의 위치 에너지를 이용한다.

15 **바로알기** ⑤ 파력 발전은 파도가 칠 때 해수면의 움직임을 이용하여 전기 에너지를 생산한다. 밀물과 썰물 때 생기는 해수면의 높이차를 이용하는 것은 조력 발전이다.

16 에너지 효율은 $\dfrac{\text{유용하게 사용된 에너지}}{\text{공급된 에너지}} \times 100$이다. 이때 '유용하게 사용된 에너지=공급된 에너지-버려진 에너지'이므로 A에서 유용하게 사용된 에너지는 $4E_0 - E_0 = 3E_0$이고, B에서 유용하게 사용된 에너지는 $5E_0 - 2E_0 = 3E_0$이다. 따라서 $e_A = \dfrac{3E_0}{4E_0}$, $e_B = \dfrac{3E_0}{5E_0}$이므로 $\dfrac{e_A}{e_B} = \dfrac{5}{4}$이다.

17 **모범 답안** 늑대 사냥의 허가로 사슴의 개체수가 급격하게 증가하여 사슴의 먹이인 풀이 부족해졌기 때문이다. 이로부터 사슴을 보호하기 위한 인간의 간섭에 의해 생태계평형이 파괴될 수 있음을 알 수 있다.

채점 기준	배점
사슴의 개체수 증가로 인한 풀의 감소와 인간의 간섭에 의한 생태계평형 파괴를 포함하여 옳게 서술한 경우	100 %
사슴의 개체수 감소 원인이나 인간의 간섭에 의한 생태계평형 파괴 중 하나만 서술한 경우	40 %

18 사막은 고압대가 형성되는 위도 약 30° 부근에 주로 분포한다. 이 지역은 하강 기류가 발달하여 강수량이 적고, 증발량이 많다.

모범 답안 A는 증발량, B는 강수량이다. 위도 약 30° 부근은 강수량에 비해 증발량이 많기 때문에 사막이 주로 분포한다.

채점 기준	배점
A, B를 옳게 쓰고, 사막이 주로 분포하는 지역을 증발량과 강수량을 근거로 옳게 모두 서술한 경우	100 %
A, B만 옳게 쓴 경우	50 %
사막이 주로 분포하는 지역만 증발량과 강수량을 근거로 옳게 서술한 경우	50 %

19 **모범 답안** 핵반응 과정에서 핵반응 후 질량의 합이 핵반응 전 질량의 합보다 줄어든다. 이때, 질량과 에너지는 서로 변환될 수 있는 물리량이므로 감소한 질량에 해당하는 에너지가 태양 에너지이다.

채점 기준	배점
핵반응 전후의 질량이 감소하고, 질량과 에너지는 서로 변환될 수 있는 물리량이며, 감소한 질량에 해당하는 에너지가 태양 에너지임을 옳게 서술한 경우	100 %
핵반응 전후의 질량이 감소한다와 질량과 에너지는 서로 변환될 수 있는 물리량임을 옳게 서술한 경우	70 %
핵반응 과정에서 핵반응 후 질량의 합이 핵반응 전 질량의 합보다 줄어든다만 옳게 서술한 경우	30 %

20 **모범 답안** 에너지가 전환될 때마다 에너지의 일부가 다시 사용하기 어려운 형태의 열에너지로 전환되어 사용 가능한 에너지의 양이 점점 줄어들기 때문이다.

채점 기준	배점
에너지가 전환될 때마다 에너지의 일부가 다시 사용하기 어려운 형태의 열에너지로 전환됨을 옳게 서술한 경우	100 %
에너지가 전환될 때마다 에너지의 일부가 다시 사용하기 어려운 형태의 에너지로 전환됨을 옳게 서술한 경우	70 %

Ⅲ단원 실전 모의고사 시험대비교재 → 54쪽~55쪽

| 1 ③ | 2 ④ | 3 ⑤ | 4 ② | 5 ① | 6 ③ | 7 ⑤ |
| 8 해설 참조 | 9 해설 참조 | 10 해설 참조 |

1 ㄱ. 미래 사회에는 감염병 대유행뿐만 아니라 기후 변화, 자연 재해 및 재난, 에너지 및 자원 고갈, 물 부족, 식량 부족, 초연결 사회로 인한 사생활 침해 및 보안, 인공지능과 자동화 기술의 발달에 따른 일자리 변화 등 다양한 문제가 나타날 것으로 예측되고 있다.

ㄴ. 미래 사회의 복잡하고 다양한 문제는 과학 기술을 복합적으로 활용하여 해결할 수 있을 것이다.

바로알기 ㄷ. 미래 사회에 나타날 것으로 예측되는 복잡하고 다양한 문제들 중에 과학 기술의 발달과 관계가 있는 문제가 많다. 대표적으로 인공지능과 자동화 기술 발달에 따라 일자리가 줄어드는 문제 등이 있다.

2 ㄴ. 현대 사회는 여러 분야에서 형성된 빅데이터를 분석하면서 현상에 대한 더 빠른 이해와 정확한 예측이 가능해졌다.
ㄷ. 빅데이터를 형성하는 과정에서 사생활 침해 가능성, 충분히 검증되지 못한 데이터의 활용 가능성, 지나친 데이터 의존 등의 문제점도 제기되고 있다.
바로알기 ㄱ. 빅데이터는 기존의 데이터 관리 및 처리 도구로는 다룰 수 없는 대용량의 데이터이다.

3 ㄱ. 인간의 삶과 환경에 관한 데이터는 주로 사물 인터넷(IoT) 기술과 누리소통망을 통해 수집되어 빅데이터 형태로 인터넷의 클라우드에 축적되고 있다.
ㄴ, ㄷ. 빅데이터는 정보화 기술로 경향성과 규칙성이 분석되어 인공지능(AI) 기술 구현에 활용되고 있다.

4 ② 빅데이터를 형성하는 과정에서 충분히 검증되지 못한 데이터를 활용할 경우 신뢰할 수 없는 정보를 얻을 수도 있다.
바로알기 ① 과학 실험 분야에서는 여러 연구자에 의해 수집된 빅데이터를 기반으로 개별 연구자만으로는 기존에 수행하기 어려웠던 과학 실험을 수행할 수 있게 되었다.
③ 기상 관측 분야에서는 기상 위성과 기상 관측소에서 수집한 빅데이터를 분석하여 기상 현상의 패턴을 찾아 기상 현상 예측의 정확도가 증가하게 되었다.
④ 유전체 분석 분야에서는 유전체와 관련된 빅데이터를 분석하여 개인에게 발생 가능한 질병을 예측하고, 유전적 특성에 맞는 적절한 치료를 받을 수 있게 되었다.
⑤ 신약 개발 분야에서는 기존 의약품 및 질병과 관련된 빅데이터를 분석하여 특정 질병을 치료할 수 있는 신약 후보 물질과 합성하는 방법을 찾을 수 있게 되었다.

5 ㄱ. 사물 인터넷 기술은 스마트팜, 스마트 공장, 스마트 홈, 스마트 물류 등 다양한 분야에서 인간의 삶과 환경을 개선하는 데 활용되고 있다. 또한 인공지능 기술 개발에 필요한 기초 기술로 미래 과학 기술 발전의 토대가 되고 있다.
바로알기 ㄴ. 인터넷에 연결된 사물과 주변 환경의 데이터를 실시간으로 주고받아 효율적으로 작업을 수행한다.
ㄷ. 사용자가 원격으로 사물의 상태를 파악하고 제어할 수 있다.

6 미래 사회에서는 과학 기술에 너무 의존하여 인간의 삶에 필수적인 능력이 약해질 수 있다.

7 ㄱ. 유전체 분석 기술 분야는 과학 관련 사회적 쟁점과 과학 기술 이용에서 과학 윤리의 중요성을 논증하는 사례이다.
ㄴ. 유전체 분석 기술의 발전으로 개인의 유전 정보를 적은 비용으로 확인할 수 있게 되었다는 것과 유전체 분석 기술에 인공지능 기술을 적용하면서 개인 맞춤형 의료 서비스가 점차 확대되고 있다는 것은 찬성하는 입장의 의견으로 제시되었다.
ㄷ. 개인의 유전 정보가 유출되어 차별과 인권 침해 문제가 발생할 우려가 있다는 것은 반대하는 입장의 의견으로 제시되었다.

8 **모범 답안** (1) (가) 단백질, (나) 핵산
(2) • 장점: 진단 방법이 간편하고 신속하게 결과를 확인할 수 있다.

• 단점: 검체에 들어 있는 병원체의 양이 적을 경우 병원체가 검출되지 않을 수도 있어 진단의 정확도가 낮은 편이다.

	채점 기준	배점
(1)	(가), (나)를 모두 옳게 쓴 경우	30 %
(2)	장점과 단점을 모두 옳게 서술한 경우	70 %
	장점과 단점 중 한 가지만 옳게 서술한 경우	30 %

9 **모범 답안** 전자기기가 인터넷에 연결된 다른 사물과 주변 환경의 데이터를 실시간으로 주고받는 사물 인터넷 기술을 활용하고 있다.

채점 기준	배점
사물 인터넷 기술과 그 기술에 대해 옳게 서술한 경우	100 %
사물 인터넷 기술이라고만 쓴 경우	50 %

10 **모범 답안** (1) 유전자변형 농산물 사용, 우주 개발, 신재생 에너지 사용, 동물 실험 등
(2) 자신의 입장을 과학적 근거를 들어 논리적으로 설명하고, 상대방의 입장과 근거 사이의 논리성과 타당성을 검토하면서 상대방의 의견을 경청한다. 또 개인적, 사회적, 윤리적인 측면을 고려하여 합리적이고 책임감 있는 의사결정을 하도록 노력해야 한다.

	채점 기준	배점
(1)	사례를 두 가지 이상 옳게 쓴 경우	30 %
(2)	상대방 의견을 경청하는 것과 합리적이고 책임감 있는 의사결정 측면에서 옳게 서술한 경우	70 %
	상대방 의견을 경청하는 것과 합리적이고 책임감 있는 의사결정 측면 중 한 가지만 옳게 서술한 경우	30 %

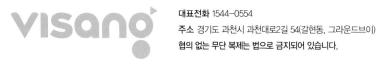

생생한 과학의 즐거움! 과학은 역시!

비상교재 누리집에서 더 많은 정보를 확인해 보세요.

http://book.visang.com/

오투

잠깐 테스트
중단원 핵심 요약 & 문제
대단원 고난도 문제
대단원 실전 모의고사

시험대비교재

통합과학 2

책 속의 가접 별책 (특허 제 0557442호)

'시험대비교재'는 본책에서 쉽게 분리할 수 있도록 제작되었으므로
유통 과정에서 분리될 수 있으나 파본이 아닌 정상제품입니다.

visang

ABOVE IMAGINATION

우리는 남다른 상상과 혁신으로
교육 문화의 새로운 전형을 만들어
모든 이의 행복한 경험과 성장에 기여한다

오투 통합과학 2

시험대비교재

시험 대비 교재 활용법

잠깐 테스트

배운 내용을 이해했는지 확인해요!

간단하게 직접 써 보면서 실력을 확인할 수 있는 테스트지에요.

학습한 내용을 이해했는지 확인하거나 기본 개념을 다시 한번 다지고자할 때 활용하세요.

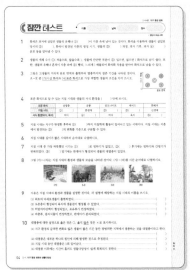

중단원별 핵심 요약 & 문제

시험 준비는 확실하게!

중간·기말 고사 대비 시 간단하게 교과 개념을 정리하고, 문제로 개념을 확인할 때 활용하세요.

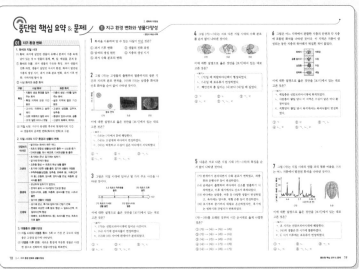

대단원 고난도 문제

1등급이 되고 싶나요?

대단원별로 까다로운 난이도 上의 문제들로 구성했어요.
내신 1등급 대비 시 풀어보세요.

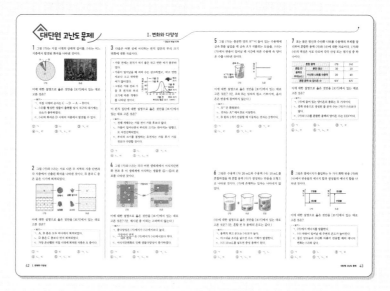

대단원 실전 모의고사

시험 보기 직전! 실전 100% 연습

학교 시험 유형과 유사한 형태로 구성된 모의고사로
중간·기말 고사 대비 연습할 때 활용하세요.

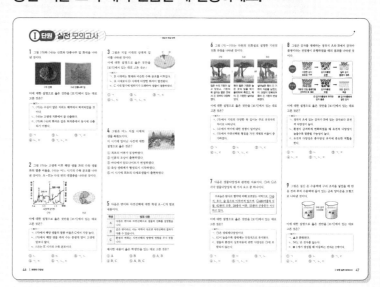

잠깐 테스트

이름　　　　　날짜　　　　　점수

• 정답과 해설 41쪽

1 화석은 과거에 살았던 생물의 유해나 ①(　　　　)이 지층 속에 남아 있는 것이다. 화석을 이용하여 생물이 살았던 당시의 ②(　　　　), 화석이 발견된 지층의 생성 시기, 생물의 ③(　　　　) 과정, 과거 기후, 과거 ④(　　　　) 분포 등을 알아낼 수 있다.

2 생물의 개체 수가 ①(적을수록, 많을수록), 생물에 단단한 부분이 ②(있으면, 없으면) 화석으로 남기 쉽다. 또한, 생물의 유해나 흔적이 지층 속에 ③(빨리, 느리게) 매몰되어 화석화 작용을 받아야 화석으로 남을 수 있다.

3 그림은 고생물의 지리적 분포 면적과 출현부터 멸종까지의 생존 기간을 나타낸 것이다. A～E 중 (가)시상 화석과 (나)표준 화석으로 가장 적합한 생물의 조건을 각각 쓰시오.

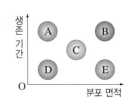

4 표준 화석으로 알 수 있는 지질 시대와 생물의 서식 환경을 (　　　　) 안에 쓰시오.

표준 화석	삼엽충	공룡	암모나이트	매머드	화폐석
지질 시대	①(　　　　)	중생대	②(　　　　)	③(　　　　)	신생대
서식 환경(바다, 육지)	바다	④(　　　　)	바다	육지	⑤(　　　　)

5 지질 시대는 지구가 탄생한 후부터 ①(　　　　)까지 지질학적 활동이 일어나고 있는 시대이다. 지질 시대는 지층에서 발견되는 ②(　　　　)의 변화를 기준으로 구분할 수 있다.

6 지질 시대를 길이가 짧은 시대부터 순서대로 나열하시오.

7 지질 시대 중 가장 따뜻했던 시기는 ①(　　　　)로 빙하기가 없었고, ②(　　　　) 후기에는 빙하기와 간빙기가 반복되었다. ③(　　　　) 말기에는 판게아가 형성되어 생물의 대멸종이 있었다.

8 그림 (가)～(라)는 지질 시대의 환경과 생물의 모습을 나타낸 것이다. (가)～(라)를 시간 순서대로 나열하시오.

(가)　　　　　(나)　　　　　(다)　　　　　(라)

9 다음은 지질 시대의 환경과 생물을 설명한 것이다. 각 설명에 해당하는 지질 시대의 이름을 쓰시오.

(1) 최초의 다세포생물이 출현하였다. ……………………………………………………………… (　　　　)

(2) 오존층이 형성되어 육지에 생물권이 형성될 수 있었다. ……………………………………… (　　　　)

(3) 히말라야산맥이 형성되었고, 포유류가 번성하였다. ………………………………………… (　　　　)

(4) 파충류, 겉씨식물이 번성하였고, 판게아가 분리되었다. ……………………………………… (　　　　)

10 대멸종에 대한 설명으로 옳은 것은 ○, 옳지 않은 것은 ×로 표시하시오.

(1) 지구 환경의 급격한 변화로 많은 생물이 짧은 기간 동안 광범위한 지역에서 멸종하는 것을 대멸종이라고 한다.
……… (　　　　)

(2) 대멸종은 대부분 하나의 원인에 의해 발생한 것으로 추정된다. ……………………………… (　　　　)

(3) 지질 시대 동안 대멸종은 1회 일어났다. ……………………………………………………… (　　　　)

(4) 대멸종 이후에는 시간이 흘러도 생물다양성이 쉽게 회복되지 못한다. …………………… (　　　　)

잠깐 테스트

• 정답과 해설 41쪽

이름 _____ 날짜 _____ 점수 _____

1 같은 종이라도 개체마다 모양이나 색깔 등이 조금씩 다른데, 같은 종의 개체 사이에서 나타나는 형질의 차이를 (　　　　　)라고 한다.

2 변이에 대한 설명으로 옳은 것은 ○, 옳지 <u>않은</u> 것은 ×로 표시하시오.

(1) 주로 유전자의 차이로 나타난다. ·· (　　　)

(2) 진화의 원동력이 된다. ·· (　　　)

(3) 모든 변이는 형질이 자손에게 유전된다. ·· (　　　)

3 개체 사이에 유전자 차이가 나타나는 원인 <u>두 가지</u>를 쓰시오.

4 자연 상태에서 환경에 적응하기 유리한 형질을 가진 개체가 그렇지 않은 개체에 비해 더 잘 살아남아 자손을 남기는 과정을 (　　　　　)이라고 한다.

5 끊임없이 변화하는 지구 환경에 ①(　　　　　)하여 생물이 오랜 시간 동안 여러 세대를 거치면서 변화하는 현상을 ②(　　　　　)라고 한다.

6 다음은 다윈의 자연선택설에 의한 진화 과정을 순서 없이 나타낸 것이다. 진화 과정을 순서대로 나열하시오.

(가) 생존경쟁	(나) 자연선택	(다) 유전과 진화	(라) 과잉 생산과 변이

7 다음은 생물다양성의 세 가지 요소에 대한 설명이다. (　　　　　) 안에 알맞은 말을 쓰시오.

①(　　　　　) 다양성은 같은 종이라도 개체들이 가진 유전자의 차이로 인해 다양한 형질이 나타나는 것을 의미하고, ②(　　　　　)다양성은 일정한 지역에 사는 생물종의 다양한 정도를 의미한다. ③(　　　　　)다양성은 어떤 지역에 사막, 초원, 삼림, 호수, 강, 바다 등 다양한 생태계가 존재하는 것을 의미한다.

8 생물다양성에 대한 설명으로 옳은 것은 ○, 옳지 <u>않은</u> 것은 ×로 표시하시오.

(1) 하나의 형질을 결정하는 유전자가 다양할수록 유전적 다양성이 높다. ·················· (　　　)

(2) 유선적 다양성이 높을수록 환경이 급격히 변화하였을 때 멸종될 가능성이 높다. ····· (　　　)

(3) 일정한 지역에 사는 생물종의 수가 많을수록, 각 생물종의 분포 비율이 고를수록 종다양성이 높다. ····· (　　　)

(4) 생태계다양성이 높을수록 종다양성과 유전적 다양성이 높다. ································ (　　　)

9 생물다양성을 보전하면 ①(　　　　　)가 안정적으로 유지되고, 우리가 이용할 수 있는 ②(　　　　　)이 풍부해진다.

10 다음 사례는 생물다양성 감소 원인 중 무엇에 해당하는지 [보기]에서 고르시오.

• 보기 •

ㄱ. 서식지파괴와 단편화　　　ㄴ. 불법 포획과 남획　　　ㄷ. 환경 오염과 기후 변화　　　ㄹ. 외래생물의 유입

(1) 습지를 매립하여 경작지로 만들었다. ·· (　　　)

(2) 외국에서 들여온 뉴트리아를 하천에 방생하였다. ·· (　　　)

(3) 화석 연료 사용의 증가로 지구 온난화가 심화되었다. ·· (　　　)

(4) 코끼리 상아를 얻기 위해 아프리카코끼리를 집중적으로 사냥하였다. ························ (　　　)

잠깐 테스트

이름	날짜	점수

• 정답과 해설 41쪽

1 다음은 산화와 환원에 대한 설명이다. ( ) 안에 알맞은 말을 쓰시오.

> • 산화는 어떤 물질이 ①( )를 얻거나 ②( )를 잃는 반응이다.
> • 환원은 어떤 물질이 ③( )를 잃거나 ④( )를 얻는 반응이다.

2 ( ) 안에 '산화' 또는 '환원'을 알맞게 쓰시오.

(1)
$$2Mg + O_2 \longrightarrow 2MgO$$
①( ) ②( )

(2)
$$Zn + Cu^{2+} \longrightarrow Zn^{2+} + Cu$$
①( ) ②( )

[3~5] 그림은 질산 은 수용액에 구리 선을 넣었을 때의 모습을 나타낸 것이다.

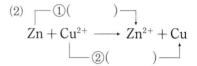

구리 선
질산 은 수용액

3 은 이온은 전자를 ①(얻어, 잃어) 은으로 ②(산화, 환원)된다.

4 용액이 점점 푸른색으로 변하는 것은 구리가 구리 이온으로 (산화, 환원)되어 수용액에 녹아 들어가기 때문이다.

5 용액에 들어 있는 전체 이온 수는 (증가, 감소)한다.

[6~8] 그림과 같이 검은색 산화 구리(Ⅱ)와 탄소 가루를 혼합하여 시험관에 넣고 가열하였다.

산화 구리(Ⅱ) + 탄소 가루
석회수

6 석회수의 변화를 쓰시오.

7 시험관 속에 생성되는 고체 물질을 쓰시오.

8 산화되는 물질과 환원되는 물질을 각각 쓰시오.

9 산화·환원 반응의 예만을 [보기]에서 있는 대로 고르시오.

> ┌ 보기 ┐
> ㄱ. 산성화된 토양에 석회 가루를 뿌려 중화한다.
> ㄴ. 생명체가 세포호흡하여 생명활동에 필요한 에너지를 얻는다.
> ㄷ. 사과를 깎아 공기 중에 두면 사과의 깎은 부분이 갈색으로 변한다.

10 다음은 두 가지 산화·환원 반응을 나타낸 것이다. 물질 A, B가 무엇인지 쓰시오.

> • 이산화 탄소 + 물 ⟶ 포도당 + [A]
> • 메테인 + 산소 ⟶ [B] + 물

절취선

잠깐 테스트

이름　　　　　　날짜　　　　　　점수

● 정답과 해설 41쪽

1 산의 공통적인 성질을 ①(　　　　)이라 하는데, 이는 산 수용액에 공통으로 들어 있는 ②(　　　　) 때문에 나타난다.

2 산 수용액은 ①(푸른색, 붉은색) 리트머스 종이를 ②(푸른색, 붉은색)으로 변화시키고, 마그네슘과 반응하여 ③(　　　　) 기체를 발생시킨다.

3 염기의 공통적인 성질을 ①(　　　　)이라 하는데, 이는 염기 수용액에 공통으로 들어 있는 ②(　　　　) 때문에 나타난다.

4 염기 수용액은 ①(푸른색, 붉은색) 리트머스 종이를 ②(푸른색, 붉은색)으로 변화시키고, ③(　　　　)을 녹인다.

[5~6] 그림과 같이 질산 칼륨 수용액에 적신 푸른색 리트머스 종이와 붉은색 리트머스 종이 위에 각각 묽은 염산에 적신 실과 수산화 나트륨 수용액에 적신 실을 올려놓은 다음 전류를 흘려 주었다.

질산 칼륨 수용액에 적신
푸른색 리트머스 종이

(一)극　　　　(+)극

묽은 염산에 적신 실

(가)

질산 칼륨 수용액에 적신
붉은색 리트머스 종이

(一)극　　　　(+)극

수산화 나트륨 수용액에 적신 실

(나)

5 (가)에서 (一)극 쪽으로 이동하면서 푸른색 리트머스 종이의 색을 붉은색으로 변화시키는 이온을 쓰시오.

6 (나)에서 (+)극 쪽으로 이동하면서 붉은색 리트머스 종이의 색을 푸른색으로 변화시키는 이온을 쓰시오.

[7~9] 같은 농도와 온도의 묽은 염산과 수산화 나트륨 수용액을 표와 같이 부피를 달리하여 혼합하였다.

혼합 용액	(가)	(나)	(다)	(라)
묽은 염산의 부피(mL)	40	30	20	10
수산화 나트륨 수용액의 부피(mL)	20	30	40	50

7 (가)~(라) 중 혼합 용액이 완전히 중화된 것을 쓰시오.

8 (가)~(라) 중 혼합 용액의 최고 온도가 가장 높은 것을 쓰시오.

9 BTB 용액을 떨어뜨렸을 때 (가)는 ①(　　　　)을 나타내고, (다)와 (라)는 ②(　　　　)을 나타낸다.

10 중화 반응을 이용한 예만을 [보기]에서 있는 대로 고르시오.

> **● 보기 ●**
> ㄱ. 속이 쓰릴 때 제산제를 먹는다.
> ㄴ. 생선 요리에 레몬즙을 뿌려 비린내를 줄인다.
> ㄷ. 용광로에 철광석과 코크스를 넣고 가열하여 순수한 철을 얻는다.

절취선

잠깐 테스트

이름　　　　　날짜　　　　　점수

• 정답과 해설 41쪽

1 물질 변화와 에너지 출입에 대한 설명으로 옳은 것은 ○, 옳지 않은 것은 ×로 표시하시오.

(1) 물질 변화가 일어날 때는 에너지를 방출하거나 흡수한다. ·································· (　　)

(2) 물질의 상태 변화는 화학 변화가 아니므로 에너지가 출입하지 않는다. ················· (　　)

(3) 모닥불은 물질 변화가 일어날 때 에너지를 흡수하는 것을 이용한 예이다. ·············· (　　)

2 물질 변화가 일어날 때 열에너지를 ①(방출, 흡수)하면 주변의 온도가 높아지고, 열에너지를 ②(방출, 흡수)하면 주변의 온도가 낮아진다.

3 물은 에너지를 ①(방출, 흡수)하여 수증기가 되고, 수증기는 에너지를 ②(방출, 흡수)하며 액화한다.

4 산과 염기가 중화 반응할 때는 열에너지를 ①(방출, 흡수)하므로 주변의 온도가 ②(높아, 낮아)진다.

5 소독용 에탄올 솜으로 피부를 닦으면 에탄올이 증발하면서 열에너지를 ①(방출, 흡수)하므로 주변의 온도가 ②(높아, 낮아)져서 시원해진다.

[6~7] 다음은 네 가지 물질 변화이다.

> (가) 메테인의 연소　　　　　　　　　(나) 수증기의 액화
> (다) 드라이아이스의 승화　　　　　　(라) 질산 암모늄과 수산화 바륨의 반응

6 물질 변화가 일어날 때 에너지를 방출하는 것을 모두 고르시오.

7 물질 변화가 일어날 때 주변의 온도가 낮아지는 것을 모두 고르시오.

8 물질 변화가 일어날 때 에너지를 방출하는 현상을 이용하는 예만을 [보기]에서 있는 대로 고르시오.

> ┌ 보기 ┐
> ㄱ. 가스레인지로 음식을 조리한다.
> ㄴ. 과수원에서 개화 시기에 물을 뿌려 냉해를 예방한다.
> ㄷ. 밀가루 반죽에 제빵 소다를 넣고 가열하면 반죽이 부풀어 오른다.

9 손난로는 물질 변화가 일어날 때 에너지를 ①(방출, 흡수)하는 현상을 이용한 예이고, 냉찜질 팩은 물질 변화가 일어날 때 에너지를 ②(방출, 흡수)하는 현상을 이용한 예이다.

10 식물이 광합성을 할 때는 에너지를 ①(방출, 흡수)하고, 생명체가 세포호흡을 할 때는 에너지를 ②(방출, 흡수)한다.

절취선

잠깐 테스트

이름   날짜   점수

• 정답과 해설 41쪽

1 생물과 환경이 서로 영향을 주고받으며 이루는 체계를 (　　　)라고 한다.

2 개체, 개체군, 군집 중 다음 설명에 해당하는 것을 쓰시오.

(1) 여러 종류의 생물 무리로 이루어진다. ·· (　　)

(2) 일정한 지역에서 살아가는 같은 종의 생물 무리이다. ······························· (　　)

(3) 독립적으로 생명활동을 할 수 있는 하나의 생명체이다. ··························· (　　)

3 생태계를 구성하는 요소는 크게 두 가지로 나눌 수 있다. ①(　　　)는 생태계에 존재하는 모든 생물을 말하고, ②(　　　)는 빛, 온도, 물, 토양, 공기 등과 같이 생물을 둘러싸고 있는 환경요인을 말한다.

4 생태계의 각 구성요소에 해당하는 것을 [보기]에서 있는 대로 고르시오.

• 보기 •			
ㄱ. 빛	ㄴ. 토끼	ㄷ. 물	ㄹ. 곰팡이
ㅁ. 버섯	ㅂ. 온도	ㅅ. 세균	ㅇ. 토끼풀
ㅈ. 사슴	ㅊ. 벼	ㅋ. 매	ㅌ. 식물 플랑크톤

(1) 생산자 ······························· (　　)   (2) 소비자 ······························· (　　)

(3) 분해자 ······························· (　　)   (4) 비생물요소 ····················· (　　)

5 그림은 생태계를 구성하는 요소 사이의 상호 관계를 나타낸 것이다. 각 사례가 ㉠~㉢ 중 어느 것에 해당하는지 쓰시오.

(1) 토양에 양분이 풍부하면 식물이 잘 자란다. ················· (　　)

(2) 일조량의 감소로 벼의 광합성량이 감소한다. ··············· (　　)

(3) 식물의 광합성으로 공기 중의 산소 농도가 증가한다. ·········· (　　)

(4) 개구리 개체수가 증가하자 메뚜기 개체수가 감소하였다. ······· (　　)

(5) 지렁이가 흙 속에 틈을 만들어 토양의 통기성이 증가한다. ··· (　　)

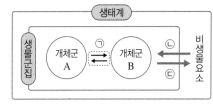

6 일반적으로 빛의 세기가 ①(강한, 약한) 곳에 서식하는 식물의 잎은 울타리조직이 발달하여 두껍고, 빛의 세기가 ②(강한, 약한) 곳에 서식하는 식물의 잎은 얇고 넓다.

7 환경요인 중 (　　　)은 식물의 개화 시기에 영향을 주어 시금치와 상추는 봄이나 여름에 꽃이 피고, 코스모스와 나팔꽃은 가을에 꽃이 핀다.

8 추운 곳에 사는 북극여우는 사막여우에 비해 몸집이 ①(작고, 크고), 몸에 비해 말단부의 크기가 ②(작다, 크다).

9 사막에 사는 도마뱀과 뱀은 몸 표면이 비늘로 덮여 있어 (　　　)의 손실을 막는다.

10 선인장의 잎이 가시로 변한 것과 가장 관련이 깊은 환경요인은 (　　　)이다.

잠깐 테스트

이름　　　　날짜　　　　점수

• 정답과 해설 41쪽

1 생산자부터 최종 소비자까지 먹고 먹히는 관계를 사슬 모양으로 나타낸 것을 ①(　　　　)이라고 하고, 여러 개의 ①이 서로 얽혀 그물처럼 복잡하게 나타나는 것을 ②(　　　)이라고 한다.

[2~4] 그림은 두 생태계 (가)와 (나)의 먹이 관계를 나타낸 것이다.

2 (가)와 (나)에서 생산자는 모두 ①(　　　)이고, (가)에서 최종 소비자에 해당하는 생물은 ②(　　　)이다.

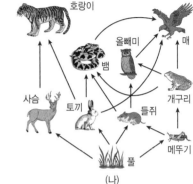

3 (나)에서 1차 소비자에 해당하는 생물을 모두 쓰시오.

4 (가)와 (나) 중 급격한 환경 변화가 일어났을 때 생태계평형 이 더 잘 유지되는 것은 어느 것인지 쓰시오.

5 생태계에서 에너지는 먹이사슬을 따라 이동하는데, 하위 영양단계의 생물이 가진 에너지의 일부는 ①(　　　) 을 하는 데 쓰이거나 ②(　　　)로 방출되고, 나머지 일부 에너지만 상위 영양단계로 전달된다. 따라서 상위 영 양단계로 갈수록 전달되는 에너지양은 ③(감소, 증가)한다.

6 생태계에서 하위 영양단계부터 상위 영양단계까지 각 영양단계의 에너지양, 개체수, 생체량을 차례로 쌓아올린 것을 (　　　)라고 한다.

7 생태계에서 생물군집의 구성이나 개체수, 물질의 양, 에너지의 흐름이 균형을 이루면서 안정된 상태를 유지하는 것을 ①(　　　)이라고 한다. ①이 잘 유지되기 위해서는 급격한 환경 변화가 일어나지 않아야 하고, 먹이그물 이 ②(단순해야, 복잡해야) 한다.

8 그림 (가)는 어떤 안정된 생태계의 개체수피라미드를, (나)는 이 생태계에서 B의 개체수가 증가하여 일시적으로 평 형이 깨진 상태를 나타낸 것이다. (나) 이후 생태계평형이 회복되는 과정을 [보기]에서 골라 순서대로 나열하시오.

> ● 보기 ●
> ㄱ. B의 개체수가 감소한다.
> ㄴ. A의 개체수가 감소하고, C의 개체수가 증가한다.
> ㄷ. A의 개체수가 증가하고, C의 개체수가 감소한다.

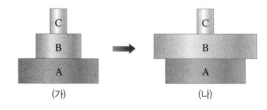

9 생태계평형을 깨뜨리는 환경 변화 요인으로 지진, 화산, 태풍, 홍수 등과 같은 ①(　　　)와 인위적인 개발, 무 분별한 벌목, 환경 오염 등과 같은 ②(　　　)이 있다.

10 생태계보전 방안의 예를 세 가지 쓰시오.

잠깐 테스트

이름   날짜   점수

• 정답과 해설 41쪽

1 물체가 흡수하는 양만큼의 에너지를 방출하여 물체의 온도가 일정하게 유지되는 상태를 ①(　　　　) 평형이라고 한다. 지구는 태양 복사 에너지 중 ②(　　　　) %를 흡수하고, 흡수한 양만큼의 지구 복사 에너지를 방출하면서 지구의 ③(　　　　) 평형을 이룬다.

2 온실 효과에 대한 설명으로 옳은 것은 ○, 옳지 <u>않은</u> 것은 ×로 표시하시오.

(1) 대표적인 온실 기체로 질소, 산소 등이 있다. ···(　　　)

(2) 온실 기체는 짧은 파장의 태양 복사 에너지는 잘 투과시키고, 긴 파장의 지구 복사 에너지는 잘 흡수한다.
···(　　　)

(3) 화석 연료의 사용량이 많아지면 대기의 온실 효과가 강화된다. ·······································(　　　)

3 온실 효과의 강화로 지구의 평균 기온이 높아지는 현상을 (　　　　)라고 한다.

4 지구 온난화의 주요 원인은 화석 연료의 사용량 증가로 인한 대기 중 (이산화 탄소, 메테인, 산화 이질소)의 농도 증가이다.

5 그림은 지구 온난화로 일어나는 현상을 나타낸 것이다. (　　　　) 안에 '증가' 또는 '감소'를 쓰시오.

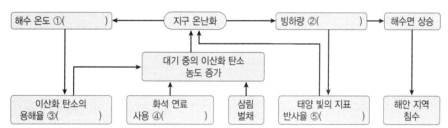

6 적도 부근 동태평양 해역의 표층 수온이 평년보다 높은 상태가 지속되는 현상을 (　　　　)라고 한다.

7 엘니뇨가 발생하면 적도 부근 ①(동태평양, 서태평양) 해역에서는 가뭄이 발생하고, 적도 부근 ②(동태평양, 서태평양) 해역에서는 홍수가 자주 발생한다.

8 위도 30° 지역은 ①(고압대, 저압대)가 형성되어 ②(상승 기류, 하강 기류)가 발달하기 때문에 기후가 ③(건조, 다습)하여 사막이 많이 분포한다.

9 사막화의 자연적 발생 원인에는 대기 대순환의 변화에 의한 ①(　　　　) 감소 등이 있고, 인위적 발생 원인에는 과잉 경작, 과잉 ②(　　　　), 삼림 파괴 등이 있다.

10 현재 추세대로 온실 기체 배출량이 계속 증가하면 21세기 후반에는 생물다양성이 ①(　　　　)하고, 식량난, ②(　　　　) 재해, 감염병의 확산 등이 나타날 것으로 예상된다.

잠깐 테스트

이름   날짜   점수

• 정답과 해설 41쪽

1 태양은 대부분 (   )와 헬륨으로 구성되어 있다.

2 태양 에너지는 ①(   )개의 수소 원자핵이 모여 1개의 헬륨 원자핵으로 변하는 ②(   ) 반응에 의해 생성된다.

3 태양 중심부에서 일어나는 핵반응에서 감소한 (   )만큼 태양 에너지가 생성된다.

4 지구에서 생명체의 생명활동이나 대부분의 자연 현상을 일으키는 근원이 되는 에너지는 (   ) 에너지이다.

5 식물은 광합성을 통해 태양의 ①(   )에너지를 ②(   ) 에너지의 형태로 저장한다.

6 태양 에너지는 지구에서 다양한 형태의 에너지로 전환되는데, 태양광 발전에서는 (   )를 이용하여 태양의 빛에너지를 직접 전기 에너지로 전환한다.

7 지구에 도달한 태양 에너지가 전환되면서 생기는 현상으로 옳은 것만을 [보기]에서 있는 대로 고르시오.

> • 보기 •
> ㄱ. 지진   ㄴ. 물의 순환
> ㄷ. 기상 현상   ㄹ. 식물의 광합성

8 태양의 ①(   )에너지에 의해 증발한 해수는 ②(   )이 되어 비, 눈 등과 같은 기상 현상을 일으킨다. 비와 눈은 위치 에너지 형태로 강의 상류나 댐 등에 저장되고, 이때 물이 흐르며 생긴 운동 에너지는 수력 발전을 통해 ③(   ) 에너지로 전환되며, 물은 다시 바다로 흘러 순환 과정을 거친다.

9 화석 연료의 (   ) 에너지는 자동차나 공장에서 연소하여 운동 에너지, 열에너지 등으로 전환된다.

10 대기 중의 ①(   )는 태양의 빛에너지와 함께 화학 에너지의 형태로 식물에 저장되고, 식물을 포함한 생명체의 유해는 땅속에 묻혀 오랫동안 열과 압력을 받아 화석 연료가 된다. 이 과정에서 태양 에너지는 ②(   )를 매개로 하는 순환 과정을 거친다.

잠깐 테스트

이름 　　　　　 날짜 　　　　　 점수

• 정답과 해설 41쪽

1 코일 근처에서 자석을 움직이거나 자석 근처에서 코일을 움직일 때 코일에 유도 전류가 흐르는 현상을 ①(　　　　) 라고 한다. 이때 코일에 흐르는 유도 전류의 방향은 ②(　　　　)의 변화를 방해하는 방향이다.

2 전자기 유도에 대한 설명으로 옳은 것은 ○, 옳지 않은 것은 ×로 표시하시오.

(1) 자석을 코일에 넣고 가만히 있으면 코일에는 유도 전류가 흐른다. ································· (　　)

(2) 자석을 코일에 넣은 상태에서 자석은 고정하고 코일이 움직이면 유도 전류가 흐른다. ········· (　　)

[3~5] 그림과 같이 자석의 N극을 코일에 가까이 가져갔을 때, 검류계에는 b → ⓖ → a 방향으로 전류가 흘렀다.

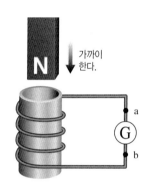

가까이 한다.

3 코일을 통과하는 자기장이 (증가, 감소)한다.

4 코일과 자석 사이에는 (인력, 척력)이 작용한다.

5 N극을 멀리할 때 검류계에 흐르는 전류의 방향을 쓰시오.

6 코일과 자석의 상대 운동에 의해 코일에 흐르는 유도 전류의 세기는 자석이 움직이는 속력이 ①(빠를, 느릴)수록, 자석의 세기가 ②(셀, 약할)수록, 코일의 감은 수가 ③(많을, 적을)수록 커진다.

7 발전기에 대한 설명으로 옳은 것은 ○, 옳지 않은 것은 ×로 표시하시오.

(1) 자기장 속에서 코일이 회전할 때 전자기 유도 현상이 일어난다. ································· (　　)

(2) 발전기에서는 전기 에너지가 역학적 에너지로 전환된다. ································· (　　)

8 발전 방식과 관계있는 것을 옳게 연결하시오.

(1) 핵발전　　•　　　•ⓐ 높은 곳에 있는 물이 낮은 곳으로 내려오면서 디빈을 회전시킨다.

(2) 화력 발전　•　　　•ⓑ 화석 연료가 연소할 때 발생하는 열로 물을 끓이고, 이때 나온 증기로 터빈을 회전시킨다.

(3) 수력 발전　•　　　•ⓒ 우라늄의 핵반응을 통해 발생하는 열로 물을 끓이고, 이때 나온 증기로 터빈을 회전시킨다.

9 발전기를 이용한 발전 방식의 공통점은 발전기에서 ①(　　　) 현상을 이용하여 전기 에너지를 생산하고, 차이점은 터빈을 회전시키는 ②(　　　)이 다르다.

10 화력 발전과 핵발전에 대한 설명으로 옳은 것은 ○, 옳지 않은 것은 ×로 표시하시오.

(1) 핵발전의 에너지원은 고갈될 염려가 없다. ································· (　　)

(2) 화력 발전에 사용할 수 있는 연료는 석탄, 석유, 천연가스 등 다양하다. ················· (　　)

(3) 핵발전은 화력 발전보다 온실 기체 배출로 인한 기후 변화와 환경 오염 문제가 적다. ········· (　　)

잠깐 테스트

이름   날짜   점수

• 정답과 해설 41쪽

1 에너지에 대한 설명을 옳게 연결하시오.

(1) 열에너지 •　　　　• ㉠ 물체의 온도를 변화시키는 에너지

(2) 화학 에너지 •　　　• ㉡ 전하의 이동에 의해 발생하는 에너지

(3) 전기 에너지 •　　　• ㉢ 화학 결합에 의해 물질 속에 저장된 에너지

2 그림은 에너지 전환 과정을 나타낸 것이다. A, B에 들어갈 에너지를 쓰시오.

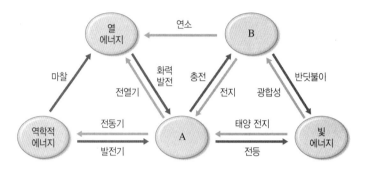

3 에너지는 (　　　　) 법칙에 따라 한 형태의 에너지가 다른 형태의 에너지로 전환되어도 그 총량은 항상 일정하게 보존된다.

4 공급한 에너지 중에서 유용하게 사용된 에너지의 비율을 (　　　　)이라고 한다.

5 에너지 효율이 30 %인 가전제품에 100 J의 에너지를 공급하였을 때 유용하게 사용되지 못하고 버려지는 에너지는 몇 J인지 쓰시오.

6 에너지가 전환되는 과정에서 사용 가능한 에너지의 양이 줄어드는데, 이는 에너지가 최종적으로 (　　　　)에너지의 형태로 전환되어 공기 중으로 흩어지기 때문이다.

7 신재생 에너지에 대한 설명으로 옳은 것은 ○, 옳지 않은 것은 ×로 표시하시오.

(1) 화석 연료와 달리 자원 고갈의 염려가 없다. ·· (　　)

(2) 기존의 에너지원에 비해 초기 투자 비용이 적게 든다. ··· (　　)

(3) 온실 기체 배출로 인한 기후 변화와 환경 오염 문제가 거의 없다. ··· (　　)

[8~10] 그림 (가)~(다)는 다양한 발전 방식을 나타낸 것이다. 다음에서 설명하는 발전 방식을 (가)~(다)에서 고르시오.

(가) 조력 발전 　　　　 (나) 지열 발전 　　　　 (다) 풍력 발전

8 바람의 운동 에너지를 이용하며, 발전기와 연결된 날개를 돌려 전기 에너지를 생산한다.

9 지구 내부의 열에너지를 이용하며, 지하에 있는 뜨거운 물과 수증기의 열에너지를 이용하여 전기 에너지를 생산한다.

10 밀물과 썰물 때 해수면의 높이차로 생기는 에너지를 이용하며, 밀물 때 바닷물이 들어오면서 터빈을 돌려 전기 에너지를 생산한다.

1 다음은 감염병에 대한 설명이다. (　　　) 안에 알맞은 말을 쓰시오.

> • 감염병은 바이러스, 세균, 곰팡이 등과 같은 ①(　　　　)에 감염되어 발생하는 질병이다.
> • 감염병의 진단은 감염 증상이 나타나는 사람에게서 ②(　　　　)를 채취한 다음 병원체의 존재를 확인하여 판별한다.

2 신속항원검사로 감염병을 진단하기 위해 검체에서 확인하는 물질은 무엇인지 쓰시오.

3 감염병 진단 검사 중에서 핵산을 이용하는 검사로, 채취한 검체에 바이러스의 특정한 유전자가 존재하는지를 확인하는 검사법은 무엇인지 쓰시오.

4 다음은 감염병 추적 과정의 변화를 나타낸 것이다. (　　　) 안에 알맞은 말을 쓰시오.

> 조사관이 감염병 환자의 동선을 일일이 파악한다. ➡ (　　　　)에 내장된 위성 위치 확인 시스템(GPS), 와이파이(WiFi), 블루투스 등을 활용하여 환자의 감염 경로와 동선을 파악한다.

5 (　　　　)은 미래 사회에 나타날 것으로 예측되는 감염병 대유행, 기후 변화, 식량 부족, 초연결 사회로 인한 사생활 침해 등의 다양한 문제를 해결하는 데 핵심적인 역할을 담당할 것이다.

6 다음은 생활 데이터 측정에 대한 설명이다. (　　　) 안에 공통으로 들어갈 말을 쓰시오.

> 스마트 워치로 심박수, 수면 패턴 등의 데이터를 (　　　　)으로 측정하여 건강 상태를 확인할 수 있다. (　　　　)으로 측정할 수 있는 데이터의 종류와 양이 늘어나면서 우리의 삶이 더 건강해지고 편리해질 것이다.

7 기존의 컴퓨터 환경에서는 저장하고 처리하기 어려운 방대한 양의 데이터를 무엇이라고 하는지 쓰시오.

8 다음 설명에서 밑줄 친 부분이 의미하는 용어를 쓰시오.

> 디지털 형태로 전환되어 수집되는 <u>많은 양의 데이터</u>로부터 정보를 추출하여 분석하면 현상에 대한 더 빠른 이해와 정확한 예측이 가능하다.

9 다음은 빅데이터를 형성하는 과정에서 제기되고 있는 문제점이다. (　　　) 안에 들어갈 말을 쓰시오.

> • (　　　　) 침해 가능성　　• 충분히 검증되지 못한 데이터의 활용 가능성　　• 지나친 데이터 의존

10 기존 의약품 및 질병과 관련된 빅데이터를 수집하고 분석하여 활용할 수 있는 대표적인 분야를 쓰시오.

잠깐 테스트

• 정답과 해설 42쪽

1 지능 정보화 시대의 과학 기술 단계와 각 단계에 대한 설명을 옳게 연결하시오.

(1) 데이터화 •　　　　　• ㉠ 빅데이터 정보가 인공지능(AI) 기술 구현에 활용된다.

(2) 정보화 •　　　　　• ㉡ 인간의 삶과 환경에 관한 데이터가 사물 인터넷(IoT) 기술을 통해 수집되어 빅데이터 형태로 축적된다.

(3) 지능화 •　　　　　• ㉢ 빅데이터의 경향성과 규칙성을 분석하여 가치있는 정보를 추출한다.

2 센서, 통신 기능, 소프트웨어 등을 내장한 전자기기가 인터넷에 연결된 다른 사물과 주변 환경의 데이터를 실시간으로 주고받는 기술은 무엇인지 쓰시오.

3 다음은 어떤 기술에 대한 설명이다. (　　　) 안에 공통으로 들어갈 알맞은 말을 쓰시오.

> • 생성형 (　　　) 기술로 사람의 말, 글, 그림 등을 입력하여 다양한 형식의 문서, 음악, 그림, 영상 등을 만들 수 있다.
> • 예측형 (　　　) 기술로 기존 데이터의 추이를 분석하여 미래 변화를 예측한다.

4 인공지능 기술, 반도체, 센서 등의 첨단 기술이 적용되어 주변 환경을 인식하여 자율적으로 작업을 수행하는 로봇은 무엇인지 쓰시오.

5 과학 기술의 발전으로 예상하지 못한 오염과 폐기물이 생길 수 있고 새로운 과학 기술에 서툴러 적응하지 못하는 상황이 발생할 수 있다. 이러한 과학 기술의 (　　　)를 예측하고, 지속적인 관심을 두어야 한다.

6 과학 기술의 발달이 우리 사회에 미친 영향에 대한 설명이다. (　　　) 안에 알맞은 말을 쓰시오.

> • 과학 기술의 발달 덕분에 우리의 생활은 편리해지고 물질적으로 풍요로워졌다.
> • 과학 기술을 이용하는 과정에서 다양한 과학 관련 ①(　　　)이 나타나기도 한다.
> • 과학 기술을 개발하고 이용하는 과정에서 과학 ②(　　　)를 준수해야 한다.

7 다음은 현대 사회의 과학 기술의 발달 과정에서 여러 가지 다른 입장의 의견들이 대립하고 있는 문제들이다. 이를 의미하는 용어를 쓰시오.

> • 유전자변형 농산물 이용 ・우주 개발의 확대
> • 신재생 에너지 사용의 확대 ・동물 실험을 이용한 의약품 개발

8 의약품을 개발하기 위해 동물 실험을 하는 과정에서 생명 윤리에 위배되는 행동을 하지 않거나 임상 실험을 하는 과정에서 참가자가 동의하지 않는 실험을 수행하지 않는 예에서와 같이, 과학 기술을 활용하는 과정에서 지켜야 하는 것은 무엇인지 쓰시오.

9 과학 관련 사회적 쟁점을 해결하는 과정에서 개인적 측면, 사회적 측면과 함께 고려해야 할 또 다른 측면을 쓰시오.

10 과학 관련 사회적 쟁점을 해결하는 과정에서 상대방의 의견을 경청할 때 상대방의 입장과 근거 사이의 (　　　)과 타당성을 검토해야 한다.

중단원
핵심 요약 & 문제

시험 보기 전 중단원을 정리할 때 개념을 익히고,
기출 문제와 유사한 문제로 실전에 대비하도록 합니다.

중단원 핵심 요약 & 문제 / ❶ 지구 환경 변화와 생물다양성

• 정답과 해설 42쪽

01 지구 환경 변화

1. 화석과 지질 시대

(1) **화석**: 과거에 살았던 생물의 유해나 흔적이 지층 속에 남아 있는 것 ➡ 생물의 몸체, 뼈, 알, 배설물, 흔적 등

① **화석의 이용**: 과거 생물의 구조와 특징, 과거 생물의 진화 과정, 생물이 살았던 서식지 환경, 화석이 발견된 지층의 생성 시기, 과거 수륙 분포 변화, 과거 기후 변화, 지하자원 탐사 등

② **시상 화석과 표준 화석**

구분	시상 화석	표준 화석
특징	• 지층의 생성 환경을 알려 주는 화석 • 특정 지역에 오랜 기간 분포	• 지층의 생성 시대를 알려 주는 화석 • 넓은 지역에 짧은 기간 분포
예	• 고사리: 따뜻하고 습한 육지 • 산호: 따뜻하고 얕은 바다 • 조개: 얕은 바다나 갯벌	• 고생대: 삼엽충, 갑주어, 방추충 • 중생대: 암모나이트, 공룡 • 신생대: 화폐석, 매머드

(2) **지질 시대**: 지구가 탄생한 후부터 현재까지의 기간 ➡ 생물계의 급격한 변화(화석의 변화)로 구분

2. 지질 시대의 지구 환경과 생물의 변화

선캄브리아시대	• 발견되는 화석이 매우 적다. • 최초의 광합성 생물(남세균) 출현 ➡ 산소량 증가 • 단세포생물, 원시 해조류, 다세포생물 등 출현
고생대	• 초기에는 온난, 말기에는 빙하기 • 말기에 판게아 형성 • 오존층 형성 ➡ 최초의 육상 생물 출현 • 초기에 다양한 생물 출현, 말기에 생물의 대멸종 • 무척추동물(삼엽충, 방추충, 완족류 등), 어류(갑주어 등), 곤충류, 양서류, 양치식물 번성, 파충류, 겉씨식물 출현
중생대	• 온난하여 빙하기가 없었다. • 판게아 분리 ➡ 대서양과 인도양 형성 • 암모나이트, 공룡, 파충류, 겉씨식물 번성, 시조새 출현 • 말기에 생물의 대멸종
신생대	• 초기에 온난, 후기에 빙하기와 간빙기 반복 • 현재와 비슷한 수륙 분포 형성 ➡ 알프스산맥, 히말라야산맥 형성 • 화폐석, 포유류(매머드 등), 속씨식물 번성, 최초의 인류 출현

3. 대멸종과 생물다양성

(1) **지질 시대의 대멸종 횟수**: 5회 ➡ 가장 큰 규모의 대멸종은 고생대 말기에 나타났다.

(2) **대멸종 이후 변화**: 새로운 환경에 적응한 생물은 다양한 종으로 진화하여 생물다양성을 회복한다.

---

1 화석을 이용하여 알 수 있는 사실이 <u>아닌</u> 것은?

① 과거 기후 변화　　　② 생물의 진화 과정
③ 암석의 생성 원인　　④ 지층의 생성 시기
⑤ 과거 수륙 분포의 변화

2 그림 (가)는 고생물의 출현부터 멸종까지의 생존 기간과 지리적 분포 면적을, (나)와 (다)는 삼엽충 화석과 산호 화석을 순서 없이 나타낸 것이다.

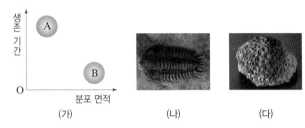

(가)　　　　　(나)　　　　　(다)

이에 대한 설명으로 옳은 것만을 [보기]에서 있는 대로 고른 것은?

┌─ 보기 ─────────────────────┐
ㄱ. (나)는 (가)에서 B에 해당한다.
ㄴ. (나)는 고생대의 바다에서 번성하였다.
ㄷ. (다)는 따뜻하고 수심이 깊은 바다에서 서식하였다.
└──────────────────────────┘

① ㄱ　　　　② ㄷ　　　　③ ㄱ, ㄴ
④ ㄴ, ㄷ　　⑤ ㄱ, ㄴ, ㄷ

3 그림은 지질 시대에 일어난 몇 가지 주요 사건을 나타낸 것이다.

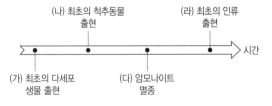

이에 대한 설명으로 옳은 것만을 [보기]에서 있는 대로 고른 것은?

┌─ 보기 ─────────────────────┐
ㄱ. (가)는 선캄브리아시대에 일어난 사건이다.
ㄴ. (나) 시기에 겉씨식물이 번성하였다.
ㄷ. (다)와 (라) 사이에 판게아가 분리되었다.
└──────────────────────────┘

① ㄱ　　　　② ㄷ　　　　③ ㄱ, ㄴ
④ ㄴ, ㄷ　　⑤ ㄱ, ㄴ, ㄷ

4 그림 (가)~(다)는 서로 다른 지질 시대의 수륙 분포를 순서 없이 나타낸 것이다.

(가)　　　　　(나)　　　　　(다)

이에 대한 설명으로 옳은 것만을 [보기]에서 있는 대로 고른 것은?

> **• 보기 •**
> ㄱ. (가)일 때 히말라야산맥이 형성되었다.
> ㄴ. (나)일 때 포유류가 번성하였다.
> ㄷ. 해안선의 총 길이는 (나)보다 (다)일 때 길었다.

① ㄱ 　　　② ㄴ 　　　③ ㄱ, ㄷ
④ ㄴ, ㄷ 　　　⑤ ㄱ, ㄴ, ㄷ

5 다음은 서로 다른 지질 시대 (가)~(라)의 특징을 순서 없이 나타낸 것이다.

> (가) 판게아가 분리되면서 수륙 분포가 변하였고, 파충류와 은행나무 등이 번성하였다.
> (나) 남세균이 출현하여 바다에서 산소를 방출하기 시작하였고, 이후 대기에서도 산소가 축적되었다.
> (다) 바다에는 삼엽충, 어류 등 다양한 생물이 번성하였고, 육지에는 양서류, 대형 곤충 등이 번성하였다.
> (라) 초기부터 중기까지 대체로 온난하였지만, 후기에는 빙하기와 간빙기가 반복되었다.

(가)~(라)를 오래된 것부터 시간 순서대로 옳게 나열한 것은?

① (가) → (나) → (다) → (라)
② (가) → (나) → (라) → (다)
③ (나) → (가) → (라) → (다)
④ (나) → (다) → (가) → (라)
⑤ (나) → (다) → (라) → (가)

6 그림은 어느 지역에서 관찰한 지층의 단면과 각 지층에 포함된 화석을 나타낸 것이다. 이 지역은 지층이 생성되는 동안 지층의 위아래가 뒤집힌 적이 없었다.

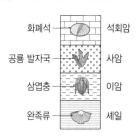

이에 대한 설명으로 옳은 것만을 [보기]에서 있는 대로 고른 것은?

> **• 보기 •**
> ㄱ. 셰일층은 선캄브리아시대에 퇴적되었다.
> ㄴ. 사암층이 쌓일 당시 이 지역은 수심이 얕은 바다 환경이었다.
> ㄷ. 석회암이 쌓일 당시 육지에서는 속씨식물이 번성하였다.

① ㄱ 　　　② ㄷ 　　　③ ㄱ, ㄴ
④ ㄴ, ㄷ 　　　⑤ ㄱ, ㄴ, ㄷ

7 그림 (가)는 지질 시대의 생물 과의 멸종 비율을, (나)는 어느 지층에서 발견된 화석을 나타낸 것이다.

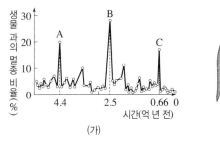
(가)　　　　　　　　　(나)

이에 대한 설명으로 옳은 것만을 [보기]에서 있는 대로 고른 것은?

> **• 보기 •**
> ㄱ. A 시기는 선캄브리아시대에 해당한다.
> ㄴ. (나)의 생물은 B 시기에 멸종하였다.
> ㄷ. C 시기 이후에는 포유류가 번성하였다.

① ㄱ 　　　② ㄴ 　　　③ ㄱ, ㄷ
④ ㄴ, ㄷ 　　　⑤ ㄱ, ㄴ, ㄷ

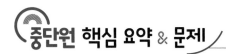

02 진화와 생물다양성(1)

1. 변이와 자연선택

(1) 변이: 같은 종의 개체 사이에 나타나는 형질의 차이

① 주로 개체가 가진 유전자의 차이로 나타난다.

② 유전자 차이의 원인: 오랫동안 축적된 돌연변이, 유성 생식 과정에서 생식세포의 다양한 조합

(2) 자연선택: 환경에 적응하기 유리한 형질을 가진 개체는 그렇지 않은 개체에 비해 더 잘 살아남아 자손을 많이 남긴다.

2. 진화와 자연선택설

(1) 진화: 오랜 시간 동안 여러 세대를 거치면서 생물이 변화하는 현상 ➡ 지구의 생물종이 다양해졌다.

(2) 자연선택설: 다윈의 진화론

과잉 생산과 변이 → 생존경쟁 → 자연선택 → 유전과 진화

과잉 생산과 변이	생물은 주어진 환경에서 살아남을 수 있는 것보다 많은 수의 자손을 낳으며, 과잉 생산된 같은 종의 개체들 사이에 다양한 변이가 나타남
생존경쟁	개체 사이에 먹이, 서식지 등을 차지하기 위해 생존경쟁이 일어남
자연선택	환경에 적응하기 유리한 형질을 가진 개체가 더 많이 살아남아 자손을 남김
유전과 진화	생존경쟁에서 살아남은 개체가 생존에 유리한 형질을 자손에게 전달하며, 이러한 과정이 여러 세대를 거쳐 반복되면 처음 조상과는 다른 형질을 가진 자손이 나타남 ➡ 새로운 종이 출현하는 계기가 됨

1 그림 (가)는 기린의 다양한 털 무늬와 색을, (나)는 호랑나비의 다양한 날개 무늬와 색을 나타낸 것이다.

(가)   (나)

이에 대한 설명으로 옳은 것만을 [보기]에서 있는 대로 고른 것은?

보기
ㄱ. (가)는 환경의 영향으로 나타난다.
ㄴ. (나)는 개체마다 유전정보가 서로 다르기 때문이다.
ㄷ. (가)와 (나)는 모두 변이의 예이다.

① ㄱ   ② ㄴ   ③ ㄱ, ㄷ
④ ㄴ, ㄷ   ⑤ ㄱ, ㄴ, ㄷ

2 자연선택에 대한 설명으로 옳은 것만을 [보기]에서 있는 대로 고른 것은?

보기
ㄱ. 환경이 달라져도 생존에 유리하게 작용하는 변이는 일정하다.
ㄴ. 자연 상태에서는 개체마다 환경에 적응하는 방식과 능력이 다르다.
ㄷ. 시간이 지날수록 환경에 적응하기 유리한 형질을 가진 개체의 비율이 증가한다.

① ㄱ   ② ㄴ   ③ ㄷ
④ ㄱ, ㄴ   ⑤ ㄴ, ㄷ

3 다음은 다윈이 설명한 진화의 과정이다.

생물은 주어진 환경에서 살아남을 수 있는 것보다 많은 수의 자손을 낳는 (㉠)을(를) 한다. 이때 같은 종의 개체들 사이에 형태, 습성, 기능 등에서 다양한 (㉡)이/가 나타나며, 먹이와 서식지 등을 차지하기 위해 (㉢)이/가 일어난다. 환경에 적응하기 유리한 형질을 가진 개체가 더 많이 살아남아 자손을 남기는데, 이것을 (㉣)(이)라고 한다. 이 과정이 오랫동안 누적되어 생물의 (㉤)이/가 일어난다.

이에 대한 설명으로 옳지 <u>않은</u> 것은?

① ㉠은 과잉 생산이다.
② 돌연변이에 의해 집단에 없던 새로운 ㉡이 나타날 수 있다.
③ 먹이와 서식지 환경에 따라 ㉢의 정도는 달라질 수 있다.
④ ㉣의 결과 개체군 내에서 우수한 형질을 가진 개체의 비율이 증가한다.
⑤ ㉤의 결과 새로운 생물종이 출현하기도 한다.

3. 자연선택과 생물다양성(핀치): 남아메리카 핀치가 갈라파고스 제도로 건너와 각 섬에 부리 모양이 다양한 핀치가 태어남 → 핀치는 먹이와 서식지를 두고 경쟁함 → 각 섬의 먹이 환경에 적합한 부리를 가진 핀치가 자연선택됨 → 핀치가 오랫동안 다른 먹이 환경에 적응하여 서로 다른 종의 핀치로 진화함 ➡ 생물종이 다양해짐

4. 생물다양성

유전적 다양성	• 같은 종이라도 개체들이 가진 유전자 차이로 인해 다양한 형질이 나타나는 것을 의미함 • 유전적 다양성이 높을수록 변이가 다양하므로 환경이 급격히 변화하였을 때 멸종될 가능성 낮음
종다양성	• 일정한 지역에 사는 생물종의 다양한 정도를 의미함 • 일정한 지역에 사는 생물종의 수가 많을수록, 각 생물종의 분포 비율이 고를수록 종다양성이 높음
생태계 다양성	• 어떤 지역에 사막, 초원, 삼림, 호수, 강, 바다 등 다양한 생태계가 존재하는 것을 의미함 • 생태계다양성이 높을수록 종다양성과 유전적 다양성이 높음

5. 생물다양성보전: 생물다양성이 높을수록 생태계가 안정적으로 유지되고, 생물자원이 풍부해진다.

(1) **생물다양성 감소 원인:** 서식지파괴와 단편화, 불법 포획과 남획, 환경 오염과 기후 변화, 외래생물의 유입

(2) **생물다양성보전을 위한 노력:** 서식지 복원, 생태통로 설치, 불법 포획과 남획 금지, 환경 오염과 기후 변화 방지 대책 마련, 외래생물의 영향 검증

4 그림은 갈라파고스 제도의 여러 섬에 사는 핀치의 먹이와 부리 모양을 나타낸 것이다. 모든 핀치는 남아메리카 대륙에서 건너온 한 종의 핀치를 공통조상으로 갖는다.

이에 대한 설명으로 옳은 것만을 [보기]에서 있는 대로 고른 것은?

• 보기 •
ㄱ. 먹이 환경이 핀치의 자연선택에 영향을 미친다.
ㄴ. 같은 종의 생물이라도 기관의 형태가 다를 수 있다.
ㄷ. 진화 과정을 통해 생물다양성이 형성됨을 알 수 있다.

① ㄱ　　　　② ㄴ　　　　③ ㄱ, ㄷ
④ ㄴ, ㄷ　　　⑤ ㄱ, ㄴ, ㄷ

5 다음은 생물다양성의 세 요소와 관련된 설명이다.

(가) 습지에 다양한 종류의 생물들이 서식한다.
(나) 같은 종에 속하는 토끼의 털색이 다양하다.
(다) 어떤 지역에 사막, 초원, 삼림, 호수, 강, 바다 등 다양한 생태계가 존재한다.

이에 대한 설명으로 옳은 것만을 [보기]에서 있는 대로 고른 것은?

• 보기 •
ㄱ. (가)가 낮을수록 생태계가 안정적으로 유지된다.
ㄴ. (나)는 유전자 차이로 인해 형질이 다양하게 나타나는 것을 의미한다.
ㄷ. (다)는 강수량, 기온, 토양 등과 같은 환경요인의 차이로 나타난다.

① ㄱ　　　　② ㄴ　　　　③ ㄱ, ㄷ
④ ㄴ, ㄷ　　　⑤ ㄱ, ㄴ, ㄷ

6 그림은 면적이 같은 서로 다른 지역 (가)와 (나)에 서식하는 모든 생물종을 나타낸 것이다.

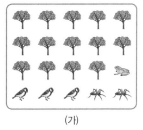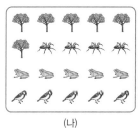

(가)　　　　　　　(나)

이에 대한 설명으로 옳은 것만을 [보기]에서 있는 대로 고른 것은? (단, 제시된 자료 이외의 다른 조건은 고려하지 않는다.)

• 보기 •
ㄱ. (가)와 (나)에 서식하는 생물종의 수는 같다.
ㄴ. (가)와 (나)에서 종다양성은 같다.
ㄷ. (나)의 생태계가 (가)의 생태계보다 안정적으로 유지된다.

① ㄱ　　　　② ㄴ　　　　③ ㄱ, ㄷ
④ ㄴ, ㄷ　　　⑤ ㄱ, ㄴ, ㄷ

중단원 핵심 요약 & 문제

❷ 화학 변화

01 산화와 환원

1. 산화·환원 반응

구분	산화	환원
산소의 이동	산소를 얻음	산소를 잃음
	예 $2CuO + C \longrightarrow 2Cu + CO_2$ (산화: C→CO₂, 환원: CuO→Cu)	
전자의 이동	전자를 잃음	전자를 얻음
	예 $Mg + Cu^{2+} \longrightarrow Mg^{2+} + Cu$ (산화: Mg→Mg²⁺, 환원: Cu²⁺→Cu)	
동시성	어떤 물질이 산소를 얻거나 전자를 잃고 산화되면 다른 물질은 산소를 잃거나 전자를 얻어 환원된다. ➡ 산화와 환원은 항상 동시에 일어난다.	

2. 산화·환원 반응의 예

광합성	식물의 엽록체에서 빛에너지를 이용하여 이산화 탄소와 물로 포도당과 산소를 만드는 반응 $6CO_2 + 6H_2O \xrightarrow{\text{빛에너지}} C_6H_{12}O_6 + 6O_2$
세포 호흡	마이토콘드리아에서 포도당과 산소가 반응하여 이산화 탄소와 물이 생성되고, 에너지가 발생하는 반응 $C_6H_{12}O_6 + 6O_2 \longrightarrow 6CO_2 + 6H_2O + 에너지$
철의 제련	산화 철(Ⅲ)에서 산소를 제거하여 순수한 철을 얻는 과정 $2C + O_2 \longrightarrow 2CO$ $Fe_2O_3 + 3CO \longrightarrow 2Fe + 3CO_2$
화석 연료의 연소	화석 연료가 공기 중의 산소와 반응하여 이산화 탄소와 물이 생성되고 많은 열이 방출되는 반응 예 메테인의 연소: $CH_4 + 2O_2 \longrightarrow CO_2 + 2H_2O$
수소 연료 전지	수소와 산소가 반응하여 물이 생성되는 과정에서 물질의 화학 에너지가 전기 에너지로 전환됨 $2H_2 + O_2 \longrightarrow 2H_2O$

1 다음은 염화 구리(Ⅱ) 수용액에 알루미늄판을 넣었을 때 일어나는 반응을 화학 반응식으로 나타낸 것이다.

$$2Al + 3Cu^{2+} \longrightarrow 2Al^{3+} + 3Cu$$

이 반응에서 산화되는 것과 환원되는 것을 옳게 짝 지은 것은?

	산화되는 것	환원되는 것
①	Al	Cu^{2+}
②	Al	Al^{3+}
③	Al	Cu
④	Cu^{2+}	Al
⑤	Cu^{2+}	Al^{3+}

2 다음 화학 반응식에서 밑줄 친 물질이 산화되는 것만을 [보기]에서 있는 대로 고르시오.

> **보기**
> ㄱ. $2\underline{NO} + 2H_2 \longrightarrow N_2 + 2H_2O$
> ㄴ. $\underline{CH_4} + 2O_2 \longrightarrow CO_2 + 2H_2O$
> ㄷ. $4\underline{Fe} + 3O_2 \longrightarrow 2Fe_2O_3$

3 다음은 세 가지 산화·환원 반응에 대한 설명이다.

> (가) 황산 구리(Ⅱ) 수용액에 아연판을 넣으면 구리 이온이 ⊙ 되어 구리가 석출된다.
> (나) 마그네슘을 공기 중에서 가열하면 마그네슘이 ⓒ 되어 산화 마그네슘이 생성된다.
> (다) 철을 제련하는 과정에서 코크스가 ⓒ 되어 일산화 탄소가 생성된다.

⊙~ⓒ에 알맞은 말을 옳게 짝 지은 것은?

	⊙	ⓒ	ⓒ
①	산화	산화	산화
②	산화	산화	환원
③	환원	산화	산화
④	환원	산화	환원
⑤	환원	환원	산화

4 그림과 같이 산화 구리(Ⅱ)와 탄소 가루를 혼합하여 시험관에 넣고 가열하였더니 석회수가 뿌옇게 흐려지고 시험관 속에는 붉은색의 고체 물질이 생성되었다.

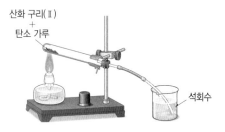

산화 구리(Ⅱ) + 탄소 가루 / 석회수

이에 대한 설명으로 옳지 않은 것은?

① 이산화 탄소가 생성된다.
② 시험관 속에 생성된 붉은색 고체는 구리이다.
③ 탄소는 산화된다.
④ 산화 구리(Ⅱ)는 산소를 얻는다.
⑤ 시험관 속에서 산화·환원 반응이 일어난다.

5 그림은 구리 선을 질산 은 수용액에 넣었을 때 구리 선 표면에 은이 석출된 것을 나타낸 것이다.

구리 선
질산 은
수용액

이에 대한 설명으로 옳은 것만을 [보기]에서 있는 대로 고른 것은?

┌─ 보기 ─────────────────────────┐
ㄱ. 은 이온은 전자를 얻는다.
ㄴ. 수용액은 점점 푸른색으로 변한다.
ㄷ. 수용액의 전체 이온 수는 증가한다.
└────────────────────────────┘

① ㄱ   ② ㄷ   ③ ㄱ, ㄴ
④ ㄴ, ㄷ   ⑤ ㄱ, ㄴ, ㄷ

6 그림은 묽은 염산에 마그네슘 조각을 넣었을 때 일어나는 반응을 모형으로 나타낸 것이다.

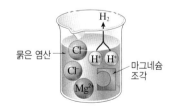

묽은 염산
H_2
Cl^-
H^+ H^+
Cl^-
Mg^{2+}
마그네슘 조각

이에 대한 설명으로 옳은 것만을 [보기]에서 있는 대로 고른 것은?

┌─ 보기 ─────────────────────────┐
ㄱ. 마그네슘은 산화된다.
ㄴ. 마그네슘 조각의 질량은 감소한다.
ㄷ. 수용액 속 양이온 수는 감소한다.
└────────────────────────────┘

① ㄱ   ② ㄴ   ③ ㄱ, ㄷ
④ ㄴ, ㄷ   ⑤ ㄱ, ㄴ, ㄷ

7 다음은 자연과 인류의 역사에 변화를 가져온 두 가지 화학 반응을 나타낸 것이다.

┌────────────────────────────────────┐
(가) 이산화 탄소 + 물 ⟶ 포도당 + (㉠)
(나) 산화 철(Ⅲ) + 일산화 탄소 ⟶ 철 + (㉡)
└────────────────────────────────────┘

이에 대한 설명으로 옳은 것만을 [보기]에서 있는 대로 고른 것은?

┌─ 보기 ─────────────────────────┐
ㄱ. (가)는 광합성이다.
ㄴ. ㉠과 ㉡은 같은 물질이다.
ㄷ. (가)와 (나)는 모두 산화·환원 반응이다.
└────────────────────────────┘

① ㄱ   ② ㄴ   ③ ㄱ, ㄷ
④ ㄴ, ㄷ   ⑤ ㄱ, ㄴ, ㄷ

8 그림은 철의 제련 과정에서 일어나는 반응의 일부와 철이 산화될 때 일어나는 반응을 나타낸 것이다.

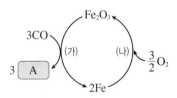

Fe_2O_3
$3CO$
(가)
(나)
$\frac{3}{2}O_2$
3 A
$2Fe$

이에 대한 설명으로 옳은 것만을 [보기]에서 있는 대로 고른 것은?

┌─ 보기 ─────────────────────────┐
ㄱ. A는 이산화 탄소이다.
ㄴ. (가)에서 산화 철(Ⅲ)은 환원된다.
ㄷ. (나)에서 철은 전자를 잃는다.
└────────────────────────────┘

① ㄱ   ② ㄴ   ③ ㄱ, ㄷ
④ ㄴ, ㄷ   ⑤ ㄱ, ㄴ, ㄷ

9 산화·환원 반응의 예로 옳지 <u>않은</u> 것은?

① 철로 만든 다리가 녹는다.
② 생명체가 세포호흡을 한다.
③ 표백제로 옷을 하얗게 만든다.
④ 벌레에 물렸을 때 암모니아수를 바른다.
⑤ 사과를 깎아 두면 깎은 부분이 갈색으로 변한다.

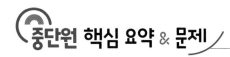

02 산, 염기와 중화 반응

1. 산과 염기

구분	산	염기
정의	수용액에서 수소 이온(H^+)을 내놓는 물질	수용액에서 수산화 이온(OH^-)을 내놓는 물질
성질	• 신맛이 나고, 수용액에서 전기 전도성이 있음 • 금속과 반응하여 수소 기체를 발생시키고, 탄산 칼슘과 반응하여 이산화 탄소 기체를 발생시킴 • 푸른색 리트머스 종이를 붉게 변화시킴 • 페놀프탈레인 용액의 색을 변화시키지 않음 • BTB 용액을 노란색으로 변화시킴	• 쓴맛이 나고, 수용액에서 전기 전도성이 있음 • 금속이나 탄산 칼슘과 반응하지 않음 • 단백질을 녹이는 성질이 있어 만지면 미끈거림 • 붉은색 리트머스 종이를 푸르게 변화시킴 • 페놀프탈레인 용액을 붉게 변화시킴 • BTB 용액을 파란색으로 변화시킴

2. 지시약: 용액의 액성을 구별하기 위해 사용하는 물질

구분	산성	중성	염기성
리트머스 종이	푸른색 → 붉은색	—	붉은색 → 푸른색
페놀프탈레인 용액	무색	무색	붉은색
BTB 용액	노란색	초록색	파란색
메틸 오렌지 용액	붉은색	노란색	노란색

3. 중화 반응: 산과 염기가 반응하여 물이 생성되는 반응

(1) 산의 수소 이온(H^+)과 염기의 수산화 이온(OH^-)이 1 : 1의 개수비로 반응하여 물을 생성한다.

$$H^+ + OH^- \longrightarrow H_2O$$

(2) 중화 반응이 일어날 때의 변화

이온 수와 액성 변화	📌 일정량의 묽은 염산에 수산화 나트륨 수용액을 넣을 때 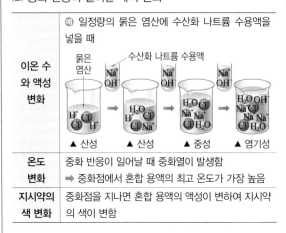▲ 산성　▲ 산성　▲ 중성　▲ 염기성
온도 변화	중화 반응이 일어날 때 중화열이 발생함 ➡ 중화점에서 혼합 용액의 최고 온도가 가장 높음
지시약의 색 변화	중화점을 지나면 혼합 용액의 액성이 변하여 지시약의 색이 변함

4. 중화 반응의 이용

• 생선 요리에 레몬즙을 뿌려 비린내 줄이기
• 위산이 많이 분비되어 속이 쓰릴 때 제산제 복용하기
• 충치의 원인이 되는 산성 물질을 치약으로 중화하여 충치 예방하기

---

1 산과 염기에 대한 설명으로 옳은 것은?

① 산 수용액은 탄산 칼슘과 반응하지 않는다.
② 산 수용액은 페놀프탈레인 용액의 색을 붉게 변화시킨다.
③ 염기 수용액은 신맛이 난다.
④ 염기 수용액은 BTB 용액을 노란색으로 변화시킨다.
⑤ 산과 염기는 모두 수용액에서 전기 전도성이 있다.

2 그림과 같이 질산 칼륨 수용액에 적신 푸른색 리트머스 종이 위에 묽은 염산에 적신 실을 올려놓고 전류를 흘려 주었다.

질산 칼륨 수용액에 적신 푸른색 리트머스 종이
(−)극　　(+)극
묽은 염산에 적신 실

이에 대한 설명으로 옳은 것만을 [보기]에서 있는 대로 고른 것은?

> **보기**
> ㄱ. 붉은색이 (−)극 쪽으로 이동한다.
> ㄴ. (+)극 쪽으로 이동하는 이온은 없다.
> ㄷ. 묽은 염산 대신 묽은 황산으로 실험해도 결과는 같다.

① ㄱ　　　　② ㄴ　　　　③ ㄱ, ㄷ
④ ㄴ, ㄷ　　⑤ ㄱ, ㄴ, ㄷ

3 표는 수용액 (가)~(다)에 리트머스 종이를 대었을 때의 색 변화를 나타낸 것이다. (가)~(다)는 각각 아세트산 수용액, 수산화 나트륨 수용액, 염화 나트륨 수용액 중 하나이다.

수용액	(가)	(나)	(다)
푸른색 리트머스 종이	붉은색	변화 없음	변화 없음
붉은색 리트머스 종이	변화 없음	변화 없음	푸른색

이에 대한 설명으로 옳은 것만을 [보기]에서 있는 대로 고른 것은?

> **보기**
> ㄱ. (가)에는 H^+이 들어 있다.
> ㄴ. (나)에 페놀프탈레인 용액을 떨어뜨리면 붉은색을 나타낸다.
> ㄷ. (다)에 탄산 칼슘을 넣으면 기체가 발생한다.

① ㄱ　　　　② ㄴ　　　　③ ㄱ, ㄷ
④ ㄴ, ㄷ　　⑤ ㄱ, ㄴ, ㄷ

4 그림은 수용액 (가)와 (나)를 혼합하여 혼합 용액 (다)를 만드는 것을 모형으로 나타낸 것이다. (다)에 존재하는 입자는 나타내지 않았다.

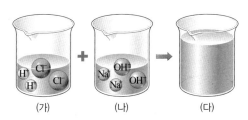

(가)   (나)   (다)

이에 대한 설명으로 옳은 것만을 [보기]에서 있는 대로 고른 것은? (단, 혼합 전 (가)와 (나)의 온도는 같다.)

> **보기**
> ㄱ. 용액의 최고 온도는 (다)가 (가)보다 높다.
> ㄴ. 용액 속 Na^+의 수는 (다)가 (나)보다 적다.
> ㄷ. (다)에 BTB 용액을 떨어뜨리면 파란색을 나타낸다.

① ㄱ   ② ㄴ   ③ ㄱ, ㄷ
④ ㄴ, ㄷ   ⑤ ㄱ, ㄴ, ㄷ

5 그림은 묽은 염산(HCl)과 수산화 나트륨(NaOH) 수용액의 부피를 달리하여 혼합한 후 각 용액의 온도가 변화한 정도를 측정하여 나타낸 것이다.

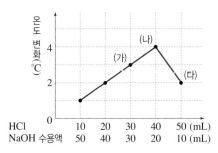

이에 대한 설명으로 옳은 것만을 [보기]에서 있는 대로 고른 것은? (단, 혼합 전 두 수용액의 온도는 같다.)

> **보기**
> ㄱ. 중화 반응으로 생성된 물 분자 수는 (가)가 (다)보다 많다.
> ㄴ. (나)에 BTB 용액을 떨어뜨리면 노란색을 나타낸다.
> ㄷ. (가)와 (다)를 혼합하면 중화 반응이 일어난다.

① ㄱ   ② ㄴ   ③ ㄱ, ㄷ
④ ㄴ, ㄷ   ⑤ ㄱ, ㄴ, ㄷ

6 그림 (가)~(다)는 묽은 염산 20 mL에 수산화 나트륨 수용액을 10 mL씩 넣을 때 용액에 들어 있는 이온을 모형으로 나타낸 것이다. (다)에 존재하는 이온은 나타내지 않았다.

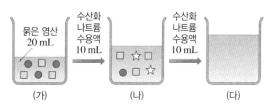

(가)   (나)   (다)

이에 대한 설명으로 옳은 것만을 [보기]에서 있는 대로 고른 것은?

> **보기**
> ㄱ. ●은 H^+이다.
> ㄴ. 중화 반응으로 생성된 물 분자 수는 (다)가 (나)보다 많다.
> ㄷ. (다)에 들어 있는 ☆의 수와 □의 수는 같다.

① ㄱ   ② ㄷ   ③ ㄱ, ㄴ
④ ㄴ, ㄷ   ⑤ ㄱ, ㄴ, ㄷ

7 다음은 중화 반응의 이용에 대한 설명이다.

> • ㉠산성화된 토양에 ㉡석회 가루를 뿌린다.
> • ㉢위산이 너무 많이 분비되어 속이 쓰릴 때 ㉣제산제를 먹는다.
> • 생선 요리에 ㉤레몬즙을 뿌려 ㉥비린내의 원인 물질을 중화한다.

이에 대한 설명으로 옳은 것만을 [보기]에서 있는 대로 고른 것은?

> **보기**
> ㄱ. ㉠, ㉢, ㉥은 모두 산성을 띤다.
> ㄴ. ㉡과 ㉣을 혼합하면 중화 반응이 일어난다.
> ㄷ. ㉤에는 H^+이 들어 있다.

① ㄱ   ② ㄷ   ③ ㄱ, ㄴ
④ ㄴ, ㄷ   ⑤ ㄱ, ㄴ, ㄷ

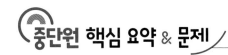

03 물질 변화에서 에너지의 출입

1. 물질 변화와 에너지의 출입: 물질 변화가 일어날 때 에너지를 방출하거나 흡수한다.

(1) 열에너지의 출입과 주변의 온도 변화

열에너지 방출	열에너지 흡수
주변의 온도가 높아짐	주변의 온도가 낮아짐

(2) 에너지가 출입하는 현상의 예

에너지 방출	수증기의 액화, 연소 반응, 중화 반응, 철이 녹스는 반응, 염화 칼슘이 물에 녹는 반응, 금속과 산의 반응 등
에너지 흡수	물의 기화, 질산 암모늄과 수산화 바륨의 반응, 탄산수소 나트륨의 분해 반응, 물의 전기 분해 등

2. 물질 변화에서 출입하는 에너지의 이용

(1) 에너지의 출입을 이용하는 예

열에너지 방출	• 과수원에서 물을 뿌려 냉해 예방하기: 물이 응고하면서 열에너지를 방출한다. • 발열 용기: 물과 산화 칼슘이 반응하면서 열에너지를 방출한다. • 손난로: 철 가루와 산소가 반응하면서 열에너지를 방출한다. • 연료의 연소: 연료가 연소하면서 열에너지를 방출한다.
열에너지 흡수	• 신선식품 배달용 얼음주머니: 얼음이 융해하면서 열에너지를 흡수한다. • 아이스크림 포장용 드라이아이스: 드라이아이스가 승화하면서 열에너지를 흡수한다. • 냉찜질 팩: 질산 암모늄이 물에 녹으면서 열에너지를 흡수한다. • 제빵 소다를 넣어 빵 굽기: 탄산수소 나트륨이 열에너지를 흡수하여 분해되면서 이산화 탄소 기체가 발생한다.

(2) 생명 현상과 지구 현상에서 에너지의 출입

세포호흡	생명체는 세포호흡으로 발생하는 열에너지의 일부를 생명활동에 이용한다.
광합성	식물은 빛에너지를 흡수하여 광합성을 한다.
물의 순환	물은 태양 에너지를 흡수하여 수증기가 되고, 수증기는 열에너지를 방출하며 구름을 이룬다.
태풍	태풍은 바다에서 태양 에너지를 흡수하여 증발한 수증기가 물로 응결되는 과정에서 열에너지를 방출하며 발달한다.

1 다음은 물질 변화와 에너지의 출입에 대한 설명이다. ( ) 안에 알맞은 말을 쓰시오.

> 물질 변화가 일어날 때는 에너지가 출입한다. 열에너지를 방출하는 반응이 일어날 때는 주변의 온도가 ㉠( )지고, 열에너지를 흡수하는 반응이 일어날 때는 주변의 온도가 ㉡( )진다.

2 물질 변화가 일어날 때 에너지를 흡수하는 현상은?

① 물이 응고한다.
② 나무가 연소한다.
③ 금속과 산이 반응한다.
④ 드라이아이스가 승화한다.
⑤ 철 가루가 산소와 반응한다.

3 물질 변화가 일어날 때 주변의 온도가 높아지는 현상만을 [보기]에서 있는 대로 고른 것은?

> ● 보기 ●
> ㄱ. 수증기가 물로 액화한다.
> ㄴ. 물과 산화 칼슘이 반응한다.
> ㄷ. 질산 암모늄과 수산화 바륨이 반응한다.

① ㄱ   ② ㄷ   ③ ㄱ, ㄴ
④ ㄴ, ㄷ   ⑤ ㄱ, ㄴ, ㄷ

4 다음은 일상생활에서 물질 변화가 일어날 때 에너지가 출입하는 현상을 이용하는 두 가지 예이다.

> (가) 메테인이 주성분인 도시가스를 연소시켜 요리를 한다.
> (나) 아이스크림을 포장할 때 드라이아이스를 넣는다.

이에 대한 설명으로 옳은 것만을 [보기]에서 있는 대로 고른 것은?

> ● 보기 ●
> ㄱ. (가)에서 도시가스가 연소할 때 에너지를 방출한다.
> ㄴ. (나)에서 드라이아이스의 물질 변화가 일어날 때 주변의 온도가 낮아진다.
> ㄷ. 생명체의 세포호흡과 에너지 출입 방향이 같은 현상을 이용하는 예는 (나)이다.

① ㄱ   ② ㄷ   ③ ㄱ, ㄴ
④ ㄴ, ㄷ   ⑤ ㄱ, ㄴ, ㄷ

5 그림과 같이 물을 뿌린 나무판 위에 삼각 플라스크를 올려놓고 질산 암모늄과 수산화 바륨을 반응시켰다.

유리 막대
질산 암모늄 + 수산화 바륨
물
나무판

이에 대한 설명으로 옳은 것만을 [보기]에서 있는 대로 고른 것은?

• 보기 •
ㄱ. 나무판이 삼각 플라스크에 달라붙는다.
ㄴ. 삼각 플라스크 안에서 열에너지를 흡수하는 반응이 일어난다.
ㄷ. 삼각 플라스크 안에서 반응이 일어나면서 주변의 온도가 높아진다.

① ㄱ   ② ㄷ   ③ ㄱ, ㄴ
④ ㄴ, ㄷ   ⑤ ㄱ, ㄴ, ㄷ

6 다음은 물과 산화 칼슘을 이용하여 달걀을 삶는 과정이다.

(가) 비커에 산화 칼슘이 들어 있는 팩을 넣고 물을 넣는다.
(나) 달걀과 물이 들어 있는 알루미늄 포일 그릇을 팩 위에 올려 달걀을 삶는다.

비커
달걀과 물
알루미늄 포일 그릇
산화 칼슘이 들어 있는 팩과 물

물과 산화 칼슘이 반응할 때 ㉠에너지의 출입과 ㉡주변의 온도 변화를 옳게 짝 지은 것은?

	㉠	㉡
①	방출	높아짐
②	방출	낮아짐
③	흡수	높아짐
④	흡수	낮아짐
⑤	흡수	변화 없음

7 다음은 물질 변화에서 에너지가 출입하는 현상을 이용하는 세 가지 예이다.

(가) 신선식품을 배달할 때 얼음주머니를 넣는다.
(나) 손난로는 철 가루와 산소의 반응을 이용한다.
(다) 냉찜질 팩은 질산 암모늄과 물의 반응을 이용한다.

물질 변화가 일어날 때 에너지를 흡수하는 것만을 있는 대로 고른 것은?

① (가)   ② (나)   ③ (가), (다)
④ (나), (다)   ⑤ (가), (나), (다)

8 다음은 냉장고가 작동할 때 에너지가 출입하는 현상에 대한 설명이다.

냉장고의 냉매가 ㉠ 하면서 열에너지를 ㉡ 하여 냉장고 안이 시원해진다. 냉장고 뒤의 방열판에서는 냉매가 다시 ㉢ 하면서 열에너지를 ㉣ 한다.

㉠~㉣에 들어갈 말을 옳게 짝 지은 것은?

	㉠	㉡	㉢	㉣
①	기화	방출	액화	흡수
②	기화	흡수	액화	방출
③	액화	방출	기화	흡수
④	액화	흡수	기화	방출
⑤	응고	방출	융해	흡수

9 에너지를 방출하는 물질 변화를 이용한 예로 옳은 것만을 [보기]에서 있는 대로 고른 것은?

• 보기 •
ㄱ. 탄산수소 나트륨 소화기
ㄴ. 산화 칼슘을 이용한 발열 용기
ㄷ. 아이스크림 포장용 드라이아이스

① ㄱ   ② ㄴ   ③ ㄱ, ㄷ
④ ㄴ, ㄷ   ⑤ ㄱ, ㄴ, ㄷ

01 생물과 환경

1. 생태계를 구성하는 요소

(1) 개체, 개체군, 군집, 생태계

개체	독립적으로 생명활동을 할 수 있는 하나의 생명체
개체군	일정한 지역에 같은 종의 개체들이 무리를 이룬 것
군집	일정한 지역에 여러 개체군이 모여 생활하는 것
생태계	군집을 이루는 각 개체군이 다른 개체군 및 환경과 영향을 주고받으며 살아가는 체계

(2) 생태계를 구성하는 요소

	생산자	광합성으로 생명활동에 필요한 양분을 스스로 만드는 생물 예 식물, 식물 플랑크톤
생물 요소	소비자	스스로 양분을 만들지 못하고 다른 생물을 먹이로 하여 양분을 얻는 생물 예 동물 플랑크톤, 초식동물, 육식동물
	분해자	다른 생물의 배설물이나 죽은 생물을 분해하여 양분을 얻는 생물 예 버섯, 세균, 곰팡이
비생물요소		생물을 둘러싸고 있는 환경요인 예 빛, 온도, 물, 토양, 공기

(3) 생태계구성요소의 상호 관계

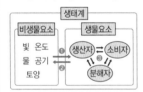

❶ 비생물요소가 생물요소에 영향을 준다. 예 토양에 양분이 풍부해지면 식물이 잘 자란다.
❷ 생물요소가 비생물요소에 영향을 준다. 예 낙엽이 쌓여 분해되면 토양이 비옥해진다.
❸ 생물끼리 영향을 주고받는다. 예 토끼풀이 잘 자라면 토끼의 개체수가 증가한다.

2. 생물과 환경의 상호 관계

빛	• 강한 빛을 받는 잎은 울타리조직이 발달되어 있어 약한 빛을 받는 잎보다 두껍다. • 일조 시간은 동물의 생식 주기나 식물의 개화 시기에 영향을 준다. 예 붓꽃은 봄과 초여름에 꽃이 피고, 코스모스는 가을에 꽃이 핀다.
온도	• 포유류는 서식지의 기온에 따라 몸집과 몸 말단부의 크기가 다르다. 예 북극여우는 사막여우에 비해 몸집이 크고 몸 말단부가 작다. • 툰드라에 사는 털송이풀은 잎이나 꽃에 털이 나 있어 체온이 낮아지는 것을 막는다.
물	• 곤충은 몸 표면이 키틴질로 되어 있고, 새의 알은 단단한 껍질로 싸여 있으며, 도마뱀과 뱀은 몸 표면이 비늘로 덮여 있어 수분의 손실을 막는다. • 건조한 곳에 사는 선인장은 잎이 가시로 변해 수분 증발을 막고, 물을 저장하는 조직이 발달하였다.
토양	• 지렁이와 두더지는 토양에 공기가 잘 통하게 한다. • 토양 속 미생물은 죽은 생물이나 배설물을 분해하여 생태계에서 물질을 순환시키는 역할을 한다.
공기	공기 중의 산소는 생물의 호흡에 이용되고, 이산화 탄소는 식물의 광합성에 이용된다.

1 생태계에 대한 설명으로 옳지 않은 것은?

① 생물요소와 비생물요소로 구성된다.
② 일정한 지역에 여러 개체군이 모여 군집을 이룬다.
③ 하나의 개체군은 모두 같은 종에 속하는 생물로 이루어져 있다.
④ 생물은 다른 생물이나 주변 환경과 영향을 주고받으며 살아간다.
⑤ 생물요소는 생산자, 소비자, 분해자로 구분되며, 분해자에는 세균, 버섯, 플랑크톤이 있다.

2 그림은 생태계를 구성하는 요소 사이의 상호 관계를 나타낸 것이다.

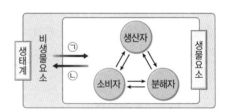

이에 대한 설명으로 옳은 것만을 [보기]에서 있는 대로 고른 것은?

• 보기 •
ㄱ. 생물요소 사이에도 서로 영향을 주고받는다.
ㄴ. 철새가 계절에 따라 먼 거리를 이동하는 것은 ㉡에 해당한다.
ㄷ. 지의류가 산성 물질을 분비하여 암석의 풍화를 촉진하는 것은 ㉠에 해당한다.

① ㄱ　　　　② ㄴ　　　　③ ㄱ, ㄷ
④ ㄴ, ㄷ　　　⑤ ㄱ, ㄴ, ㄷ

3 빛에 대한 생물의 적응 현상과 관련된 설명으로 옳지 <u>않은</u> 것은?

① 식물의 줄기는 빛이 오는 쪽을 향하여 굽어 자란다.

② 일조 시간은 동물의 생식 주기나 행동에 영향을 주기도 한다.

③ 어떤 식물은 빛이 강한 환경에서 잘 자라고, 어떤 식물은 빛이 약한 환경에서도 잘 자란다.

④ 약한 빛을 받는 잎은 울타리조직이 발달하여 강한 빛을 받는 잎보다 두껍다.

⑤ 상추는 일조 시간이 길어지는 봄이나 여름에 꽃이 피고, 코스모스는 일조 시간이 짧아지는 가을에 꽃이 핀다.

4 다음은 환경에 따른 여러 생물의 적응 현상이다.

> (가) 사막에 사는 포유류는 농도가 진한 오줌을 배설한다.
> (나) 툰드라에 사는 털송이풀은 잎이나 꽃에 털이 나 있다.
> (다) 꾀꼬리와 종달새는 봄에 번식하고, 송어와 노루는 가을에 번식한다.

각 생물에 영향을 준 환경요인을 옳게 짝 지은 것은?

	(가)	(나)	(다)
①	물	토양	온도
②	물	온도	빛
③	빛	토양	온도
④	온도	물	빛
⑤	온도	토양	빛

1. 먹이 관계와 생태피라미드

(1) **먹이 관계**: 생태계를 구성하는 생물들은 먹이 관계로 연결되어 있으며, 여러 개의 먹이사슬이 서로 얽혀 먹이그물을 이룬다.

(2) **생태계에서의 에너지흐름**: 생태계에서 에너지는 먹이사슬을 따라 이동하며, 하위 영양단계의 생물이 가진 에너지의 일부는 생명활동을 하는 데 쓰이거나 열에너지로 방출되고, 나머지 일부 에너지만 상위 영양단계로 전달된다. ➡ 상위 영양단계로 갈수록 전달되는 에너지양은 감소한다.

(3) **생태피라미드**: 생태계의 하위 영양단계부터 상위 영양단계까지 각 영양단계의 에너지양, 개체수, 생체량을 차례로 쌓아올린 것 ➡ 안정된 생태계에서는 상위 영양단계로 갈수록 에너지양, 개체수, 생체량이 줄어든다.

2. 생태계평형: 생태계에서 생물군집의 구성이나 개체수, 물질의 양, 에너지흐름이 균형을 이루면서 안정된 상태를 유지하는 것 ➡ 먹이 관계가 복잡할수록 생태계평형이 잘 유지된다.

• 안정된 생태계는 환경이 변해 일시적으로 평형이 깨져도 시간이 지나면 다시 평형을 회복한다.

3. 환경 변화와 생태계

(1) **생태계평형을 깨뜨리는 환경 변화 요인**

① **자연재해**: 태풍, 홍수, 가뭄, 산불, 지진, 화산 폭발 등

② **인간의 활동**: 무분별한 개발이나 환경 오염

(2) **생태계보전을 위한 노력**: 천연기념물 지정, 국립 공원 지정, 자연환경을 보전하기 위한 특별법 시행, 환경영향평가 실시, 하천 복원 사업 실시 등

1 생태계평형에 대한 설명으로 옳지 <u>않은</u> 것은?

① 주로 생물들 사이의 먹고 먹히는 관계로 유지된다.

② 생태계평형을 유지하기 위해서는 생물다양성을 보전해야 한다.

③ 안정된 생태계는 환경이 변해 일시적으로 평형이 깨져도 평형을 회복할 수 있다.

④ 포식과 피식 관계에 있는 두 개체군의 개체수는 주기적으로 변동하며 평형을 유지한다.

⑤ 개체수의 균형을 포함하는 개념이며, 물질의 양이나 에너지흐름의 균형은 포함되지 않는다.

2 그림은 어떤 생태계에서의 먹이 관계를 나타낸 것이다.

이에 대한 설명으로 옳은 것만을 [보기]에서 있는 대로 고른 것은?

┌─ 보기 ─────────────────────────────────┐
ㄱ. 여러 영양단계 중 풀이 가진 에너지양이 가장 적다.
ㄴ. 이 생태계에서 메뚜기가 사라지면 다른 두 종의 생물도 사라진다.
ㄷ. 매의 개체수가 줄어들면 들쥐의 개체수는 일시적으로 감소한다.
└───────────────────────────────────────┘

① ㄱ   ② ㄷ   ③ ㄱ, ㄴ
④ ㄴ, ㄷ   ⑤ ㄱ, ㄴ, ㄷ

3 그림은 어떤 안정된 육상 생태계의 생태피라미드를 나타낸 것이다. A~D는 각각 1차 소비자, 2차 소비자, 3차 소비자, 생산자 중 하나이다.

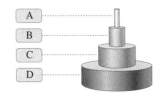

이에 대한 설명으로 옳은 것만을 [보기]에서 있는 대로 고른 것은?

┌─ 보기 ─────────────────────────────────┐
ㄱ. D는 광합성을 통해 에너지를 얻는다.
ㄴ. 상위 영양단계로 갈수록 생체량이 감소한다.
ㄷ. A가 가진 에너지는 B와 C를 거쳐서 D로 전달된다.
└───────────────────────────────────────┘

① ㄱ   ② ㄷ   ③ ㄱ, ㄴ
④ ㄴ, ㄷ   ⑤ ㄱ, ㄴ, ㄷ

4 그림은 어떤 안정된 생태계에서 일시적으로 2차 소비자의 개체수가 증가하였을 때의 개체수피라미드를 나타낸 것이다.

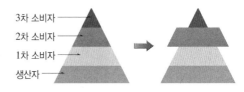

이에 대한 설명으로 옳은 것만을 [보기]에서 있는 대로 고른 것은?

┌─ 보기 ─────────────────────────────────┐
ㄱ. 피식자의 개체수가 증가하면 포식자의 개체수는 감소한다.
ㄴ. 이후에 1차 소비자의 개체수는 감소하고, 3차 소비자의 개체수는 증가한다.
ㄷ. 생태계평형이 회복될 때까지 생산자의 개체수는 변함이 없다.
└───────────────────────────────────────┘

① ㄱ   ② ㄴ   ③ ㄱ, ㄷ
④ ㄴ, ㄷ   ⑤ ㄱ, ㄴ, ㄷ

5 다음은 생태계평형을 깨뜨리는 요인에 대한 학생 A~C의 발표 내용이다.

제시한 내용이 옳은 학생만을 있는 대로 고른 것은?

① A   ② B   ③ A, C
④ B, C   ⑤ A, B, C

지구 환경 변화와 인간 생활

1. 지구 온난화

(1) **지구 열수지**: 복사 평형 상태에 있는 지구에서 지표, 대기, 우주 간에 나타나는 열출입 관계

지구의 반사율	30 %
지구의 복사 평형	태양 복사 에너지의 흡수량(70 %)＝지구 복사 에너지의 방출량(70 %) ➡ 지구의 연평균 기온이 일정하게 유지된다.

(2) **지구 온난화**: 대기 중 온실 기체의 농도 증가로 온실 효과가 강화되어 지구의 평균 기온이 높아지는 현상

지구 온난화의 메커니즘	대기 중 온실 기체의 농도 증가 → 대기가 흡수하는 지구 복사 에너지의 양 증가 → 대기에서 지표로 재복사하는 에너지의 양 증가 → 지구는 더 높은 온도에서 복사 평형이 이루어진다.(지구 온난화 심화)
주요 원인	화석 연료의 사용량 증가로 인한 대기 중 이산화 탄소의 농도 증가
영향	• 해수의 열팽창, 빙하의 융해로 해수면 상승 ➡ 해안 저지대 침수, 육지 면적 감소, 해안 침식 등 • 곡물 생산량 감소, 생태계 변화, 생물다양성 감소, 기상 이변 증가

2. 엘니뇨: 적도 부근 동태평양 해역의 표층 수온이 평년보다 높은 상태가 지속되는 현상

구분	평상시	엘니뇨 발생 시
무역풍	—	약화
해수의 이동	따뜻한 표층 해수가 서쪽으로 이동	따뜻한 표층 해수가 동쪽으로 이동
적도 부근 동태평양 해역	서태평양보다 표층 수온이 낮음, 용승(좋은 어장 형성), 하강 기류 형성	평상시보다 표층 수온이 높아짐, 용승 약화(어획량 감소), 상승 기류 형성, 강수량 증가 (폭우, 홍수 발생)
적도 부근 서태평양 해역	동태평양보다 표층 수온이 높음, 상승 기류 형성, 비가 많이 내림	평상시보다 표층 수온이 낮아짐, 하강 기류 형성, 강수량 감소(가뭄, 산불 발생)

3. 사막화: 사막이 넓어지는 현상 ➡ 사막과 사막화 지역은 주로 위도 30° 부근에 분포한다.

발생 원인	• 자연적 원인: 대기 대순환의 변화(증발량 증가, 강수량 감소) • 인위적 원인: 과잉 경작, 과잉 방목, 무분별한 삼림 벌채 등
피해	농경지 감소, 식량 부족, 생태계 파괴, 물 부족, 황사 발생 빈도 증가 등
대책	숲 보존, 가축 방목 줄이기, 사막화 방지 협약 준수

4. 지구의 미래와 환경 변화 대처 방안: 온실 기체의 배출량을 줄이기 위한 개인적, 국가적 노력 필요

1 그림은 위도에 따른 지구에 입사되는 태양 복사 에너지와 지구에서 방출하는 지구 복사 에너지를 나타낸 것이다.

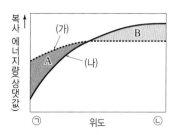

이에 대한 설명으로 옳은 것만을 [보기]에서 있는 대로 고른 것은?

•보기•
ㄱ. (가)는 지구 복사 에너지, (나)는 태양 복사 에너지이다.
ㄴ. A는 에너지 부족량, B는 에너지 과잉량이다.
ㄷ. 대기와 해양에 의한 에너지 수송은 ㉠에서 ㉡ 방향으로 일어난다.

① ㄱ　　　　② ㄷ　　　　③ ㄱ, ㄴ
④ ㄴ, ㄷ　　　　⑤ ㄱ, ㄴ, ㄷ

2 그림은 인간 활동에 의한 온실 기체의 배출량 비율을 나타낸 것이다.

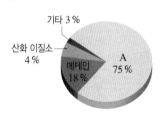

이에 대한 설명으로 옳은 것만을 [보기]에서 있는 대로 고른 것은?

•보기•
ㄱ. A는 이산화 탄소이다.
ㄴ. 메테인과 산화 이질소는 적외선보다 자외선을 잘 흡수한다.
ㄷ. 대기 중 온실 기체의 배출량이 증가할수록 대기에서 지표로 재복사하는 에너지의 양이 증가할 것이다.

① ㄱ　　　　② ㄴ　　　　③ ㄱ, ㄷ
④ ㄴ, ㄷ　　　　⑤ ㄱ, ㄴ, ㄷ

3 그림은 1950년부터 2010년까지 대기 중 이산화 탄소 농도 변화와 여름철 북극 얼음 면적 변화를 나타낸 것이다.

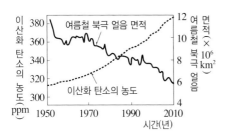

이 기간에 대한 설명으로 옳은 것만을 [보기]에서 있는 대로 고른 것은?

┌─ 보기 ─────────────────────────────┐
ㄱ. 지구의 평균 기온은 상승했을 것이다.
ㄴ. 지구의 평균 해수면은 낮아졌을 것이다.
ㄷ. 여름철 북극 얼음 면적의 감소로 지표면의 반사율은 증가했을 것이다.
└────────────────────────────────────┘

① ㄱ 　　② ㄴ 　　③ ㄱ, ㄷ
④ ㄴ, ㄷ 　　⑤ ㄱ, ㄴ, ㄷ

4 그림은 엘니뇨가 발생했을 때, 태평양의 적도 부근 해수의 연직 단면을 나타낸 것이다. 점선은 평상시 해수면의 높이를 나타낸다.

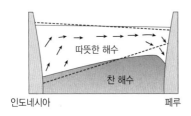

평상시보다 엘니뇨 시기에 증가하는 것만을 [보기]에서 있는 대로 고른 것은?

┌─ 보기 ─────────────────────────────┐
ㄱ. 무역풍의 평균 풍속
ㄴ. 페루 연안의 표층 수온
ㄷ. 인도네시아 연안에서의 강수량
└────────────────────────────────────┘

① ㄱ 　　② ㄴ 　　③ ㄱ, ㄴ
④ ㄱ, ㄷ 　　⑤ ㄴ, ㄷ

5 그림은 엘니뇨로 인해 나타나는 이상 기후를 나타낸 것이다.

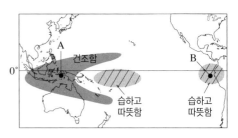

이에 대한 설명으로 옳은 것만을 [보기]에서 있는 대로 고른 것은?

┌─ 보기 ─────────────────────────────┐
ㄱ. A 해역의 평균 기압은 평상시보다 높았을 것이다.
ㄴ. B 해역의 해수면 높이는 평상시보다 높았을 것이다.
ㄷ. 태평양 적도 부근 해역에서는 동풍 계열의 바람이 평상시보다 약했을 것이다.
└────────────────────────────────────┘

① ㄱ 　　② ㄴ 　　③ ㄱ, ㄷ
④ ㄴ, ㄷ 　　⑤ ㄱ, ㄴ, ㄷ

6 그림은 사막과 사막화 지역의 분포를 나타낸 것이다. 사막과 사막화 지역을 A, B로 순서 없이 나타낸 것이다.

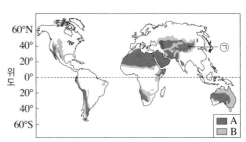

이에 대한 설명으로 옳은 것만을 [보기]에서 있는 대로 고른 것은?

┌─ 보기 ─────────────────────────────┐
ㄱ. A는 사막화 지역, B는 사막 지역이다.
ㄴ. 사막과 사막화 지역은 주로 위도 20°~40°에 분포한다.
ㄷ. 사막화 현상으로 ㉠의 면적이 확대되면 우리나라에서는 황사의 발생 빈도가 증가할 것이다.
ㄹ. 사막화를 막기 위해서는 삼림 벌채 최소화, 가축 방목 늘리기, 사막화 방지 협약 준수 등을 해야 한다.
└────────────────────────────────────┘

① ㄱ, ㄴ 　　② ㄴ, ㄷ 　　③ ㄷ, ㄹ
④ ㄱ, ㄴ, ㄹ 　　⑤ ㄱ, ㄷ, ㄹ

01 태양 에너지의 생성과 전환

1. 태양 에너지의 생성
(1) **수소 핵융합 반응**: 태양 중심부에서는 수소 원자핵 4개가 핵융합하여 헬륨 원자핵 1개가 생성되는 과정에서 에너지를 방출한다.
(2) **태양 에너지**: 태양 중심부에서 핵반응 후 질량의 합이 핵반응 전 질량의 합보다 줄어드는데, 이때 감소한 질량만큼 태양 에너지가 생성된다.

2. 태양 에너지의 전환과 흐름
: 태양 에너지는 지구에 도달하여 여러 형태의 에너지로 전환되고, 이는 연속적인 과정으로 이루어지며 에너지 흐름을 일으킨다.

(1) 태양 에너지의 전환과 이용

광합성	빛에너지 → 화학 에너지
바람	열에너지 → 운동 에너지 (이용) 풍력 발전
화석 연료	태양 에너지 → 화학 에너지 (이용) 화력 발전
태양 전지	빛에너지 → 전기 에너지 (이용) 태양광 발전
기상 현상	열에너지 → 역학적 에너지 (이용) 수력 발전

(2) 태양 에너지의 흐름
① **물의 순환**: 태양의 열에너지 → 구름의 위치 에너지 → 비, 눈의 역학적 에너지 → 강의 상류, 댐에 저장된 물의 위치 에너지 → 흐르는 물의 운동 에너지 → 수력 발전의 전기 에너지 → 물은 바다로 흘러 순환
② **탄소의 순환**: 태양의 빛에너지 → 광합성을 통한 식물 양분의 화학 에너지 → 화석 연료의 화학 에너지 → 자동차나 공장에서 연소하여 전환된 운동 에너지, 열에너지 → 이산화 탄소는 대기로 배출되어 순환

1 태양에서 일어나는 수소 핵융합 반응에 대한 설명으로 옳은 것만을 [보기]에서 있는 대로 고른 것은?

• 보기 •
ㄱ. 태양의 중심부에서 일어난다.
ㄴ. 수소 원자핵 4개가 반응하여 헬륨 원자핵 1개가 생성된다.
ㄷ. 수소 핵융합 반응에서 감소한 질량만큼 에너지가 발생한다.

① ㄱ   ② ㄷ   ③ ㄱ, ㄴ
④ ㄴ, ㄷ   ⑤ ㄱ, ㄴ, ㄷ

2 그림 (가)는 바람이 부는 모습을, (나)는 태양광 발전을 나타낸 것이다.

(가)   (나)

이에 대한 설명으로 옳은 것만을 [보기]에서 있는 대로 고른 것은?

• 보기 •
ㄱ. (가)에서는 열에너지가 운동 에너지로 전환된다.
ㄴ. (나)에서는 빛에너지가 전기 에너지로 전환된다.
ㄷ. (가), (나)의 근원 에너지는 다르다.

① ㄱ   ② ㄷ   ③ ㄱ, ㄴ
④ ㄴ, ㄷ   ⑤ ㄱ, ㄴ, ㄷ

3 그림은 탄소의 순환 과정을 나타낸 것이다.

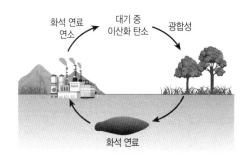

화석 연료 연소   대기 중 이산화 탄소   광합성

화석 연료

이에 대한 설명으로 옳은 것만을 [보기]에서 있는 대로 고른 것은?

• 보기 •
ㄱ. 화석 연료의 근원은 지구 내부 에너지이다.
ㄴ. 탄소는 순환 과정에서 여러 가지 형태로 존재한다.
ㄷ. 광합성이 활발할수록 대기 중의 이산화 탄소가 증가한다.

① ㄱ   ② ㄴ   ③ ㄱ, ㄴ
④ ㄴ, ㄷ   ⑤ ㄱ, ㄴ, ㄷ

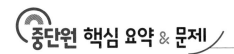

02 발전과 에너지원

1. 전자기 유도: 코일을 통과하는 자기장의 세기가 변하여 코일에 유도 전류가 흐르는 현상

(1) 유도 전류의 방향

- 자석의 N극을 코일에 가까이 할 때와 N극을 멀리 할 때 코일에 흐르는 유도 전류의 방향은 반대이다.
- 자석의 N극을 코일에 가까이 할 때와 S극을 가까이 할 때 코일에 흐르는 유도 전류의 방향은 반대이다.

(2) 유도 전류의 세기: 자석의 세기가 셀수록, 자석을 빠르게 움직일수록, 코일을 많이 감을수록 코일에 흐르는 유도 전류의 세기가 커진다.

2. 발전기: 전자기 유도 현상을 이용하여 전기 에너지를 생산하는 장치

(1) 발전기의 원리: 자석 사이에서 코일이 회전하거나 코일 내부에서 자석이 회전하면 전자기 유도 현상에 의해 코일에 유도 전류가 흐른다. ➡ 운동 에너지가 전기 에너지로 전환된다.

(2) 발전기를 이용한 발전 방식: 터빈을 회전시키는 에너지원에 따라 구분되며, 발전기에서는 전자기 유도 현상을 이용하여 전기 에너지를 생산한다.

구분	화력 발전	핵발전	수력 발전
에너지원	화석 연료	핵연료	물의 위치 에너지
발전 원리	화석 연료를 연소시켜 발생하는 열에너지를 이용	핵연료가 핵분열 할 때 발생하는 열에너지를 이용	높은 곳에 있는 물의 위치 에너지를 이용
에너지 전환	화학 에너지 → 열에너지 → 운동 에너지 → 전기 에너지	핵에너지 → 열에너지 → 운동 에너지 → 전기 에너지	위치 에너지 → 운동 에너지 → 전기 에너지

(3) 발전 방식에 따른 장단점

구분	화력 발전	핵발전
장점	• 에너지 공급의 안정성이 높음 • 에너지가 부족할 때 빠른 대처 가능	• 이산화 탄소 배출이 거의 없다. • 저렴한 연료비 • 대용량 발전 가능
단점	• 자원 매장량의 한계 • 이산화 탄소 발생	• 자원 매장량의 한계 • 방사성 폐기물, 방사능

3. 발전소가 인간 생활에 미치는 영향

(1) 영향: 전기를 대규모로 공급하는 것이 가능해져 가정에서는 다양한 가전제품을 사용할 수 있게 되었고, 첨단 과학 기술의 발전이 가능해졌다.

(2) 문제점: 환경 오염이나 기후 변화에 따른 생태계 파괴의 위험 증가

(3) 해결 방안: 고갈될 염려가 없고, 지구 온난화와 환경 오염의 위험이 없는 새로운 에너지 자원을 개발

---

1 그림은 검류계가 연결된 고정된 코일 위에서 자석의 N극을 아래로 향하게 하고, 자석을 가만히 잡고 있는 모습을 나타낸 것이다. 점 p에서 자석을 아래로 이동시킬 때, 검류계 바늘은 ⓑ 방향으로 움직였다.

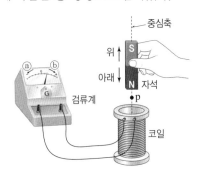

검류계 바늘이 ⓐ 방향으로 움직이는 경우로 옳은 것만을 [보기]에서 있는 대로 고른 것은?

• 보기 •
ㄱ. 자석의 N극을 아래로 향하게 하고, p에서 자석을 위로 이동시킨다.
ㄴ. 자석의 S극을 아래로 향하게 하고, p에서 자석을 위로 이동시킨다.
ㄷ. 자석의 S극을 아래로 향하게 하고, p에서 자석을 아래로 이동시킨다.

① ㄱ   ② ㄴ   ③ ㄱ, ㄴ
④ ㄱ, ㄷ   ⑤ ㄱ, ㄴ, ㄷ

2 그림과 같이 코일에 검류계를 연결하고, 자석의 N극을 아래로 하여 코일 쪽으로 낙하시킨 후 검류계를 관찰하였다. 이에 대한 설명으로 옳은 것만을 [보기]에서 있는 대로 고른 것은? (단, 자석은 회전하지 않는다.)

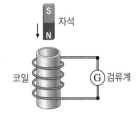

• 보기 •
ㄱ. 자석과 코일 사이에는 서로 당기는 힘이 작용한다.
ㄴ. 자석을 더 빠른 속력으로 낙하시키면 검류계 바늘이 더 큰 폭으로 움직인다.
ㄷ. 자석의 역학적 에너지는 일정하다.

① ㄱ   ② ㄴ   ③ ㄷ
④ ㄴ, ㄷ   ⑤ ㄱ, ㄴ, ㄷ

3 그림은 발전기의 구조를 나타낸 것이다.

이에 대한 설명으로 옳은 것만을 [보기]에서 있는 대로 고른 것은?

> **보기**
> ㄱ. 코일을 회전시키는 동안 코일을 통과하는 자기장이 변한다.
> ㄴ. 코일을 빠르게 회전시킬수록 코일에 흐르는 유도 전류의 세기는 커진다.
> ㄷ. 코일을 회전시키는 동안 전자기 유도 현상에 의해 코일에 유도 전류가 흐른다.

① ㄱ   ② ㄷ   ③ ㄱ, ㄴ
④ ㄴ, ㄷ   ⑤ ㄱ, ㄴ, ㄷ

4 그림은 발전소의 발전기 구조를 나타낸 것이다.

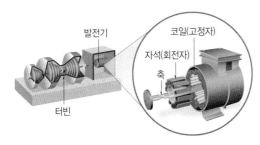

이에 대한 설명으로 옳은 것만을 [보기]에서 있는 대로 고른 것은?

> **보기**
> ㄱ. 발전기에서는 운동 에너지가 전기 에너지로 전환된다.
> ㄴ. 터빈의 속력이 빠를수록 생산되는 전기 에너지는 많아진다.
> ㄷ. 코일의 감은 수가 적을수록 생산되는 전기 에너지는 많아진다.

① ㄱ   ② ㄷ   ③ ㄱ, ㄴ
④ ㄴ, ㄷ   ⑤ ㄱ, ㄴ, ㄷ

5 그림은 발전 과정에서 에너지 전환을 나타낸 것이다.

위와 같은 에너지 전환 과정을 거치는 발전 방식이 <u>아닌</u> 것은?

① 핵발전   ② 풍력 발전   ③ 수력 발전
④ 화력 발전   ⑤ 태양광 발전

6 그림은 발전 방식에 따라 전기 에너지를 생산하는 과정을 간략하게 나타낸 것이다. A~C는 화력 발전, 수력 발전, 핵발전을 순서 없이 나타낸 것이다.

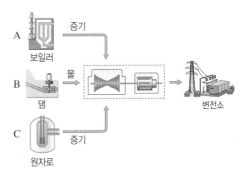

이에 대한 설명으로 옳은 것만을 [보기]에서 있는 대로 고른 것은?

> **보기**
> ㄱ. A는 발전 과정에서 이산화 탄소가 많이 발생한다.
> ㄴ. B는 물의 화학 에너지를 이용한 발전 방식이다.
> ㄷ. C는 환경 오염의 위험이 없는 발전 방식이다.

① ㄱ   ② ㄷ   ③ ㄱ, ㄴ
④ ㄴ, ㄷ   ⑤ ㄱ, ㄴ, ㄷ

7 발전소가 인간 생활에 미친 영향에 대한 설명으로 옳은 것만을 [보기]에서 있는 대로 고른 것은?

> **보기**
> ㄱ. 가정에서 다양한 가전제품을 사용할 수 있게 되었다.
> ㄴ. 화석 연료의 사용으로 생태계 파괴의 위험이 증가하였다.
> ㄷ. 대규모 전기 공급이 가능해져 첨단 과학 기술의 발전이 가능해졌다.

① ㄱ   ② ㄷ   ③ ㄱ, ㄴ
④ ㄴ, ㄷ   ⑤ ㄱ, ㄴ, ㄷ

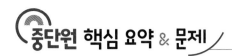

03 에너지 효율과 신재생 에너지

1. 에너지 전환과 보존
(1) 에너지: 일을 할 수 있는 능력(단위 : J(줄))

역학적 에너지	운동 에너지와 위치 에너지의 합
열에너지	물체의 온도를 변화시키는 에너지
화학 에너지	화학 결합에 의한 에너지
전기 에너지	전하의 이동에 의해 발생하는 에너지
빛에너지	빛의 형태로 전달되는 에너지
소리 에너지	공기와 같은 물질의 진동에 의해 전달되는 에너지

(2) 에너지 전환

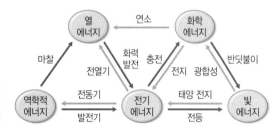

(3) 에너지 보존 법칙: 에너지는 새롭게 생겨나거나 소멸되지 않으며, 에너지의 총량은 항상 일정하게 보존된다.

2. 에너지의 효율적 이용
(1) 에너지 효율

$$\text{에너지 효율(\%)} = \frac{\text{유용하게 사용된 에너지}}{\text{공급한 에너지}} \times 100$$

(2) 에너지를 절약해야 하는 까닭: 에너지 보존 법칙에 따라 에너지의 총량은 일정하지만, 에너지를 사용할수록 다시 사용하기 어려운 열에너지의 형태로 전환되는 양이 많아지기 때문이다.

(3) 에너지 절약 방법
① 에너지 효율이 높은 제품 사용: 열에너지로 전환되는 양을 줄이고 빛에너지로 전환되는 양을 높인 LED등
② 에너지 소비 효율 등급 표시 제도: 1등급에 가까운 제품일수록 에너지 절약형 제품

3. 신재생 에너지: 기존의 화석 연료를 변환시켜 이용하거나 재생 가능한 에너지를 변환시켜 이용하는 에너지

신에너지	재생 에너지
새로운 에너지	다시 사용할 수 있는 에너지

장점	• 지속적인 에너지 공급이 가능하다. • 화석 연료와 달리 자원 고갈의 염려가 없다. • 온실 기체 배출로 인한 환경 오염 문제가 거의 없다.
단점	초기 설치 비용이 많이 들고, 발전 효율이 낮다.

(1) 신에너지

수소 에너지	수소가 연소하면서 발생하는 에너지를 이용
연료 전지	화학 반응을 통한 연료의 화학 에너지를 이용
석탄의 액화 및 가스화	석탄을 액체나 가스 형태로 전환하여 사용

(2) 재생 에너지와 발전 방식

태양광 발전	태양 전지에서 태양의 빛에너지를 모아 전기 에너지를 생산한다.
태양열 발전	반사판으로 태양의 열에너지를 모아 전기 에너지를 생산한다.
풍력 발전	바람의 운동 에너지를 이용하여 발전기와 연결된 날개를 돌려 전기 에너지를 생산한다.
수력 발전	높은 곳에서 낮은 곳으로 흐르는 물의 위치 에너지로 터빈을 돌려 전기 에너지를 생산한다.
조력 발전	밀물 때 바닷물이 들어오면서 터빈을 돌려 전기 에너지를 생산한다.
파력 발전	파도가 칠 때 해수면이 상승하거나 하강하여 생기는 공기의 흐름을 이용하여 전기 에너지를 생산한다.
지열 발전	지하에 있는 뜨거운 물과 수증기의 열에너지를 이용하여 전기 에너지를 생산한다.
바이오 에너지	농작물, 목재, 해조류 등 살아있는 생명체의 에너지, 매립지의 가스를 원료로 이용하는 에너지이다.
폐기물 에너지	산업체와 가정에서 생기는 가연성 폐기물을 소각할 때 발생하는 열에너지이다.

4. 친환경 에너지 도시: 태양광 발전, 재활용 시설 등 다양한 신재생 에너지 설비를 갖춘 도시

에너지 공급	• 지붕에 태양 전지판 설치 • 열병합 발전소에서 산업 폐기물을 태워 에너지를 생산
건물 관리	• 빗물을 저장하여 옥상 정원 관리에 활용 • 오수를 정화하여 화장실에 사용 • 열 교환기가 부착된 환풍기 설치 • 건물 외벽에 단열재를 사용하여 열 손실 감소 • 채광이 잘되는 넓은 3중 유리창 사용
교통 정책	• 모든 도로는 보행자, 자전거 통행자에게 우선권을 주어 자동차의 이산화 탄소 배출 감소 • 태양 에너지로 전기 자동차의 충전소 설치

5. 새로운 에너지원 개발: 신재생 에너지의 단점을 극복하기 위해 새로운 에너지원을 개발하고 있으며, 대표적으로 우리나라에서는 초전도 핵융합 연구가 진행되고 있다.

1 에너지에 대한 설명으로 옳지 <u>않은</u> 것은?

① 열에너지는 물체의 온도를 변화시키는 에너지이다.
② 소리 에너지는 공기가 없어도 전달되는 에너지이다.
③ 역학적 에너지는 운동 에너지와 위치 에너지의 합이다.
④ 전기 에너지는 전하의 이동에 의해 발생하는 에너지이다.
⑤ 화학 에너지는 화학 결합에 의해 물질 속에 저장되어 있는 에너지이다.

2 표는 여러 종류의 에너지 전환을 나타낸 것이다.

구분	처음 에너지	전환된 에너지
광합성	빛에너지	(가)
반딧불이	화학 에너지	(나)
충전	(다)	화학 에너지

(가)~(다)에 해당하는 에너지로 가장 적절한 것은?

	(가)	(나)	(다)
①	화학 에너지	빛에너지	전기 에너지
②	화학 에너지	전기 에너지	전기 에너지
③	전기 에너지	빛에너지	전기 에너지
④	전기 에너지	전기 에너지	전기 에너지
⑤	전기 에너지	화학 에너지	빛에너지

3 그림은 어떤 자동차에 공급된 에너지의 전환과 이용을 모식적으로 나타낸 것이다.

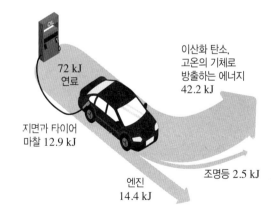

이에 대한 설명으로 옳은 것만을 [보기]에서 있는 대로 고른 것은?

• 보기 •
ㄱ. 자동차 엔진의 에너지 효율은 20 %이다.
ㄴ. 조명등에서 전기 에너지가 빛에너지로 전환된다.
ㄷ. 자동차 연료의 에너지는 최종적으로 열에너지의 형태로 전환된다.

① ㄱ   ② ㄴ   ③ ㄱ, ㄷ
④ ㄴ, ㄷ   ⑤ ㄱ, ㄴ, ㄷ

4 에너지 효율에 대한 설명으로 옳은 것만을 [보기]에서 있는 대로 고른 것은?

• 보기 •
ㄱ. 에너지 효율은 공급한 에너지 중 유용하게 사용된 에너지의 비율을 나타낸 것이다.
ㄴ. 공급한 에너지가 일정할 때 에너지 효율이 낮을수록 쓸모없이 방출되는 에너지의 양이 적다.
ㄷ. 에너지 소비 효율 등급이 1등급인 제품은 5등급인 제품보다 유용하게 사용되는 에너지의 양이 적다.

① ㄱ   ② ㄴ   ③ ㄷ
④ ㄱ, ㄴ   ⑤ ㄱ, ㄷ

5 신재생 에너지에 대한 설명으로 옳은 것은?

① 화력 발전에 비해 대부분 발전 효율이 높다.
② 화석 연료와 같이 자원 고갈의 염려가 있다.
③ 기존의 에너지원에 비해 초기 투자 비용이 적게 든다.
④ 기존의 화석 연료와 핵에너지를 더욱 발전시킨 에너지이다.
⑤ 석탄의 액화 및 가스화 에너지도 신재생 에너지에 포함된다.

6 다음은 신재생 에너지와 관련된 설명이다.

• 태양광 발전은 (가) 를 이용하여 태양의 빛에너지로부터 전기 에너지를 생산한다.
• 농작물, 목재 등의 (나) 에너지로부터 얻은 연료를 이용하여 전기 에너지를 생산한다.

(가), (나)로 가장 적절한 것은?

	(가)	(나)
①	연료 전지	바이오
②	연료 전지	폐기물
③	태양 전지	바이오
④	태양 전지	폐기물
⑤	태양 전지	지구 내부

중단원 핵심 요약 & 문제

01 과학 기술의 활용

1. 감염병 진단

(1) **감염병**: 바이러스, 세균, 곰팡이 등과 같은 병원체에 감염되어 발생하는 질병

(2) **감염병 진단 검사**: 감염 증상이 있는 사람의 검체를 채취하여 검사한다.

구분	신속항원검사	유전자증폭검사(PCR 검사)
원리	단백질을 이용하는 검사	핵산을 이용하는 검사
장단점	• 간편하고 신속하다. • 정확도가 낮은 편이다.	• 검사 시간과 비용이 많이 든다. • 정확도가 높다.

(3) **최신 감염병 진단 기술**

나노바이오센서	생물정보학
바이오센서에 나노 기술을 결합시켜 성능을 향상시킨 것으로, 아주 적은 양의 병원체도 찾아낼 수 있다.	생명과학 관련 빅데이터 기술과 인공지능(AI) 기술을 토대로 하는 생물정보학이 신종 감염병 연구에 활용되고 있다.

2. 과학 기술을 활용한 감염병의 추적·관리

(1) **감염병의 추적**: 스마트 기기에 내장된 위성 위치 확인 시스템(GPS), 와이파이(WiFi), 블루투스, 센서 등을 활용

(2) **감염병의 관리**: 감염병의 특성을 파악하고 확산을 예측하기 위해 빅데이터 기술과 인공지능 기술을 활용하고, 방역 로봇과 같은 인공지능 로봇을 활용

(3) **새로운 감염병의 유행에 대비**: 감시 체계 구축과 방역 시스템 개선

3. 미래 사회 문제 해결에서 과학의 필요성

(1) **미래 사회의 문제**: 감염병 대유행, 기후 변화, 에너지 및 자원 고갈, 식량 부족, 초연결 사회로 인한 사생활 침해, 일자리 변화 등

(2) **미래 사회 문제 해결을 위한 과학의 역할**: 과학 기술의 복합적 활용은 미래 사회 문제를 해결하는 데 핵심적인 역할을 담당할 것이다.

4. 실시간 생활 데이터 측정

(1) **실시간 데이터 측정**: 각종 센서가 부착된 스마트 기기를 이용한 측정을 통해 다양한 데이터를 얻는다.

(2) **데이터의 생성과 축적**: 인터넷에 연결된 많은 장치가 정보를 검색하고 생성하고 저장함에 따라 매일 많은 양의 데이터가 생성되고 있다.

5. 빅데이터의 활용

(1) **빅데이터**: 기존의 데이터 관리 및 처리 도구로는 다루기 어려운 대용량의 데이터

(2) **빅데이터의 활용**: 빅데이터로부터 정보를 추출하고 결과를 분석하여 현상에 대한 더 빠른 이해와 정확한 예측이 가능해졌다.

(3) **빅데이터의 문제점**: 사생활 침해 가능성, 충분히 검증되지 못한 데이터의 활용 가능성, 지나친 데이터 의존 등이 제기된다.

(4) **과학 기술 사회에서 빅데이터의 활용**: 과학 실험, 기상 관측, 유전체 분석, 신약 개발 등에 활용할 수 있다.

1 다음은 어떤 질병을 진단하는 검사를 나타낸 것이다.

검사	신속항원검사	유전자증폭검사
원리	(㉠)을 이용하는 검사	핵산을 이용하는 검사

이에 대한 설명으로 옳은 것만을 [보기]에서 있는 대로 고른 것은?

— 보기 —
ㄱ. 감염병을 진단하는 검사이다.
ㄴ. '단백질'은 ㉠에 해당한다.
ㄷ. 신속항원검사는 유전자증폭검사에 비해 정확도가 높은 편이다.

① ㄱ ② ㄴ ③ ㄷ
④ ㄱ, ㄴ ⑤ ㄴ, ㄷ

2 미래 사회의 문제와 과학의 유용성에 대한 설명으로 옳지 않은 것은?

① 과학 기술로 새로운 감염병의 유행에 대비할 수 있다.

② 과학 기술의 복합적인 활용으로 기후 변화, 자연 재해, 식량 부족 등의 미래 사회 문제를 해결할 수 있을 것이다.

③ 과학 기술은 인류가 안전하고 건강하며 풍요롭도록 인간 삶의 질을 개선하는 데 기여할 것이다.

④ 과학 기술은 미래 사회의 문제를 해결하는 데 핵심적인 역할을 담당할 것이다.

⑤ 과학 기술의 발달로 미래 사회에 더욱 단순한 문제들이 나타날 것이다.

3 그림은 미세 먼지 농도를 실시간으로 측정할 수 있는 도구를 나타낸 것이다.

실시간 생활 데이터 측정으로 인해 나타나는 현상에 대한 설명으로 옳은 것만을 [보기]에서 있는 대로 고른 것은?

• 보기 •
ㄱ. 실시간으로 생활 데이터를 측정하면 생활 속 문제를 쉽게 파악하고 대처할 수 있다.
ㄴ. 심박수, 수면 패턴과 같은 데이터 측정을 통해 건강 상태도 간단히 확인할 수 있다.
ㄷ. 현대 사회에는 과학 기술의 발달로 실시간 측정 가능한 생활 데이터의 종류와 양이 늘어나고 있다.

① ㄱ　　　　② ㄴ　　　　③ ㄱ, ㄷ
④ ㄴ, ㄷ　　　⑤ ㄱ, ㄴ, ㄷ

4 빅데이터에 대한 설명으로 옳은 것만을 [보기]에서 있는 대로 고른 것은?

• 보기 •
ㄱ. 빅데이터는 기존의 데이터 관리 및 처리 도구로는 다루기 어려운 대용량의 데이터이다.
ㄴ. 아날로그 형태의 많은 양의 데이터가 실시간으로 빠르게 수집되면서 빅데이터가 형성된다.
ㄷ. 빅데이터를 형성하는 과정에서 개인 정보의 보호 및 보안이 유지된다.

① ㄱ　　　　② ㄴ　　　　③ ㄱ, ㄷ
④ ㄴ, ㄷ　　　⑤ ㄱ, ㄴ, ㄷ

5 빅데이터를 활용할 수 있는 분야가 <u>아닌</u> 것은 어느 것입니까?

① 과학 실험　　　② 신약 개발
③ 기상 관측　　　④ 유전체 분석
⑤ 개인 정보 공유

---

1. 과학 기술의 발전과 사물 인터넷

(1) **지능 정보화 시대**: 인간의 삶과 환경에 관한 데이터가 수집되어 빅데이터 형태로 축적되고, 빅데이터를 분석하여 추출한 정보를 인공지능 기술 구현에 활용하고 있다.

인공지능 (AI) 로봇	센서로 주변 환경의 데이터를 수집하여 정보를 추출하고 이를 기반으로 최선의 작업을 수행하는 로봇
사물 인터넷(IoT)	센서, 통신 기능, 소프트웨어 등을 내장한 전자기기가 인터넷에 연결된 다른 사물과 주변 환경의 데이터를 실시간으로 주고받는 기술

(2) **지능 정보화 시대의 과학 기술**

데이터화	인간의 삶과 환경에 관한 데이터는 주로 사물 인터넷(IoT) 기술과 누리소통망을 통해 수집되어 빅데이터 형태로 인터넷의 클라우드에 축적된다.
정보화	빅데이터의 경향성과 규칙성을 분석하여 가치있는 정보를 추출한다.
지능화	빅데이터 정보가 인공지능(AI) 기술 구현에 활용된다.

(3) **사물 인터넷 활용**: 다양한 분야에서 인간의 삶과 환경을 개선하는 데 활용되고 있으며, 인공지능 기술 개발에 필요한 기초 기술이다.

2. 과학 기술의 발전과 인공지능 로봇

(1) **인공지능(AI)**: 학습 및 문제 해결 같은 사람의 인식 기능을 모방하는 컴퓨터 시스템으로, 빅데이터를 학습하고 분석하는 기술을 바탕으로 활용된다.

　　예 생성형 인공지능 기술, 예측형 인공지능 기술, 자율 주행 인공지능

(2) **인공지능 로봇**: 센서로 주변 환경의 데이터를 인식하여 자율적으로 작업을 수행하는 로봇

▲ 청소 로봇

① **인공지능 로봇의 활용**: 일상 생활뿐만 아니라 문화·예술, 산업 현장, 우주 탐사 등 다양한 분야에서 활용되고 있다.

② **일상 생활에서의 인공지능 로봇의 예**: 안내 로봇, 물류 로봇, 청소 로봇, 의료 로봇 등

3. 과학 기술의 유용성과 한계

(1) **과학 기술 발전의 유용성과 한계**: 사물 인터넷, 빅데이터, 인공지능 등 과학기술의 발전은 미래 사회에서 인간의 삶과 환경을 개선하는 데 유용하지만, 항상 해결해야 할 새로운 문제를 발생시킨다.

(2) 과학 기술의 발전이 미치는 영향에 지속적인 관심을 두고, 가치 있는 해결책을 찾기 위해 노력해야 한다.

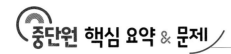

4. 과학 관련 사회적 쟁점과 과학 윤리

(1) **과학 관련 사회적 쟁점**(Socio-Scientific Issues, SSI): 과학 기술의 발달로 인간의 삶은 더욱 편리하고 풍요로워졌지만, 다양한 과학 관련 사회적 쟁점이 발생하기도 한다.

① **과학 관련 사회적 쟁점의 사례**: 유전자변형 농산물 사용, 우주 개발, 신재생 에너지 사용, 동물 실험 등

쟁점	의견 1	의견 2
유전자변형 농산물 사용	식량 부족 문제를 해결하기 위해 현재 사용하고 있는 유전자변형 농산물의 생산 비율을 늘려야 한다.	유전자변형 농산물의 부작용을 충분히 검증하지 못했으므로 이에 대한 사용을 제한해야 한다.
우주 개발	우주 개발을 하면 새로운 자원이나 터전을 확보할 수 있으므로 우주 개발을 확대해야 한다.	우주 쓰레기나 우주선 발사 때 배출하는 오염 물질이 환경에 부정적 영향을 준다.

② **과학 윤리**: 과학 기술을 개발하거나 이용하는 과정에서 가져야 하는 올바른 생각과 태도

③ 과학 기술을 개발하는 과정에서 과학 윤리를 준수해야 문제가 발생하지 않고, 장기적으로 과학 연구의 신뢰성이 높아지며 지속가능한 생태계를 유지할 수 있다.

(2) **과학 관련 사회적 쟁점과 과학 윤리의 중요성에 대한 논증**

① 과학 관련 사회적 쟁점을 논의할 때 자신의 입장을 과학적 근거를 들어 논리적으로 설명하고, 상대방의 입장과 근거 사이의 논리성과 타당성을 검토하면서 상대방의 의견을 경청한다.

② 개인적 측면, 사회적 측면뿐만 아니라 윤리적인 측면을 고려하여 합리적이고 사회적으로 책임감 있는 의사 결정을 내릴 수 있도록 노력해야 한다.

1 사물 인터넷(IoT)에 대한 설명으로 옳은 것만을 [보기]에서 있는 대로 고른 것은?

> **보기**
> ㄱ. 인터넷에 연결된 다른 사물과 주변 환경의 데이터를 실시간으로 주고받는 기술이다.
> ㄴ. 사용자가 원격으로 사물의 상태를 파악하고 제어할 수 있다.
> ㄷ. 인공지능 기술 개발에 필요한 기초 기술이다.

① ㄱ   ② ㄱ, ㄴ   ③ ㄱ, ㄷ
④ ㄴ, ㄷ   ⑤ ㄱ, ㄴ, ㄷ

2 인공지능 기술에 대한 설명으로 옳은 것만을 [보기]에서 있는 대로 고른 것은?

> **보기**
> ㄱ. 빅데이터를 학습하고 분석하는 기술을 바탕으로 한다.
> ㄴ. 생성형, 예측형, 자율주행으로 분류한다.
> ㄷ. 인공지능 기술을 적용한 로봇은 주로 과학에서만 활용되고 있다.

① ㄷ   ② ㄱ, ㄴ   ③ ㄱ, ㄷ
④ ㄴ, ㄷ   ⑤ ㄱ, ㄴ, ㄷ

3 과학 관련 사회적 쟁점에 대한 설명으로 옳은 것만을 [보기]에서 있는 대로 고른 것은?

> **보기**
> ㄱ. 의약품 개발과 관련된 동물 실험과 관련된 논쟁은 과학 관련 사회적 쟁점 사례 중 하나이다.
> ㄴ. 유전자변형 농산물 이용의 여러 입장 중에는 식량 부족 문제를 해결하기 위해 이용을 늘려야 한다는 입장이 있다.
> ㄷ. 과학 관련 사회적 쟁점을 해결할 때에는 상대방 의견의 경청보다는 자신의 입장을 우선하여 논리적으로 설명해야 한다.

① ㄴ   ② ㄱ, ㄴ   ③ ㄱ, ㄷ
④ ㄴ, ㄷ   ⑤ ㄱ, ㄴ, ㄷ

4 과학 윤리를 준수하는 사례와 거리가 먼 것은?

① 과학 기술을 개발할 때에는 사회적으로 옳은 생각과 태도를 가지고 있어야 한다.

② 과학 연구에서 윤리적인 판단은 과학 기술 종사자들에게 맡겨야 한다.

③ 장기적으로 과학 연구의 신뢰성을 높이기 위해 올바른 연구 태도로 실험 자료를 다루고 논문을 작성한다.

④ 의약품을 개발할 때 이용하는 동물 실험 과정에서 생명 윤리에 위배되는 행동은 하지 않는다.

⑤ 임상 실험 중에 참가자가 동의하지 않는 실험은 수행하지 않는다.

대단원
고난도 문제 &
실전 모의고사

고난도 문제와 실전 대비용 모의고사를 통해 상위 1%가 될 수 있게 대비할 수 있습니다.

• 정답과 해설 50쪽

1 그림 (가)는 지질 시대의 상대적 길이를, (나)는 어느 지층에서 발견된 화석을 나타낸 것이다.

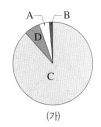

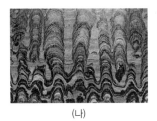

(가)　　　　　　　　(나)

이에 대한 설명으로 옳은 것만을 [보기]에서 있는 대로 고른 것은?

┌─ 보기 ─────────────────────────────┐
│ ㄱ. 지질 시대의 순서는 C → D → A → B이다. │
│ ㄴ. (나)를 형성한 생물이 출현할 당시 지구의 대기에는 │
│ 　　산소가 풍부하였다. │
│ ㄷ. (나)의 화석은 D 시대의 지층에서 발견될 수 있다. │
└─────────────────────────────────┘

① ㄱ　　　　　② ㄴ　　　　　③ ㄱ, ㄷ
④ ㄴ, ㄷ　　　⑤ ㄱ, ㄴ, ㄷ

2 그림 (가)와 (나)는 서로 다른 두 지역의 지층 단면과 각 지층에서 산출된 화석을 나타낸 것이다. B 층과 C 층은 같은 시기에 퇴적되었다.

화폐석　　공룡 발자국

삼엽충　　고사리

(가)　　　　　　　　　　(나)

이에 대한 설명으로 옳은 것만을 [보기]에서 있는 대로 고른 것은?

┌─ 보기 ─────────────────────────────┐
│ ㄱ. A, B 층은 모두 바다에서 퇴적되었다. │
│ ㄴ. D 층은 C 층보다 먼저 퇴적되었다. │
│ ㄷ. 가장 온난했던 지질 시대에 퇴적된 지층은 A 층이다. │
└─────────────────────────────────┘

① ㄱ　　　　　② ㄷ　　　　　③ ㄱ, ㄴ
④ ㄴ, ㄷ　　　⑤ ㄱ, ㄴ, ㄷ

3 다음은 어떤 섬에 서식하는 핀치 집단의 부리 크기 변화에 대한 자료이다.

┌─────────────────────────────────┐
│ • 가뭄 전에는 핀치가 먹기 좋은 작고 연한 씨가 풍부하 │
│ 　였다. │
│ • 가뭄이 일어났을 때 씨의 수는 감소하였고, 작고 연한 │
│ 　씨보다 크고 딱딱한 │
│ 　씨가 많아졌다. │
│ • 그림은 가뭄 전과 가　　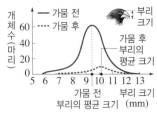 │
│ 　뭄 후 핀치의 부리 │
│ 　크기에 따른 개체수 │
│ 　를 나타낸 것이다. │
└─────────────────────────────────┘

이 핀치 집단에 대한 설명으로 옳은 것만을 [보기]에서 있는 대로 고른 것은?

┌─ 보기 ─────────────────────────────┐
│ ㄱ. 전체 개체수는 가뭄 전이 가뭄 후보다 많다. │
│ ㄴ. 가뭄이 일어나면서 부리의 크기는 작아지는 방향으 │
│ 　　로 자연선택되었다. │
│ ㄷ. 부리의 크기를 결정하는 유전자는 가뭄 후가 가뭄 │
│ 　　전보다 다양할 것이다. │
└─────────────────────────────────┘

① ㄱ　　　　　② ㄴ　　　　　③ ㄱ, ㄷ
④ ㄴ, ㄷ　　　⑤ ㄱ, ㄴ, ㄷ

4 그림 (가)와 (나)는 각각 어떤 생태계에서 서식지단편화 전과 후 이 생태계에 서식하는 생물종 Ⓐ∼Ⓖ의 분포를 나타낸 것이다.

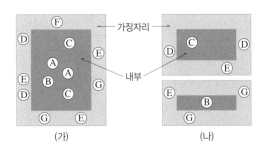

(가)　　　　　　　　(나)

이에 대한 설명으로 옳은 것만을 [보기]에서 있는 대로 고른 것은? (단, 제시된 종 이외는 고려하지 않는다.)

┌─ 보기 ─────────────────────────────┐
│ ㄱ. 종다양성은 (가)에서가 (나)에서보다 높다. │
│ ㄴ. $\dfrac{\text{가장자리 면적}}{\text{내부 면적}}$ 은 (가)에서가 (나)에서보다 작다. │
│ ㄷ. 서식지단편화로 인해 생물다양성이 증가하였다. │
└─────────────────────────────────┘

① ㄱ　　　　　② ㄴ　　　　　③ ㄱ, ㄴ
④ ㄴ, ㄷ　　　⑤ ㄱ, ㄴ, ㄷ

5 그림 (가)는 충분한 양의 A^{2+}이 들어 있는 수용액에 금속 B를 넣었을 때 금속 A가 석출되는 모습을, (나)는 (가)에서 반응이 일어날 때 시간에 따른 수용액 속 양이온 수를 나타낸 것이다.

(가)　　　(나)

이에 대한 설명으로 옳은 것만을 [보기]에서 있는 대로 고른 것은? (단, A와 B는 임의의 원소 기호이며, 음이온은 반응에 참여하지 않는다.)

> • 보기 •
> ㄱ. A^{2+}은 환원된다.
> ㄴ. 전자는 A^{2+}에서 B로 이동한다.
> ㄷ. B 원자 1개가 반응할 때 이동하는 전자는 2개이다.

① ㄱ　　　② ㄴ　　　③ ㄱ, ㄷ
④ ㄴ, ㄷ　　　⑤ ㄱ, ㄴ, ㄷ

6 그림은 수용액 (가) 20 mL와 수용액 (나) 10 mL를 혼합하였을 때 혼합 용액 (다)가 생성되는 반응을 모형으로 나타낸 것이다. (가)에 존재하는 입자는 나타내지 않았다.

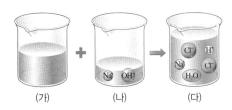

(가)　　　(나)　　　(다)

(다)에 대한 설명으로 옳은 것만을 [보기]에서 있는 대로 고른 것은? (단, 혼합 전 두 용액의 온도는 같다.)

> • 보기 •
> ㄱ. 용액의 최고 온도는 (나)보다 높다.
> ㄴ. 마그네슘 조각을 넣으면 수소 기체가 발생한다.
> ㄷ. (나) 10 mL를 넣으면 중성 용액이 된다.

① ㄱ　　　② ㄷ　　　③ ㄱ, ㄴ
④ ㄴ, ㄷ　　　⑤ ㄱ, ㄴ, ㄷ

7 표는 묽은 염산과 수산화 나트륨 수용액의 부피를 달리하여 혼합한 용액 (가)와 (나)에 대한 자료이다. (가)와 (나)의 액성은 서로 다르며 각각 산성 또는 염기성 중 하나이다.

혼합 용액		(가)	(나)
혼합 전 용액의 부피(mL)	묽은 염산	30	10
	수산화 나트륨 수용액	20	40
혼합 용액 속 양이온 수		$9N$	$8N$

이에 대한 설명으로 옳은 것만을 [보기]에서 있는 대로 고른 것은?

> • 보기 •
> ㄱ. (가)에 들어 있는 양이온의 종류는 두 가지이다.
> ㄴ. 중화 반응으로 생성된 물 분자 수는 (가)가 (나)보다 많다.
> ㄷ. (가)와 (나)를 혼합한 용액의 양이온 수는 $12N$이다.

① ㄱ　　　② ㄴ　　　③ ㄱ, ㄷ
④ ㄴ, ㄷ　　　⑤ ㄱ, ㄴ, ㄷ

8 그림은 열에너지가 출입하는 두 가지 화학 반응 (가)와 (나)에서 반응물의 에너지 합과 생성물의 에너지 합을 나타낸 것이다.

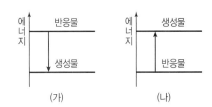

(가)　　　(나)

이에 대한 설명으로 옳은 것만을 [보기]에서 있는 대로 고른 것은?

> • 보기 •
> ㄱ. (가)에서 에너지를 방출한다.
> ㄴ. (나) 반응이 일어날 때 주변의 온도가 높아진다.
> ㄷ. 질산 암모늄과 수산화 바륨이 반응할 때의 에너지 변화는 (나)와 같다.

① ㄱ　　　② ㄴ　　　③ ㄱ, ㄷ
④ ㄴ, ㄷ　　　⑤ ㄱ, ㄴ, ㄷ

1 표 (가)는 생태계구성요소 A~C에서 특징 ⊙과 ⓒ의 유무를 나타낸 것이고, (나)는 ⊙과 ⓒ을 순서 없이 나타낸 것이다. A~C는 각각 대장균, 토양, 해캄 중 하나이다.

특징＼구성요소	A	B	C
⊙	ⓐ	○	×
ⓒ	○	○	ⓑ

(○: 있음, ×: 없음)

(가)

특징(⊙, ⓒ)

• 광합성을 한다.
• 생물요소이다.

(나)

이에 대한 설명으로 옳은 것만을 [보기]에서 있는 대로 고른 것은?

•보기•
ㄱ. A는 소비자이다.
ㄴ. ⓐ와 ⓑ는 모두 '×'이다.
ㄷ. ⊙은 '생물요소이다.'이다.

① ㄱ   ② ㄴ   ③ ㄱ, ㄷ
④ ㄴ, ㄷ   ⑤ ㄱ, ㄴ, ㄷ

2 그림 (가)와 (나)는 서로 다른 생태계에서 각 영양단계의 에너지양을 상댓값으로 나타낸 생태피라미드이다. A~C는 각각 1차 소비자, 2차 소비자, 생산자 중 하나이고, D~F는 각각 1차 소비자, 2차 소비자, 생산자 중 하나이다.

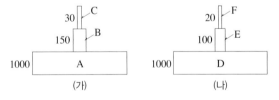

(가)   (나)

이에 대한 설명으로 옳은 것만을 [보기]에서 있는 대로 고른 것은? (단, 에너지효율(%)은

$\dfrac{\text{현 영양단계가 보유한 에너지양}}{\text{전 영양단계가 보유한 에너지양}} \times 100$으로 나타낸다.)

•보기•
ㄱ. D는 2차 소비자이다.
ㄴ. 에너지효율은 C가 E의 2배이다.
ㄷ. 상위 영양단계로 이동하지 않은 에너지 중 일부는 분해자에게 전달된다.

① ㄱ   ② ㄷ   ③ ㄱ, ㄴ
④ ㄴ, ㄷ   ⑤ ㄱ, ㄴ, ㄷ

3 그림은 지구의 평균 기온 상승으로 인해 예상되는 현상을 나타낸 것이다.

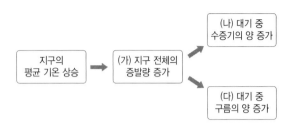

이에 대한 설명으로 옳은 것만을 [보기]에서 있는 대로 고른 것은?

•보기•
ㄱ. (가)에 의해 지구 전체의 강수량도 증가한다.
ㄴ. (나)는 대기에서 지표로 재복사하는 에너지의 양을 감소시킨다.
ㄷ. (다)는 지구의 반사율을 증가시키는 역할을 한다.

① ㄱ   ② ㄴ   ③ ㄱ, ㄷ
④ ㄴ, ㄷ   ⑤ ㄱ, ㄴ, ㄷ

4 그림은 서로 다른 시기에 적도 부근 동태평양 해역의 연직 수온 분포를 나타낸 것이다. (가)와 (나)는 각각 엘니뇨와 라니냐 시기 중 하나이다.

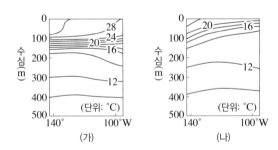

(가)   (나)

이에 대한 설명으로 옳은 것만을 [보기]에서 있는 대로 고른 것은?

•보기•
ㄱ. (가)는 엘니뇨 시기에 해당한다.
ㄴ. (나)에서 표층 수온 편차(측정값−평년값)는 (+)의 값을 갖는다.
ㄷ. 수온 약층이 시작되는 깊이는 (가)보다 (나)일 때 깊다.

① ㄱ   ② ㄷ   ③ ㄱ, ㄴ
④ ㄴ, ㄷ   ⑤ ㄱ, ㄴ, ㄷ

5 그림은 태양에서 수소(H) 원자핵 4개가 융합하여 헬륨(He) 원자핵 1개가 되는 반응이 일어날 때 에너지가 발생하는 것을 나타낸 것이다. 수소(H) 원자핵 1개의 질량은 m이고, 헬륨(He) 원자핵 1개의 질량은 M이다.

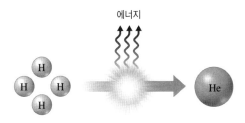

이에 대한 설명으로 옳은 것만을 [보기]에서 있는 대로 고른 것은?

ㅡ• 보기 •ㅡ
ㄱ. $4m > M$이다.
ㄴ. 수소 핵융합 반응은 극저온에서 일어난다.
ㄷ. 태양 에너지는 지구의 탄소 순환에 영향을 준다.

① ㄱ   ② ㄴ   ③ ㄷ
④ ㄱ, ㄴ   ⑤ ㄱ, ㄷ

6 그림은 모양과 길이가 같은 알루미늄 관과 구리 관을 수직으로 세우고, 모양과 크기가 동일한 자석 A, B를 관 입구에 가만히 놓은 것을 나타낸 것이다. 표는 자석을 관 입구에 가만히 놓은 순간부터 관을 빠져나올 때까지 걸린 시간을 나타낸 것이다. A, B의 질량은 같다.

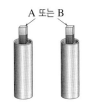

구분	A	B
알루미늄 관	3초	㉠
구리 관	4초	2초

이에 대한 설명으로 옳은 것만을 [보기]에서 있는 대로 고른 것은? (단, 자석은 회전하지 않으며, 공기 저항은 무시한다.)

ㅡ• 보기 •ㅡ
ㄱ. ㉠은 2초보다 작다.
ㄴ. 자석의 세기는 A가 B보다 세다.
ㄷ. 자석을 가만히 놓은 순간부터 구리 관을 빠져나올 때까지 자석의 역학적 에너지 감소량은 A가 B보다 작다.

① ㄱ   ② ㄷ   ③ ㄱ, ㄴ
④ ㄴ, ㄷ   ⑤ ㄱ, ㄴ, ㄷ

7 그림은 여러 가지 발전 방식을 나타낸 것이다.

화력 발전   수력 발전   핵발전

이에 대한 설명으로 옳은 것만을 [보기]에서 있는 대로 고른 것은?

ㅡ• 보기 •ㅡ
ㄱ. 화력 발전은 기상 현상을 이용한다.
ㄴ. 화력 발전과 수력 발전에 이용되는 에너지는 근원적으로 태양 에너지가 전환된 것이다.
ㄷ. 세 가지 발전 방식의 에너지 전환 과정에서 모두 운동 에너지가 전기 에너지로 전환된다.

① ㄱ   ② ㄴ   ③ ㄷ
④ ㄱ, ㄴ   ⑤ ㄴ, ㄷ

8 다음은 백열전구, LED 전구, 자동차 엔진에서의 에너지 전환 과정과 에너지 효율을 나타낸 것이다.

구분	에너지 전환 과정	에너지 효율
백열전구	전기 에너지 → 빛에너지	5 %
LED 전구	전기 에너지 → 빛에너지	45 %
자동차 엔진	열에너지 → 역학적 에너지	30 %

이에 대한 설명으로 옳은 것만을 [보기]에서 있는 대로 고른 것은?

ㅡ• 보기 •ㅡ
ㄱ. 백열전구와 LED 전구에서 방출된 빛의 밝기가 같을 때 공급된 에너지는 백열전구가 LED 전구보다 크다.
ㄴ. 자동차 엔진에 100 J의 에너지가 공급될 때 버려지는 에너지는 70 J이다.
ㄷ. 에너지 전환 과정에서 다시 사용하기 어려운 형태의 에너지가 발생한다.

① ㄱ   ② ㄷ   ③ ㄱ, ㄴ
④ ㄴ, ㄷ   ⑤ ㄱ, ㄴ, ㄷ

1 그림 (가)와 (나)는 산호와 단풍나무 잎 화석을 나타낸 것이다.

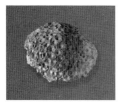

(가) 산호

(나) 단풍나무 잎

이에 대한 설명으로 옳은 것만을 [보기]에서 있는 대로 고른 것은?

┌ 보기 ┐
ㄱ. (가)는 수심이 얕은 저위도 해역에서 퇴적되었을 것이다.
ㄴ. (나)는 고생대 지층에서 잘 산출된다.
ㄷ. (가)와 (나)의 화석은 같은 퇴적층에서 동시에 산출되기 어렵다.

① ㄱ   ② ㄴ   ③ ㄱ, ㄷ
④ ㄴ, ㄷ   ⑤ ㄱ, ㄴ, ㄷ

2 그림 (가)는 고생대 이후 해양 생물 과의 수와 생물 과의 멸종 비율을, (나)는 어느 시기의 수륙 분포를 나타낸 것이다. A~E는 다섯 번의 대멸종을 나타낸 것이다.

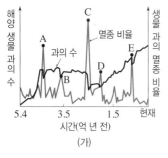

(가)

(나)

이에 대한 설명으로 옳은 것만을 [보기]에서 있는 대로 고른 것은?

┌ 보기 ┐
ㄱ. (가)에서 해양 생물의 멸종 비율은 C에서 가장 높다.
ㄴ. (가)에서 해양 생물 과의 수는 중생대 말이 고생대 말보다 많다.
ㄷ. (나)는 E 시기의 수륙 분포이다.

① ㄴ   ② ㄷ   ③ ㄱ, ㄴ
④ ㄱ, ㄷ   ⑤ ㄱ, ㄴ, ㄷ

3 그림은 지질 시대의 상대적 길이를 나타낸 것이다.

이에 대한 설명으로 옳은 것만을 [보기]에서 있는 대로 고른 것은?

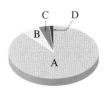

┌ 보기 ┐
ㄱ. B 시대에는 현재와 비슷한 수륙 분포를 이루었다.
ㄴ. A 시대보다 D 시대에 다양한 화석이 발견된다.
ㄷ. C 시대 말기에 빙하기가 도래하여 생물이 멸종하였다.

① ㄱ   ② ㄴ   ③ ㄱ, ㄷ
④ ㄴ, ㄷ   ⑤ ㄱ, ㄴ, ㄷ

4 그림은 어느 지질 시대의 생물 복원도이다.

이 시기에 일어난 사건에 대한 설명으로 옳은 것은?

① 최초의 어류가 등장하였다.
② 인류의 조상이 출현하였다.
③ 바다에서 암모나이트가 번성하였다.
④ 육상 생태계가 형성되기 시작하였다.
⑤ 이 시기에 최초의 다세포생물이 출현하였다.

5 다음은 변이와 자연선택에 대한 학생 A~C의 발표 내용이다.

학생	발표 내용
A	다윈은 변이와 자연선택으로 생물의 진화를 설명했습니다.
B	같은 변이라도 사는 지역이 다르면 자연선택의 결과가 다를 수 있습니다.
C	환경의 변화는 자연선택의 방향에 영향을 주지 못합니다.

제시한 내용이 옳은 학생만을 있는 대로 고른 것은?

① A   ② B   ③ A, B
④ B, C   ⑤ A, B, C

6 그림 (가)~(다)는 다윈의 진화설로 설명한 기린의 진화 과정을 나타낸 것이다.

(가)	(나)	(다)

많은 수의 기린이 살고 있었고, 기린의 목 길이는 짧은 것에서 긴 것까지 다양하였다.

목이 짧은 기린은 높은 곳의 잎을 먹기 불리하여 죽었고, 목이 긴 기린만 살아남았다.

살아남은 목이 긴 기린이 자손을 남겼고, 이 과정이 반복되어 목이 긴 기린이 번성하였다.

이에 대한 설명으로 옳은 것만을 [보기]에서 있는 대로 고른 것은?

보기
- ㄱ. (가)에서 기린의 다양한 목 길이는 주로 유전자의 차이로 나타난다.
- ㄴ. (나)에서 먹이에 대한 경쟁이 일어났다.
- ㄷ. (다)에서 자연선택된 형질을 가진 개체의 비율이 증가하였다.

① ㄱ   ② ㄴ   ③ ㄱ, ㄷ
④ ㄴ, ㄷ   ⑤ ㄱ, ㄴ, ㄷ

7 다음은 생물다양성과 관련된 자료이다. ㉠과 ㉡은 각각 생물다양성의 세 가지 요소 중 하나이다.

우포늪은 람사르 협약에 의해 보호받는 지역으로, ㉠습지, 호수, 숲 등으로 이루어져 있으며, ㉡480여종의 식물, 62종의 조류, 28종의 어류, 55종의 곤충류가 서식하고 있다.

이에 대한 설명으로 옳은 것만을 [보기]에서 있는 대로 고른 것은?

보기
- ㄱ. ㉠은 생태계다양성이다.
- ㄴ. ㉡이 높을수록 생태계는 안정적으로 유지된다.
- ㄷ. 생물과 환경의 상호작용에 관한 다양성은 ㉠에 포함되지 않는다.

① ㄱ   ② ㄷ   ③ ㄱ, ㄴ
④ ㄴ, ㄷ   ⑤ ㄱ, ㄴ, ㄷ

8 그림은 감자를 재배하는 경작지 A와 B에서 감자마름병이라는 전염병이 유행하였을 때의 결과를 나타낸 것이다.

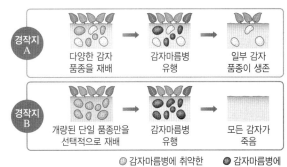

● 감자마름병에 취약한 감자 품종   ● 감자마름병에 걸린 감자

이에 대한 설명으로 옳은 것만을 [보기]에서 있는 대로 고른 것은?

보기
- ㄱ. 경작지 A에 있는 감자가 B에 있는 감자보다 유전적 다양성이 높다.
- ㄴ. 환경이 급격하게 변화하였을 때 유전적 다양성이 높을수록 멸종될 가능성이 높다.
- ㄷ. 유전적 다양성은 종다양성 유지에 중요한 역할을 한다.

① ㄱ   ② ㄴ   ③ ㄱ, ㄷ
④ ㄴ, ㄷ   ⑤ ㄱ, ㄴ, ㄷ

9 그림은 질산 은 수용액에 구리 조각을 넣었을 때 반응 전과 후의 수용액에 들어 있는 금속 양이온을 모형으로 나타낸 것이다.

이에 대한 설명으로 옳은 것만을 [보기]에서 있는 대로 고른 것은?

보기
- ㄱ. ▲은 환원된다.
- ㄴ. NO_3^-은 전자를 잃는다.
- ㄷ. ● 1개가 생성될 때 이동하는 전자는 2개이다.

① ㄱ   ② ㄴ   ③ ㄱ, ㄷ
④ ㄴ, ㄷ   ⑤ ㄱ, ㄴ, ㄷ

10 그림 (가)는 YSO₄ 수용액이 든 비커에 금속 X를 넣은 모습을, (나)는 ZNO₃ 수용액이 든 비커에 금속 Y를 넣은 모습을 나타낸 것이다. 충분한 시간이 지난 후 (가)와 (나)에서 각각 금속 Y, Z가 석출되었다.

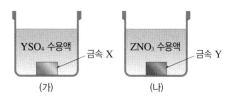

(가)   (나)

이에 대한 설명으로 옳은 것만을 [보기]에서 있는 대로 고른 것은? (단, X~Z는 임의의 원소 기호이고, 음이온은 반응에 참여하지 않는다.)

• 보기 •
ㄱ. (가)에서 X는 산화된다.
ㄴ. (나)에서 Y는 전자를 잃는다.
ㄷ. (나)에서 수용액 속 양이온 수는 감소한다.

① ㄱ   ② ㄴ   ③ ㄱ, ㄷ
④ ㄴ, ㄷ   ⑤ ㄱ, ㄴ, ㄷ

11 표는 수용액 (가)~(다)를 이용하여 실험한 결과를 나타낸 것이다. (가)~(다)는 각각 묽은 염산, 수산화 나트륨 수용액, 질산 칼륨 수용액 중 하나이다.

수용액	(가)	(나)	(다)
페놀프탈레인 용액을 떨어뜨렸을 때 색 변화	붉은색	㉠	변화 없음
탄산 칼슘을 넣었을 때 반응		변화 없음	㉡

이에 대한 설명으로 옳은 것만을 [보기]에서 있는 대로 고른 것은?

• 보기 •
ㄱ. (가)는 수산화 나트륨 수용액이다.
ㄴ. ㉠은 '붉은색'이 적절하다.
ㄷ. ㉡은 '기체 발생'이 적절하다.

① ㄱ   ② ㄴ   ③ ㄱ, ㄷ
④ ㄴ, ㄷ   ⑤ ㄱ, ㄴ, ㄷ

12 표는 묽은 염산과 수산화 나트륨 수용액의 부피를 달리하여 혼합한 용액 (가)와 (나)에 들어 있는 양이온을 모형으로 나타낸 것이다.

혼합 용액		(가)	(나)
혼합 전 용액의 부피(mL)	묽은 염산	30	20
	수산화 나트륨 수용액	10	20
혼합 용액에 들어 있는 양이온 모형		△ ■ ■	△ △

이에 대한 설명으로 옳은 것만을 [보기]에서 있는 대로 고른 것은?

• 보기 •
ㄱ. △은 H⁺이다.
ㄴ. 발생한 중화열은 (나)에서가 (가)에서보다 많다.
ㄷ. (가)를 완전히 중화하기 위해 필요한 수산화 나트륨 수용액의 부피는 10 mL이다.

① ㄱ   ② ㄴ   ③ ㄱ, ㄷ
④ ㄴ, ㄷ   ⑤ ㄱ, ㄴ, ㄷ

13 다음은 농도와 온도가 같은 묽은 염산과 수산화 나트륨 수용액을 이용한 실험 과정과 결과이다.

[과정]
(가) 묽은 염산 10 mL와 수산화 나트륨 수용액 5 mL를 혼합하여 수용액 Ⅰ을 만들고 용액의 액성을 확인한다.
(나) 수용액 Ⅰ에 수산화 나트륨 수용액 10 mL를 넣어 수용액 Ⅱ를 만들고 용액의 액성을 확인한다.

[결과]

수용액	Ⅰ	Ⅱ
액성	산성	㉠

이에 대한 설명으로 옳은 것만을 [보기]에서 있는 대로 고른 것은?

• 보기 •
ㄱ. (가)에서 혼합 용액의 온도가 높아진다.
ㄴ. ㉠은 '중성'이 적절하다.
ㄷ. 중화 반응으로 생성된 전체 물 분자 수는 Ⅱ에서가 Ⅰ에서의 2배이다.

① ㄱ   ② ㄴ   ③ ㄱ, ㄷ
④ ㄴ, ㄷ   ⑤ ㄱ, ㄴ, ㄷ

14 물질 변화와 에너지의 출입에 대한 설명으로 옳은 것은?

① 상태 변화가 일어날 때는 에너지가 출입하지 않는다.
② 화학 변화가 일어날 때는 항상 에너지를 흡수한다.
③ 열에너지를 방출하는 반응이 일어나면 주변의 온도가 낮아진다.
④ 열에너지를 흡수하는 반응이 일어나면 주변의 온도가 높아진다.
⑤ 철과 산소의 반응에서는 열에너지를 방출한다.

15 냉찜질 팩에서 일어나는 반응과 에너지의 출입 방향이 같은 물질 변화만을 [보기]에서 있는 대로 고른 것은?

┌─ 보기 ─
ㄱ. 연료의 연소
ㄴ. 수증기의 액화
ㄷ. 드라이아이스의 승화
ㄹ. 질산 암모늄과 수산화 바륨의 반응
└─

① ㄱ, ㄴ
② ㄱ, ㄷ
③ ㄷ, ㄹ
④ ㄱ, ㄴ, ㄹ
⑤ ㄴ, ㄷ, ㄹ

16 다음은 고체 물질 X와 Y가 물에 녹을 때의 에너지 출입을 알아보기 위한 실험 과정과 결과이다.

[과정]
(가) 비커에 물 100 g을 넣고 온도(t_1)를 측정한다.
(나) (가)의 비커에 X 1 g을 넣고 유리 막대로 저어서 모두 녹인 후 용액의 최고 온도(t_2)를 측정한다.
(다) X 대신 Y를 사용하여 (가)와 (나)를 반복한다.

[결과]

물질	t_1(℃)	t_2(℃)
X	20	16
Y	20	23

이에 대한 설명으로 옳은 것만을 [보기]에서 있는 대로 고른 것은?

┌─ 보기 ─
ㄱ. X가 물에 녹을 때 에너지를 방출한다.
ㄴ. Y가 물에 녹을 때 주변의 온도가 높아진다.
ㄷ. Y가 물에 녹는 반응은 냉각 팩에 이용할 수 있다.
└─

① ㄱ
② ㄴ
③ ㄱ, ㄷ
④ ㄴ, ㄷ
⑤ ㄱ, ㄴ, ㄷ

17 그림은 화석 (가)~(마)가 산출되는 시간 범위를 나타낸 것이다.

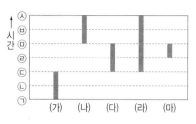

㉠~㉯까지의 시간을 3개의 지질 시대로 구분할 때 경계로 적당한 2곳의 기호를 쓰고, 그 까닭을 서술하시오.

18 그림은 같은 종에 속하는 달팽이의 다양한 껍데기 무늬를 나타낸 것이다.
달팽이의 껍데기 무늬가 다양하게 나타나는 까닭을 서술하시오.

19 붉은색의 구리 선을 공기 중에서 가열하였더니 검은색으로 변하였다. 이 반응에서 산화되는 물질을 쓰고, 그 까닭을 산소의 이동과 관련하여 서술하시오.

20 그림은 질산 칼륨 수용액에 적신 푸른색 리트머스 종이 위에 묽은 염산에 적신 실을 올려놓은 모습이다.

질산 칼륨 수용액에 적신
푸른색 리트머스 종이
(−)극   (+)극
묽은 염산에 적신 실

전류를 흘려 줄 때 리트머스 종이에서 나타나는 색의 이동을 쓰고, 그 까닭을 서술하시오.

1 그림은 생태계를 구성하는 요소 사이의 상호 관계를 나타낸 것이다.

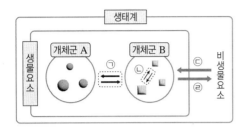

이에 대한 설명으로 옳지 <u>않은</u> 것은?

① 군집에는 비생물요소가 포함된다.
② ㉠은 서로 다른 종에 속하는 생물들 사이에서 일어나는 상호작용이다.
③ 같은 종의 기러기 무리에서 한 마리가 무리 전체를 이끌고 날아가는 것은 ㉡에 해당한다.
④ 추운 지역에 사는 펭귄에서 피하 지방층이 발달한 것은 ㉢에 해당한다.
⑤ 식물의 광합성으로 공기의 조성이 달라지는 것은 ㉣에 해당한다.

2 그림은 바다의 깊이에 따른 해조류 분포와 바다의 깊이에 따라 도달하는 빛의 파장과 양을 나타낸 것이다. A~C는 갈조류, 녹조류, 홍조류를 순서 없이 나타낸 것이다.

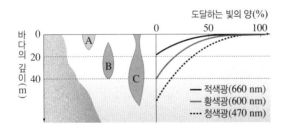

이에 대한 설명으로 옳은 것만을 [보기]에서 있는 대로 고른 것은?

┌─ 보기 ─
ㄱ. A~C는 하나의 개체군을 이룬다.
ㄴ. B는 광합성에 적색광을 주로 이용하는 갈조류이다.
ㄷ. 바다의 깊이에 따른 A~C의 분포와 가장 관련이 깊은 환경요인은 빛의 파장이다.
└─

① ㄱ   ② ㄷ   ③ ㄱ, ㄴ
④ ㄴ, ㄷ   ⑤ ㄱ, ㄴ, ㄷ

3 다음은 어떤 신문기사의 일부이다.

> 북극곰은 온대 지역에 사는 반달곰보다 몸집이 3배 이상 크다. 북극토끼도 초원토끼보다 몸집이 훨씬 크지만, 귀는 초원토끼가 북극토끼보다 훨씬 크다. 이처럼 ㉠포유류는 극지방으로 갈수록 몸집은 커지고, 귀와 같은 몸의 말단부는 작아진다. 최근 영국의 한 과학자가 고립된 곳의 야생 산양을 20년째 조사했는데, 그들의 몸집이 점점 ㉡(   ) 있다고 발표하였다. 이는 지구 온난화로 인해 비교적 짧은 기간 안에 눈에 띄게 일어날 수 있는 현상 중 하나이다.

이에 대한 설명으로 옳은 것만을 [보기]에서 있는 대로 고른 것은?

┌─ 보기 ─
ㄱ. ㉠과 가장 관련 있는 환경요인은 온도이다.
ㄴ. '커지고'는 ㉡에 해당한다.
ㄷ. $\dfrac{\text{체표면적}}{\text{몸의 부피}}$ 은 북극토끼가 초원토끼보다 작을 것이다.
└─

① ㄱ   ② ㄴ   ③ ㄱ, ㄷ
④ ㄴ, ㄷ   ⑤ ㄱ, ㄴ, ㄷ

4 그림은 두 생태계 (가)와 (나)의 먹이 관계를 나타낸 것이다.

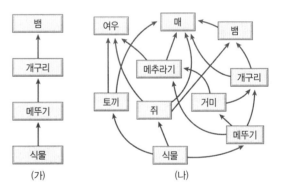

이에 대한 설명으로 옳은 것만을 [보기]에서 있는 대로 고른 것은?

┌─ 보기 ─
ㄱ. (가)와 (나)에서 모두 뱀은 최종 소비자이다.
ㄴ. (나)는 (가)보다 종다양성이 높은 생태계이다.
ㄷ. 환경 변화로 개구리가 사라지면 (나)에서 매의 개체수는 감소하나 여우의 개체수는 영향을 받지 않는다.
└─

① ㄱ   ② ㄴ   ③ ㄱ, ㄷ
④ ㄴ, ㄷ   ⑤ ㄱ, ㄴ, ㄷ

5 그림은 어떤 안정된 생태계의 개체수피라미드를, 표는 이 생태계에서 한 영양단계의 개체수가 감소하여 평형이 깨진 후, 평형이 다시 회복되는 과정을 나타낸 것이다. A~C는 각각 1차 소비자, 2차 소비자, 생산자 중 하나이고, ㉠과 ㉡은 각각 A와 C 중 하나이다.

ⓛ의 개체수 감소 → B의 개체수 증가 → ㉠의 개체수 감소, ㉡의 개체수 증가 → ⓐ( ) → ㉠의 개체수 증가, ㉡의 개체수 감소 → 생태계평형 회복

이에 대한 설명으로 옳은 것만을 [보기]에서 있는 대로 고른 것은?

• 보기 •
ㄱ. 에너지양은 A가 C보다 많다.
ㄴ. ㉠은 ⓛ보다 상위 영양단계에 속한다.
ㄷ. 'B의 개체수 감소'는 ⓐ에 해당한다.

① ㄱ   ② ㄴ   ③ ㄷ
④ ㄱ, ㄷ   ⑤ ㄴ, ㄷ

6 그림은 지구에 입사하는 태양 복사 에너지량을 100 단위라고 할 때 지구의 열수지 평형을 나타낸 것이다.

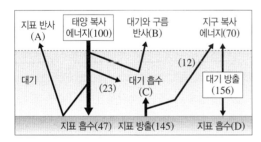

이에 대한 설명으로 옳은 것만을 [보기]에서 있는 대로 고른 것은?

• 보기 •
ㄱ. A+B=30이다.
ㄴ. C는 100보다 작다.
ㄷ. 대기의 온실 효과가 증가하면 D가 감소한다.

① ㄱ   ② ㄷ   ③ ㄱ, ㄴ
④ ㄴ, ㄷ   ⑤ ㄱ, ㄴ, ㄷ

7 그림은 대기 중 이산화 탄소량이 현재의 2배가 되었을 때 예상되는 기온 편차(예상 기온 – 평균 기온)를 나타낸 것이다.

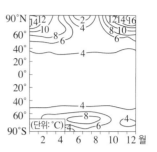

이에 대한 설명으로 옳은 것만을 [보기]에서 있는 대로 고른 것은?

• 보기 •
ㄱ. 적도와 극지방의 연평균 기온 차는 현재보다 커질 것이다.
ㄴ. 해양 산성화는 현재보다 완화될 것이다.
ㄷ. 지구의 기온 변화로 인한 지표 환경 변화는 저위도보다 고위도에서 크게 나타날 것이다.

① ㄱ   ② ㄷ   ③ ㄱ, ㄴ
④ ㄴ, ㄷ   ⑤ ㄱ, ㄴ, ㄷ

8 그림은 평상시 태평양 적도 부근 해역의 연직 단면을 나타낸 모식도이다.

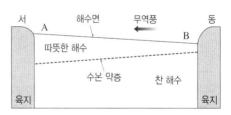

이에 대한 설명으로 옳은 것만을 [보기]에서 있는 대로 고른 것은?

• 보기 •
ㄱ. 무역풍이 약해지면 해수면의 경사는 완만해진다.
ㄴ. 엘니뇨가 발생하면 A 해역에서는 평상시보다 강수량이 감소한다.
ㄷ. 엘니뇨가 발생하면 B 해역에서는 평상시보다 따뜻한 해수층의 두께가 두꺼워진다.

① ㄱ   ② ㄴ   ③ ㄱ, ㄷ
④ ㄴ, ㄷ   ⑤ ㄱ, ㄴ, ㄷ

9 태양에서 일어나는 수소 핵융합 반응에 대한 설명으로 옳은 것만을 [보기]에서 있는 대로 고른 것은?

┌─ 보기 ─────────────────────────
│ ㄱ. 수소 핵융합 반응에서 에너지가 방출된다.
│ ㄴ. 수소 핵융합 반응은 태양의 표면에서 일어난다.
│ ㄷ. 수소 원자핵 4개의 핵융합 반응에서 헬륨 원자핵
│   2개가 생성된다.
└────────────────────────────────

① ㄱ   ② ㄴ   ③ ㄷ
④ ㄱ, ㄴ   ⑤ ㄱ, ㄷ

10 그림 (가)는 지구에서 일어나는 탄소의 순환 과정 일부를, (나)는 물의 순환 과정 일부를 나타낸 것이다.

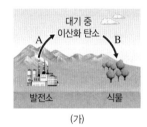 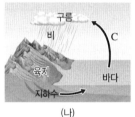

(가)   (나)

이에 대한 설명으로 옳은 것만을 [보기]에서 있는 대로 고른 것은?

┌─ 보기 ─────────────────────────
│ ㄱ. A의 증가는 지구 온난화의 원인 중 하나이다.
│ ㄴ. B는 광합성에 의해 일어나는 탄소의 순환이다.
│ ㄷ. C는 태양 에너지에 의한 물의 순환이다.
└────────────────────────────────

① ㄱ   ② ㄴ   ③ ㄷ
④ ㄱ, ㄴ   ⑤ ㄱ, ㄴ, ㄷ

11 자석과 코일을 이용한 전자기 유도 현상에서 유도 전류에 대한 설명으로 옳은 것만을 [보기]에서 있는 대로 고른 것은?

┌─ 보기 ─────────────────────────
│ ㄱ. 자석의 운동 방향에 따라 유도 전류의 방향이 바뀐다.
│ ㄴ. 자석은 움직이지 않고 코일이 움직이면 유도 전류가
│   흐르지 않는다.
│ ㄷ. 유도 전류의 방향은 코일을 통과하는 자기장의 변화
│   를 방해하는 방향으로 흐른다.
└────────────────────────────────

① ㄱ   ② ㄴ   ③ ㄷ
④ ㄱ, ㄴ   ⑤ ㄱ, ㄷ

12 그림과 같이 고정되어 있는 동일한 코일 A, B의 중심축에 마찰이 없는 레일이 있고, A, B에는 동일한 저항 X, Y가 각각 연결되어 있다. 빗면에 자석을 가만히 놓았더니 자석은 수평인 레일 위의 점 p, q, r를 차례로 지난다.

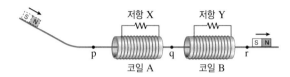

이에 대한 설명으로 옳은 것만을 [보기]에서 있는 대로 고른 것은? (단, A와 B 사이의 상호 작용은 무시한다.)

┌─ 보기 ─────────────────────────
│ ㄱ. 자석의 역학적 에너지는 p에서가 r에서보다 크다.
│ ㄴ. 자석에 작용하는 자기력의 방향은 p에서와 q에서
│   가 반대이다.
│ ㄷ. X에 흐르는 유도 전류의 최댓값은 Y에 흐르는 유
│   도 전류의 최댓값보다 크다.
└────────────────────────────────

① ㄱ   ② ㄴ   ③ ㄷ
④ ㄱ, ㄷ   ⑤ ㄱ, ㄴ, ㄷ

13 그림 (가)는 태양 전지를 사용하여 전구의 불을 켜는 모습을, (나)는 발전기에 연결된 바람개비를 회전시켜 전구의 불을 켜는 모습을 나타낸 것이다.

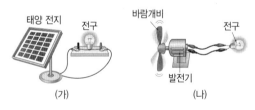

(가)   (나)

이에 대한 설명으로 옳은 것만을 [보기]에서 있는 대로 고른 것은?

┌─ 보기 ─────────────────────────
│ ㄱ. (가)의 태양 전지에서는 빛에너지가 전기 에너지로
│   전환된다.
│ ㄴ. (나)의 발전기에서는 운동 에너지가 전기 에너지로
│   전환된다.
│ ㄷ. (가), (나)는 모두 전기 에너지를 생산하는 과정에서
│   환경 오염 물질이 배출된다.
└────────────────────────────────

① ㄱ   ② ㄴ   ③ ㄷ
④ ㄱ, ㄴ   ⑤ ㄱ, ㄴ, ㄷ

14 표는 발전 방식 A~C에 대한 특징의 유무를 나타낸 것이다. A~C는 각각 수력 발전, 화력 발전, 핵발전 중 하나이다.

구분	A	B	C
화석 연료를 연소시켜 발생하는 에너지를 이용한다.	○	×	×
열에너지를 운동 에너지로 바꾸는 과정이 필요하다.	○	×	○

이에 대한 설명으로 옳은 것만을 [보기]에서 있는 대로 고른 것은?

┌─ 보기 ─────────────────────┐
ㄱ. A는 핵발전이다.
ㄴ. B는 뜨거운 물의 열에너지를 이용한다.
ㄷ. C는 A보다 이산화 탄소 배출량이 적다.
└───────────────────────────┘

① ㄴ   ② ㄷ   ③ ㄱ, ㄴ
④ ㄱ, ㄷ   ⑤ ㄱ, ㄴ, ㄷ

15 신재생 에너지에 대한 설명으로 옳지 <u>않은</u> 것은?

① 신재생 에너지는 친환경적이면서 고갈되지 않는 에너지이다.
② 연료 전지는 화학 반응을 통한 화학 에너지를 전기 에너지로 전환하는 장치이다.
③ 농작물, 음식물 쓰레기 등을 태워 열과 가스를 얻는 재생 에너지는 바이오 에너지다.
④ 폐기물 에너지는 폐기물 매립장에서 발생하는 가스나 소각할 때 발생하는 열에너지이다.
⑤ 파력 발전은 밀물과 썰물 때 생기는 해수면의 높이 차를 이용하여 전기 에너지를 생산한다.

16 표는 전기 기구 A, B에 에너지를 공급하였을 때 공급된 에너지와 버려진 에너지를 나타낸 것이다.

구분	A	B
공급된 에너지	$4E_0$	$5E_0$
버려진 에너지	E_0	$2E_0$

A, B의 에너지 효율을 각각 e_A, e_B라고 할 때, $\dfrac{e_A}{e_B}$의 값은?

① $\dfrac{5}{8}$ ② $\dfrac{5}{7}$ ③ $\dfrac{5}{6}$
④ 1   ⑤ $\dfrac{5}{4}$

17 그림은 1905년 카이바브 고원에서 사슴을 보호하기 위해 늑대 사냥을 허가한 이후 사슴과 늑대의 개체수, 초원의 생산량 변화를 나타낸 것이다.

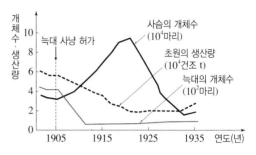

1920년대 사슴의 개체수가 감소한 까닭은 무엇이며, 이로부터 알 수 있는 사실을 서술하시오.

18 그림은 위도에 따른 연간 증발량과 강수량을 A와 B로 순서 없이 나타낸 것이다.

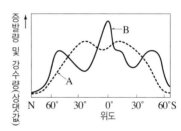

A와 B를 각각 쓰고, 위도별 증발량과 강수량 분포에 근거하여 사막이 주로 분포하는 위도의 위치를 서술하시오.

19 태양에서 에너지가 생성되는 원리를 다음 단어를 모두 포함하여 서술하시오.

┌─────────────────────────────┐
질량, 변환, 에너지, 핵반응
└─────────────────────────────┘

20 한 에너지가 다른 형태의 에너지로 전환될 때 에너지의 총량이 항상 일정함에도 불구하고 에너지를 절약해야 하는 까닭을 다음 단어를 모두 포함하여 서술하시오.

┌─────────────────────────────┐
전환, 열에너지
└─────────────────────────────┘

1 다음은 여러 가지 사회 문제를 나타낸 것이다.

- 감염병 대유행, 기후 변화
- 자연 재해 및 재난, 에너지 및 자원 고갈
- 물 부족, 식량 부족, 사생활 침해 및 일자리 변화

이에 대한 설명으로 옳은 것만을 [보기]에서 있는 대로 고른 것은?

•보기•
ㄱ. 미래 사회에 나타날 것으로 예측되는 문제들이다.
ㄴ. 과학 기술의 복합적인 활용으로 해결할 수 있다고 예측된다.
ㄷ. 과학 기술의 발달과 직접적인 관계가 없는 문제들이다.

① ㄱ   ② ㄴ   ③ ㄱ, ㄴ
④ ㄱ, ㄷ   ⑤ ㄴ, ㄷ

2 빅데이터에 대한 설명으로 옳은 것만을 [보기]에서 있는 대로 고른 것은?

•보기•
ㄱ. 기존의 데이터 관리 및 처리 도구로도 다룰 수 있는 데이터이다.
ㄴ. 빅데이터를 분석하여 해당 분야의 현상에 대한 정확한 예측이 가능해졌다.
ㄷ. 빅데이터를 형성하는 과정에서 사생활 침해 가능성이 있다.

① ㄴ   ② ㄱ, ㄴ   ③ ㄱ, ㄷ
④ ㄴ, ㄷ   ⑤ ㄱ, ㄴ, ㄷ

3 지능 정보화 시대의 과학 기술 발전 방향에 대한 설명으로 옳은 것만을 [보기]에서 있는 대로 고른 것은?

•보기•
ㄱ. 인간의 삶과 환경에 관해 수집된 데이터는 빅데이터의 형태로 축적되고 있다.
ㄴ. 빅데이터의 경향성과 규칙성을 분석하여 가치 있는 정보를 추출한다.
ㄷ. 빅데이터 정보를 인공지능(AI) 기술 구현에 활용한다.

① ㄴ   ② ㄷ   ③ ㄱ, ㄴ
④ ㄴ, ㄷ   ⑤ ㄱ, ㄴ, ㄷ

4 과학 기술 사회의 각 분야에서 수집한 빅데이터를 분석하여 활용하는 예에 대한 설명으로 옳지 <u>않은</u> 것은?

① 개별 연구자만으로는 기존에 수행하기 어려웠던 과학 실험을 수행할 수 있게 되었다.
② 정보 통신 분야에서 항상 신뢰할 수 있는 정보를 얻는 것이 가능하게 되었다.
③ 복잡한 기상 현상의 패턴을 찾아 기상 현상 예측의 정확도가 증가하게 되었다.
④ 유전체 분석으로 개인의 유전적 특성에 맞는 적절한 치료가 가능하게 되었다.
⑤ 특정 질병을 치료할 수 있는 신약 후보 물질과 합성하는 방법을 찾을 수 있게 되었다.

5 다음은 과학 기술을 일상생활의 다양한 분야에서 활용하고 있는 예에 대한 설명이다.

- 스마트 도시: 공기의 질, 수질, 에너지 사용 등을 실시간으로 관리한다.
- 스마트 홈: 집 안의 조명, 온도, 보안 장치 등을 실시간으로 관리하고 제어한다.
- 스마트 교통: 지능형 교통 체계로 수집한 교통 정보를 실시간으로 제공한다.
- 스마트팜: 온도, 습도, 토양 상태, 작물의 성장 등을 실시간으로 파악하여 자동으로 물과 영양분을 공급한다.

이에 대한 설명으로 옳은 것만을 [보기]에서 있는 대로 고른 것은?

•보기•
ㄱ. 사물 인터넷 기술을 활용하고 있는 분야이다.
ㄴ. 인공지능 로봇을 주로 활용하여 작업을 수행한다.
ㄷ. 사용자가 주로 현장에서 사물의 상태를 파악하고 제어한다.

① ㄱ   ② ㄴ   ③ ㄱ, ㄴ
④ ㄱ, ㄷ   ⑤ ㄴ, ㄷ

6 미래 사회에서 사물 인터넷, 빅데이터, 로봇, 가상 현실 등과 같은 과학 기술의 유용성과 한계에 대한 설명으로 옳지 <u>않은</u> 것은?

① 미래의 환경 오염 및 기후 변화에 대처하는 데 유용하다.

② 의료, 교육, 교통, 우주 등의 분야에서 인간의 삶 개선에 유용하다.

③ 과학 기술의 과도한 활용으로 인간의 삶에 필수적인 능력이 강화된다.

④ 새로운 과학 기술에 적응하지 못하는 상황이 발생할 수 있다.

⑤ 과학 기술의 발전으로 예상하지 못한 오염과 폐기물이 생길 수 있다.

7 다음은 유전체 분석 기술 이용에 대한 설명이다.

> 유전체 분석 기술이란 생물의 유전 정보를 분석 및 해석하여 관련된 정보를 얻는 기술이다. 최근에는 유전체 분석 기술의 발전으로 개인의 유전 정보를 적은 비용으로 확인할 수 있게 되었다. 그리고 유전체 분석 기술에 인공지능 기술을 적용하면서 개인 맞춤형 의료 서비스가 점차 확대되고 있다. 한편, 개인의 유전 정보가 유출되어 인권 침해 문제가 발생할 우려가 있다는 의견도 제시되고 있다.

이에 대한 설명으로 옳은 것만을 [보기]에서 있는 대로 고른 것은?

• 보기 •
ㄱ. 과학 관련 사회적 쟁점의 한 사례에 해당한다.
ㄴ. 찬성하는 입장은 특정 질병을 조기 진단하거나 발병 가능성을 예측할 수 있다는 것을 근거로 제시한다.
ㄷ. 반대하는 입장은 특정 유전자를 가진 개인 정보의 유출로 회사나 보험 계약에서 차별을 받을 수 있다는 것을 근거로 제시한다.

① ㄱ   ② ㄴ   ③ ㄱ, ㄷ
④ ㄴ, ㄷ   ⑤ ㄱ, ㄴ, ㄷ

8 그림 (가), (나)는 감염병 진단 기술을 나타낸 것이다.

(가) 신속항원검사   (나) 유전자증폭검사

(1) (가)와 (나)에서 바이러스 감염병 진단을 위해 이용하는 검체 내의 바이러스에 존재하는 물질은 각각 무엇인지 쓰시오.

(2) (나)에 비해 (가)가 가지고 있는 감염병 진단 기술의 장점과 단점에 대해 서술하시오.

9 다음 분야에서 공통으로 활용하고 있는 기술에 대해 서술하시오.

> 스마트팜, 스마트 홈, 스마트 도시

10 과학 관련 사회적 쟁점에 대한 물음에 답하시오.

(1) 오늘날 발생하고 있는 과학 관련 사회적 쟁점의 사례를 두 가지 이상 쓰시오.

(2) 과학 관련 사회적 쟁점을 해결하기 위한 올바른 태도에 대해 간략하게 서술하시오.

오·투·시·리·즈 생생한 시각자료와 탁월한 콘텐츠로 과학 공부의 즐거움을 선물합니다.

대표전화 1544-0554
주소 경기도 과천시 과천대로2길 54(갈현동, 그라운드브이)
협의 없는 무단 복제는 법으로 금지되어 있습니다.